甘肃省造林乡土树种

主编 马全林 莫保儒 柴春山

甘肃科学技术出版社
甘肃·兰州

图书在版编目（CIP）数据

甘肃省造林乡土树种 / 马全林，莫保儒，柴春山主编. -- 兰州：甘肃科学技术出版社，2024.3
ISBN 978-7-5424-3192-9

Ⅰ. ①甘… Ⅱ. ①马… ②莫… ③柴… Ⅲ. ①乡土树种—介绍—甘肃 Ⅳ. ①S79

中国国家版本馆CIP数据核字(2024)第044986号

甘肃省造林乡土树种

马全林 莫保儒 柴春山 主 编

责任编辑：刘 钊
封面设计：孙顺利

出 版：甘肃科学技术出版社
社 址：兰州市城关区曹家巷1号 730030
电 话：0931-2131572(编辑部) 0931-8773237(发行部)

发 行：甘肃科学技术出版社 印 刷 甘肃华希翔印务传媒有限公司印刷
开 本：880毫米×1230毫米 1/16 印张 19 字 数 290千
版 次：2024年3月第1版
印 次：2024年3月第1次印刷
印 数：1~1100册
书 号：ISBN 978-7-5424-3192-9 定价：128.00元

图书若有碱损、缺页可随时与本社联系:0931-8773237
本书所有内容经作者同意授权，并许可使用
未经同意，不得以任何形式复制转载。

编委会

编委会主任：张旭晨

副 主 任：夏 泉　刘天波　龚文鹏　田葆华　高建玉
　　　　　刘学魁　喻文健

主 　　编：马全林　莫保儒　柴春山

编写人员（按姓氏笔画排序）：

　　　　　马全林　王旺前　王 妮　王彦飞　王斌杰　石学强
　　　　　刘在国　孙天鑫　孙学刚　杜志虎　李得禄　李德丽
　　　　　汪之波　张洋军　陈旺萍　陈学林　金银丽　林 琳
　　　　　莫保儒　柴春山　喻文健　惠婧婧　赏雄飞　潘建斌
　　　　　薛 睿　臧传红

审 　　稿：孙学刚　陈学林

序

甘肃省地处内陆腹地，生态环境脆弱，是中国重要的西部生态安全屏障，保护好生态环境是甘肃对中华民族永续发展的最大贡献。境内地形地貌复杂，气候类型多样，孕育了丰富的林木种质资源，涵盖了针叶林、阔叶林、荒漠和旱生灌丛等多种植被类型，高等植物达3000多种，其中木本植物95科304属1293种。

党的十八大以来，全省国土绿化进入快速发展期，特别是自2017年党中央部署开展大规模国土绿化行动开始，到2021年开展科学绿化，全省上下结合"双重"、"三北"、退耕还林还草、天然林保护、国家储备林建设等重点工程项目，组织开展整山系、全流域植树造林，系统推进大规模国土绿化，长江流域水源涵养功能明显增强，黄河流域生态功能出现积极变化，河西内陆河区域风沙危害得到有效控制，生态系统整体质量和稳定性持续提升。

我省气候干旱，立地条件差，国土绿化必须基于以水定绿、适地适树的原则，进行全域系统布局，并且依据不同地区的生态环境以及自然气候条件，选择抗病虫害能力强和生态经济价值高的乡土树种，规范人工林营造及培育。推广和使用乡土树种，可以提升人工林生态系统功能，实现可持续高质量经营。从适地适树的角度看，在气候、土壤、立地条件差的地区，乡土树种可依靠其顽强的抗性来维持正常生长，无需任何保护措施和过多经营投入，就能形成稳定的林分结构。但是，长期以来我省对乡土树种开发利用重视不够，丰富的乡土树种资源得不到充分发掘利用，造林绿化树种单一且林种不丰富，也在一定程度上影响了人工林健康和生态功能的提升。

为深入贯彻落实习近平生态文明思想，高质量推进我省生态文明建设，充分发挥乡土树种在林草生态建设中的主体地位，有效指导各地科学开展国土绿化，助力"三北"工程攻坚战、黄河流域生态保护和高质量发展、乡村振兴、"双碳"目标等国家战略，甘肃省林业和草原局组织编撰《甘肃省造林乡土树种》一书。本书系统梳理了我省乡土树种资源、生态适应性、适生区域、造林和育苗技术，将为我省广大林农企业和基层林业建设部门合理选择造林绿化树种，科学开展生态保护修复，不断提高造林绿化水平，精准提升森林资源质量提供重要依据和支撑。

张旭晨

2024年2月26日

前言

乡土树种是在一定区域天然分布或者已引种多年且在当地一直表现良好的树种，具有生态适应性强、病虫害少以及造林成本低、管护简单、成林快等优点。乡土树种是国家重要的林木种质资源，是科学开展国土绿化、建设和美乡村的基础和保障，在生态文明建设、生物多样性保护、社会经济发展等方面发挥着重要作用。中国高度重视利用乡土树种开展绿化，注重发挥乡土树种在美化人居环境、弘扬乡土文化中的独特作用。国务院办公厅《关于科学绿化的指导意见》明确要求，积极采用乡土树种进行绿化，审慎使用外来树种；鼓励农村"四旁"种植乡土珍贵树种，打造生态宜居的美丽乡村。甘肃省人民政府办公厅《关于科学绿化的实施意见》要求，选用乡土和驯化的树种、草种开展国土绿化。

甘肃省地处青藏高原、黄土高原、内蒙古高原三大高原交会处，是黄河、长江上游及内陆河重要水源涵养区，是中国"两屏三带"生态安全战略格局的核心区域。甘肃地域狭长，地形地貌复杂，山地、高原、平川、河谷、沙漠、戈壁等兼而有之；气候类型多样，包括亚热带季风气候、温带季风气候、温带大陆性（干旱）气候和高原山地气候四大气候类型；生态系统丰富，拥有除海洋外的全部陆地生态系统。独特的地理位置和自然条件，孕育了丰富的乡土树种资源。

乡土树种在甘肃省国土绿化中广泛应用，有力保证了造林绿化的质量和成效，在筑牢西部生态安全屏障中发挥了极其重要的作用。但是，乡土树种挖掘与应用依然存在明显的不足。一是对乡土树种结构配置重视不够，一些区域造林结构单一，纯林面积大，生态系统稳定性差，病虫害严重，退化问题突出。二是国土绿化，特别是城市绿化中普遍存在盲目引进外来树种现象，不仅无法起到改善林业生态结构的效果，对本地生态系统和生物多样性也造成了一定影响。三是对乡土树种的调查和挖掘投入不足，本底信息掌握不全面，对乡土树种的利用和挖掘缺少科技支撑。四是乡土树种良种培育方面相对落后，良种种苗的繁育不足、应用不够。上述问题影响了乡土树种在国土绿化中的应用成效，成为科学绿化优先解决的关键环节。

为科学指导甘肃省造林绿化工作，打赢打好三北工程攻坚战，提升乡土树种利用水平，甘肃省林业和草原局组织编著《甘肃省造林乡土树种》一书。由甘肃省林业科学研究院牵头组织了一批长期从事林业研究的科技人员，对87个县区的乡土树种资源及其利用情况进行了补充调查，在充分考虑甘肃省地理气候特征、立地条件类型、乡土树种生长表现、国土绿化实际需要等因素基础上，确定了适合甘肃省不同气候类型区的造林乡土树种。

《甘肃省造林乡土树种》共收录造林乡土树种460种，其中裸子植物5科12属40种，被子植物63科148属420种(双子叶植物纲62科145属414种，单子叶植物纲1科3属6种)。本书详细介绍了235种造林乡土树种的形态特征、生态适应性、分布范围、造林育苗技术等，绘制了主要造林乡土树种的自然分布和适生区域。本书集实用性、知识性、科普性于一体，内容丰富，图文并茂，以期借助直观的形式为林草管理人员、技术人员认知、培育和利用乡土树种提供简便实用的工具书，提升乡土树种在国土绿化中的应用，推动全省国土绿化高质量发展。

本书由马全林、莫保儒、柴春山、李德丽负责文字统稿，林琳负责绘图，孙学刚和陈学林负责审核。其中，柴春山负责21科编著，字数10万；李德丽负责19科编著，字数10万；林琳负责19科编著，字数9万。

本书所用地图均为甘肃省自然资源厅监制、甘肃省基础地理信息中心编制，自然分布和适生区分布图底图均为审图号甘S（2023）13号的政区图。在本书的编著过程中，甘肃省各级林草主管部门提供了大量乡土树种资料，给予了有力支持。白龙江林业科学研究所曹秀文和杨永红、陇东学院马世荣、甘肃林业职业技术学院王晓春、兰州市绿化园林研究所吴永华等学者对乡土树种的确定、天然分布和适生区划定给予了帮助和指导。在本书出版之际，编者向支持本书编写的各单位、各位领导和专家，以及从不同方面支持我们工作的同仁，一并表示最衷心的感谢！

由于编者水平和编著时间所限，内容遗漏和错误之处在所难免，敬请读者批评指正。

编者

2024年2月

甘肃省地图

甘肃省地图

甘肃省地图

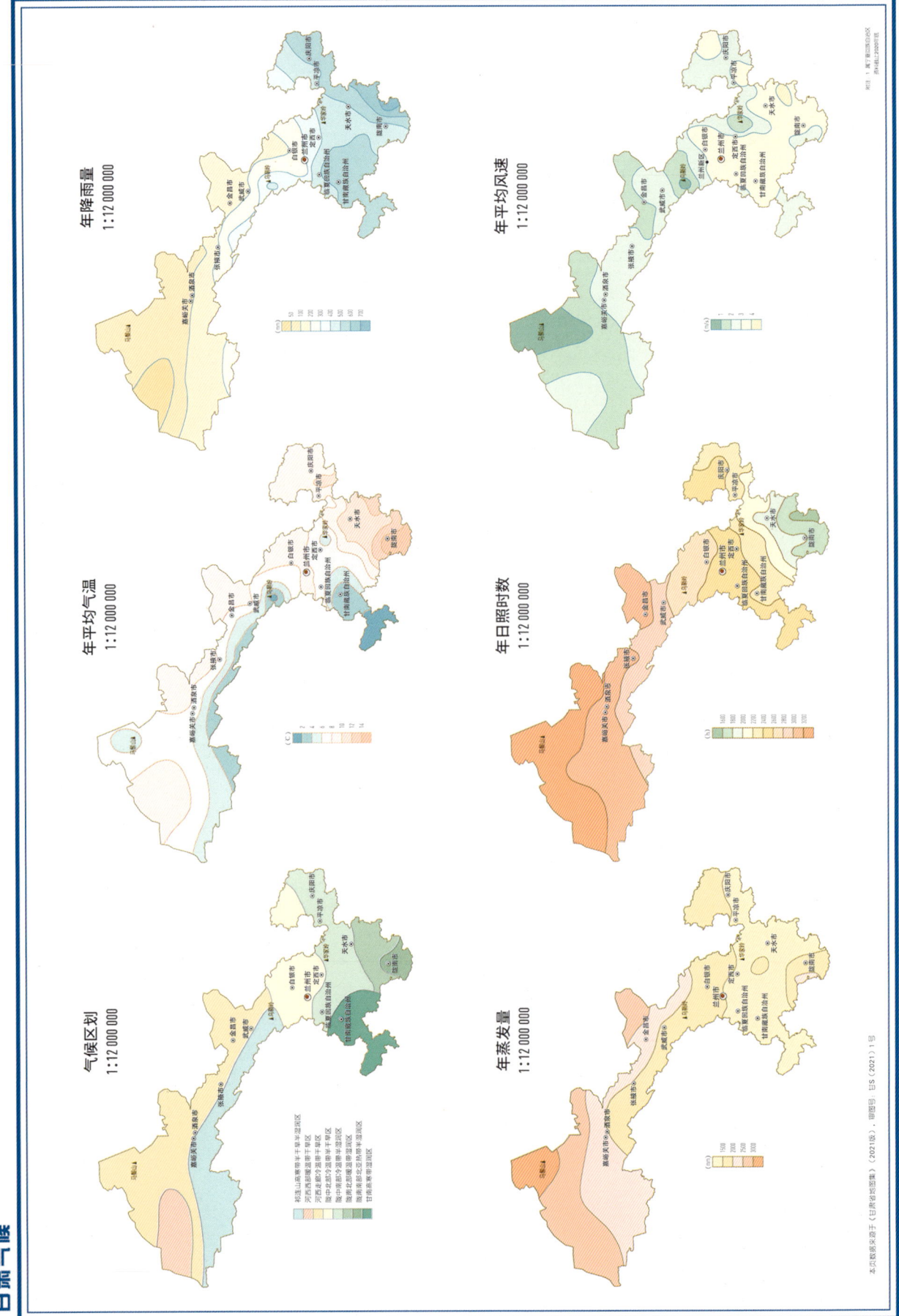

目录

裸子植物

银杏科 Ginkgoaceae 02
松科 Pinaceae 03
柏科 Cupressaceae 18
红豆杉科 Taxaceae 26

被子植物

杨柳科 Salicaceae 30
胡桃科 Juglandaceae 47
桦木科 Betulaceae 49
壳斗科 Fagaceae 57
榆科 Ulmaceae 64
桑科 Moraceae 71
大麻科 Cannabaceae 75
蓼科 Polygonaceae 77
苋科 Amaranthaceae 78
昆栏树科 Trochodendraceae 81
连香树科 Cercidiphyllaceae 82
芍药科 Paeoniaceae 83
五味子科 Schisandraceae 84
木兰科 Magnoliaceae 85
樟科 Lauraceae 89
金缕梅科 Hamamelidaceae 90
绣球花科 Hydrangeaceae 91
茶藨子科 Grossulariaceae 92
蔷薇科 Rosaceae 93
豆科 Fabaceae 133
蒺藜科 Zygophyllaceae 148
芸香科 Rutaceae 149
苦木科 Simaroubaceae 151
楝科 Meliaceae 152

黄杨科 Buxaceae ... 154
漆树科 Anacardiaceae ... 155
卫矛科 Celastraceae ... 162
省沽油科 Staphyleaceae ... 165
白刺科 Nitrariaceae ... 166
无患子科 Sapindaceae ... 168
鼠李科 Rhamnaceae ... 177
锦葵科 Malvaceae ... 180
猕猴桃科 Actinidiaceae ... 182
柽柳科 Tamaricaceae ... 184
瑞香科 Thymelaeaceae ... 188
胡颓子科 Elaeagnaceae ... 190
千屈菜科 Lythraceae ... 193
蓝果树科 Nyssaceae ... 194
五加科 Araliaceae ... 195
山茶科 Theaceae ... 197
山茱萸科 Cornaceae ... 199
柿科 Ebenaceae ... 203
山矾科 Symplocaceae ... 205
木樨科 Oleaceae ... 206
夹竹桃科 Apocynaceae ... 217
茄科 Solanaceae ... 218
玄参科 Scrophulariaceae ... 221
泡桐科 Paulowniaceae ... 223
紫葳科 Bignoniaceae ... 225
小檗科 Berberidaceae ... 227
茜草科 Rubiaceae ... 229
五福花科 Adoxaceae ... 230
忍冬科 Caprifoliaceae ... 232
菊科 Asteraceae ... 235
禾本科 Poaceae ... 237
甘肃省造林乡土树种名录 ... 238
中文名索引 ... 282
拉丁学名索引 ... 285

01 裸子植物

银杏属 Ginkgo

银杏 Ginkgo biloba L.
别名：鸭掌树、鸭脚子、公孙树、白果
保护级别：国家一级

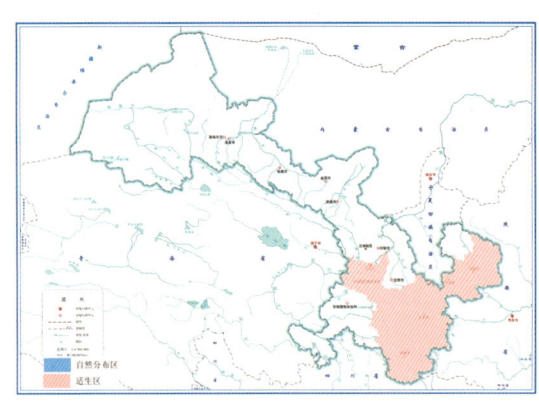

形态特征：乔木，高达40米，胸径达4米。树皮灰褐色，深纵裂。幼年及壮年树冠圆锥形，老则广卵形。枝近轮生，雌株的大枝常较雄株开展；叶扇形，顶端宽5~8厘米，在短枝上常具波状缺刻，在长枝上常2裂，叶在长枝上螺旋状散生，在短枝上簇生。雄球花柔荑花序状，下垂，雄蕊排列疏松，具短梗，花药常2个；雌球花具长梗，梗端分两叉，叉顶生一盘状珠座，胚珠着生其上，通常仅一个发育成种子。种子常为椭圆形、长倒卵形、卵圆形或近圆球形，长2.5~3.5厘米，外种皮肉质，熟时黄色或橙黄色，外被白粉，有臭味；中种皮白色，骨质，具2~3条纵脊；内种皮膜质，淡红褐色。花期3~4月，种子9~10月成熟。

生态适应性：喜光，对气候、土壤的适应性较宽，能在高温多雨及雨量稀少、冬季寒冷的地区生长，但生长缓慢或不良；能生于酸性土壤（pH值4.5）、石灰性土壤（pH值8）及中性土壤上，但不耐盐碱土及过湿的土壤。

分布范围：在徽县、两当、武都、成县、康县、文县、舟曲等地栽培历史悠久，兰州、平凉、庆阳（除环县）、天水、临夏及迭部、礼县、西和、宕昌等地适宜栽植。浙江、辽宁、广州、贵州、云南等省区有分布。

育苗技术：采用播种育苗。冬播、春播均可，春播前种子湿沙层积催芽，点播，播种量900~1125千克/公顷。也可随采种随连皮冬播。

造林技术：采用植苗造林。春季或秋冬定植。主要用于景观造林，造林密度一般为667~1111株/公顷。

冷杉属 Abies

秦岭冷杉 *Abies chensiensis* Tiegh.
别名：陕西冷杉、枞树
保护级别：国家二级

形态特征：乔木，高达50米。一年生枝淡黄灰色、淡黄色或淡褐黄色，无毛或凹槽中有稀疏细毛。冬芽圆锥形，有树脂。叶条形，长1.5~4.8厘米；果枝之叶先端尖或钝，树脂道中生或近中生。球果圆柱形或卵状圆柱形，长7~11厘米，径3~4厘米，近无梗，中部种鳞肾形，长约1.5厘米，宽约2.5厘米；苞鳞长约是种鳞的3/4，不外露，上部近圆形，边缘有细缺齿，中央有短急尖头，中下部近等宽，基部渐窄；种子较种翅为长，倒三角状椭圆形，长8毫米，种翅宽大，倒三角形，上部宽约1厘米，连同种子长约1.3厘米。

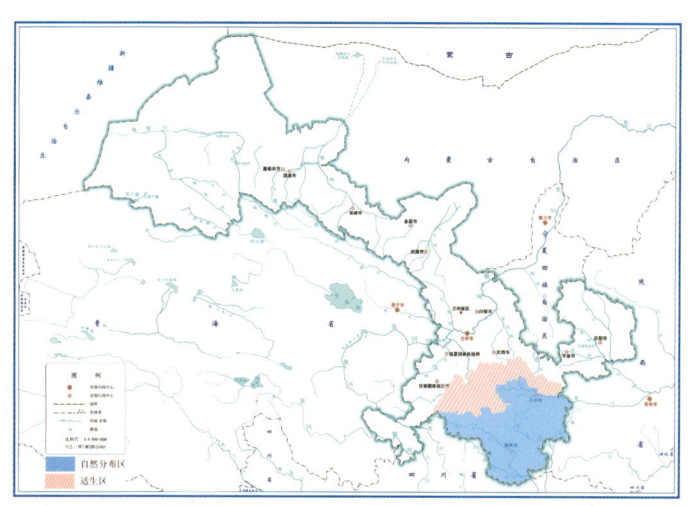

生态适应性：适于寒冷地带和高山气候，生长在酸性土壤，喜冷凉湿润的环境。

分布范围：产于徽县、康县、武都、文县（上丹、铁楼）、两当、麦积、礼县、武山、舟曲（拱坝河）、迭部及宕昌等地，海拔2100~2300米。在卓尼、临潭、漳县、渭源、岷县、清水、秦安、通渭等地适宜栽植。陕西南部、湖北西部有分布。

育苗技术：采用播种育苗。9~10月采种，选在海拔2000米以上的山地育苗。4月下旬播种，撒播和条播均可，覆土厚度0.5~1厘米，播种量约750千克/公顷，播后覆草。

造林技术：采用植苗造林。春、秋两季皆可造林，一般春季造林，多选用3年生健壮苗木，造林密度1111~2000株/公顷。

松科 Pinaceae

冷杉属 Abies

巴山冷杉 *Abies fargesii* Franch.
别名： 洮河冷杉、华枞、川枞、太白冷杉、鄂西冷杉

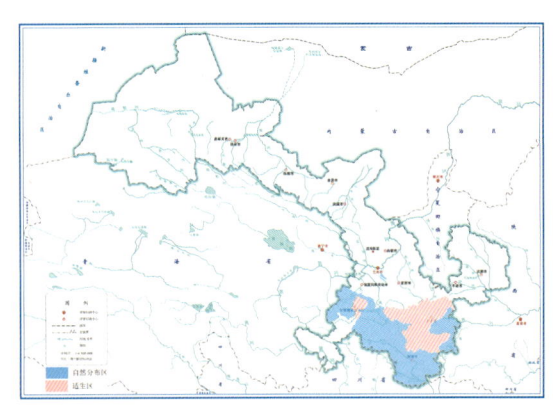

形态特征： 乔木，高达40米。树皮粗糙，暗灰色或暗灰褐色，块状开裂。一年生枝红褐色或微带紫色，微有凹槽，无毛。叶在枝条下面排成两列，上面之叶斜展或直立，条形，长1~3厘米，宽1.5~4毫米，先端钝有凹缺，稀尖，上面深绿色，有光泽，无气孔线，下面沿中脉两侧有2条粉白色气孔带；横切面有树脂道2个，中生。球果柱状矩圆形或圆柱形，长5~8厘米，径3~4厘米，成熟时淡紫色、紫黑色或红褐色；中部种鳞肾形或扇状肾形，长0.8~1.2厘米，边缘内曲；苞鳞倒卵状楔形，上部圆，边缘有细缺齿，先端有急尖的短尖头；种子倒三角状卵圆形，种翅楔形。

生态适应性： 耐荫，抗风力强；在湿润、深厚的微酸性土壤上生长良好。

分布范围： 产于卓尼、夏河、临潭、迭部、舟曲、宕昌、文县、武都、康县、岷县及兴隆山（麻家寺）、太子山、小陇山（火焰山、辛家山及头二三滩）等地，海拔2500~3500米。在陇南其他县（区）、天水及漳县、合作等地适宜栽植。河南西部、湖北西部及西北部、四川东北部、陕西南部等地有分布。

育苗技术： 采用播种育苗。苗圃地选择在林区海拔高度2000米左右的地方，9~10月采种，播前种子处理，4月中旬播种，条播，覆土厚度1.5~2厘米，播后用帘子或草覆盖。播种量约750千克/公顷。

造林技术： 采用植苗造林。春、秋两季皆可，以春季为主，造林密度1111~2000株/公顷。在立地条件较差的地段可采用丛植，每穴栽苗5株左右。

冷杉属 Abies

岷江冷杉 *Abies fargesii* var. *faxoniana* (Rehd. et E. H. Wils.) Tang S. Liu
别名：柔毛枞、柔毛冷杉

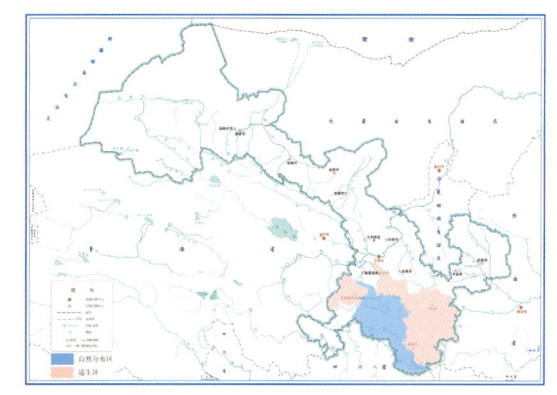

形态特征：乔木，高达40米，胸径达1.5米。树皮深灰色，裂成不规则的块片。一年生枝淡黄褐色或淡褐色，较细，二三年生呈淡黄灰色或黄灰色，稀灰褐色。叶排列较密，在枝条下面排成两列，枝条上面的叶斜上伸展，条形，直或微弯，长1~2.5厘米，宽约2.5毫米，先端有凹缺；果枝之叶的树脂道2个，中生，稀近边生，营养枝之叶的树脂道2个，边生。球果卵状椭圆形或圆柱形，顶端平，长3.5~10厘米，径3~4厘米，无梗或近无梗，熟时深紫黑色，微具白粉；中部种鳞扇状四边形或肾状四边形；苞鳞上端露出或仅尖头露出，倒卵形，上端圆或微凹，边缘有细缺齿，中央有凸尖，尖头长3~7毫米，直伸或反曲；种子倒三角状卵圆形，微扁，种翅宽大，几与种子等长。花期4~5月，球果10月成熟。

生态适应性：耐寒，耐荫，适应性强；喜高海拔山地的阴坡、半阴坡及谷地的冷湿环境，生长缓慢。

分布范围：产于卓尼、迭部、舟曲、临潭、宕昌、文县、岷县、漳县及太子山等地，海拔2100~3900米。在陇南其他县（区）、天水及夏河、合作、临洮、渭源等地适宜栽植。四川岷江流域上游高山地带有分布。

育苗技术：采用播种育苗。10月采种，播前种子温水处理，高床播种，播种量600~750千克/公顷。

造林技术：采用植苗造林。春、秋均可造林，以春季为主，选择4~5年生苗木，造林地选择阴坡、半阴坡为好，不宜在阳坡造林，造林密度1111~2000株/公顷。

落叶松属 Larix

华北落叶松 *Larix gmelinii* var. *principis-rupprechtii* (Mayr) Pilger
别名：雾灵落叶松、落叶松

松科 Pinaceae

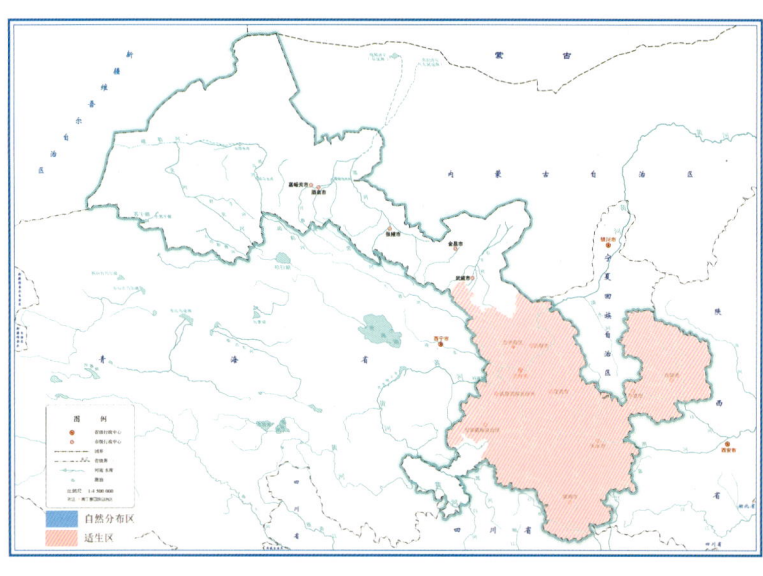

形态特征：乔木，高达30米，胸径达1米。树皮暗灰褐色，不规则纵裂，成小块片脱落。枝平展，具不规则细齿。苞鳞暗紫色，近带状矩圆形，长0.8~1.2厘米，基部宽，中上部微窄，先端圆截形，中肋延长成尾状尖头，仅球果基部苞鳞的先端露出；种子斜倒卵状椭圆形，灰白色，具不规则的褐色斑纹，长3~4毫米，径约2毫米，种翅上部三角状，中部宽约4毫米，种子连翅长1~1.2厘米；子叶5~7枚，针形，长约1厘米，下面无气孔线。花期4~5月，球果10月成熟。

生态适应性：喜光，耐寒，耐干旱瘠薄；对土壤适应性强，以山地棕壤土生长最好。

分布范围：乌鞘岭以东以南各林区均适宜栽植（除玛曲和碌曲）。原产于河北、山西等高山地带。

育苗技术：采用播种育苗。8月末至9月采种，春播，播前催芽处理，条播，播种量105~150千克/公顷，覆土厚度1厘米。

造林技术：采用植苗造林。于造林前1~2年整地，选用2年生苗木，造林密度1429~2000株/公顷，以秋季造林为主，春季造林应尽量提早进行。

落叶松属 Larix

红杉 *Larix potaninii* Batal.

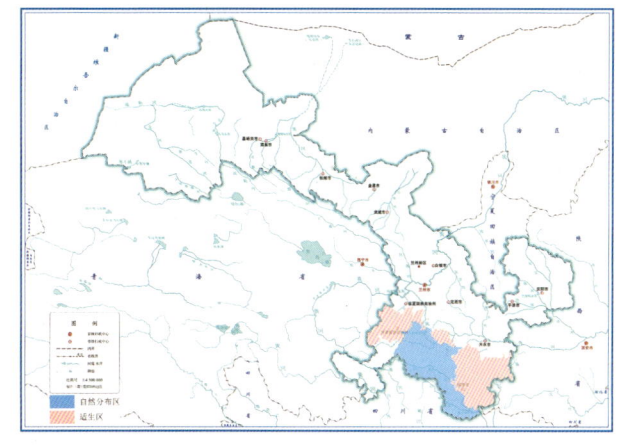

形态特征： 乔木，高达50米，胸径达1米。树皮灰色或灰褐色，纵裂粗糙。枝平展，树冠圆锥形。叶倒披针状窄条形，长1.2~3.5厘米，宽1~1.5毫米，先端渐尖，表皮有乳头状突起。雄球花长5~7毫米，径约4毫米；雌球花紫红色或红色，生于有叶短枝的顶端，苞鳞通常直，稀上端微反曲。球果矩圆状圆柱形或圆柱形，近基部较宽，上部微渐窄，幼时红色或紫红色，后呈紫褐色或淡灰褐色；种子斜倒卵圆形，淡褐色，具不规则的紫色斑纹，长3~4毫米，连翅长7~10毫米，种翅倒卵形，宽约4毫米；子叶5~7枚，针形，横切面三角形。花期4~5月，球果10月成熟。

生态适应性： 喜光，耐寒，适应性强；要求比较湿润的气候条件，对土壤要求不严。

分布范围： 产于舟曲、迭部、卓尼、临潭、宕昌（大河坝、黄家路）、文县、岷县等地，海拔1800~3000米。在武都、合作、夏河、康乐、和政、临夏县、漳县、成县、徽县、两当等地林区适宜栽植。四川岷江流域上游、大小金川流域、道孚、乾宁至康定等地有分布，中国西南部也有少量分布。

育苗技术： 采用播种育苗。选择含沙量在5%以上的沙壤土或轻黏壤土，4月中旬至下旬条播，播种量225~300千克/公顷，1~2年生苗木搭设遮荫棚。

造林技术： 采用植苗造林。以春季造林为好，选用3年生苗木，带土球栽植，造林密度1111~2000株/公顷。

云杉属 Picea

云杉 *Picea asperata* Mast.
别名：白松、粗枝云杉、大果云杉、大云杉、茂县杉、密毛杉

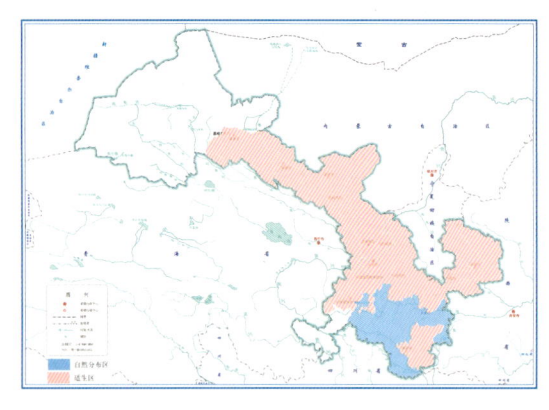

形态特征：乔木，高达45米，胸径达1米。树皮灰色，裂成不规则的块状薄片。一年生枝金黄色或淡褐黄色，稀微有白粉，有毛或无毛。主枝之叶辐射伸展，侧生小枝上面之叶向上伸展，下面之叶向两侧伸展成两列状，四棱状条形，常少弯曲，长1.3~1.8（2.5）厘米，宽约1.5毫米，先端渐尖、锐尖或微急尖，横切面四棱形或微扁。球果圆柱状或圆柱状椭圆形，幼时紫红色，成熟前种鳞上部边缘紫红色，背部绿色，熟时褐色或淡褐色，长8~13厘米，径2.5~4厘米；种鳞的露出部分通常有纵纹，中部种鳞倒卵形或三角状倒卵形或菱状倒卵形，长2~2.5厘米，上部圆或三角状，先端不裂或微凹，或二浅裂；苞鳞窄三角状匙形，长约5毫米；种子斜卵圆形，长约4毫米，种翅淡褐色，倒披针状矩圆。花期5月，球果10月成熟。

生态适应性：浅根性树种，稍耐荫，喜湿，喜肥，能耐干燥及寒冷的环境条件；在气候凉润、土层深厚、排水良好的微酸性棕色森林土地带生长迅速，发育良好。

分布范围：产于卓尼、迭部、舟曲、宕昌、文县、武山、小陇山等地，海拔1800~2600米。除玛曲、碌曲和河西西部之外，全省各地均适宜栽植。陕西西南部（凤县）、四川岷江流域上游及大小金川流域等区域有分布。

育苗技术：采用播种育苗。球果变为黄褐色时采种，3月中下旬至4月底前播种，种子不做处理，条播，播种量300~375千克/公顷。

造林技术：采用植苗造林。一般采用带土球造林，春、秋两季均可，造林密度1111~2000株/公顷。

云杉属 *Picea*

青海云杉 *Picea crassifolia* Kom.

形态特征：乔木，高达23米，胸径30~60厘米。一年生嫩枝淡绿黄色；二年生小枝呈粉红色或淡褐黄色，稀呈黄色，常有明显或微明显的白粉；老枝呈淡褐色、褐色或灰褐色。冬芽圆锥形，基部芽鳞有隆起的纵脊。叶较粗，四棱状条形，近辐射伸展，长1.2~3.5厘米，宽2~3毫米，先端钝，或具钝尖头，横切面四棱形，稀两侧扁，四面有气孔线，上面每边5~7条，下面每边4~6条。球果圆柱形或矩圆状圆柱形，长7~11厘米；中部种鳞倒卵形，长约1.8厘米，先端圆，边缘全缘或微成波状，微向内曲，基部宽楔形；苞鳞短小，三角状匙形，长约4毫米；种子斜倒卵圆形，长约3.5毫米，淡褐色，先端圆。花期4~5月，球果9~10月成熟。

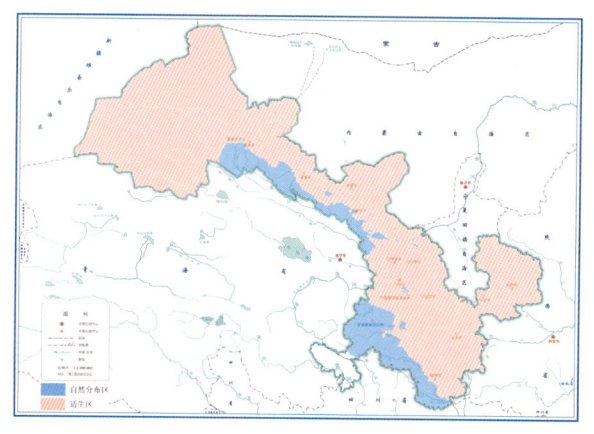

生态适应性：耐寒，喜光，较耐瘠薄，稍耐荫，不耐阴湿，耐旱，忌水涝；浅根性树种，抗风力差；对土壤要求不严，喜中性土壤。

分布范围：产于祁连山区、景泰（寿鹿山）、靖远（哈思山）、古浪（昌岭山）、兴隆山、太子山及卓尼、夏河、迭部、舟曲、文县等地。除玛曲之外，全省各地均适宜栽植，荒漠区多用于城市绿化和防护林建设。青海、宁夏及内蒙古等省区有分布。

育苗技术：采用播种育苗。球果变成黄色时采种，播种前催芽处理，条播。3~4年生苗木换床移植，7~8年生苗木按1米×1米的株行距进行换床定植。

造林技术：采用植苗造林。一般采用带土球造林，春、秋两季均可，多为片状造林和带状造林，造林密度833~2000株/公顷。

松科 Pinaceae

云杉属 Picea

大果青杆 *Picea neoveitchii* Mast.
别名：爪松、紫树、青杆杉
保护级别：国家二级

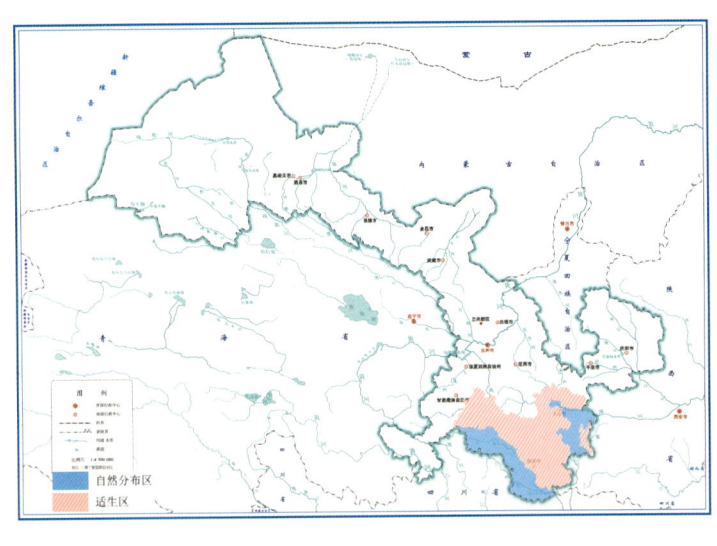

形态特征：乔木，高 8~15 米，胸径达 50 厘米。树皮灰色，裂成鳞状块片脱落。一年生枝较粗，淡黄色或微带褐色，老枝灰色或暗灰色；小枝上面之叶向上伸展，两侧及下面之叶向上弯伸，四棱状条形，两侧扁，长 1.5~2.5 厘米，宽约 2 毫米，先端锐尖。球果矩圆状圆柱形或卵状圆柱形，长 8~14 厘米，成熟时淡褐色或褐色，稀带黄绿色；种鳞宽大，宽倒卵状五角形，斜方状卵形或倒三角状宽卵形，先端宽圆或微成三角状，有细缺齿或近全缘，中部种鳞长约 2.7 厘米；种子倒卵圆形，长 5~6 毫米。

生态适应性：适生于土壤深厚、排水良好的酸性或微酸性的山地棕壤、山地暗棕壤、山地灰棕壤、山地褐色土，栗钙土或淡栗钙土也能生长。

分布范围：产于舟曲、迭部、徽县、文县、麦积等地。在卓尼、武都、两当、秦州、清水、甘谷、秦安、宕昌、岷县、临潭、康县及成县等地适宜栽植。湖北西部和陕西南部有分布。

育苗技术：采用播种育苗。10 月上旬采种，播种前温水浸泡催芽，条播，覆土厚度 0.5~1 厘米，播种量 150~270 千克 / 公顷。

造林技术：采用植苗造林。春、秋季均可，多采取带土球移植，栽植不宜过深，要求超出原土印 2~3 厘米，造林密度 833~2000 株 / 公顷。

云杉属 *Picea*

紫果云杉 *Picea purpurea* Mast.
别名：紫果杉

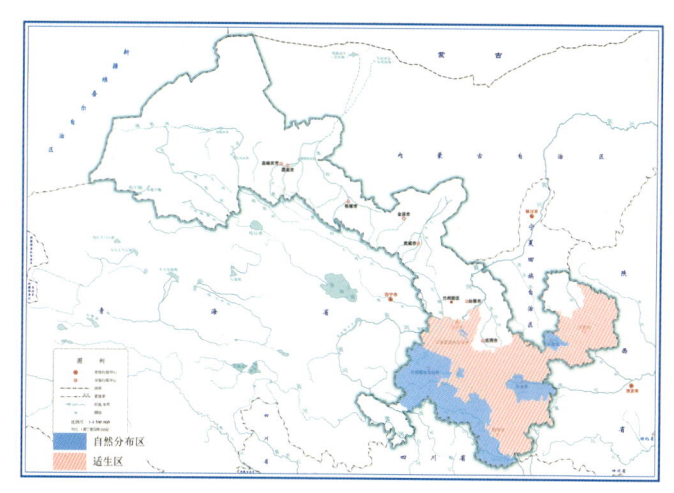

形态特征：乔木，高达 50 米，胸径达 1 米。树皮深灰色，裂成不规则较薄的鳞状块片。大枝平展，树冠尖塔形。叶辐射伸展或枝条上面之叶向前伸展，下面之叶向两侧伸展，扁四棱状条形，横切面扁菱形，两面中脉隆起，直或微弯，长 0.7~1.2 厘米，宽 1.5~1.8 毫米，先端微尖或微钝。球果圆柱状卵圆形或椭圆形，成熟前后同色，呈紫黑色或淡红紫色，长 2.5~4（6）厘米；种子连翅长约 9 毫米，种翅褐色，有紫色小斑点。子叶 5~7 枚，条状钻形，长 1~1.3 厘米，全缘。花期 4 月，球果 10 月成熟。

生态适应性：生于河谷、平缓地、阴坡或半阴坡；喜阴湿环境，在弱酸性和中性且结构疏松土壤中发育良好；耐寒，耐贫瘠土壤。

分布范围：产于卓尼、夏河、迭部、舟曲、碌曲、合作、宕昌、文县、麦积、秦州、崆峒山及太子山、兴隆山等地，在天水其他各县（区）、陇南其他各县（区）、平凉其他各县（区）、临夏、庆阳（除环县）、定西（除安定）、兰州（除永登、皋兰）等地适宜栽植。四川北部（阿坝藏族自治州）和青海西倾山北坡有分布。

育苗技术：采用播种育苗。10 月中旬采种，3 月春播，采用高床条播，播种量 190~340 千克 / 公顷。

造林技术：采用植苗造林。适宜春季造林，造林密度 1111~2000 株 / 公顷。

松科 Pinaceae

云杉属 Picea

青杆 *Picea wilsonii* Mast.
别名： 细叶云杉、青杆云杉、红毛杉

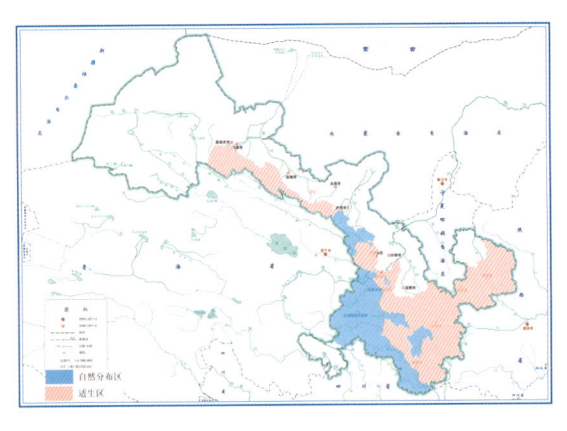

形态特征： 乔木，高达50米，胸径达1.3米。树皮灰色或暗灰色，裂成不规则鳞状块片脱落。枝条近平展，树冠塔形。叶排列较密，在小枝上部向前伸展，小枝下面之叶向两侧伸展，四棱状条形，直或微弯，较短，通常长0.8~1.3（1.8）厘米，宽1.2~1.7毫米，先端尖，横切面四棱形或扁菱形，微具白粉。球果卵状圆柱形或圆柱状长卵圆形，成熟前绿色，熟时黄褐色或淡褐色，长5~8厘米，径2.5~4厘米；种子倒卵圆形，长3~4毫米，连翅长1.2~1.5厘米，种翅倒宽披针形，淡褐色，先端圆；子叶6~9枚，条状钻形，棱上有极细的齿毛。花期4月，球果10月成熟。

生态适应性： 耐荫，耐寒，不耐水湿和盐碱；喜冷湿气候，适宜生长在海拔1600米以上的阴阳坡、厚度30厘米以上微酸性土壤。

分布范围： 产于卓尼、夏河、迭部、舟曲、合作、碌曲、临潭、文县、礼县、漳县、天祝及祁连山（东段）、兴隆山、莲花山、太子山等地。在祁连山其他区域、天水其他县（区）、陇南其他县（区）及兰州（除皋兰）、庆阳（除环县）、平凉、定西（除安定）等地适宜栽植。内蒙古、河北、山西、陕西南部、湖北西部、青海和四川等地有分布。

育苗技术： 采用播种育苗。球果变为黄褐色时采种，3月中下旬至4月底前播种，种子不做处理，条播，播种量300~375千克/公顷。

造林技术： 采用植苗造林。一般采用带土球造林，春、秋两季均可，造林密度1111~2000株/公顷。

松属 *Pinus*

华山松 *Pinus armandii* Franch.

别名：五叶松、青松、果松、五须松、白松

形态特征：乔木，高达 35 米，胸径达 1 米。幼树树皮灰绿色或淡灰色，平滑，老则呈灰色，裂成方形或长方形厚块片固着于树干上，或脱落。枝条平展，形成圆锥形或柱状塔形树冠。针叶 5 针一束，稀 6~7 针一束，长 8~15 厘米，边缘具细锯齿。雄球花黄色，卵状圆柱形。球果圆锥状长卵圆形，长 10~20 厘米，径 5~8 厘米；种子黄褐色、暗褐色或黑色，倒卵圆形，长 1~1.5 厘米，无翅或两侧及顶端具棱脊。花期 4~5 月，球果第二年 9~10 月成熟。

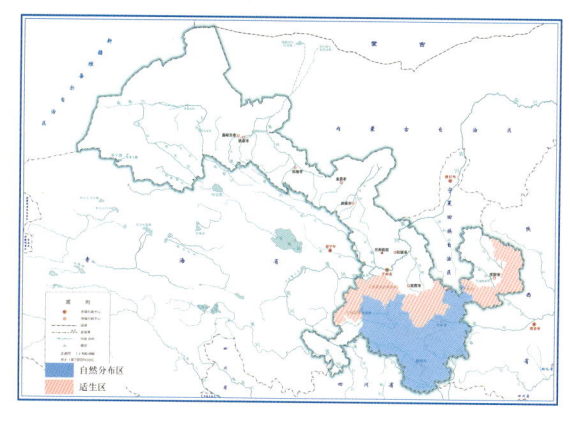

生态适应性：喜光，稍耐干旱瘠薄；中生，喜湿凉气候，适宜生长在海拔 1200~1800 米的阴、阳坡、厚度 30 厘米以上的微酸性至中性土壤。

分布范围：产于小陇山、莲花山、太子山及陇南、张家川、清水、庄浪、华亭、崆峒、麦积、秦州、渭源、漳县、岷县、卓尼、临潭、迭部、舟曲等地。在平凉其他县（区）、天水其他县（区）、宁县、华池、合水、正宁、临夏县、康乐、和政、夏河、广河、东乡、积石山、陇西、通渭、临洮等地适宜栽植。山西南部中条山、河南西南、陕西南部、四川、湖北西部、贵州中部及西北部、云南及西藏雅鲁藏布江下游等区域均有分布。

育苗技术：采用播种育苗。9~10 月采种，冬、春两季都可播种，冬播在"立冬"前后进行，春播在 3 月上旬至 4 月中旬最好，条播，播种量 1500~1875 千克/公顷。

造林技术：一般采用植苗造林。春季进行，带土球栽植，造林密度 1250~2000 株/公顷。也可直播造林，立冬前后播种。

松属 Pinus

白皮松 *Pinus bungeana* Zucc. ex Endl.

别名：蟠龙松、虎皮松、白果松、三针松、白骨松、美人松

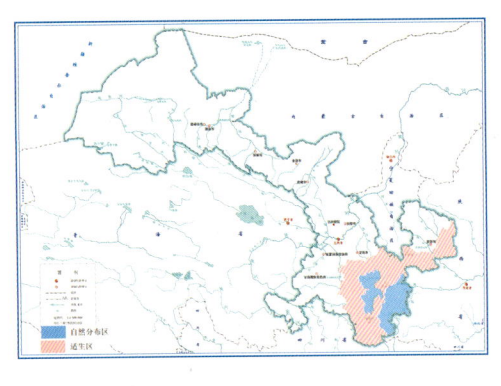

形态特征：乔木，高达30米，胸径达3米。枝较细长，斜展，形成宽塔形至伞形树冠；幼树树皮光滑，灰绿色，长大后树皮成不规则的薄块片脱落，老则树皮呈淡褐灰色或灰白色，裂成不规则的鳞状块片脱落，脱落后近光滑，露出粉白色的内皮，白褐相间成斑鳞状。针叶3针一束，粗硬，长5~10厘米，径1.5~2毫米，叶背及腹面两侧均有气孔线，先端尖，边缘有细锯齿；雄球花卵圆形或椭圆形，长约1厘米，多数聚生于新枝基部成穗状，长5~10厘米。球果通常单生，熟时淡黄褐色，卵圆形或圆锥状卵圆形，长5~7厘米；种鳞矩圆状宽楔形，先端厚，鳞盾近菱形，有横脊；种子灰褐色，近倒卵圆形，长约1厘米。花期4~5月，球果第二年10~11月成熟。

生态适应性：喜光，耐干旱瘠薄；中生，喜暖湿气候，适宜生长在海拔1500米以下的阴阳坡及平地、厚度20厘米以上的钙质土壤或黄土。

分布范围：产于小陇山、两当、徽县、成县、康县、礼县、武山及甘谷等地。在陇南其他县（区）、天水其他县（区）、平凉及正宁、宁县、合水、通渭、陇西、漳县、岷县、渭源、舟曲等地适宜栽植。山西（吕梁山、中条山、太行山）、河南西部、陕西秦岭、四川北部江油观雾山及湖北西部有分布。

育苗技术：采用播种育苗。10~11月采种，种子沙藏催芽处理，春播土壤解冻后立即播种，冬播在土壤封冻前几天进行，播种量600~750千克/公顷。

造林技术：采用植苗造林。一般多用于景观造林和庭院绿化，起苗时保留主、侧根35~40厘米，春季带土坨栽植，株行距2米×3米或3米×4米。

松属 *Pinus*

樟子松 *Pinus sylvestris* var. *mongolica* Litv.
别名：海拉尔松

松科 Pinaceae

形态特征：乔木，高达 25 米，胸径达 80 厘米。树皮灰褐色，深裂成不规则的鳞状块片脱落。幼树树冠尖塔形，老则呈圆顶或平顶，树冠稀疏。针叶 2 针一束，常扭曲，长 4~9 厘米，树脂道 6~11 个，边生；雄球花圆柱状卵圆形，长 5~10 毫米，聚生新枝下部；雌球花有短梗，淡紫褐色。球果卵圆形或长卵圆形，长 3~6 厘米；中部种鳞的鳞盾多呈斜方形，纵脊横脊显著，肥厚隆起，多反曲，鳞脐呈瘤状突起，有易脱落的短刺；种子黑褐色，长卵圆形或倒卵圆形，连翅长 1.1~1.5 厘米；子叶 6~7 枚，长 1.3~2.4 厘米。花期 5~6 月，球果第二年 9~10 月成熟。

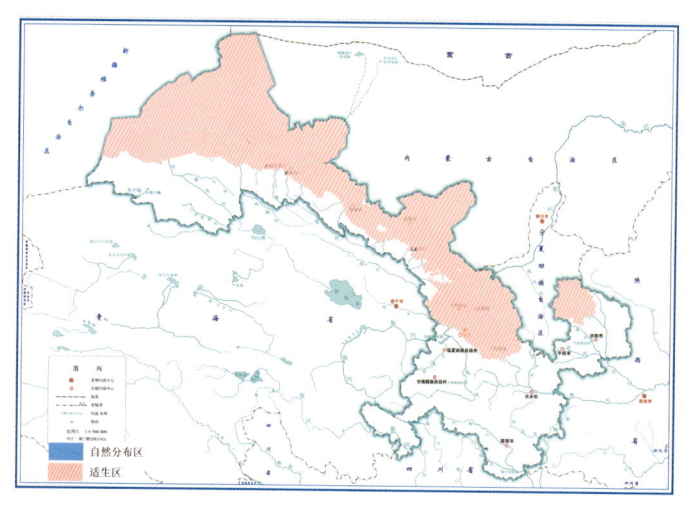

生态适应性：喜光，耐严寒，-40℃低温条件下也能正常生长；耐干旱，耐瘠薄，对土壤要求不严。

分布范围：河西引种栽植历史悠久，在我省河西荒漠区及兰州、白银、环县、安定等地适宜栽植。原产于内蒙古红花尔基、黑龙江大兴安岭山地及海拉尔以西、以南一带砂丘地区。

育苗技术：采用播种育苗。5 月适时采种，春季播种，条播，覆土约 0.5 厘米，播种量 60~75 千克/公顷。

造林技术：采用植苗造林。3 月下旬至 4 月中旬，带土球栽植，造林密度 833~1667 株/公顷，有霜的高寒区，前 1~2 年反扣草皮越冬。

松属 *Pinus*

油松 *Pinus tabuliformis* Carr.
别名： 巨果油松、紫翅油松、东北黑松、短叶马尾松、红皮松、短叶松

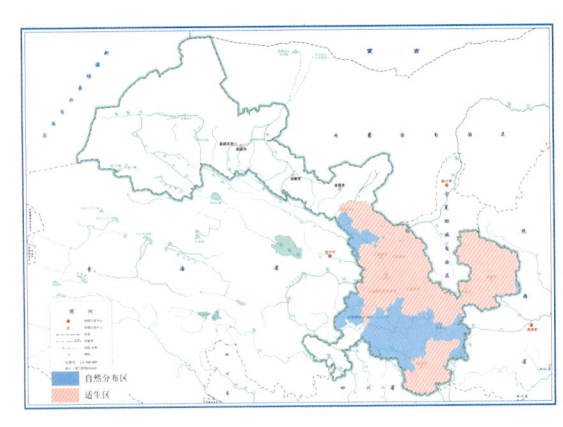

形态特征： 乔木，高达 25 米，胸径达 1 米。树皮灰褐色或褐灰色，裂成不规则较厚的鳞状块片。枝平展或向下斜展，老树树冠平顶。针叶 2 针一束，深绿色，粗硬，长 10~15 厘米，边缘有细锯齿，两面具气孔线；雄球花圆柱形，长 1.2~1.8 厘米，在新枝下部聚生成穗状。球果卵形或圆卵形，长 4~9 厘米，有短梗，向下弯垂，成熟前绿色，熟时淡黄色或淡褐黄色，常宿存树上数年之久；中部种鳞近矩圆状倒卵形，长 1.6~2 厘米，鳞盾肥厚、扁菱形或菱状多角形；种子卵圆形或长卵圆形，淡褐色，有斑纹，长 6~8 毫米，径 4~5 毫米；子叶 8~12 枚，长 3.5~5.5 厘米。花期 4~5 月，球果第二年 10 月成熟。

生态适应性： 喜光，耐寒，耐旱，耐瘠薄；中生，喜温湿气候，适宜生长在海拔 800~1800 米的阴坡、半阴坡及平缓地、厚度 20 厘米以上的酸性、中性土壤或钙质黄土。

分布范围： 产于卓尼、临潭、夏河、迭部、舟曲及古浪（昌岭山）、景泰（寿鹿山）、靖远（哈思山）、永登（连城）、子午岭南段、小陇山、祁连山东段等地。除碌曲、玛曲和河西荒漠区之外，全省其他地区均适宜栽植。吉林南部、辽宁、河北、河南、山东、山西、内蒙古、陕西、宁夏、青海及四川等地有分布。

育苗技术： 采用播种育苗。10 月采种，4 月中、下旬开沟播种，覆土厚 2~3 厘米，入冬前用湿土拥埋全苗，春季 3 月中旬除去，播种量 150~225 千克/公顷。

造林技术： 采用植苗造林。春、夏（雨）、秋三季均可，带土球定植，造林密度 1667 株/公顷左右。

铁杉属 *Tsuga*

铁杉 *Tsuga chinensis* (Franch.) Pritz.
别名：铁林刺、仙柏、南方铁杉

形态特征：乔木，高达50米，胸径达1.6米。树皮暗深灰色，成块状脱落。一年生枝细，淡黄色、淡褐黄色或淡灰黄色，叶枕凹槽内有短毛。叶条形，长1.2~2.7厘米，宽2~3毫米，先端钝圆有凹缺。球果卵圆形或长卵圆形，长1.5~2.5厘米，径1.2~1.6厘米；苞鳞倒三角状楔形或斜方形，上部边缘有细缺齿，先端二裂；种子下表面有油点，连同种翅长7~9毫米；子叶3~4枚，条形，先端钝，边缘全缘，上面中脉隆起，有散生白色气孔点。花期4月，球果10月成熟。

生态适应性：耐荫，喜温暖气候，适肥沃、排水良好的酸性土壤。

分布范围：产于舟曲、迭部、康县、文县、武都及小陇山等地，海拔2000~3000米。在陇南其他县（区）及麦积、秦州、清水、卓尼、临潭、岷县等地适宜栽植。陕西、河南、湖北、四川和贵州等省区有分布。

育苗技术：采用播种育苗。10月下旬采种，翌年2月中旬播种，播前催芽处理，条播，播后覆草木灰3厘米，再在上面盖一层1厘米厚的锯屑，最后均匀覆盖1层薄稻草。

造林技术：采用植苗造林。春季在土壤解冻15厘米左右时栽植，选用2年生苗木，造林密度1667株/公顷左右。

松科 Pinaceae

柏木属 Cupressus

岷江柏木 *Cupressus chengiana* S. Y. Hu
保护级别：国家二级

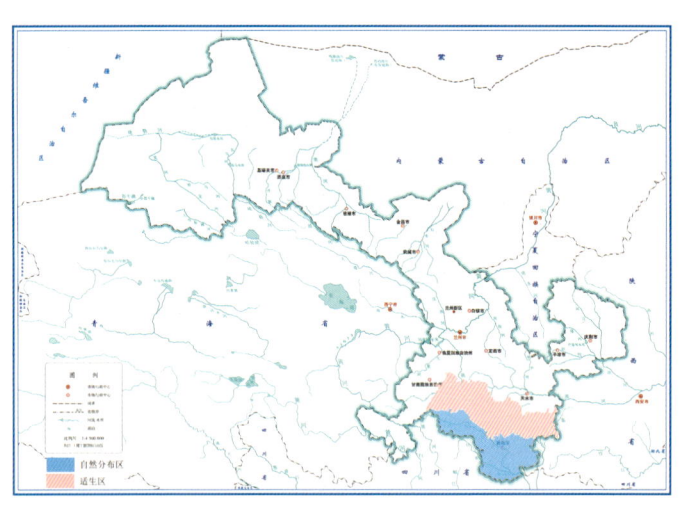

形态特征：乔木，高达 30 米，胸径达 1 米。枝叶浓密，生鳞叶的小枝斜展，不下垂，不排成平面，末端鳞叶枝粗，径 1~1.5 毫米，很少近 2 毫米，圆柱形。鳞叶斜方形，长约 1 毫米，交叉对生，排成整齐的四列，背部拱圆，无蜡粉，无明显的纵脊和条槽，或背部微有条槽，腺点位于中部，明显或不明显。二年生枝带紫褐色、灰紫褐色或红褐色，三年生枝皮鳞状剥落。成熟的球果近球形或略长，径 1.2~2 厘米；种鳞 4~5 对，顶部平，不规则扁四边形或五边形，红褐色或褐色，无白粉；种子多数，扁圆形或倒卵状圆形，长 3~4 毫米，宽 4~5 毫米，两侧种翅较宽。

生态适应性：抗逆性强，耐寒，耐旱，耐瘠薄，具有适应严酷生境的特性。

分布范围：产于舟曲、迭部、武都、文县、康县等地，海拔 1200~1900 米。在宕昌、岷县、漳县、卓尼、临潭、西和、礼县、成县、徽县、两当等地适宜栽植。四川西部、北部（岷江上游）等区域有分布。

育苗技术：采用播种育苗。10 月中旬至 11 月采种，春季播种，播前温水浸种催芽，条播，播种量 30~60 千克/公顷。

造林技术：采用植苗造林。春季在土壤解冻后进行，秋季在雨季进行，采用穴状整地，造林密度 1667 株/公顷左右。

刺柏属 *Juniperus*

圆柏 *Juniperus chinensis* L.
别名： 珍珠柏、红心柏、刺柏、桧、桧柏

形态特征： 乔木，高达 20 米，胸径达 3.5 米。树皮深灰色，纵裂，成条片开裂。小枝通常直或稍成弧状弯曲，生鳞叶的小枝近圆柱形或近四棱形，径 1~1.2 毫米。叶二型，即刺叶及鳞叶；刺叶三叶交互轮生，斜展，披针形，先端渐尖，长 6~12 毫米。雌雄异株，稀同株，雄球花黄色，椭圆形，长 2.5~3.5 毫米，雄蕊 5~7 对，常有 3~4 花药。球果近圆球形，径 6~8 毫米，熟时暗褐色，被白粉或白粉脱落，有 1~4 粒种子；种子卵圆形，扁，顶端钝；子叶 2 枚，条形，长 1.3~1.5 厘米，先端锐尖。

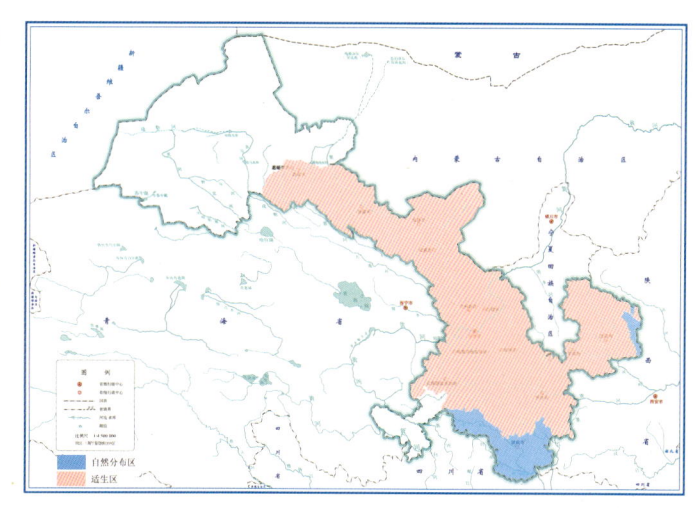

生态适应性： 喜光，较耐荫，耐寒，耐热，忌积水；对土壤要求不严，深根性，侧根发达；对多种有害气体有一定抗性。

分布范围： 产于迭部、舟曲、文县、武都、成县、康县及子午岭等地，海拔 1900~2100 米。除玛曲、碌曲和河西西部之外，全省各地均适宜栽植，荒漠地区可用于城市绿化。内蒙古乌拉山、河北、山西、山东、江苏、浙江、福建、安徽、江西、河南、陕西、四川、湖北、湖南、贵州、广东、广西及云南等地有分布。

育苗技术： 一般采用播种育苗。春播或秋播均可，播前种子沙藏催芽，条播，播种量 150~225 千克/公顷，覆土厚 2 厘米。也可嫩枝、硬枝扦插繁殖。

造林技术： 采用植苗造林。春季栽植，选用 2 年生以上苗木，造林密度 1250~2000 株/公顷。

刺柏属 *Juniperus*

刺柏 *Juniperus formosana* Hayata
别名： 台湾柏、刺松、矮柏木、山杉、台桧、山刺柏

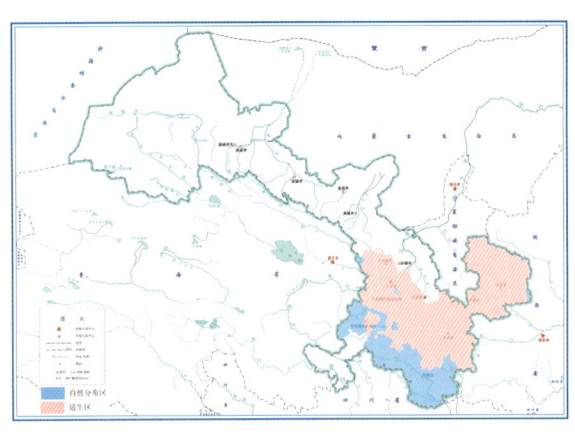

形态特征： 乔木，高达12米。树皮褐色，纵裂成长条薄片脱落。枝条斜展或直展，树冠塔形或圆柱形；小枝下垂，三棱形。叶三叶轮生，条状披针形或条状刺形，长1.2~2厘米，宽1.2~2毫米，先端渐尖具锐尖头，上面稍凹，中脉微隆起，绿色。雄球花圆球形或椭圆形，长4~6毫米，药隔先端渐尖，背有纵脊。球果近球形或宽卵圆形，长6~10毫米，径6~9毫米，熟时淡红褐色，被白粉或白粉脱落，间或顶部微张开；种子半月圆形，具3~4棱脊，顶端尖，近基部有3~4个树脂槽。

生态适应性： 阳性树种，喜光，耐寒，耐旱；主侧根均很发达，抗污染能力强；喜酸性土壤，在干旱沙地、肥沃通透性土壤生长最好。

分布范围： 产于卓尼、夏河、迭部、舟曲、武都、成县、康县、宕昌、文县及子午岭（南部）、太子山、兴隆山、祁连山（连城）等地。在陇南其他县（区）、兰州、天水、平凉、定西、临夏、庆阳等地适宜栽植，荒漠地区用于城市绿化。台湾、江苏、安徽、浙江、福建、江西、湖北、湖南、陕西、青海、西藏、四川、贵州、云南等省区有分布。

育苗技术： 采用扦插育苗。插床选择光线充足，浇水方便的沙质土壤地段。选择1~2年生、茎粗1厘米左右的硬枝作插条，插穗长15~25厘米，随采、随剪、随蘸、随插。

造林技术： 采用植苗造林。一般带土球移栽，挖宽、深为50厘米的坑穴，造林密度1667株/公顷左右。

刺柏属 *Juniperus*

祁连圆柏 *Juniperus przewalskii* Kom.

形态特征：常绿乔木，高达12米。树干直或略扭。树皮灰色或灰褐色。枝条开展或直伸。叶有刺叶与鳞叶，壮龄树上兼有刺叶与鳞叶，鳞叶交互对生，排列较疏或较密，菱状卵形，腺体位于叶背基部或近基部，圆形、卵圆形或椭圆形；刺叶三枚交互轮生，三角状披针形，上面凹，有白粉带，中脉隆起。雌雄同株，雄球花卵圆形，长2~2.5毫米，雄蕊5对，花药3。球果卵圆形或近圆球形，成熟前绿色，熟后蓝褐色或蓝黑色，微有光泽；种子扁方圆形或近圆形，两端钝。

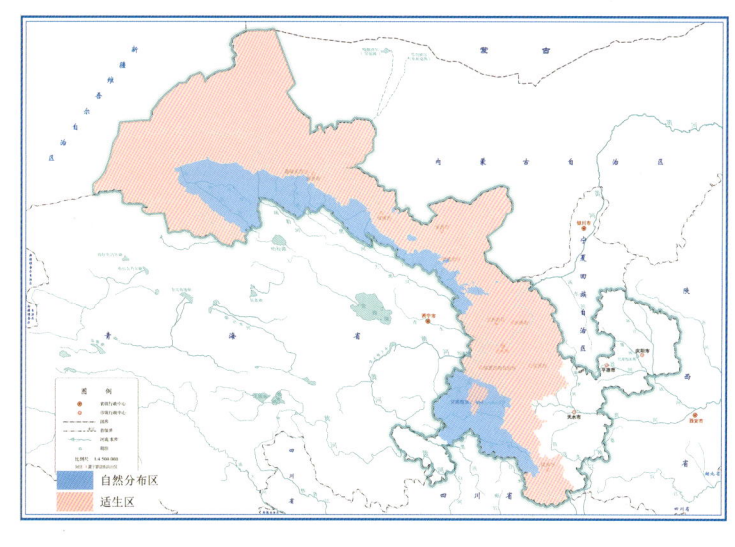

生态适应性：喜光，耐高寒，耐干旱，耐热，极耐贫瘠，不耐阴湿积水；对土壤要求不严，能生于酸性、中性及石灰质土壤上；常生于海拔2600~4000米地带之阳坡。

分布范围：产于肃北南部、舟曲、卓尼、临潭、夏河、碌曲、迭部及祁连山、太子山、莲花山等地。在河西地区、兰州、白银、定西及宕昌、武都、文县等地适宜栽植。青海有分布。

育苗技术：采用播种育苗。10月中下旬采种，4月中旬播种，播前沙藏催芽，条播，播种量约1500千克/公顷，1年生的苗木换床移植，3年生苗木按1米×1米的株行距进行换床定植。

造林技术：采用植苗造林。一般在阴天或雨天进行，带土球移栽，选择5~6年生苗木，造林密度833~1667株/公顷。

刺柏属 *Juniperus*

杜松 *Juniperus rigida* Sieb. et Zucc.
别名：软叶杜松、棒儿松、崩松、刚桧

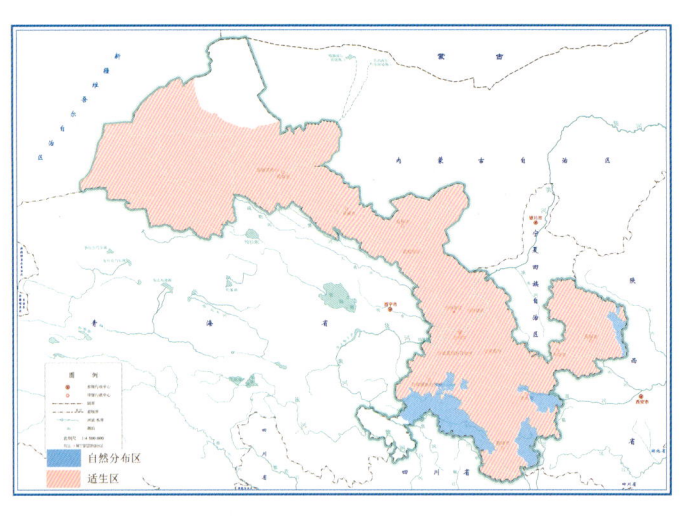

形态特征：灌木或小乔木，高达10米。枝条直展，形成塔形或圆柱形的树冠，枝皮褐灰色，纵裂；小枝下垂，幼枝三棱形，无毛。叶三叶轮生，条状刺形，质厚，坚硬，长1.2~1.7厘米，宽约1毫米，上部渐窄，先端锐尖，上面凹下成深槽，槽内有1条窄白粉带，下面有明显的纵脊，横切面成内凹的V状三角形。雄球花椭圆状或近球状，长2~3毫米，药隔三角状宽卵形，先端尖，背面有纵脊。球果圆球形，径6~8毫米，成熟前紫褐色，熟时淡褐黑色或蓝黑色，常被白粉；种子近卵圆形，长约6毫米，顶端尖，有4条不显著的棱角。

生态适应性：极喜光，耐寒，耐旱，耐瘠薄，喜生于向阳湿润的沙质山坡。

分布范围：产于子午岭及麦积、成县、康县、舟曲、迭部、卓尼、碌曲等地。除玛曲和肃北北部之外，全省各地均适宜栽植。黑龙江、吉林、辽宁、内蒙古、河北北部、山西、陕西、宁夏等地有分布。

育苗技术：一般采用播种育苗。春季播种，播前种子催芽，按行距10厘米开浅沟条播，播后覆土1厘米。也可嫩枝（6月）或硬枝（10月）扦插繁殖。

造林技术：采用植苗造林。春、秋两季均可栽植，选用2年生苗木，一般带土球移栽，造林密度1250~2000株/公顷。

刺柏属 *Juniperus*

叉子圆柏 *Juniperus sabina* L.
别名：沙地柏、臭柏、爬地柏、砂地柏、双子柏

形态特征：匍匐灌木，高不及1米。枝密，斜上伸展，枝皮灰褐色，裂成薄片脱落。叶二型：刺叶常生于幼树上，稀在壮龄树上与鳞叶并存，常交互对生或兼有三叶交叉轮生，长3~7毫米，先端刺尖；鳞叶交互对生，排列紧密或稍疏，斜方形或菱状卵形，长1~2.5毫米，先端微钝或急尖。雌雄异株，稀同株；雄球花椭圆形或矩圆形，长2~3毫米，雄蕊5~7对；雌球花曲垂或初期直立而随后俯垂。球果生于向下弯曲的小枝顶端，熟前蓝绿色，熟时褐色至紫蓝色或黑色，常少有白粉，具1~4（5）粒种子，多为倒三角状球形；种子常为卵圆形，微扁，长4~5毫米，顶端钝或微尖。

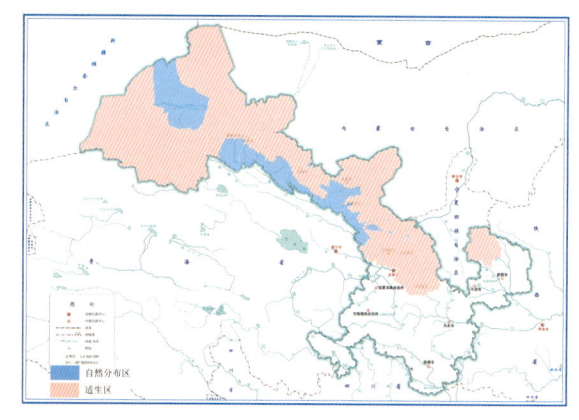

生态适应性：喜光，稍耐荫，多分布于阳坡；耐干旱，耐瘠薄，具有水势低、保水力强、蒸腾速率低等耐旱特性。

分布范围：产于祁连山、瓜州（巴尔峡）、张掖（东大山）、金昌（龙首山）、古浪（昌岭山）、景泰（寿鹿山）、靖远（哈思山）等地，海拔1100~2800米。在河西地区、永登、皋兰、榆中、安定、环县、会宁、靖远等地适宜栽植。新疆天山至阿尔泰山、宁夏贺兰山、内蒙古、青海东北部及陕西北部榆林等地有分布。

育苗技术：一般采用播种育苗。10月下旬采种，7月上旬至8月底播种，播种前种子温水处理，平床条播。也可扦插育苗。

造林技术：一般采用植苗造林。春、秋两季均可，一般采用容器苗，造林密度1111~2500株/公顷。也可扦插及分殖造林。

刺柏属 *Juniperus*

大果圆柏 *Juniperus tibetica* Kom.
别名： 西藏圆柏、西康圆柏

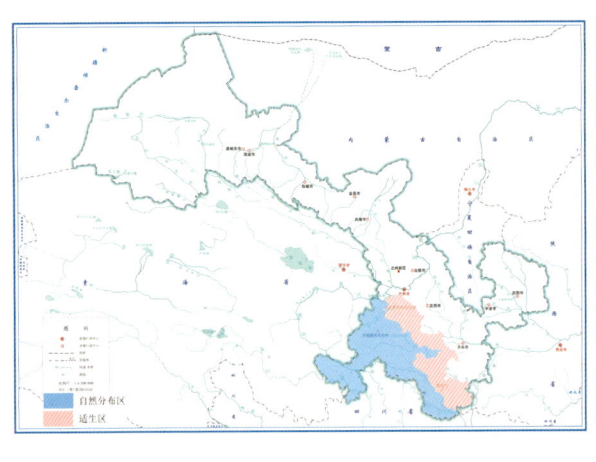

形态特征： 乔木，高达30米，稀呈灌木状。树皮灰褐色或淡褐灰色，裂成不规则薄片脱落。小枝直或微成弧状，一回分枝圆柱形，二、三回分枝近圆柱形或四棱形。鳞叶绿色或黄绿色，稀微被蜡粉，交叉对生，长1~3毫米，先端钝或钝尖，背面拱圆或上部有钝脊，腺体明显；刺叶常生于幼树上，三叶交叉轮生，条状披针形，斜展或开展，长4~8毫米，上面凹，有白粉。雌雄异株或同株，雄球花近球形，长2~3毫米，雄蕊3对。球果卵圆形或近圆球形，成熟前绿色或有黑色小斑点，熟时红褐色、褐色至黑色或紫黑色，长9~16毫米；种子卵圆形，稀倒卵圆形或近圆形，微扁，长7~11毫米，基部圆，常有凸起的短钝尖，先端钝或钝尖，两侧或中上部有2~3钝纵脊，或两侧有凸起，表面具4~8个较深的树脂槽。

生态适应性： 耐干冷的高山气候，在寒冷干燥的环境能形成森林；生于山坡、山脊、山麓，海拔3450~4500米。

分布范围： 产于卓尼、迭部、舟曲、夏河、碌曲、玛曲、合作、文县、岷县及大夏河林区、太子山等地。在康县、武都、宕昌、礼县、漳县、临洮、武山、临夏县、广河、康乐等地适宜栽植。四川、青海、西藏等省区有分布。

育苗技术： 采用播种育苗。10月采种，在海拔近3000米的高寒阴湿地区，适宜的播种期为5月下旬，种子沙藏处理，条播，覆土厚度2~3厘米，播种量约1500千克/公顷。

造林技术： 采用植苗造林。春季带土球移栽，选用3~4年生苗木，造林密度1250~2000株/公顷。

侧柏属 *Platycladus*

侧柏 *Platycladus orientalis* (L.) Franco
别名： 香柯树、香树、扁桧、香柏、黄柏

形态特征： 乔木，高达20米，胸径达1米。树皮浅灰褐色，纵裂成条片。幼树树冠卵状尖塔形，老树广圆形。生鳞叶的小枝扁平，排成一平面。叶鳞形，长1~3毫米，先端微钝，背面中间有条状腺槽，尖头的下方有腺点。雄球花黄色，卵圆形，长约2毫米；雌球花近球形，径约2毫米，蓝绿色，被白粉。球果近卵圆形，长1.5~2（2.5）厘米，成熟前近肉质，蓝绿色，成熟后开裂，红褐色；种子卵圆形或近椭圆形，长6~8毫米，稍有棱脊，无翅或有极窄之翅。花期3~4月，球果10月成熟。

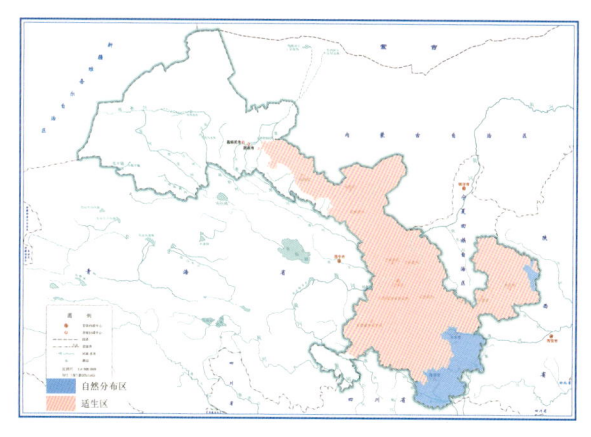

生态适应性： 喜光树种，幼龄期稍耐荫，能适应干冷及暖湿气候，耐干旱瘠薄；对土壤要求不严，适生于中性、酸性及微碱性土壤，在石灰性土上生长良好。

分布范围： 产于武都、文县、两当、徽县、成县、康县、麦积、秦州及子午岭等地。除玛曲和河西西部荒漠区之外，全省各地均适宜栽植。内蒙古南部、吉林、辽宁、河北、山西、山东、江苏、浙江、福建、安徽、江西、河南、陕西、四川、云南、贵州、湖北、湖南、广东北部及广西北部等地有分布。

育苗技术： 采用播种育苗。10月采种，种子沙藏处理，春季土壤解冻后播种，播种量195~225千克/公顷。

造林技术： 采用植苗造林。造林春、夏（雨）、秋三季都能进行，带土球栽植，苗木以2~4年生为好，造林密度1111~2000株/公顷。

三尖杉属 Cephalotaxus

三尖杉 *Cephalotaxus fortunei* Hooker
别名：小叶三尖杉、山榧树、三尖松、狗尾松

红豆杉科 Taxaceae

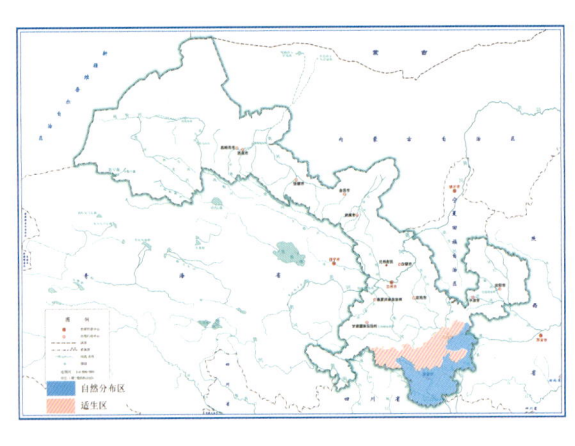

形态特征：乔木，高达 20 米，胸径达 40 厘米。树皮褐色或红褐色，裂成片状脱落。枝条较细长，稍下垂；树冠广圆形。叶排成两列，披针状条形，长 4~13 厘米，宽 3.5~4.5 毫米，先端有渐尖的长尖头，基部楔形或宽楔形。雄球花 8~10 聚生成头状，径约 1 厘米，总花梗粗，通常长 6~8 毫米，基部及总花梗上部有 18~24 枚苞片，每一雄球花有 6~16 枚雄蕊，花药 3，花丝短；雌球花的胚珠 3~8 枚发育成种子，总梗长 1.5~2 厘米。种子椭圆状卵形或近圆球形，长约 2.5 厘米，假种皮成熟时紫色或红紫色，顶端有小尖头；子叶 2 枚，条形，长 2.2~3.8 厘米，先端钝圆或微凹，下面中脉隆起，上面有凹槽，内有一窄的白粉带。花期 4 月，种子 8~10 月成熟。

生态适应性：生于山坡疏林、溪谷湿润而排水良好的地方；多分布于亚热带常绿阔叶林中，能适应林下光照强度较差的环境条件，并能正常生长和更新。

分布范围：产于小陇山及成县、武都、康县、文县、舟曲等地，海拔 1000~3000 米。在迭部、徽县、两当、麦积、秦州、西和、清水、礼县、宕昌等地适宜栽植。浙江、安徽南部、福建、江西、湖南、湖北、河南南部、陕西南部、四川、云南、贵州、广西及广东等地有分布。

育苗技术：采用播种育苗。9 月下旬采种，种子越冬沙藏，3 月上旬开沟点播，播种量约 1500 千克/公顷。

造林技术：采用植苗造林。春季栽植，可与落叶乔木混交，隔行混交，造林密度 1250~2000 株/公顷。

红豆杉属 *Taxus*

红豆杉 *Taxus wallichiana* var. *chinensis* (Pilger) Florin
别名：观音杉、红豆树、扁柏、卷柏
保护级别：国家一级

形态特征：乔木，高达30米，胸径60~100厘米。树皮灰褐色、红褐色或暗褐色，裂成条片脱落。大枝开展，一年生枝绿色或淡黄绿色。叶排列成两列，条形，长1~3（多为1.5~2.2）厘米，宽2~4（多为3）毫米，上部微渐窄，先端常微急尖。雄球花淡黄色，雄蕊8~14枚，花药4~8（多为5~6）。种子生于杯状红色肉质的假种皮中，间或生于近膜质盘状的种托之上，常呈卵圆形，上部渐窄，稀倒卵状，长5~7毫米，径3.5~5毫米，微扁或圆，上部常具二钝棱脊，稀上部三角状具三条钝脊，先端有突起的短钝尖头，种脐近圆形或宽椭圆形，稀三角状圆形。

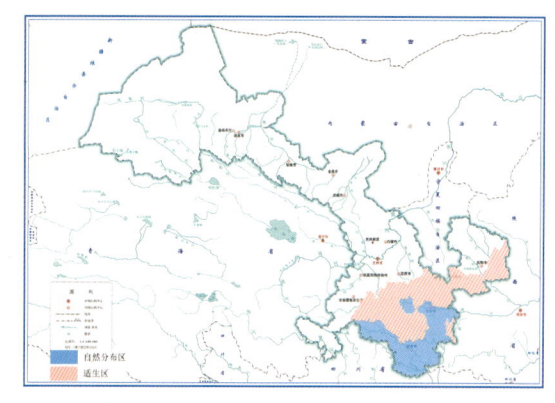

生态适应性：喜温树种，耐寒，不耐湿热；对土壤肥力要求较高，不耐瘠薄，喜肥沃、湿润、排水良好的微酸性至微碱性土壤。

分布范围：产于舟曲、迭部、康县、徽县、文县、武都、成县、武山、麦积、秦州等地。在陇南其他县（区）、天水其他县（区）、平凉及合水、宁县、正宁、漳县、岷县、渭源、陇西、通渭、卓尼、临潭等地适宜栽植。陕西南部、四川、云南东北部及东南部、贵州西部及东南部、湖北西部、湖南东北部、广西北部和安徽南部（黄山）等地有分布。

育苗技术：采用播种育苗。9~10月采种，翌年秋播，春播则在入冬后在室外土中冷冻，3月下旬至4月上旬移入暖房催芽后播种，条播，出苗后遮荫。也可扦插繁殖。

造林技术：采用植苗造林。春芽萌芽前雨天随起随栽，移栽初期耐旱性较弱，夏季温度较高时遮荫，最好种植在密集间伐的冷杉林下，造林密度1250~2000株/公顷。

红豆杉属 Taxus

南方红豆杉 *Taxus wallichiana* var. *mairei* (Lemée et H. Lév.) L. K. Fu et Nan Li

别名：血柏、红叶水杉、海罗松、美丽红豆杉、蜜柏
保护级别：国家一级

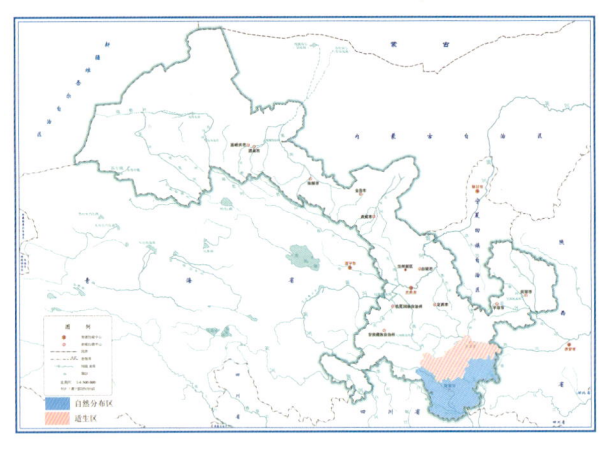

形态特征：乔木，高达 30 米，胸径 60~100 厘米。树皮灰褐色、红褐色或暗褐色，裂成条片脱落。叶较宽长，多呈弯镰状，长 2~3.5（4.5）厘米，宽 3~4（5）毫米，上部常渐窄，先端渐尖，下面中脉带上无角质乳头状突起点，或局部有成片或零星分布的角质乳头状突起点，或与气孔带相邻的中脉带；两边有一至数条角质乳头状突起点，中脉带明晰可见，其色泽与气孔带相异，呈淡黄绿色或绿色，绿色边带亦较宽且明显。雄球花淡黄色，雄蕊 8~14 枚，花药 4~8（多为 5~6）。种子通常较大，微扁，多呈倒卵圆形，上部较宽，稀柱状矩圆形，长 7~8 毫米，径 5 毫米，种脐常呈椭圆形。

生态适应性：耐荫树种，喜温暖湿润的气候，通常生长于山脚腹地较为潮湿处；耐干旱瘠薄，不耐低洼积水。

分布范围：产于舟曲、文县、武都、康县、成县、徽县、两当等地。在秦州、麦积、宕昌、西和、礼县等地适宜栽植。安徽南部、浙江、台湾、福建、江西、广东北部、广西北部及东北部、湖南、湖北西部、河南西部、陕西南部、四川、贵州及云南东北部等地有分布。

育苗技术：一般采用播种育苗。10 月下旬采种，播前低温沙藏催芽，早春条播，覆土厚 0.5~1 厘米，苔藓覆盖播种沟并长期保留，播种量约 15 千克/公顷。也可扦插育苗。

造林技术：采用植苗造林。冬末春初进行移栽，选用 2~3 年生、高 50~100 厘米的苗木，随起随栽，造林密度 2000 株/公顷左右。

02

被子植物

杨属 *Populus*

响叶杨 *Populus adenopoda* Maxim.

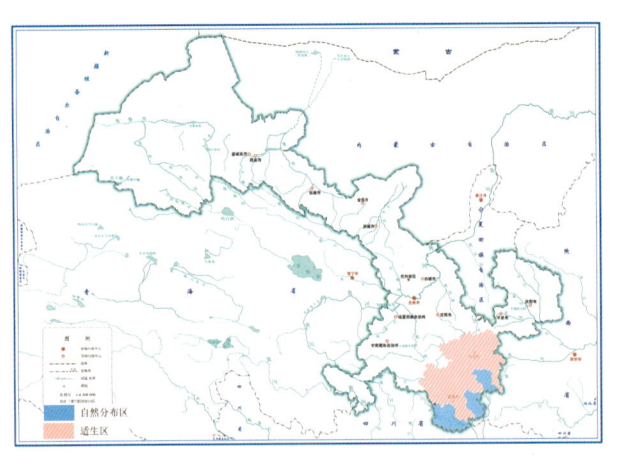

形态特征：乔木，高 15~30 米。树皮灰白色，光滑，老时深灰色，纵裂；树冠卵形。小枝较细，暗赤褐色，被柔毛；老枝灰褐色，无毛。叶卵状圆形或卵形，长 5~15 厘米，宽 4~7 厘米，先端长渐尖，基部截形或心形，边缘有内曲圆锯齿，齿端有腺点；叶柄侧扁，被绒毛或柔毛，长 2~8（12）厘米，顶端有 2 显著腺点。雄花序长 6~10 厘米，苞片条裂，有长缘毛，花盘齿裂。果序长 12~20（30）厘米；花序轴有毛；蒴果卵状长椭圆形，长 4~6 毫米，稀 2~3 毫米，先端锐尖，有短柄，2 瓣裂。种子倒卵状椭圆形，长 2.5 毫米，暗褐色。花期 3~4 月，果期 4~5 月。

生态适应性：喜光树种，不耐荫；耐寒，耐旱，耐盐碱，耐贫瘠；对土壤要求不严，在黄壤、黄棕壤、沙壤土、冲积土、钙质土上均能生长，土壤的酸碱度适应幅度较大，酸性、微碱性土都能生长。

分布范围：产于文县、康县及徽县等地。在陇南其他县（区）、天水及舟曲等地适宜栽植。陕西、河南、安徽、江苏、浙江、福建、江西、湖北、湖南、广西、四川、贵州和云南等省区有分布。

育苗技术：采用扦插育苗。春季扦插为主，插穗选择 1 年生枝条，扦插株行距 12 厘米 ×25 厘米。

造林技术：一般采用植苗造林。以春季造林为主，造林密度 833 株/公顷左右。也可扦插造林。

杨属 Populus

新疆杨 *Populus alba* var. *pyramidalis* Bge.

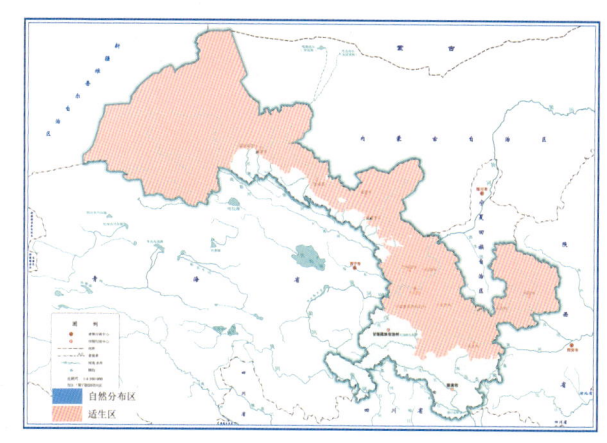

形态特征：乔木，高达 30 米。树冠圆柱形或塔形。树皮淡灰绿色，光滑或浅裂。枝圆柱形，光滑或微有毛，嫩枝有白绒毛。芽长 12~15 毫米，长椭圆状卵形，具白绒毛。叶柄长 2~5 厘米，侧扁，初被白绒毛，后光滑；长枝或萌发枝叶大，三角状卵形或阔卵形，长 11~18 厘米，5~7 掌状半裂，边缘有不规则粗齿或波状齿，表面光滑或局部被绒毛，背面具白绒毛；短枝叶较小，卵形或阔卵形，革质，背面初被白绒毛，后无毛，基部通常截形，边缘有粗钝齿牙。雄花序长达 5 厘米，粗 1 厘米，花序轴稍有毛；苞片膜质，红褐色，圆形，有细齿，基部狭楔形，光滑，上缘有长缘毛；花盘广椭圆形，肉质，内部平凹，光滑；雄蕊 6~12 枚，花丝纤细；雌花未见。花期 4 月。

生态适应性：中湿性树种，耐寒性较差；喜光，抗大气干旱，抗风，抗烟尘，抗柳毒蛾，较耐盐碱，但在未经改良的盐碱地、沼泽地、黏土地、戈壁滩等均生长不良。

分布范围：平凉、庆阳、天水、定西、临夏、兰州、白银及河西各地大量引种栽植。分布在中亚、西亚、巴尔干、欧洲等地。

育苗技术：采用扦插育苗。选用 1~2 年生枝条中下部作插穗，秋季落叶后采条，湿沙储藏越冬，春插前对插穗进行浸水催根和生长素处理等。

造林技术：一般采用植苗造林。最宜在渠旁、路旁和农耕地区营造防护林，初植行距 3~5 米，株距 2~3 米。也可扦插造林。

杨属 Populus

山杨 *Populus davidiana* Dode

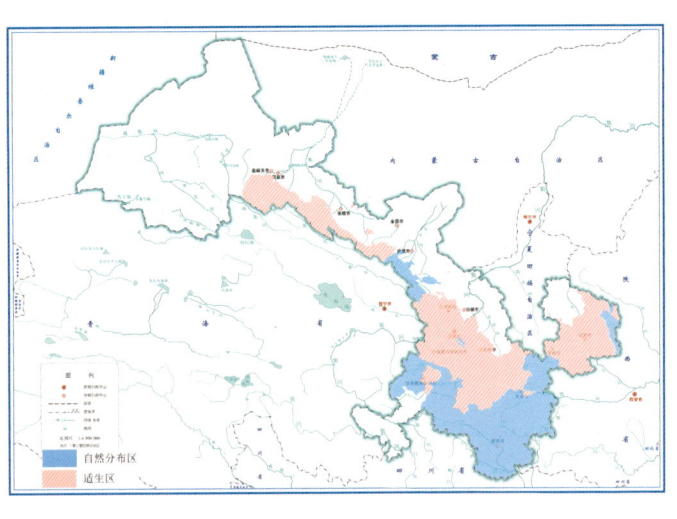

形态特征：乔木，高达25米，胸径约60厘米。树皮光滑灰绿色或灰白色，老树基部黑色粗糙；树冠圆形。小枝圆筒形，光滑，赤褐色。叶三角状卵圆形或近圆形，长宽近等，长3~6厘米，先端钝尖、急尖或短渐尖，基部圆形、截形或浅心形，边缘有密波状浅齿；叶柄侧扁，长2~6厘米。花序轴有疏毛或密毛；苞片棕褐色，掌状条裂，边缘有密长毛；雄花序长5~9厘米，雄蕊5~12，花药紫红色；雌花序长4~7厘米；子房圆锥形，柱头2深裂，带红色。果序长达12厘米；蒴果卵状圆锥形，长约5毫米。花期3~4月，果期4~5月。

生态适应性：喜光，稍耐荫，忌水涝和暴晒，生长较慢；强阳性树种，耐寒冷，耐干旱瘠薄土壤，对土壤要求不严，在微酸性至中性土壤皆可生长，适于山腹以下排水良好肥沃土壤。

分布范围：产于陇南和夏河、卓尼、临潭、迭部、舟曲及子午岭、关山、小陇山、兴隆山、太子山、祁连山（黑河以东）等地。除玛曲、碌曲、环县和河西走廊之外，全省各林区适宜栽植。黑龙江、内蒙古、吉林、华北、西北、华中及西南高山地区均有分布。

育苗技术：采用播种育苗。在蒴果刚开还没有完全开裂时采集种子，开沟条播或撒播，播种量12~15千克/公顷。

造林技术：采用植苗造林。春季栽植，造林密度1667株/公顷左右。

杨属 Populus

胡杨 *Populus euphratica* Oliv.
别名：幼发拉底杨、异叶杨、胡桐

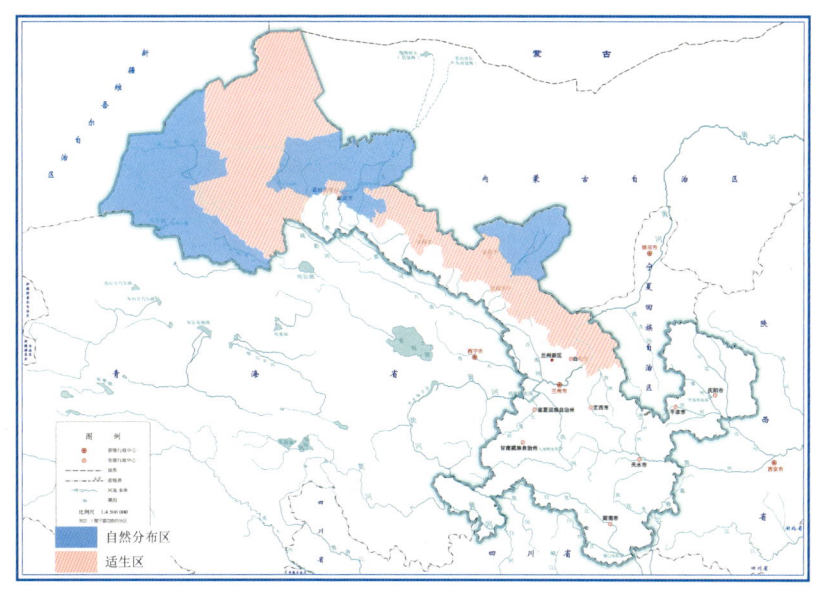

形态特征：乔木，高10~15米，稀灌木状。树皮淡灰褐色，下部条裂。叶形多变化，卵圆形、卵圆状披针形、三角状卵圆形或肾形；苗期和萌枝叶披针形或线状披针形；叶柄微扁，约与叶片等长。雄花序细圆柱形，长2~3厘米，轴有短绒毛，雄蕊15~25，花药紫红色，花盘膜质，边缘有不规则齿牙；雌花序长约2.5厘米，果期长达9厘米，花序轴有短绒毛或无毛；子房长卵形，被短绒毛或无毛，子房柄约与子房等长，柱头3，2浅裂，鲜红或淡黄绿色。蒴果长卵圆形，长10~12毫米，2~3瓣裂，无毛。花期5月，果期7~8月。

生态适应性：喜光，耐热，耐大气干旱，耐盐碱，抗风沙，耐寒。

分布范围：产于河西走廊敦煌、瓜州、玉门、肃州、阿克塞、金塔、肃南、民勤等地。在河西荒漠区及平川、靖远、景泰等地适宜栽植。内蒙古西部、青海、新疆等地有分布。

育苗技术：一般采用播种育苗。在种子成熟后立即采集播种，以平床沟灌苗床较好，床宽1.5米，深10~15厘米，宽25~30厘米，播种量5~6千克/公顷。也可根蘖繁殖。

造林技术：一般采用植苗造林。多在春季进行，造林密度1111株/公顷左右。也可分殖造林。

杨柳科 Salicaceae

杨属 Populus

河北杨 Populus × hopeiensis Hu et Chow

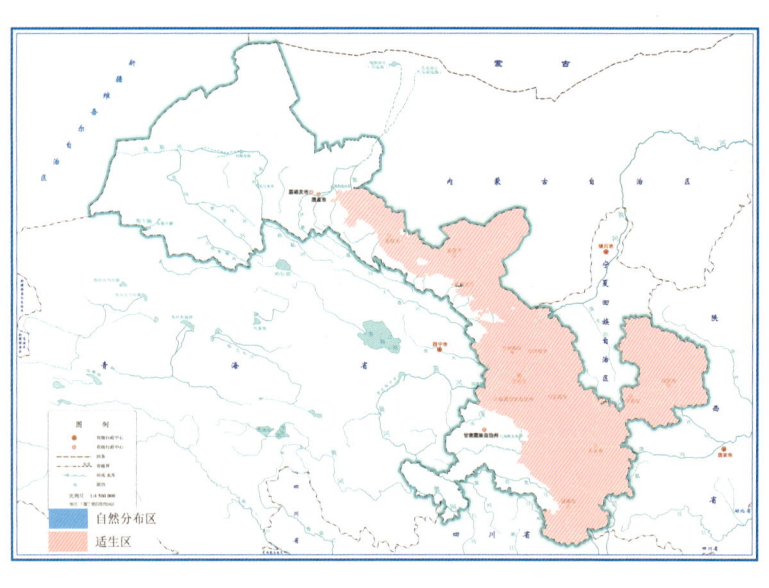

形态特征： 乔木，高达30米。树皮黄绿色至灰白色，光滑。树冠圆大。小枝圆柱形，灰褐色，无毛。叶卵形或近圆形，长3~8厘米，宽2~7厘米，先端急尖或钝尖；叶柄侧扁，初时被毛与叶片等长或较短。雄花序长约5厘米，花序轴被密毛，苞片褐色，掌状分裂，裂片边缘具白色长毛；雌花序长3~5厘米，花序轴被长毛，苞片赤褐色，边缘有长白毛；子房卵形，光滑，柱头2裂。蒴果长卵形，2瓣裂，有短柄。花期4月，果期5~6月。

生态适应性： 耐寒，耐旱，喜湿润，不抗涝，根系发达，萌蘖性强。

分布范围： 在兰州、定西、天水、平凉、庆阳、陇南、临夏、白银、金昌、张掖、武威等地适宜栽植。中国华北、西北各地有分布，为河北省山区常见杨树。

育苗技术： 一般采用扦插育苗。在4月上旬采集穗条，选择粗1~2.5厘米，剪成长度18~20厘米，沙藏1个月后扦插。也可根蘖繁殖。

造林技术： 采用植苗造林。春、秋两季都可进行，根蘖苗造林须先截干并适当修根。河北杨易于串根，造林密度宜小，造林密度833~2500株/公顷。

杨属 *Populus*

箭杆杨 *Populus nigra* var. *thevestina* (Dode) Bean

杨柳科 Salicaceae

形态特征：乔木，高达30米。树皮灰白色，较光滑。树冠圆柱形。侧枝成20°~30°角开展，小枝圆，光滑，黄褐色或淡黄褐色，嫩枝有时疏生短柔毛。芽长卵形，先端长渐尖，淡红色，富黏质。长枝叶扁三角形，通常宽大于长，长约7.5厘米，先端短渐尖，基部楔形，边缘钝圆锯齿；短枝叶菱状三角形，或菱状卵圆形，长5~10厘米，宽4~9厘米，先端渐尖，基部楔形；叶柄上部微扁，长2~4.5厘米，顶端无腺点。雌花序长10~15厘米。蒴果2瓣裂，先端尖，果柄细长。花期4月，果期5月。

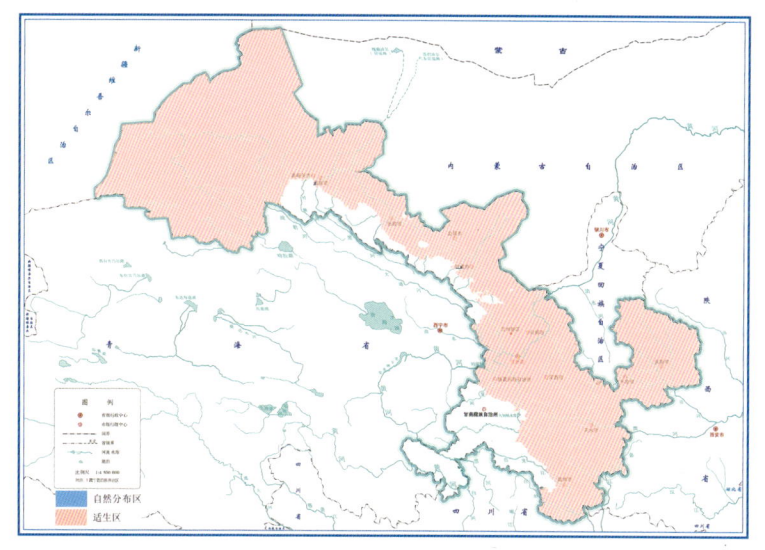

生态适应性：喜光，耐寒，耐旱，耐干旱气候，稍耐盐碱及水湿，但在低洼积水处生长不良。

分布范围：除甘南、祁连山等地之外，甘肃普遍适宜栽培，以河西地区最多。中国西北、华北各地广为栽培。

育苗技术：采用扦插育苗。秋季落叶后至次年春萌发前，采取1年生枝条，春插时地上露1~2个芽，秋插时，插穗与地面平，寒冷地区可覆土2~3厘米。

造林技术：以植苗造林为主，湿润地区可用扦插造林。"四旁"绿化时，适当密植，株距1~1.5米，造林密度833~1667株/公顷。

杨属 Populus

冬瓜杨 *Populus purdomii* Rehd.

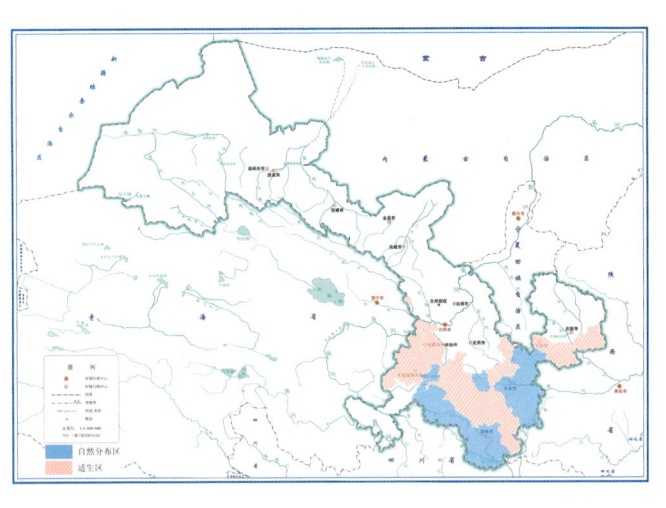

形态特征：乔木，高达30米。树皮幼时灰绿色，老时暗灰色，纵裂，呈片状；树冠圆形。小枝圆柱形，无毛，浅黄褐色或灰色。叶卵形或宽卵形，长7~14厘米，宽4~9厘米，先端渐尖，基部圆形或近心形，边缘细锯齿或圆锯齿，齿端有腺点，具缘毛；叶柄圆柱形，长2~5厘米；果序长11（13）厘米，无毛；蒴果球状卵形，长约7毫米，无梗或近无梗，（2）3~4瓣裂。花期4~5月，果期5~6月。

生态适应性：喜光，耐湿，较耐旱；在弱酸性、弱碱性、结构疏松沙质土壤中生长势旺盛；生于山坡、山谷、河滩沙地及河流两岸，海拔2400~2800米。

分布范围：产于卓尼、迭部、舟曲、武都、文县、武山、永登（连城）及小陇山、关山等地。在陇南其他县（区）、天水其他县（区）、临夏、平凉及夏河、临潭、渭源、漳县、岷县、宁县、正宁等地适宜栽植。河北、河南、陕西、湖北及四川等省区有分布。

育苗技术：主要采用扦插和播种育苗。扦插育苗，在初冬树木落叶后或早春树木未萌动前采种条，插条选1~2年生，粗1~2厘米的萌发条。播种育苗，6月中下旬采种，随采随播，播种量约4千克/公顷。

造林技术：一般采用植苗造林。春季造林，选用2年生苗，造林密度1111株/公顷左右。也可扦插造林。

杨属 *Populus*

小叶杨 *Populus simonii* Carr.

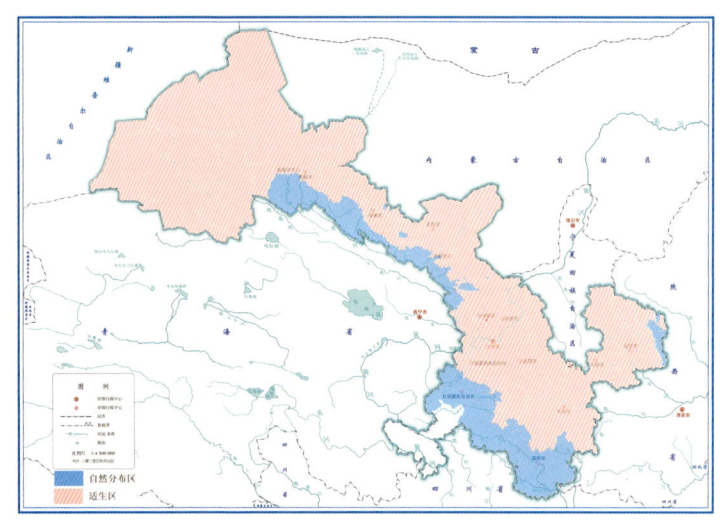

形态特征：乔木，高达 20 米，胸径 50 厘米以上。树冠近圆形。幼树小枝及萌枝有明显棱脊，常为红褐色，后变黄褐色，老树小枝圆形，细长而密，无毛。叶菱状卵形、菱状椭圆形或菱状倒卵形，长 3~12 厘米，宽 2~8 厘米，中部以上较宽，基部楔形、宽楔形或窄圆形，边缘平整，细锯齿，无毛，上面淡绿色，下面灰绿或微白，无毛；叶柄圆筒形，长 0.5~4 厘米。雄花序长 2~7 厘米，雄蕊 8~9（25）；雌花序长 2.5~6 厘米；果序长达 15 厘米；蒴果小，2（3）瓣裂，无毛。花期 3~5 月，果期 4~6 月。

生态适应性：耐旱，耐寒，较耐盐碱，耐沙埋。

分布范围：产于卓尼、临潭、迭部、舟曲、武都、文县、宕昌、康县、成县及子午岭（沟谷）、祁连山等地。除玛曲和碌曲之外，全省各地均适宜栽植。中国东北、华北、华中、西北及西南各地均有分布。

育苗技术：采用扦插育苗。春、秋两季均可扦插，春季在萌芽前进行，秋季在落叶后至土壤结冻前进行，扦插密度 10 万 ~14 万株/公顷。

造林技术：采用植苗造林。春季造林为主，选用 1~2 年生苗木。也可扦插造林。造林密度 833~1667 株/公顷。

杨属 *Populus*

毛白杨 *Populus tomentosa* Carr.

杨柳科 Salicaceae

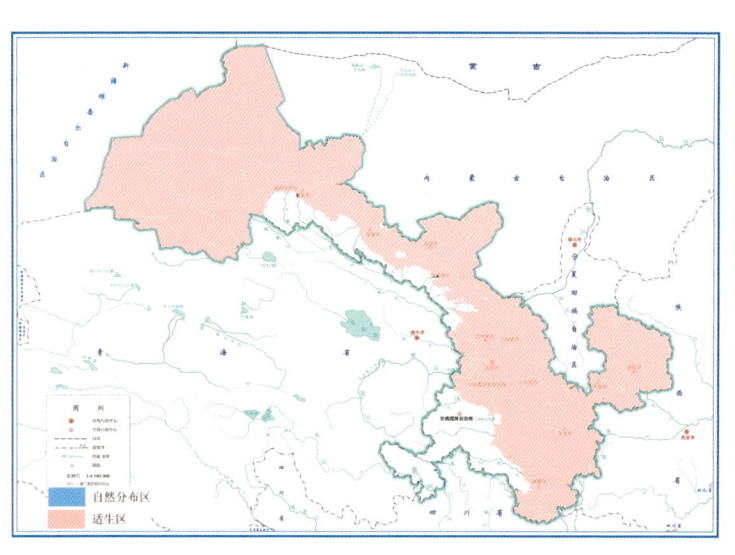

形态特征：乔木，高达 30 米。树皮幼时暗灰色，壮时灰绿色，老时基部黑灰色，纵裂；树冠圆锥形至卵圆形或圆形。长枝叶阔卵形或三角状卵形，长 10~15 厘米，宽 8~13 厘米，先端短渐尖，基部心形或截形，边缘深齿牙缘或波状齿牙缘；短枝叶通常较小，卵形或三角状卵形；叶柄稍短于叶片，侧扁。雄花序长 10~14（20）厘米，雄蕊 6~12，花药红色；雌花序长 4~7 厘米，苞片褐色，尖裂，沿边缘有长毛；子房长椭圆形，柱头 2 裂，粉红色。果序长达 14 厘米；蒴果圆锥形或长卵形，2 瓣裂。花期 3 月，果期 4~5 月。

生态适应性：喜光，喜深厚肥沃、透水性好的壤土或砂壤土，不耐积水和严寒；寿命长、生长快。

分布范围：除甘南和祁连山之外，全省各地均适宜栽植。辽宁（南部）、河北、山东、山西、陕西、河南、安徽、江苏、浙江等地有分布。

育苗技术：以扦插育苗为主。冬春两季均可，冬季应在落叶后扦插，春季要在土地解冻后进行，插条选择 1~2 年生，粗 0.8~1.5 厘米的枝条。

造林技术：采用植苗造林。春、秋两季均可，造林密度 500~1667 株/公顷。

杨属 Populus

二白杨 *Populus* × *xiaohei* var. *gansuensis* (C. Wang et H. L. Yang) C. Shang
别名：软白杨、青白杨、二青杨、甘肃杨

形态特征：乔木，高达 20 余米。树皮灰绿色，光滑。枝条粗壮，近轮生状，斜上。萌枝或长枝叶三角形或三角状卵形，较大，长宽近等，先端短渐尖，基部截形或近圆形，边缘近基部具钝锯齿；短枝叶宽卵形或菱状卵形，先端渐尖，基部圆形或阔楔形，边缘具细腺锯齿；叶柄圆柱形。雄花序细长，长 6~8 厘米，雄蕊 8~13，花丝长为花药的 3 倍；雌花序长 5~6 厘米，子房无毛，苞片扇形，长 2~2.5 毫米，边缘具线状裂片，花序轴无毛。果序长达 12 厘米；蒴果长卵形，长 4~5 毫米，2 瓣裂，果柄长 0.5 毫米。花期 4 月，果期 5 月。

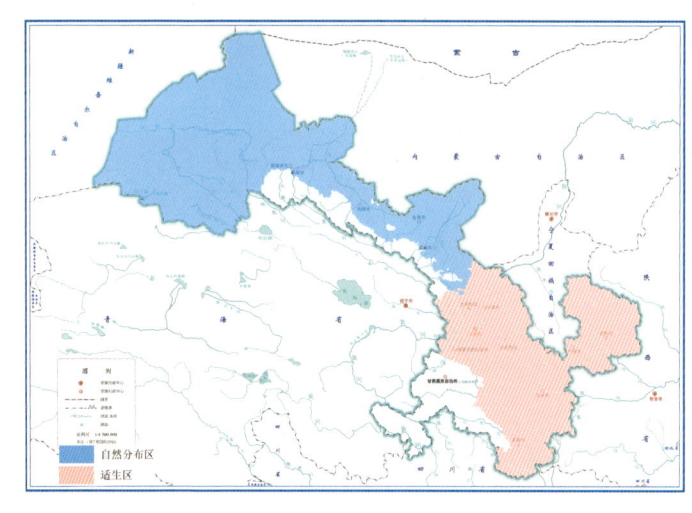

生态适应性：耐旱，对病虫抵抗力强，为干旱、半干旱地区营造农田防护林和防沙林的优良树种。

分布范围：产于武威、张掖、酒泉等地。在兰州、白银、临夏、平凉、庆阳、定西、天水、陇南等地适宜栽植。

育苗技术：以扦插育苗为主。春季土壤解冻后，选用 1 年生枝条，剪成长 17~25 厘米，粗 0.6~1.5 厘米的插穗进行直插，插后及时灌水，次春可挖苗造林。

造林技术：以植苗造林为主。多在春季解冻后进行，栽植后踏实、灌溉。在土壤水分较好的条件下，也可扦插造林。造林密度 500~1667 株/公顷。

柳属 *Salix*

垂柳 *Salix babylonica* L.
别名：柳树

杨柳科 Salicaceae

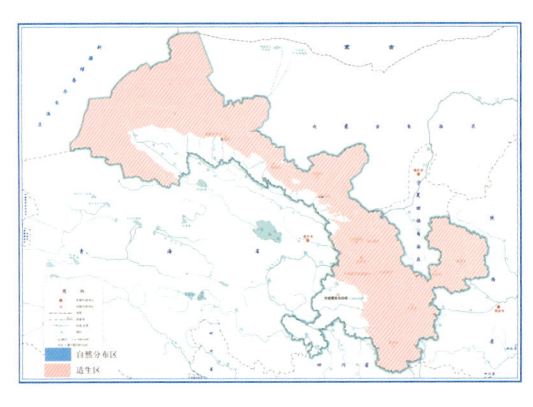

形态特征：乔木，高 12~18 米，树冠开展而疏散。树皮灰黑色，不规则开裂；枝细，下垂，淡褐黄色、淡褐色或带紫色。叶狭披针形或线状披针形，长 9~16 厘米，宽 0.5~1.5 厘米，先端长渐尖，基部楔形，两面无毛或微有毛，上面绿色，下面色较淡，锯齿缘；叶柄长（3）5~10 毫米，有短柔毛；托叶仅生在萌发枝上，斜披针形或卵圆形，边缘有齿牙。花序先叶开放，或与叶同时开放；雄花序长 1.5~2（3）厘米，有短梗，轴有毛；雄蕊 2，花丝与苞片近等长或较长，基部多有毛，花药红黄色；苞片披针形，外面有毛；腺体 2；雌花序长 2~3（5）厘米，有梗，基部有 3~4 小叶，轴有毛；子房椭圆形，无毛或下部稍有毛，花柱短，柱头 2~4 深裂；苞片披针形，长 1.8~2（2.5）毫米，外面有毛。蒴果长 3~4 毫米，带绿黄褐色。花期 3~4 月，果期 4~5 月。

生态适应性：喜光，耐寒，耐水湿，耐干旱；根系发达，喜潮湿深厚之酸性及中性土壤，喜生于河岸两边湿地。

分布范围：除甘南（不包括舟曲）和祁连山南部高寒区之外，全省各地均适宜栽植。产于长江流域与黄河流域。

育苗技术：采用扦插育苗。春季在枝条初始萌发前进行，扦插前 3 天清水浸泡插穗，秋季在落叶后且土壤未封冻前进行，直插，扦插后覆盖 7~10 厘米的泥土，扦插株行距 30 厘米 × 50 厘米。

造林技术：一般采用植苗造林。选用 1 年生以上扦插苗或实生苗，造林密度 500~1250 株 / 公顷。也可扦插造林。

柳属 *Salix*

乌柳 *Salix cheilophila* C. K. Schneid. in Sargent
别名：框柳、筐柳

形态特征：灌木或小乔木，高达 5.4 米。枝初被绒毛或柔毛，后无毛，灰黑色或黑红色。叶线形或线状倒披针形，长 2.5~3.5（5）厘米，宽 3~5（7）毫米，先端渐尖或具短硬尖，基部渐尖，稀钝，密被绢状柔毛；叶柄长 1~3 毫米，具柔毛。花序与叶同时开放，近无梗，基部具 2~3 小叶；雄花序长 1.5~2.3 厘米，直径 3~4 毫米，密花；雄蕊 2，合生，花药黄色，4 室；苞片倒卵状长圆形，先端钝或微缺，基部具柔毛；腺体 1，腹生；雌花序长 1.3~2 厘米，密花，花序轴具柔毛；子房卵形或卵状长圆形，密被短毛，无柄。蒴果长 3 毫米。花期 4~5 月，果期 5 月。

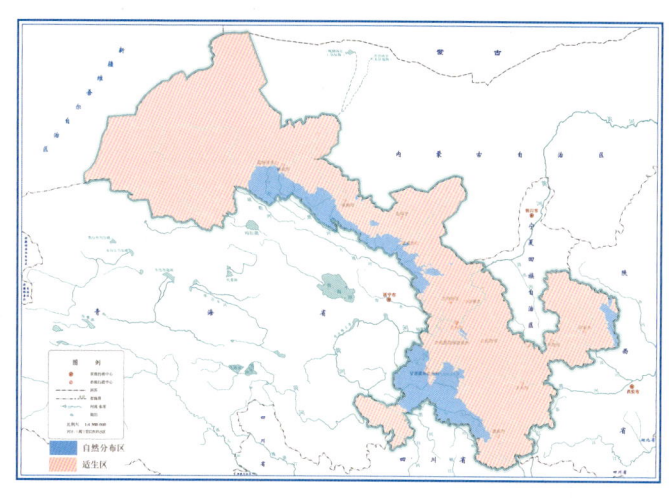

生态适应性：抗逆性强，较耐旱，耐一定盐碱，耐严寒和酷热，喜水湿，喜适度沙压，但不耐风蚀。

分布范围：产于碌曲、夏河、卓尼、临潭、迭部、舟曲及祁连山、兴隆山、子午岭等地。在全省各地适宜栽植。河北、山西、陕西、宁夏、青海、河南、四川、云南和西藏东部等地有分布。

育苗技术：采用扦插育苗。10~11 月，采集 1~3 年生枝条，下窖贮藏。于 4 月上旬整地扦插，扦插密度 16.5 万株/公顷左右，扦插后灌足底水。

造林技术：采用扦插造林。造林时间以 4 月中旬至 5 月上旬为宜，插条长 50~70 厘米，做到边取条、边处理、边扦插，造林密度 833~2000 株/公顷。

杨柳科 Salicaceae

柳属 Salix

甘肃柳 *Salix fargesii* var. *kansuensis* (Hao) N. Chao

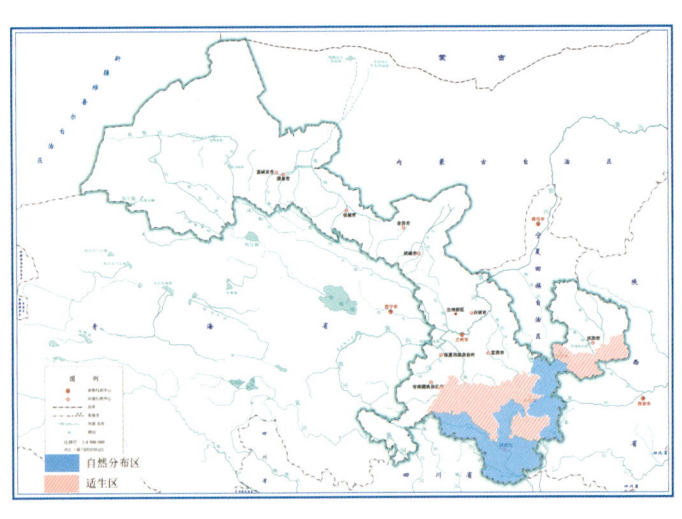

形态特征：乔木或灌木。当年生小枝通常仅基部有丝状毛。叶椭圆形或狭卵形，长达11厘米，宽达6厘米，先端急尖至圆形，基部圆形至楔形，边缘有细腺锯齿，上面暗绿色，无毛或少有柔毛，下面淡绿色；叶柄长达1.5厘米，初有丝状毛，后变为无毛，通常有数枚腺体。花序长6~8厘米，花序梗长1~3厘米，有正常叶，轴有疏丝状毛；苞片窄倒卵形，顶端圆，长约1毫米，密被长柔毛，缘毛较苞片长；雄蕊2，无毛；腹腺长方形，长约0.5毫米，背腺甚小，宽卵形；子房无毛，有短柄，花柱长约1毫米，上部2裂，柱头2裂；仅1腹腺，宽卵形，长约0.5毫米。果序长12厘米；蒴果长圆状卵形，无毛，有短柄。

生态适应性：喜光，耐寒，耐旱，喜湿润土壤，适应性强。

分布范围：产于迭部、舟曲、礼县、武都、文县、康县及小陇山、关山等地。在陇南其他县（区）、天水及临潭、卓尼、漳县、岷县、宁县、正宁、崆峒、泾川等地适宜栽植。四川、湖北和陕西等省区有分布。

育苗技术：一般采用扦插育苗。早春进行，扦插株行距20厘米×30厘米，直插。也可播种育苗，4月采种，随采随播，播种量约4千克/公顷。

造林技术：采用扦插造林。春季进行，造林密度1250株/公顷左右。

柳属 *Salix*

杞柳 *Salix integra* Thunb.

形态特征：灌木，高 1~3 米。树皮灰绿色。小枝淡黄色或淡红色，无毛，有光泽。芽卵形，尖，黄褐色，无毛。叶近对生或对生，萌枝叶有时 3 叶轮生，椭圆状长圆形，长 2~5 厘米，宽 1~2 厘米，先端短渐尖，基部圆形或微凹，全缘或上部有尖齿，幼叶红褐色，成叶上面暗绿色，下面苍白色，中脉褐色，两面无毛；叶柄短或近无柄而抱茎。花先叶开放，花序长 1~2（2.5）厘米，基部有小叶；苞片倒卵形，褐色至近黑色，被柔毛，稀无毛；腺体 1，腹生；雄蕊 2，花丝合生，无毛；子房长卵圆形，有柔毛，几无柄，花柱短，柱头小，2~4 裂。蒴果长 2~3 毫米，有毛。花期 5 月，果期 6 月。

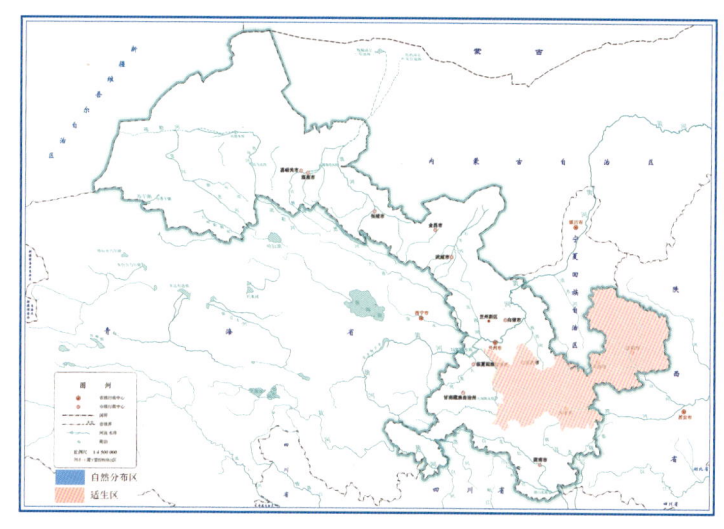

生态适应性：阳性树种，喜光，耐盐碱，耐水湿，也能耐干旱；在干旱少雨的阴湿山地生长旺盛。

分布范围：在定西、天水、平凉及庆阳等地适宜栽植。河北燕山、辽宁、吉林、黑龙江等地的东部及东南部有分布。

育苗技术：采用扦插育苗。春季进行，扦插株行距 20 厘米 ×20 厘米。

造林技术：一般采用扦插造林，春、秋季都可进行。插条随剪随扦插，每穴可插 2~3 枝，造林密度 1111~3333 穴 / 公顷。

柳属 *Salix*

旱柳 *Salix matsudana* Koidz.

杨柳科 Salicaceae

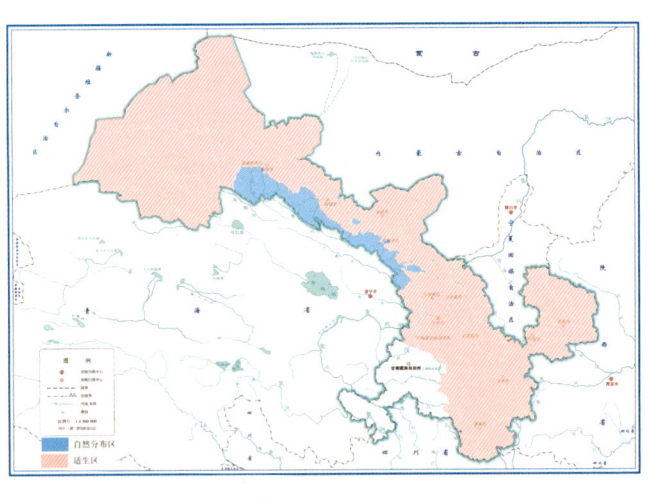

形态特征：乔木，高达18米，树冠广圆形。树皮暗灰黑色，有裂沟。枝细长，直立或斜展，浅褐黄色或带绿色，后变褐色。叶披针形，长5~10厘米，宽1~1.5厘米，顶端长渐尖，基部窄圆形或楔形。花序与叶同时开放；雄花序圆柱形，长1.5~2.5（3）厘米；雄蕊2，花丝基部有长毛，花药卵形，黄色；苞片卵形，黄绿色，基部常少有短柔毛；腺体2；雌花序较雄花序短；子房长椭圆形，近无柄，无毛，无花柱或很短，柱头卵形；苞片同雄花。果序长达2.5厘米。花期4月，果期4~5月。

生态适应性：喜光，耐寒，耐旱，耐弱盐碱，喜水湿，抗风；速生树种，适于湿润而排水良好的土壤。

分布范围：产于祁连山浅山区。除玛曲、碌曲、合作、夏河、临潭、卓尼等地之外，全省各地均适宜栽植。东北、华北平原、西北黄土高原、西至甘肃、青海，南至淮河流域以及浙江、江苏等区域有分布。

育苗技术：一般采用扦插育苗。插穗采1~2年生枝条为好，扦插株行距20厘米×40厘米。也可埋条繁殖。

造林技术：一般采用植苗造林。植苗造林通常选用1年生苗木，春、秋两季均可进行，但以春季为好，造林密度500~1250株/公顷。也可扦插造林。

柳属 *Salix*

馒头柳 *Salix matsudana* 'Umbraculifera' Rehd.

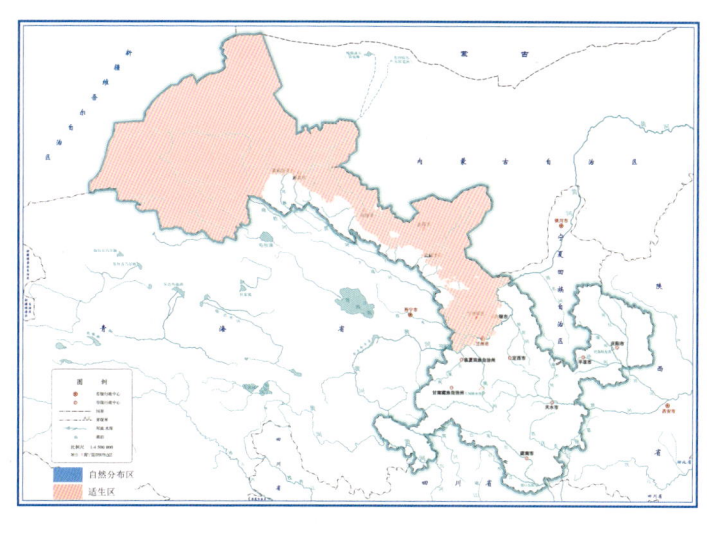

形态特征：乔木，高达 18 米，胸径达 80 厘米。大枝斜上，树冠半圆形，如同馒头状。树皮暗灰黑色，有裂沟。枝细长，直立或斜展，浅褐黄色或带绿色，后变褐色，无毛，幼枝有毛。叶披针形，长 5~10 厘米，宽 1~1.5 厘米，先端长渐尖，基部窄圆形或楔形，上面绿色，无毛，有光泽。花序与叶同时开放；雄花序圆柱形，长 1.5~2.5（3）厘米，粗 6~8 毫米，常少有花序梗，轴有长毛；雄蕊 2，花丝基部有长毛，花药卵形，黄色；苞片卵形，黄绿色，先端钝，基部常少有短柔毛；腺体 2；雌花序较雄花序短，长达 2 厘米，径 4 毫米，有 3~5 小叶生于短花序梗上，轴有长毛；子房长椭圆形，近无柄，无毛，无花柱或很短，柱头卵形，近圆裂。果序长达 2.5 厘米。花期 4 月，果期 4~5 月。

生态适应性：喜光，耐干旱，耐水湿，耐寒冷。

分布范围：在黄河以西地区适宜栽植（除祁连山）。东北、华北平原、西北黄土高原，西至青海，南至淮河流域以及浙江、江苏等区域广泛分布。

育苗技术：一般采用扦插育苗。培育大苗时扦插密度 70 厘米 × 70 厘米，当年不抹芽、不修枝，保证当年枝条不干梢，第 2 年生长期前掰除徒长枝，扦插第 3 年按 3 米定干。

造林技术：采用植苗造林。春、秋季均可进行，造林密度 1111 株 / 公顷左右。

杨柳科 Salicaceae

柳属 *Salix*

山生柳 *Salix oritrepha* Schneid.

杨柳科 Salicaceae

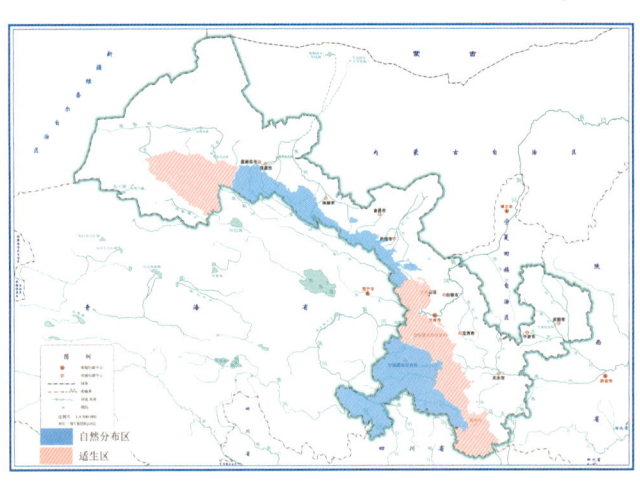

形态特征：直立矮小灌木，高 60~120 厘米，最高可达 2 米。幼枝被灰绒毛，后无毛。叶椭圆形或卵圆形，长 1~1.5 厘米，宽 4~8 毫米，叶柄长 5~8 毫米，紫色，具短柔毛或近无毛。雄花序圆柱形，长 1~1.4 厘米，花密集，花序梗短，具 2~3 倒卵状椭圆形小叶；雌花序长 1~1.5 厘米，花密生，花序梗长 3~7 毫米，具 2~3 叶，轴有柔毛；子房卵形，无柄，具长柔毛，花柱 2 裂，柱头 2 裂；苞片宽倒卵形，两面具毛，深紫色，与子房近等长；腺体 2，常分裂，基部结合，形成假花盘状。花期 6 月，果期 7 月。

生态适应性：具有耐旱、耐寒、速生和耐盐碱等特点，并能适宜长期积雪气候；生长于海拔 3200~4300 米间的山脊、山坡及山沟河边。

分布范围：产于祁连山、太子山及甘南等地，海拔 2600~4300 米。在临夏及肃北南部、永登、红古、文县、武都、宕昌、漳县、岷县、渭源等地适宜栽植。四川、青海东南部及西藏东部也有分布。

育苗技术：采用扦插育苗。育苗土壤适宜土质疏松的灰钙土或细沙土，插穗应选择 1~2 年生枝条的中部为宜，扦插株距 10~15 厘米，行距 15~20 厘米，扦插后保持土壤湿润。

造林技术：一般采用植苗造林。栽植时间 4~5 月，造林密度 3330 株/公顷左右。也可扦插造林。

胡桃属 *Juglans*

胡桃 *Juglans regia* L.
别名：核桃

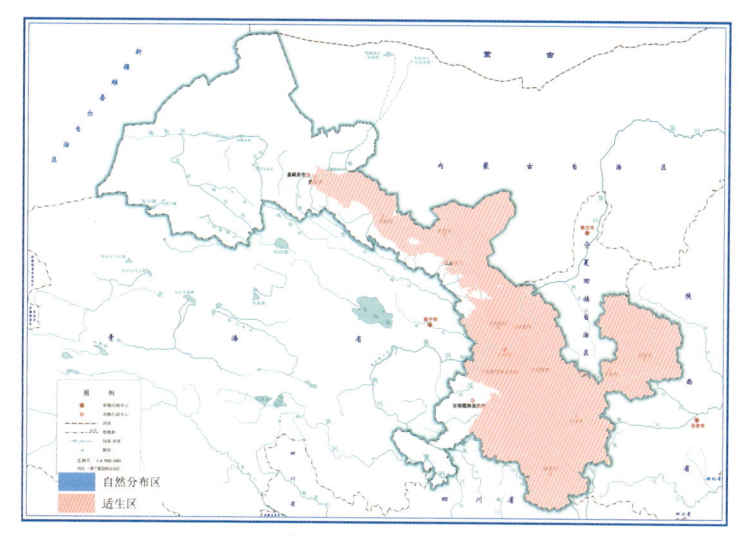

形态特征：乔木，高达 25 米；树冠广阔。树皮幼时灰绿色，老时则灰白色且纵向浅裂。奇数羽状复叶长 25~30 厘米，叶柄及叶轴幼时被有极短腺毛及腺体。雄性葇荑花序下垂，长 5~10 厘米。雄花的苞片、小苞片及花被片均被腺毛；雄蕊 6~30 枚，花药黄色，无毛。雌性穗状花序通常具 1~3（4）雌花。雌花的总苞被极短腺毛，柱头浅绿色。果序短，具 1~3 果实；果实近于球状，直径 4~6 厘米，无毛；果核稍具皱曲，有 2 条纵棱，顶端具短尖头；隔膜较薄，内里无空隙。花期 5 月，果期 10 月。

生态适应性：喜光，耐寒，耐旱；喜温湿气候，适宜生长在低海拔缓坡及平地、土层厚 30 厘米以上的酸性至中性土壤。

分布范围：除碌曲、玛曲、合作、夏河、河西西部和祁连山之外，全省各地均适宜栽培。中国产于华北、西北、西南、华中、华南和华东。

育苗技术：采用播种育苗。开沟点播，覆土 7~10 厘米，秋播用湿核桃或青皮核桃，播种量约 6000 千克/公顷，春播用干核桃催芽后播种，播种量 1500~1875 千克/公顷。也可嫁接育苗。

造林技术：一般采用植苗造林。春、秋季均可进行，选用 2~3 年生苗木，造林密度 208~625 株/公顷。也可播种造林。

枫杨属 *Pterocarya*

甘肃枫杨 *Pterocarya macroptera* Batal.

胡桃科 Juglandaceae

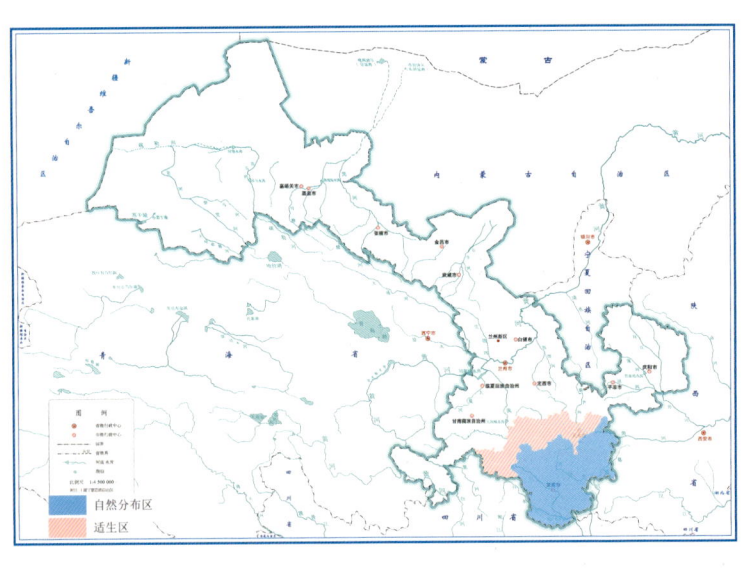

形态特征：乔木，高达15米。树皮褐色。奇数羽状复叶，长23~30厘米；小叶7~13枚，边缘具细锯齿；侧生小叶对生或近对生，具长1~2毫米的小叶柄，椭圆形至长椭圆形，基部歪斜。雄性葇荑花序3~4条，长10~12厘米。雌性葇荑花序顶生于叶丛上方，长约20厘米。果序长45~60厘米，果序轴被毡毛。果实无梗，直径7~9毫米，基部圆形，顶端阔锥形；果翅不整齐椭圆状菱形，长2~3厘米；果实及果翅或多或少被毛及盾状着生的腺体；内果皮壁内显著具有充满疏松的薄壁细胞的空隙。

生态适应性：适应性强，阳性树种，但也有一定的耐荫力；对土壤要求不严，喜温暖多湿气候，具有较强的耐湿性，耐寒性不强。

分布范围：产于陇南和舟曲及小陇山等地。在清水、秦州、麦积、甘谷、武山、漳县、迭部等地适宜栽植。陕西秦岭和四川东北部有分布。

育苗技术：一般采用播种育苗。9~10月采种，11月上旬即可播种，也可干藏或湿沙贮藏到翌年春季播种，播种量120~150千克/公顷。也可扦插育苗。

造林技术：采用植苗造林。初春刚要萌动时，即可造林，造林密度500~1667株/公顷。

桦木属 Betula

红桦 *Betula albosinensis* Burk.

形态特征：大乔木，高达30米。树皮淡红褐色或紫红色，有光泽和白粉，呈薄层状剥落，纸质。枝条红褐色，无毛。叶卵形或卵状矩圆形，长3~8厘米，宽2~5厘米，顶端渐尖，基部圆形或微心形，边缘具不规则的重锯齿。雄花序圆柱形，长3~8厘米，直径3~7毫米，无梗；苞鳞紫红色。果序圆柱形，单生或同时具有2~4枚排成总状，长3~4厘米；序梗纤细，长约1厘米，疏被短柔毛；果苞长4~7厘米，中裂片矩圆形或披针形，顶端圆，侧裂片近圆形，长及中裂片的1/3。小坚果卵形，长2~3毫米，上部疏被短柔毛，膜质翅宽及果的1/2。

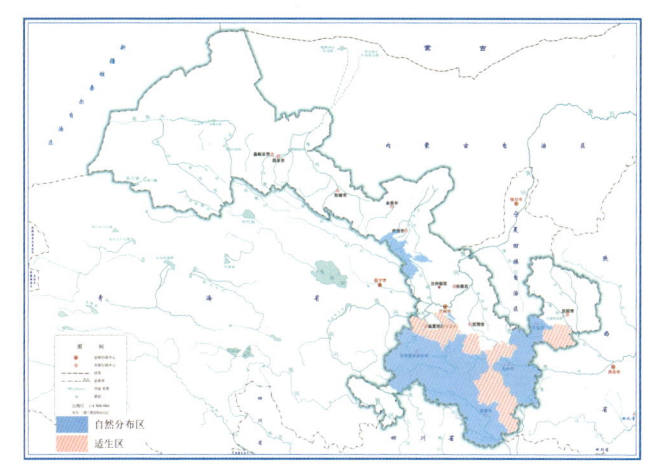

生态适应性：喜光，耐寒，耐旱，耐瘠薄；喜湿凉气候，适宜生长在海拔1700米以上阴阳坡、土层厚20厘米以上的酸性土壤。

分布范围：产于白水江、白龙江、洮河林区、太子山、祁连山（冷龙岭以东）、关山、小陇山、兴隆山及甘南（除玛曲）、武山、岷县、漳县、渭源等地。在康县、西和、礼县、甘谷、临夏县、积石山、和政、康乐、广河、陇西、泾川、灵台、崇信等地适宜栽植。云南、四川东部、湖北西部、河南、河北、山西、陕西、青海等地有分布。

育苗技术：采用播种育苗。9~10月采种，春、秋两季均可播种，条播，播种量15~22千克/公顷。

造林技术：一般采用植苗造林。造林季节以春季较好，造林密度833~2000株/公顷。也可播种造林。

桦木属 *Betula*

亮叶桦 *Betula luminifera* H. Winkl.
别名：光皮桦

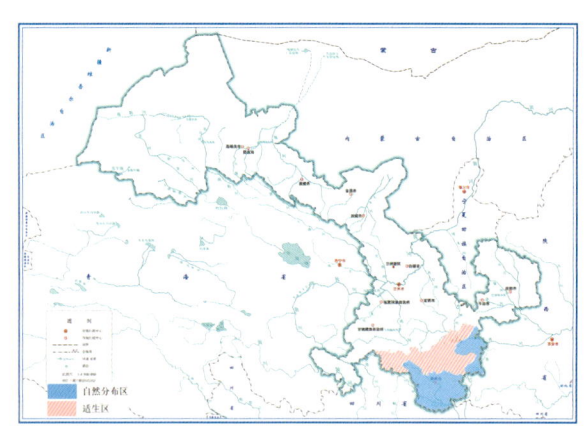

形态特征：乔木，高达20米，胸径达80厘米。树皮红褐色或暗黄灰色。枝条红褐色，有蜡质白粉；小枝黄褐色，密被淡黄色短柔毛，疏生树脂腺体。叶矩圆形、宽矩圆形、矩圆披针形，长4.5~10厘米，宽2.5~6厘米，顶端骤尖或呈细尾状，基部圆形，边缘具不规则的刺毛状重锯齿。雄花序2~5枚簇生于小枝顶端或单生于小枝上部叶腋；序梗密生树脂腺体；苞鳞背面无毛，边缘具短纤毛。果序大部单生，间或在一个短枝上出现两枚单生于叶腋的果序，长圆柱形，长3~9厘米；序梗长1~2厘米，密被短柔毛及树脂腺体；果苞长2~3毫米，背面疏被短柔毛，边缘具短纤毛。小坚果倒卵形，长约2毫米，背面疏被短柔毛，膜质翅宽为果的1~2倍。

生态适应性：适应性强，耐干旱，耐瘠薄；喜温暖湿润气候及肥沃酸性沙质壤土，生于海拔500~2500米的阳坡杂木林内。

分布范围：产于小陇山（党川、花庙、龙门、观音）及文县、康县、舟曲、武都等地。在徽县、成县、两当、秦州、麦积、清水、宕昌、迭部、礼县、西和等地适宜栽植。云南、贵州、四川、陕西、湖北、江西、浙江、广东和广西等省区有分布。

育苗技术：采用播种育苗。5~6月采种，随采随播，可条播或撒播，播种量8~15千克/公顷，播后覆草皮灰混细土3~5毫米，并用70%遮阳网搭棚庇荫。产苗量30万株/公顷左右。

造林技术：采用植苗造林。造林季节为春季，造林密度833~2500株/公顷。

桦木属 *Betula*

白桦 *Betula platyphylla* Suk.
别名：铁皮桦

形态特征：乔木，高达27米。树皮灰白色，成层剥裂。枝条暗灰色或暗褐色，无毛，具或疏或密的树脂腺体或无；叶厚纸质，三角状卵形或三角状菱形或三角形，长3~9厘米，宽2~7.5厘米，顶端锐尖、渐尖至尾状渐尖，基部截形，宽楔形或楔形；叶柄细瘦，长1~2.5厘米，无毛。果序单生，圆柱形或矩圆状圆柱形，通常下垂，长2~5厘米，直径6~14毫米；果苞长5~7毫米，背面密被短柔毛至成熟时毛渐脱落，边缘具短纤毛，基部楔形或宽楔形，中裂片三角状卵形，顶端渐尖或钝，侧裂片卵形或近圆形，直立、斜展至向下弯。小坚果狭矩圆形、矩圆形或卵形，长1.5~3毫米，背面疏被短柔毛，膜质翅较果长1/3，较少与之等长，与果等宽或较果稍宽。

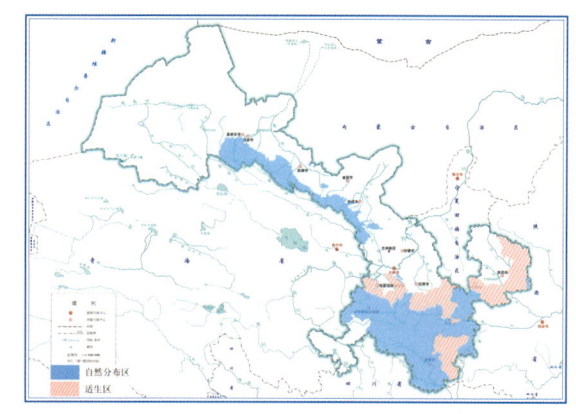

生态适应性：喜光，耐寒，耐旱，耐瘠薄；喜湿凉气候，适宜生长在海拔400~4100米的山坡或林中。

分布范围：产于甘南（除玛曲和碌曲）、武山、岷县、漳县、渭源及白龙江、洮河、子午岭南段、关山、小陇山、太子山、祁连山、兴隆山、靖远（哈思山）等地。在天水、平凉、陇南及合水、宁县、正宁、华池等地适宜栽植。贵州、四川、陕西、湖北、江西、浙江、广东和广西等省区有分布。

育苗技术：采用播种育苗。8月采种，播前温水浸种催芽，4月中旬播种，撒播，播后覆土0.5厘米左右，播种量75~90千克/公顷。

造林技术：采用植苗造林。选择高1米以上、地径0.5厘米以上的苗木，造林密度833~2000株/公顷。

桦木属 Betula

糙皮桦 *Betula utilis* D. Don

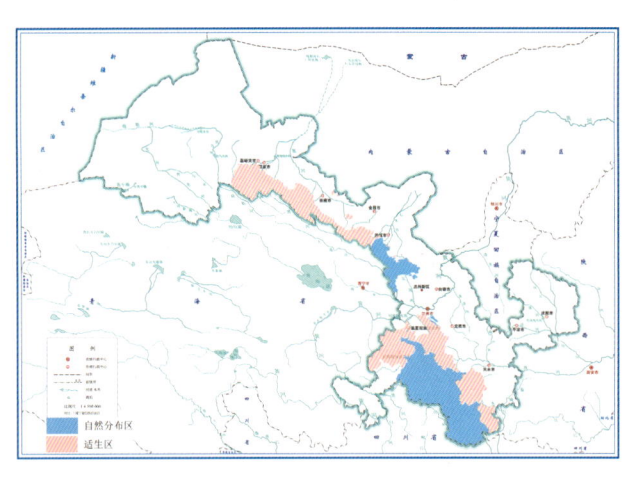

形态特征：乔木，高达 33 米。树皮暗红褐色，呈层剥裂。枝条红褐色，无毛，有或无腺体。叶厚纸质，卵形、长卵形至椭圆形或矩圆形，长 4~9 厘米，宽 2.5~6 厘米，顶端渐尖或长渐尖，基部圆形或近心形，边缘具不规则的锐尖重锯齿；叶柄长 8~20 毫米，疏被毛或近无毛。果序全部单生或单生兼有 2~4 枚排成总状，直立或斜展，圆柱形或矩圆状圆柱形，长 3~5 厘米，直径 7~12 毫米；序梗长 8~15 毫米，多少被短柔毛和树脂腺体；果苞长 5~8 毫米，背面疏被短柔毛，边缘具短纤毛，中裂片披针形，侧裂片近圆形或卵形，斜展，长及中裂片的 1/3 或 1/4。小坚果倒卵形，长 2~3 毫米，宽 1.5~2 毫米，上部疏被短柔毛，膜质翅与果近等宽。

生态适应性：阳性树种，但苗期稍耐荫；喜欢山脚和山谷比较湿润的环境，在干旱的山坡和山顶上生长较差。

分布范围：产于白龙江、洮河和大通河流域及永登（连城）、天祝、兴隆山、太子山等地。在临夏县、康乐、和政、夏河、渭源、漳县、康县、礼县及祁连山等地适宜栽植。西藏、云南、四川西部、陕西、青海、河南、河北和山西等地有分布。

育苗技术：采用播种育苗。9 月下旬采种，翌年 2~3 月播种，条播或撒播，条播播种量 37~60 千克/公顷，撒播播种量 112~150 千克/公顷。

造林技术：采用植苗造林。春季栽植，选择 1 年生以上苗木，造林密度 833~2000 株/公顷。

榛属 Corylus

华榛 *Corylus chinensis* Franch.

形态特征：乔木，高达 20 米。树皮灰褐色，纵裂。枝条灰褐色，无毛。叶椭圆形、宽椭圆形或宽卵形，长 8~18 厘米，宽 6~12 厘米，顶端骤尖至短尾状，基部心形，边缘具不规则的钝锯齿；叶柄长 1~2.5 厘米，密被淡黄色长柔毛及刺状腺体。雄花序 2~8 枚排成总状，长 2~5 厘米；苞鳞三角形，锐尖，顶端具 1 枚易脱落的刺状腺体。果 2~6 枚簇生成头状，长 2~6 厘米；果苞管状，于果的上部缢缩，疏被长柔毛及刺状腺体，上部深裂，具 3~5 枚镰状披针形的裂片，裂片通常又分叉成小裂片。坚果球形。

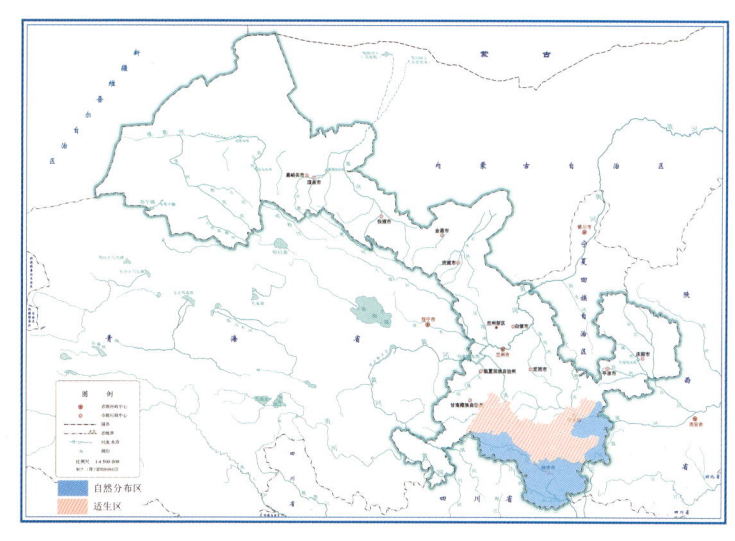

生态适应性：喜温凉、湿润的气候环境和肥沃、深厚、排水良好的中性或酸性的山地黄壤和山地棕壤土。

分布范围：产于舟曲、迭部、康县、武都、文县及小陇山等地。在成县、徽县、两当、岷县、西和、卓尼、礼县、宕昌、临潭、麦积、秦州、清水等地适宜栽植。云南、四川西南部等地有分布。

育苗技术：采用播种育苗。9 月上旬至 10 月下旬采种，播种前种子沙藏催芽，春季播种，条播，播后覆土 3~5 厘米，并支撑遮荫网，注意保湿。播种量 1500~2250 千克/公顷。

造林技术：采用植苗造林。春季进行，选用高度 80 厘米、地径 0.8 厘米以上的 1 年生苗木，造林密度 833~1667 株/公顷。

榛属 Corylus

榛 *Corylus heterophylla* Fisch. ex Trautv.
别名：平榛

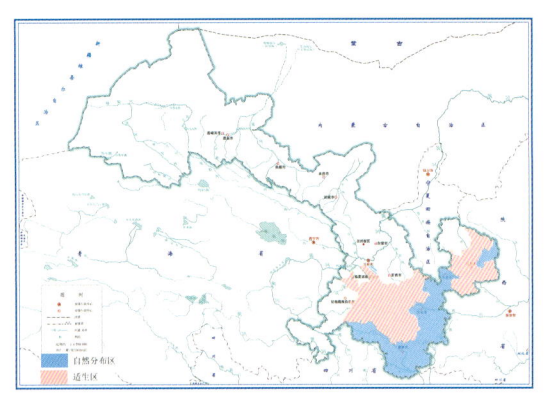

形态特征：灌木或小乔木，高1~7米。树皮灰色。枝条暗灰色，无毛；小枝黄褐色，密被短柔毛兼被疏生的长柔毛。叶的轮廓为矩圆形或宽倒卵形，长4~13厘米，宽2.5~10厘米，顶端凹缺或截形，中央具三角状突尖，基部心形，边缘具不规则的重锯齿；叶柄纤细，长1~2厘米，疏被短毛或近无毛；雄花序单生，长约4厘米。果单生或2~6枚簇生成头状；果苞钟状，外面具细条棱，密被短柔毛兼有疏生的长柔毛，密生刺状腺体，很少无腺体，上部浅裂，裂片三角形，边缘全缘，很少具疏锯齿；序梗长约1.5厘米，密被短柔毛；坚果近球形，长7~15毫米，无毛或仅顶端疏被长柔毛。

生态适应性：半阴性树种，较耐干旱，耐寒，对光的要求不严；喜湿润、肥沃的土壤，多生长在阴坡的下部。

分布范围：产于崆峒、合水、武都、成县、文县、康县、徽县、迭部、舟曲、兰州七里河（天都山）及关山、小陇山、兴隆山等地。在陇南其他县（区）、天水、平凉、庆阳（除环县）及临夏县、和政、康乐、岷县、漳县、陇西、渭源、临洮、卓尼、临潭等地适宜栽培。黑龙江、吉林、辽宁、河北、山西及陕西等省区有分布。

育苗技术：采用分株、根蘖和压条繁殖。硬枝压条在早春进行，嫩枝压条在6月上、中旬进行，沿株丛周围挖15~20厘米的沟，选择1年生或当年生枝。

造林技术：采用植苗定植。建园应选在阴坡和半阴坡，春、秋季造林均可，造林密度1111~2500株/公顷。

榛属 *Corylus*

毛榛 *Corylus mandshurica* Maxim. et Rupr.

形态特征：灌木，高3~4米。树皮暗灰色或灰褐色。枝条灰褐色；小枝黄褐色，被长柔毛，下部的毛较密。叶宽卵形、矩圆形或倒卵状矩圆形，长6~12厘米，宽4~9厘米，顶端骤尖或尾状，基部心形，边缘具不规则的粗锯齿。雄花序2~4枚排成总状；苞鳞密被白色短柔毛。果单生或2~6枚簇生，长3~6厘米；果苞管状，在坚果上部缢缩，较果长2~3倍，外面密被黄色刚毛兼有白色短柔毛，上部浅裂，裂片披针形；序梗粗壮，长1.5~2厘米，密被黄色短柔毛。坚果几球形，长约1.5厘米，顶端具小突尖，外面密被白色绒毛。

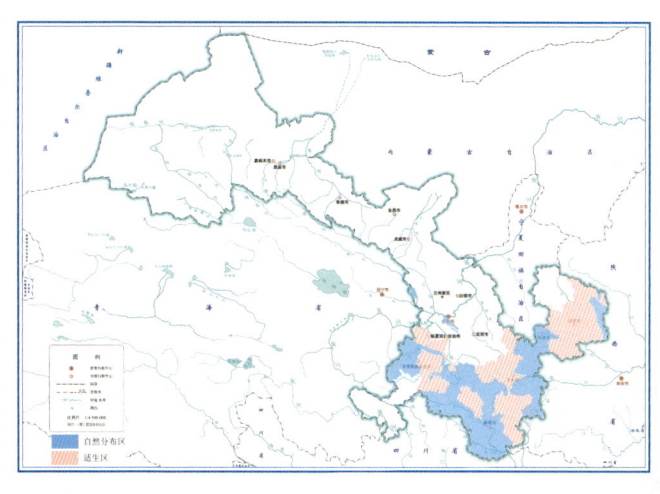

生态适应性：中生树种，喜阴湿，耐寒，不耐干旱；喜在肥沃、通气性良好的砂壤土上生长，对土壤要求高，枝条易生根，不定芽易萌发根蘖。

分布范围：产于临潭、舟曲、夏河、迭部、礼县、漳县、岷县、武都、文县及子午岭、崆峒山、关山、永登（连城）、太子山、兴隆山、兰州七里河（西果园）、小陇山等地，海拔1500~2600米。在陇南其他县（区）、平凉、天水、临夏（除永靖和东乡）、庆阳（除环县）及合作、卓尼等地适宜栽植。贵州、四川、陕西、山西、山东、河南、湖北、江苏及浙江等省区有分布。

育苗技术：采用播种育苗。9月中旬集中采种，种子沙藏处理，4月下旬至5月初播种，采用高床，开沟播种，播种量约1000千克/公顷。

造林技术：采用植苗造林。春、秋季均可栽植，造林密度1667株/公顷左右。

桦木科 Betulaceae

虎榛子属 *Ostryopsis*

虎榛子 *Ostryopsis davidiana* Decaisne

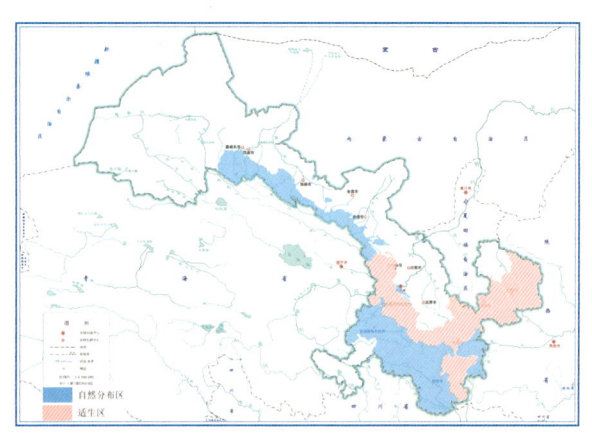

形态特征：灌木，高1~3米；树皮浅灰色。枝条灰褐色，无毛。叶卵形或椭圆状卵形，长2~6.5厘米，宽1.5~5厘米，顶端渐尖或锐尖，边缘具重锯齿，中部以上具浅裂；叶柄长3~12毫米，密被短柔毛。雄花序单生于小枝的叶腋，短圆柱形，长1~2厘米；花序梗不明显；苞鳞宽卵形，外面疏被短柔毛。果4枚至多枚排成总状，下垂，着生于当年生小枝顶端；果梗短；果苞厚纸质，长1~1.5厘米，具条棱，绿色带紫红色，成熟后一侧开裂，顶端4浅裂。小坚果宽卵圆形或几球形，长5~6毫米，褐色，有光泽，疏被短柔毛，具细肋。

生态适应性：丛生性喜光树种，根系较发达，喜深厚土壤，耐旱。

分布范围：产于白龙江、洮河林区、子午岭、太子山、小陇山、祁连山、兴隆山、七里河及夏河、合作、礼县、武都、文县、临夏县等地。在陇南其他县（区）、天水、平凉、庆阳（除环县）及康乐、和政、广河、渭源、漳县、东乡、积石山、永靖、永登、红古、西固、临洮等地适宜栽培。辽宁西部、内蒙古、河北、山西、陕西及四川北部等地有分布。

育苗技术：采用播种育苗。果实外壳呈黄褐色，总苞变成黄绿色时采种，春季开沟条播，播前用60℃~70℃温水浸种催芽，播种量约150千克/公顷。

造林技术：主要采用分殖和植苗造林。分殖造林多在春季进行，一般在林中选取密度大的植株，挖掘根蘖苗栽植。植苗造林多在秋季栽植，齐地平截干，造林密度2500株/公顷左右。春季造林墒情不好时，可深挖浅埋。

栗属 *Castanea*

栗 *Castanea mollissima* Blume
别名： 板栗、栗子、毛栗、油栗

形态特征： 乔木，高达20米，胸径达80厘米。小枝灰褐色。叶椭圆至长圆形，长11~17厘米，宽稀达7厘米，顶部短至渐尖，基部近截平或圆，叶背被星芒状伏贴绒毛或因毛脱落变为几无毛；叶柄长1~2厘米。雄花序长10~20厘米，花序轴被毛；花3~5朵聚生成簇，雌花1~3（5）朵发育结实，花柱下部被毛。成熟壳斗的锐刺有长有短，有疏有密，密时全遮蔽壳斗外壁，疏时则外壁可见，壳斗连刺径4.5~6.5厘米；坚果长1.5~3厘米。花期4~6月，果期8~10月。

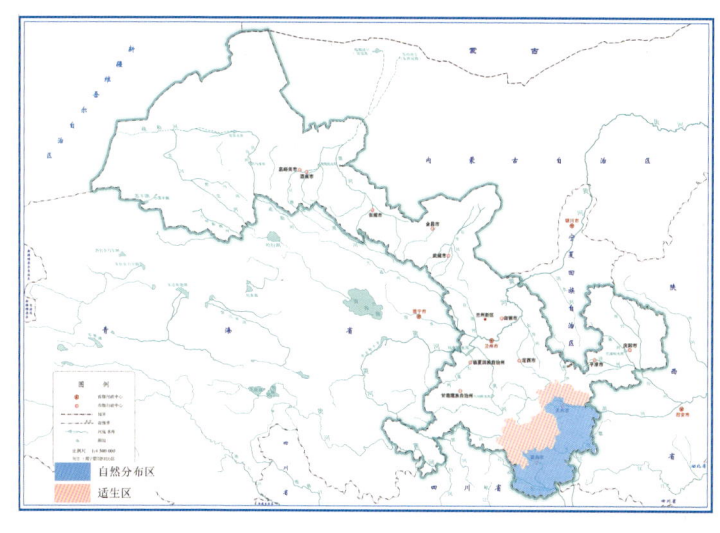

生态适应性： 喜光，喜温暖，不耐严寒；喜深厚湿润肥沃土壤，垂直海拔300~600米。

分布范围： 产于麦积、秦州、成县、文县、康县、徽县、武都、两当等地。在陇南其他县（区）及舟曲、清水等地适宜栽培。除青海、宁夏、新疆、海南等少数省区外广布南北各地。

育苗技术： 采用播种育苗。春播在3月下旬至4月上旬进行，秋播在11月上旬播种，播种量约1500千克/公顷，播种时种子必须横放，做好越冬防寒措施。

造林技术： 采用植苗和播种造林。植苗造林春季进行，选用2年生苗木。播种造林适用于土壤肥沃湿润的沟谷台地，挖鱼鳞坑穴播，每穴3~4粒种子，2~3年后选留一株。造林密度400~833株（穴）/公顷。

壳斗科 Fagaceae

栎属 *Quercus*

麻栎 *Quercus acutissima* Carr.
别名： 扁果麻栎、北方麻栎

壳斗科 Fagaceae

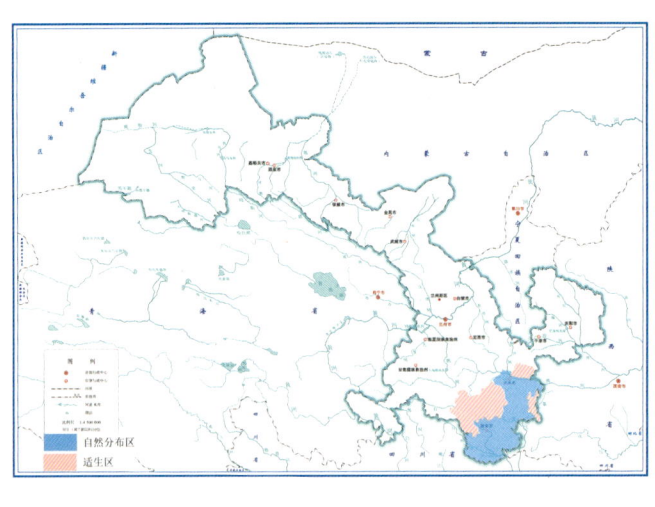

形态特征： 落叶乔木，高达30米，胸径达1米。树皮深灰褐色，深纵裂。叶片长椭圆状披针形，长8~19厘米，宽2~6厘米，顶端长渐尖，基部圆形或宽楔形，叶缘有芒状锯齿，叶片两面同色；叶柄长1~3（5）厘米，幼时被柔毛，后渐脱落。雄花序常数个集生于当年生枝下部叶腋，有花1~3朵，花柱壳斗杯形，包着坚果约1/2，连小苞片直径2~4厘米，长约1.5厘米；小苞片钻形或扁条形，向外反曲，被灰白色绒毛。坚果卵形或椭圆形，直径1.5~2厘米，顶端圆形，果脐突起。花期3~4月，果期翌年9~10月。

生态适应性： 深根性树种，喜光，耐干旱，耐瘠薄，耐寒；对土壤条件要求不严，宜酸性土壤，亦适石灰岩钙质土壤。

分布范围： 产于秦州、麦积、武都、成县、康县、文县、徽县（嘉陵）等地。在舟曲、两当、西和、礼县、宕昌、清水等地适宜栽植。辽宁、河北、山西、山东、江苏、安徽、浙江、江西、福建、河南、湖北、湖南、广东、海南、广西、四川、贵州、云南等省区有分布。

育苗技术： 以播种育苗为主。果实变成黄褐色或栗褐色时采种，通常采用随采随播，也可春播。春播在3月下旬至4月上旬，以条播为主，种子尽量横放，播种量2250~3750千克/公顷。

造林技术： 采用植苗造林，造林密度833~2000株/公顷。适宜与麻栎混交的树种有油松、侧柏、辽东栎、紫穗槐等。

栎属 *Quercus*

锐齿槲栎 *Quercus aliena* var. *acutiserrata* Maxim. ex Wenzig

形态特征：落叶乔木，高达 30 米。树皮暗灰色，深纵裂。小枝灰褐色，近无毛，具圆形淡褐色皮孔。芽卵形，芽鳞具缘毛。叶片长椭圆状倒卵形至倒卵形，长 10~20（30）厘米，宽 5~14（16）厘米，顶端微钝或短渐尖，基部楔形或圆形，叶缘具粗大锯齿，齿端尖锐，内弯，叶背密被灰色细绒毛，叶片形状变异较大。雄花序长 4~8 厘米，雄花单生或数朵簇生于花序轴，微有毛，花被 6 裂，雄蕊通常 10 枚；雌花序生于新枝叶腋，单生或 2~3 朵簇生。壳斗杯形，包着坚果约 1/2，直径 1.2~2 厘米，长 1~1.5 厘米；小苞片卵状披针形，长约 2 毫米，排列紧密，被灰白色短柔毛。坚果椭圆形至卵形，直径 1.3~1.8 厘米，高 1.7~2.5 厘米，果脐微凸起。花期 3~4 月，果期 10~11 月。

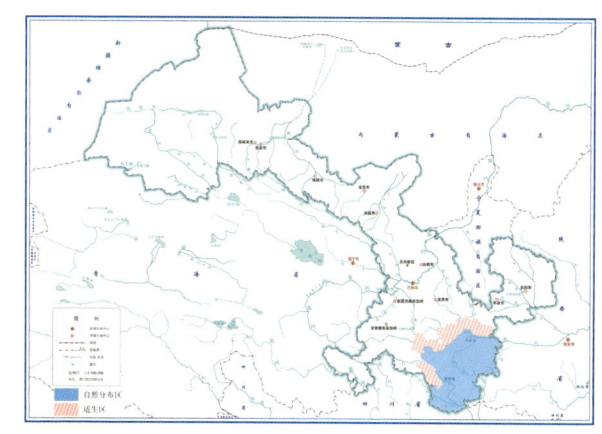

生态适应性：深根性阳性树种，喜光，喜温，耐寒，耐旱，耐瘠薄；常生于阳坡、半阳坡，成小片纯林或混交林。

分布范围：产于陇南及麦积、秦州等地。在岷县、舟曲、清水、武山、秦安、甘谷等地适宜栽植。辽宁东南部、河北、山西、陕西、山东、江苏、安徽、浙江、江西、台湾、河南、湖北、湖南、广东、广西、四川、贵州及云南等地有分布。

育苗技术：采用播种育苗。果实呈栗褐色时采种，春播种子沙藏，秋播种子不需沙藏，点播，株距 3~5 厘米，播后覆土 2~3 厘米，播种量 4000~4500 千克/公顷。

造林技术：采用植苗造林。春、秋季均可造林，选择 1~2 年生苗木，造林密度 833~2000 株/公顷。

壳斗科 Fagaceae

栎属 *Quercus*

橿子栎 *Quercus baronii* Skan
别名：多毛橿子栎

壳斗科 Fagaceae

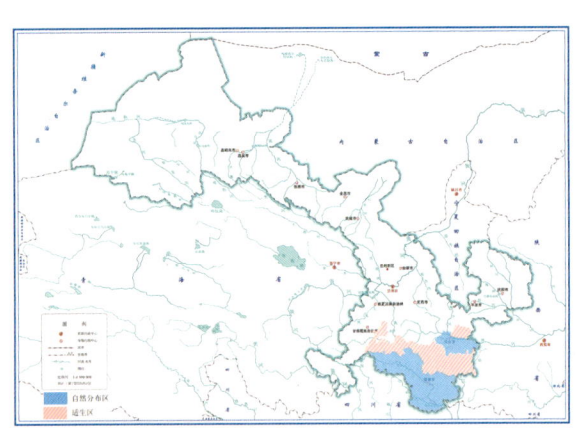

形态特征：半常绿灌木或乔木，高达15米。小枝幼时被星状柔毛，后渐脱落。叶片卵状披针形，长3~6厘米，宽1.3~2厘米，顶端渐尖，基部圆形或宽楔形，叶缘1/3以上有锐锯齿，叶片幼时两面疏被星状微柔毛，叶背中脉有灰黄色长绒毛，后渐脱落，侧脉每边6~7条，纤细，在叶片两面微凸起；叶柄长3~7毫米，被灰黄色绒毛。雄花序长约2厘米，花序轴被绒毛；雌花序长1~1.5厘米，具1至数朵花；壳斗杯形，包着坚果1/2~2/3，直径1.2~1.8厘米，长0.8~1厘米；小苞片钻形，长3~5毫米，反曲，被灰白色短柔毛。坚果卵形或椭圆形，直径1~1.2厘米，长1.5~1.8厘米；顶端平或微凹陷，柱座长约2毫米，被白色短柔毛；果脐微凸起，直径4~5毫米。花期4月，果期翌年9月。

生态适应性：抗严寒、风沙，耐干旱和高温，适生于中性至微酸性、土层深厚、排水良好的壤土或沙壤土。

分布范围：产于麦积、秦州、康县、文县、武都、宕昌、迭部、舟曲等地。在陇南其他县（区）及卓尼、清水、岷县等地适宜栽植。山西、陕西、河南、湖北及四川等省区有分布。

育苗技术：采用播种育苗。9~10月采种，越冬种子沙藏处理，3月下旬至4月上旬播种，开沟点播，种子横向放置，行距25厘米，播种量40~50粒/米。

造林技术：采用植苗造林。春、秋季皆可，选择2年生、高0.5~1米的苗木，造林密度1667株/公顷左右。

栎属 *Quercus*

青冈 *Quercus glauca* Thunb.
别名： 九棕、青冈栎

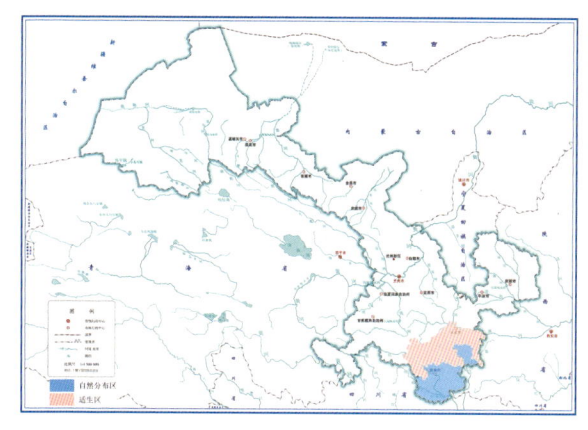

形态特征： 常绿乔木，高达 20 米，胸径达 1 米。小枝无毛。叶片革质，倒卵状椭圆形或长椭圆形，长 6~13 厘米，宽 2~5.5 厘米，顶端渐尖或短尾状，基部圆形或宽楔形，叶缘中部以上有疏锯齿，侧脉每边 9~13 条，叶背支脉明显，叶面无毛，叶背有整齐平伏白色单毛，老时渐脱落，常有白色鳞秕；叶柄长 1~3 厘米。雄花序长 5~6 厘米，花序轴被苍色绒毛。果序长 1.5~3 厘米，着生果 2~3 个。壳斗碗形，包着坚果 1/3~1/2，直径 0.9~1.4 厘米，长 0.6~0.8 厘米，被薄毛。坚果卵形、长卵形或椭圆形，直径 0.9~1.4 厘米，高 1~1.6 厘米，无毛或被薄毛，果脐平坦或微凸起。花期 4~5 月，果期 10 月。

生态适应性： 生于海拔 60~2600 米的山坡或沟谷，喜生于微碱性或中性的石灰岩土壤上，在酸性土壤上也生长良好；耐干燥，可生长于多石砾的山地。

分布范围： 产于徽县、康县、武都、文县等地。在陇南其他县（区）、麦积、秦州、两当、舟曲等地适宜栽培。陕西、江苏、安徽、浙江、江西、福建、台湾、河南、湖北、湖南、广东、广西、四川、贵州、云南及西藏等省区有分布。

育苗技术： 采用播种育苗。9~10 月采种，冬播或秋播均可，以条播为宜，行距 25 厘米，播种量约 40 粒/米。播种后覆土或覆盖细河沙 2 厘米，再覆盖一层稻草保湿。

造林技术： 采用植苗造林。以冬季整地效果较好，选择 1 年生健壮苗木，造林密度 1111~2000 株/公顷。

壳斗科 Fagaceae

栎属 *Quercus*

栓皮栎 *Quercus variabilis* Blume
别名：塔形栓皮栎

壳斗科 Fagaceae

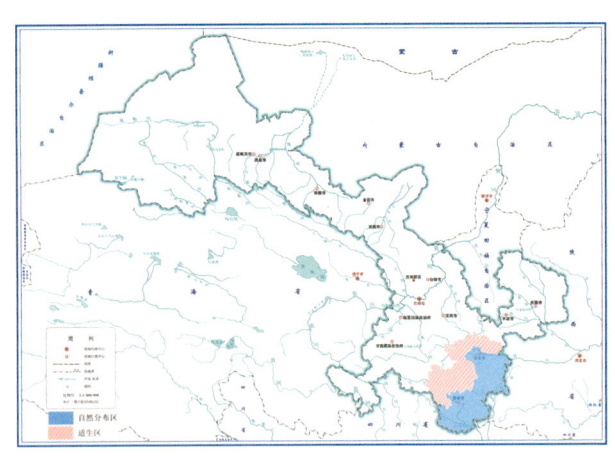

形态特征：落叶乔木，高达30米，胸径达1米。树皮黑褐色，深纵裂，木栓层发达。小枝灰棕色，无毛。叶片卵状披针形或长椭圆形，长8~15（20）厘米，宽2~6（8）厘米，顶端渐尖，基部圆形或宽楔形，叶缘具芒状锯齿，叶背密被灰白色星状绒毛，侧脉直达齿端；叶柄无毛。雄花序长达14厘米，花序轴密被褐色绒毛，花被4~6裂，雄蕊10枚或较多；雌花序生于新枝上端叶腋，花柱壳斗杯形，包着坚果2/3，连小苞片直径2.5~4厘米；小苞片钻形，反曲，被短毛。坚果近球形或宽卵形，长、宽径约1.5厘米，顶端圆，果脐凸起。花期3~4月，果期翌年9~10月。

生态适应性：喜光，幼苗耐荫，2~3年后需光量渐增；耐旱，抗火，抗风；适应性广，对土壤要求不严，酸性土、中性土、钙质土都可生长，在向阳山麓、缓坡和土层较深厚、肥沃地方生长旺盛。

分布范围：产于文县、武都、成县、康县、徽县、两当、麦积、秦州等地。在陇南其他县（区）、天水其他县（区）及舟曲等地适宜栽植。除西藏、新疆、青海、黑龙江和吉林之外广泛分布。

育苗技术：采用播种育苗。8月下旬至10月上旬采种，春、秋季均可播种，播种量约2500千克/公顷。

造林技术：一般采用植苗造林。春、秋季均可，选用1~2年生的健壮苗，造林密度833~2000株/公顷。也可播种造林。

栎属 *Quercus*

蒙古栎 *Quercus mongolica* Fisch. ex Ledeb.
别名：辽东栎、青枹子、柞树

形态特征：落叶乔木，高达 15 米。幼枝绿色，无毛。叶倒卵形至长倒卵形，长 5~17 厘米，先端圆钝或短凸尖，基部窄圆或耳形，叶缘具 5~7 对波状圆齿，幼时沿脉有毛，老时无毛；叶柄无毛。雄花序长 5~7 厘米；雌花序长 0.5~2 厘米。壳斗浅杯形，包着坚果约 1/3，小苞片扁平三角形，或背部微凸起，疏被短绒毛；坚果卵形或卵状椭圆形，径 1~1.3 厘米，长约 1.5 厘米，顶端有短绒毛。花期 5~6 月，果实成熟期 9~10 月。

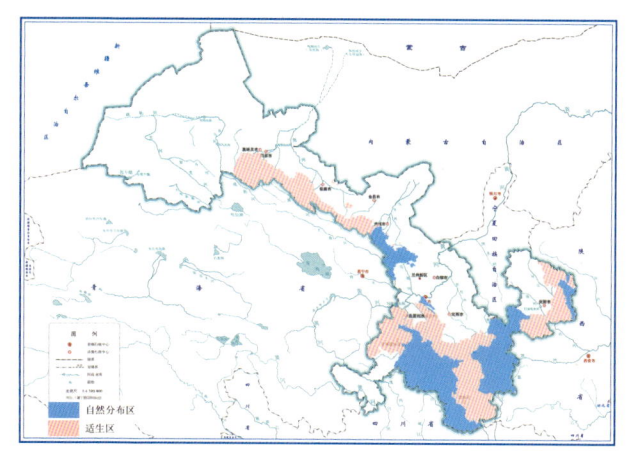

生态适应性：喜光，喜温暖湿润气候，耐荫，耐寒，适应性强；常生于阳坡、半阳坡，成小片纯林或混交林。

分布范围：产于卓尼、临潭、迭部、舟曲、岷县、宕昌、成县、文县及子午岭、关山、小陇山（秦岭主梁以北）、太子山、兴隆山、天祝、永登（连城）、七里河等地。在祁连山其他区域、陇南其他县（区）、天水、平凉（除静宁）及华池、合水、宁县、正宁、合作、夏河、临夏县、康乐、和政、临洮、渭源等地适宜栽植。黑龙江、吉林、辽宁、内蒙古、河北、山西、陕西、宁夏、青海、山东、河南及四川等省区有分布。

育苗技术：采用播种育苗。9 月下旬至 10 月中旬采种，春、秋季均可播种，开沟播种，沟内每隔 10~15 厘米平放种子 2~3 粒，播种量 2600~3000 千克/公顷。

造林技术：采用植苗造林，造林密度 1111~2000 株/公顷。在大面积山区绿化时，可采用播种造林，一般采用穴状簇播，穴径约 25 厘米，每穴播 5~7 粒种子。

榆科 Ulmaceae

榆属 *Ulmus*

春榆 *Ulmus davidiana* var. *japonica* (Rehd.) Nakai

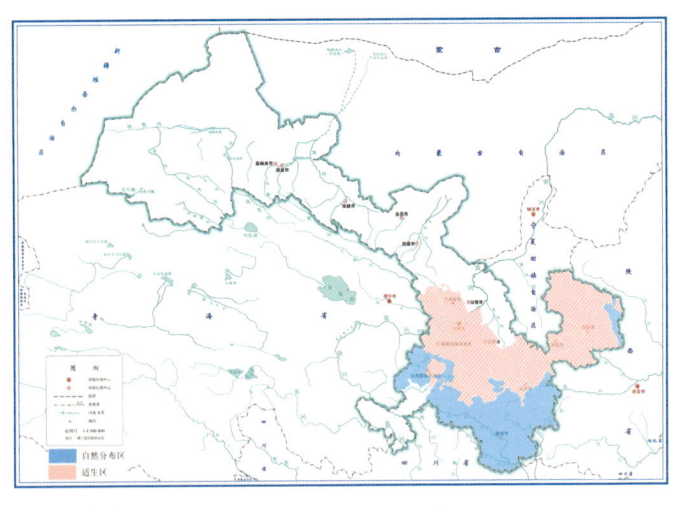

形态特征： 落叶乔木或灌木状，高达15米，胸径达30厘米。树皮深灰色，纵裂成不规则条状，幼枝被或密或疏的柔毛。小枝有时具向四周膨大且不规则纵裂的木栓层。叶倒卵形或倒卵状椭圆形，长4~9（12）厘米，宽1.5~4（5.5）厘米，先端尾状渐尖或渐尖，基部歪斜，叶面幼时有散生硬毛，后脱落无毛，常留有圆形毛迹，不粗糙，叶背幼时有密毛，后变无毛，脉腋常有簇生毛，边缘具重锯齿，侧脉每边12~22条，叶柄长5~10（17）毫米，全被毛或仅上面有毛。花在往年生枝上排成簇状聚伞花序。翅果倒卵形或近倒卵形，长10~19毫米，宽7~14毫米。花果期4~5月。

生态适应性： 喜光的阳性树种，但不耐湿热；生于海拔1300~2400米山坡杂木林或灌丛中。

分布范围： 产于陇南和卓尼、迭部、舟曲、夏河及小陇山、子午岭、太子山等地。在兰州、庆阳、平凉、天水、定西、临夏及临潭、合作等地适宜栽培。黑龙江、吉林、辽宁、内蒙古、河北、山东、浙江、山西、安徽、河南、湖北、陕西及青海等省区有分布。

育苗技术： 采用播种育苗。种子变黄至深黄色时采收，春季播种，播种前30~40天种子沙藏催芽处理，沟播，当苗高10厘米以上时，进行间苗和定苗，定苗株距25~30厘米。

造林技术： 采用植苗造林。选择2年生以上苗木，在初春积雪融化后，即可造林，造林密度1111~2222株/公顷。

榆属 Ulmus

旱榆 *Ulmus glaucescens* Franch.

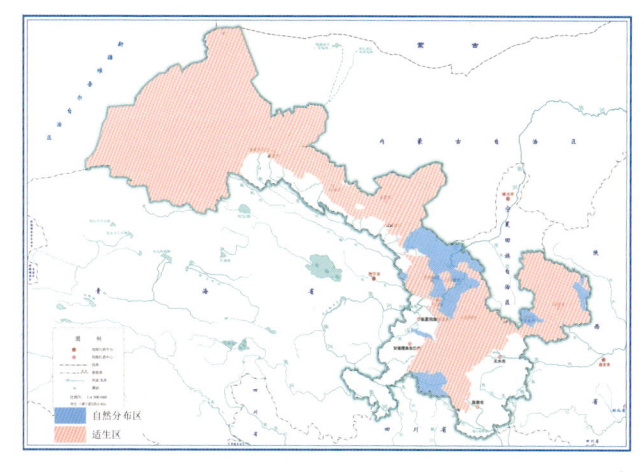

形态特征：落叶乔木或灌木，高达18米。树皮浅纵裂。幼枝多少被毛，往年生枝淡灰黄色、淡黄灰色或黄褐色，小枝无木栓翅及膨大的木栓层。叶卵形、菱状卵形、椭圆形、长卵形或椭圆状披针形，长2.5~5厘米，宽1~2.5厘米，先端渐尖至尾状渐尖，基部偏斜，楔形或圆，边缘具钝而整齐的单锯齿或近单锯齿。花自混合芽抽出，散生于新枝基部或近基部，或自花芽抽出，3~5枚在往年生枝上呈簇生状。翅果椭圆形或宽椭圆形，稀倒卵形、长圆形或近圆形，长2~2.5厘米，宽1.5~2厘米，除顶端缺口柱头面有毛外，余处无毛，果翅较厚，果核部分较两侧之翅宽，位于翅果中上部，上端接近或微接近缺口，宿存花被钟形，上端4浅裂，裂片边缘有毛，果梗长2~4毫米，密被短毛。花果期3~5月。

生态适应性：喜光，耐寒，耐旱，耐贫瘠。

分布范围：产于子午岭（中段及北段）、太子山、永登、皋兰、榆中、迭部、崆峒、靖远、景泰、古浪等地。在平凉其他县（区）、兰州其他县（区）、白银其他县（区）、庆阳、定西、河西走廊及卓尼、临潭等地适宜栽植。辽宁、河北、山东、河南、山西、内蒙古、陕西及宁夏等省区有分布。

育苗技术：一般采用播种育苗。4月下旬至5月上旬采种，随采随播，播前用温水浸种，条播，播种量30~45千克/公顷。也可扦插和分蘖法繁殖。

造林技术：采用植苗造林。春、秋季均可，选择2年生以上苗木，造林密度833~1667株/公顷。

榆科 Ulmaceae

榆属 *Ulmus*

大果榆 *Ulmus macrocarpa* Hance
别名：黄榆、毛榆、山榆

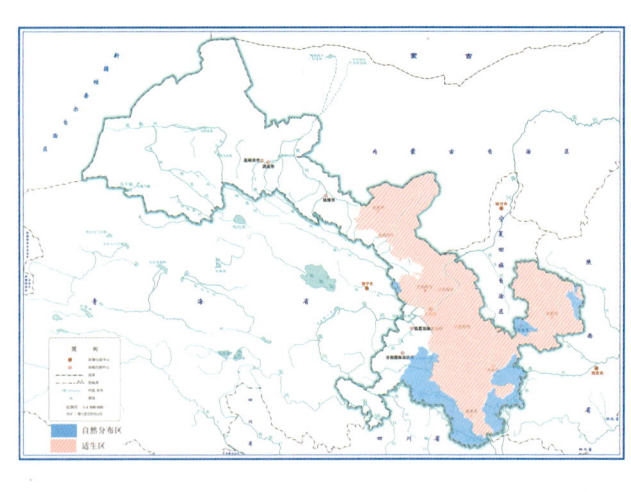

形态特征：落叶乔木或灌木，高达20米，胸径达40厘米。树皮暗灰色或灰黑色，纵裂，粗糙。幼枝有疏毛，一、二年生枝淡褐黄色或淡黄褐色，无毛或一年生枝有疏毛，具散生皮孔。叶宽倒卵形、倒卵状圆形、倒卵状菱形或倒卵形，厚革质，长5~9厘米，宽3.5~5厘米，先端短尾状，稀骤凸，基部渐窄至圆。花自花芽或混合芽抽出，在往年生枝上排成簇状聚伞花序或散生于新枝的基部。翅果宽倒卵状圆形、近圆形或宽椭圆形，长1.5~4.7厘米，宽1~3.9厘米，基部多少偏斜或近对称，微狭或圆，果核部分位于翅果中部，宿存花被钟形，外被短毛或几无毛，上部5浅裂，裂片边缘有毛，果梗长2~4毫米，被短毛。花果期4~5月。

生态适应性：抗逆性强，适宜范围广，是沙丘或荒山造林的先锋树种。

分布范围：产于卓尼、临潭、迭部、舟曲、成县、文县、康县、崆峒、永登（连城）及小陇山、子午岭（中段及北段）等地。在平凉其他县（区）、陇南其他县（区）及庆阳、兰州、白银、天水、定西、武威、金昌等地适宜栽植。中国东北、华北和西北有分布。

育苗技术：采用播种育苗。播种前一年秋季整地作床，种子可不作处理，播后覆土0.5~1厘米，播种量38~45千克/公顷。

造林技术：采用植苗造林。春、秋季均可栽植，选用2~3年生的大苗，造林密度1111~2222株/公顷。

榆属 *Ulmus*

榔榆 *Ulmus parvifolia* Jacq.

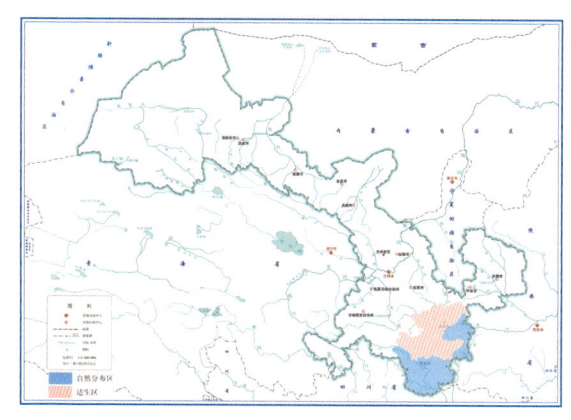

形态特征：落叶乔木，或冬季叶变为黄色或红色宿存至第二年新叶开放后脱落，高达 25 米，胸径达 1 米。树冠广圆形。树皮灰色或灰褐，裂成不规则鳞状薄片剥落，露出红褐色内皮。当年生枝密被短柔毛，深褐色。叶质地厚，披针状卵形或窄椭圆形，稀卵形或倒卵形，先端尖或钝，基部偏斜，楔形或一边圆。花秋季开放，3~6 枚在叶腋簇生或排成簇状聚伞花序，花被上部杯状，下部管状，花被片 4，深裂至杯状花被的基部或近基部，花梗极短，被疏毛。翅果椭圆形或卵状椭圆形，长 10~13 毫米，宽 6~8 毫米，果翅稍厚，基部的柄长约 2 毫米，两侧的翅较果核部分为窄，果核部分位于翅果的中上部，上端接近缺口，花被片脱落或残存。花果期 8~10 月。

生态适应性：喜光，耐干旱；在酸性、中性及碱性土壤上均能生长，但以气候温暖、土壤肥沃、排水良好的中性土壤为最适宜。

分布范围：产于康县、文县、舟曲、武都及小陇山等地。在陇南其他县（区）、天水等地适宜栽植。河北、山东、江苏、安徽、浙江、福建、台湾、江西、广东、广西、湖南、湖北、贵州、四川、陕西及河南等省区有分布。

育苗技术：采用播种育苗。春季播种，播前沙藏催芽，待小部分种子露白即可播种，低床条播，播种量约 100 千克/公顷。

造林技术：采用植苗造林。春季造林为主，多用于景观造林，采用孤植、列植和散植等，定植以行距 3 米、株距 2 米以上为宜。

榆属 *Ulmus*

榆树 *Ulmus pumila* L.
别名：白榆

榆科 Ulmaceae

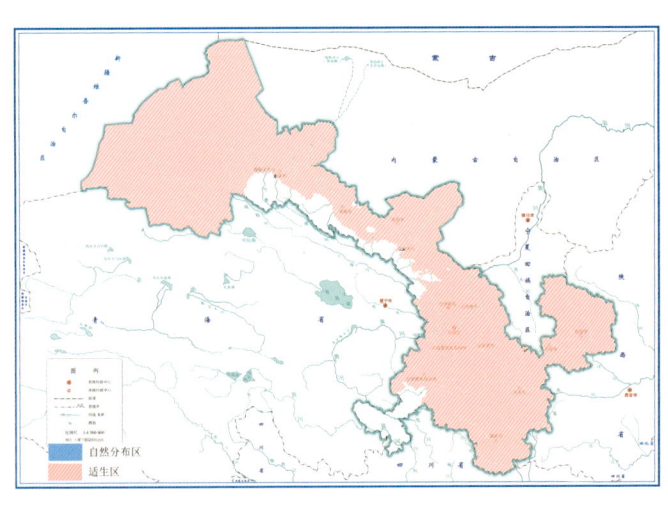

形态特征：落叶乔木，高达25米，胸径达1米，在干瘠之地长成灌木状。幼树树皮平滑，灰褐色或浅灰色，大树之皮暗灰色，不规则深纵裂，粗糙。小枝无毛或有毛，淡黄灰色、淡褐灰色或灰色，有散生皮孔。叶椭圆状卵形、长卵形、椭圆状披针形或卵状披针形，长2~8厘米，宽1.2~3.5厘米，先端渐尖或长渐尖，基部偏斜或近对称，边缘具重锯齿或单锯齿，叶柄长4~10毫米，通常仅上面有短柔毛。花先叶开放，在往年生枝的叶腋成簇生状。翅果近圆形，稀倒卵状圆形，长1.2~2厘米，果核部分位于翅果的中部，上端不接近或接近缺口，成熟前后其色与果翅相同，初淡绿色，后白黄色，宿存花被无毛，4浅裂，裂片边缘有毛。花果期3~6月。

生态适应性：喜光，喜温暖湿润的环境，稍耐荫，耐寒冷；对土壤要求不严，但以深厚肥沃、湿润、排水良好的砂壤土、轻壤土生长最好；根系发达，抗风力、保土力强。

分布范围：除玛曲、碌曲和祁连山之外，全省各地有栽培。中国东北、华北、西北及西南有分布。

育苗技术：采用播种育苗。4~5月采种，随采随播，播前冷水浸种24小时后与等量湿沙混匀堆放催芽，开沟撒播，覆土厚约1厘米，播种量30~45千克/公顷。

造林技术：一般采用植苗造林。春、秋季均可栽植，选择1~2年生苗木，造林密度833~1667株/公顷。降雨或地面水充足的地区也可播种造林。

榉属 *Zelkova*

榉树 *Zelkova serrata* (Thunb.) Makino
别名： 光叶榉

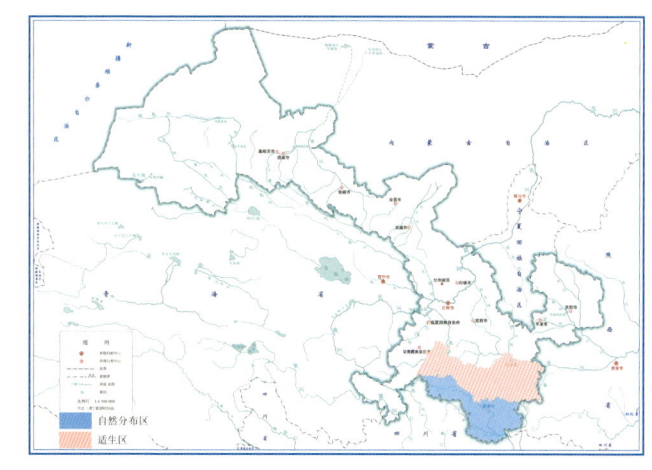

形态特征： 乔木，高达 30 米，胸径达 1 米。树皮灰白色或褐灰色，呈不规则的片状剥落。当年生枝紫褐色或棕褐色，疏被短柔毛，后渐脱落。叶薄纸质至厚纸质，卵形、椭圆形或卵状披针形，长 3~10 厘米，宽 1.5~5 厘米，先端渐尖或尾状渐尖，基部圆形或浅心形。雄花具极短的梗，径约 3 毫米，花被裂至中部，花被裂片（5）6~7（8），外面被细毛，退化子房缺；雌花近无梗，径约 1.5 毫米，花被片 4~5（6），外面被细毛，子房被细毛。核果几乎无梗，斜卵状圆锥形，直径 2.5~3.5 毫米，具背腹脊，表面被柔毛，具宿存的花被。花期 4 月，果期 9~11 月。

生态适应性： 阳性树种，喜光，稍耐荫，喜温暖气候，也能耐寒；深根性，萌芽力强，喜深厚、肥沃、湿润且排水良好的土壤。

分布范围： 产于文县、武都、康县、舟曲、迭部等地。在秦州、麦积、成县、徽县、两当、宕昌、礼县、西和等地适宜栽植。辽宁（大连）、陕西（秦岭）、山东、江苏、安徽、浙江、江西、福建、台湾、河南、湖北、湖南和广东等地有分布。

育苗技术： 一般采用播种育苗。10 月中下旬采种，秋播需随采随播，春播宜在 2 月中旬至 3 月上旬进行，播种量 150~200 千克/公顷。也可扦插育苗。

造林技术： 采用植苗造林。3 月上旬栽植，选用 1 年生实生苗，栽植前用 10%~15% 的过磷酸钙泥浆沾根，造林密度 2000 株/公顷左右。

榉属 *Zelkova*

大果榉 *Zelkova sinica* C. K. Schneid.

榆科 Ulmaceae

形态特征：乔木，高达20米，胸径达60厘米。树皮灰白色，呈块状剥落。一年生枝褐色或灰褐色，二年生枝灰色或褐灰色，光滑。叶纸质或厚纸质，卵形或椭圆形，长（1.5）3~5（8）厘米，宽（1）1.5~2.5（3.5）厘米，先端渐尖或尾状渐尖，基部圆或宽楔形；托叶膜质，褐色，披针状条形。雄花1~3朵腋生，直径2~3毫米，花被（5）6（7）裂，裂片卵状矩圆形，外面被毛，退化子房缺；雌花单生于叶腋，花被裂片5~6，外面被细毛。核果呈不规则的倒卵状球形，表面光滑无毛。花期4月，果期8~9月。

生态适应性：阳性树种，耐干旱瘠薄，根系发达，萌蘖力强，寿命长；能适应碱性、中性及微酸性土壤。

分布范围：产于舟曲、文县、康县及小陇山等地。在陇南其他县（区）、秦州、麦积、清水、迭部等地适宜栽培。陕西、四川北部、湖北西北部、河南、山西南部和河北等地有分布。

育苗技术：采用播种育苗。种实变为黄绿色时采种，种子沙藏催芽，春季播种，开沟播种，覆土厚2厘米，播种量约180千克/公顷。

造林技术：采用植苗造林。主要适于园林应用，可孤植或作为行道树栽植。另外，在较大的庭院角隅、空旷草坪或城郊的山坡上，采用群植或片植的形式种植，可增加景观的观赏性。

构属 *Broussonetia*

构 *Broussonetia papyrifera* (L.) L'Hér. ex Vent.
别名：构树、谷树、谷桑、楮、楮桃

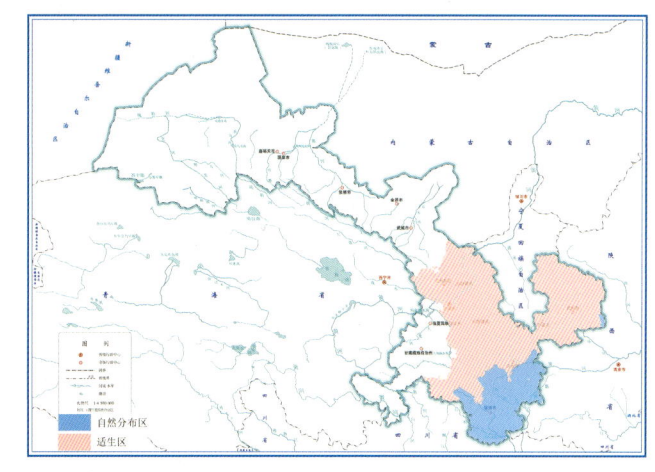

形态特征：乔木，高 10~20 米。树皮暗灰色。小枝密生柔毛。叶螺旋状排列，广卵形至长椭圆状卵形，长 6~18 厘米，宽 5~9 厘米，先端渐尖，基部心形，边缘具粗锯齿；托叶大，卵形，狭渐尖，长 1.5~2 厘米，宽 0.8~1 厘米。花雌雄异株；雄花序为柔荑花序，粗壮，长 3~8 厘米，苞片披针形，被毛，花被 4 裂，裂片三角状卵形，被毛，雄蕊 4，花药近球形；雌花序球形头状，苞片棍棒状，顶端被毛，花被管状，顶端与花柱紧贴，子房卵圆形，柱头线形，被毛。聚花果直径 1.5~3 厘米，成熟时橙红色，肉质；瘦果表面有小瘤，龙骨双层，外果皮壳质。花期 4~5 月，果期 6~7 月。

生态适应性：喜光，生于海拔 1800 米的山坡杂木林中。

分布范围：产于康县、武都、成县、文县、礼县、西和、舟曲及小陇山、子午岭（南段秦家梁）等地。在天水、兰州、白银、定西、平凉、庆阳及宕昌等地适宜栽植。广泛分布中国南北各地，在秦岭的南北坡、长江、黄河的上游部分地区，垂直分布可达海拔 1600 米以上。

育苗技术：采用播种或扦插育苗。播种育苗一般在 3 月中、下旬进行，播种前室内催芽，条播，播种量 2~3 千克 / 公顷。扦插育苗以 2 月底至 3 月上旬为宜，选择 1 年生健壮枝条，剪插穗长度 15 厘米。也可根蘖繁殖。

造林技术：采用植苗造林。2~3 月进行，造林密度 1111 株 / 公顷左右。

榕属 Ficus

无花果 *Ficus carica* L.
别名：红心果

桑科 moraceae

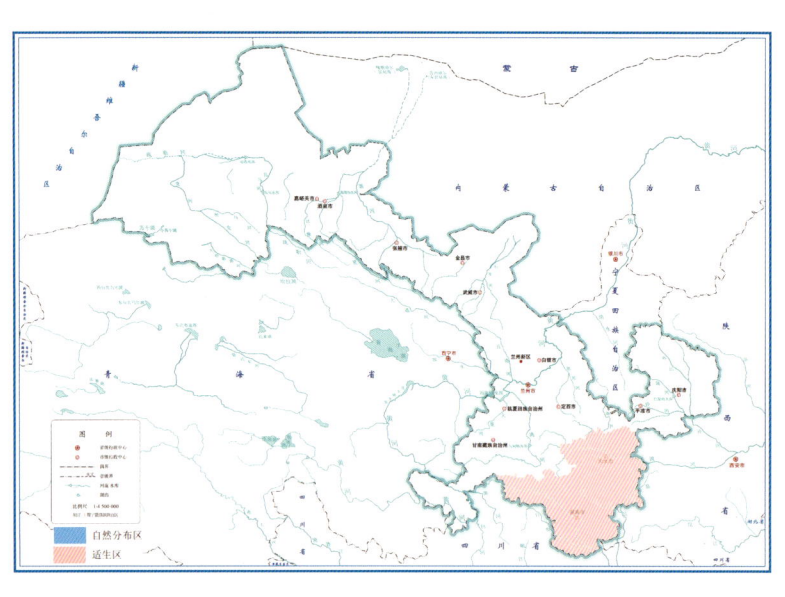

形态特征：落叶灌木，高3~10米，多分枝。树皮灰褐色，皮孔明显。小枝直立，粗壮。叶互生，厚纸质，广卵圆形，长宽近相等，10~20厘米，通常3~5裂，小裂片卵形，边缘具不规则钝齿，表面粗糙，背面密生细小钟乳体及灰色短柔毛，基部浅心形；叶柄长2~5厘米，粗壮；托叶卵状披针形，长约1厘米，红色。雌雄异株，雄花和瘿花同生于一榕果内壁，雄花生内壁口部，花被片4~5，雄蕊3，有时1或5，瘿花花柱侧生，短；雌花花被与雄花同，子房卵圆形，光滑，花柱侧生，柱头2裂，线形。榕果单生叶腋，大且呈梨形，直径3~5厘米，顶部下陷，成熟时紫红色或黄色；瘦果透镜状。花果期5~7月。

生态适应性：喜温暖湿润的气候，耐旱，耐瘠薄，不耐寒，不耐涝。

分布范围：在陇南、天水及舟曲、迭部等地适宜栽培。中国南北均有栽培，新疆南部尤多。

育苗技术：一般采用扦插育苗。落叶后至早春树液流动前，剪取1年生枝条作穗条，春插在3~4月，秋插在落叶后，扦插株行距15厘米×20厘米。

造林技术：采用植苗造林。在清明前后定植，造林密度500~1250株/公顷。

桑属 *Morus*

桑 *Morus alba* L.
别名：桑树、家桑、蚕桑

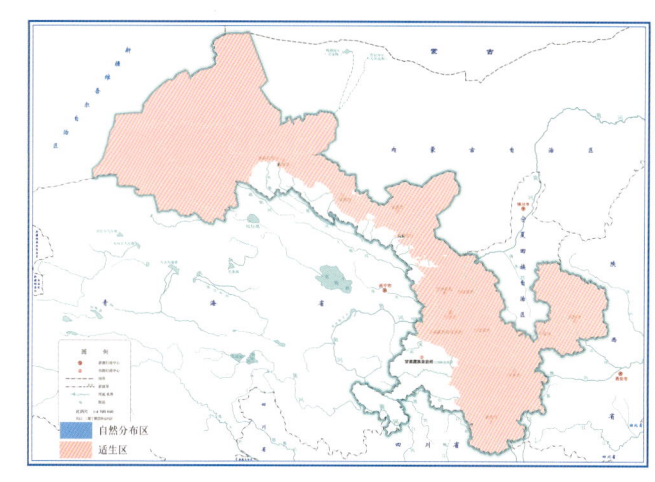

形态特征：乔木或为灌木，高 3~10 米或更高，胸径达 50 厘米。树皮厚，灰色，具不规则浅纵裂。冬芽红褐色，卵形。叶卵形或广卵形，长 5~15 厘米，宽 5~12 厘米，先端急尖、渐尖或圆钝，基部圆形至浅心形，边缘锯齿粗钝；叶柄长 1.5~5.5 厘米，具柔毛；托叶披针形，早落，外面密被细硬毛；花单性，腋生或生于芽鳞腋内；雄花序下垂，长 2~3.5 厘米，密被白色柔毛。雌花序长 1~2 厘米，被毛，总花梗长 5~10 毫米，被柔毛，雌花无梗，花被片倒卵形，顶端圆钝，外面和边缘被毛，无花柱，柱头 2 裂，内面有乳头状突起。聚花果卵状椭圆形，长 1~2.5 厘米，成熟时红色或暗紫色。花期 4~5 月，果期 5~8 月。

生态适应性：喜光，耐寒，耐旱，耐水湿，抗碱；中生，喜温湿气候，适宜生长在 1200 米以下缓坡和平地、厚度 30 厘米以上的酸性及弱碱性土壤。

分布范围：在河西走廊及陇南、天水、兰州、定西、平凉、庆阳、白银、临夏及舟曲等地适宜栽植。中国中部和北部均有分布。

育苗技术：采用播种育苗。6 月中下旬至 7 月上旬采种，干旱地区采用低床播种，开沟条播，播前催芽，播种量约 22.5 千克/公顷。

造林技术：采用植苗造林。春、秋季皆可，深翻浅栽，栽植前打浆护根，造林密度 1250~2500 株/公顷。

桑科 Moraceae

桑属 Morus

蒙桑 *Morus mongolica* (Bur.) Schneid.

别名： 裂叶蒙桑、岩桑、云南桑、山桑、圆叶蒙桑

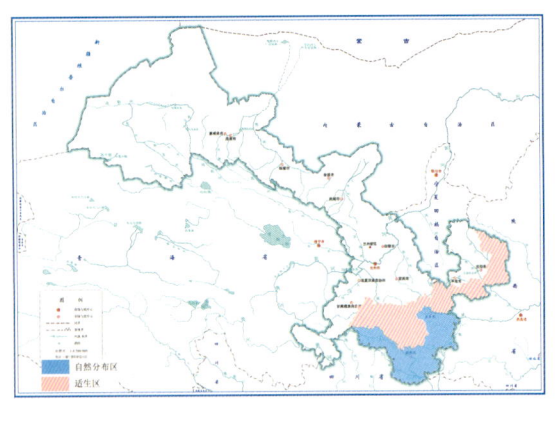

形态特征： 小乔木或灌木。树皮灰褐色，纵裂。小枝暗红色，老枝灰黑色。冬芽卵圆形，灰褐色。叶长椭圆状卵形，长8~15厘米，宽5~8厘米，先端尾尖，基部心形，边缘具三角形单锯齿，稀为重锯齿，齿尖有长芒，两面无毛；叶柄长2.5~3.5厘米。雄花序长3厘米，雄花花被暗黄色，外面及边缘被长柔毛，花药2室，纵裂；雌花序短圆柱状，长1~1.5厘米，总花梗纤细，长1~1.5厘米；雌花花被片外面上部疏被柔毛，或近无毛；花柱长，柱头2裂，内面密生乳头状凸起。聚花果长1.5厘米，成熟时红色至紫黑色。花期3~4月，果期4~5月。

生态适应性： 耐寒，耐干旱贫瘠；在微酸性土、中性土、钙质土以及含盐量在0.2%以下的盐碱土上都能生长，但以肥沃、排水良好的中性土壤为宜。

分布范围： 产于迭部、舟曲、武都、康县、文县、成县、徽县、两当、麦积、秦州等地。在陇南其他县（区）、甘谷、清水、武山、秦安、岷县、漳县、卓尼、临潭、崇信、灵台、泾川、宁县、正宁、合水、华池及关山等地适宜栽植。黑龙江、吉林、辽宁、内蒙古、新疆、青海、河北、山西、河南、山东、陕西、安徽、江苏、湖北、四川、贵州、云南等省区有分布。

育苗技术： 以嫁接育苗为主。冬末或初春采集接穗，选用1年生枝条，窖内沙藏贮藏，选择1年生实生桑作砧木。实生苗培育采用播种繁殖，播种前室内沙藏催芽，条播和撒播，播种量约7.5千克/公顷。

造林技术： 采用植苗造林。春、秋季均可栽植，造林密度833~2000株/公顷。

朴属 *Celtis*

朴树 *Celtis sinensis* Pers.

形态特征： 乔木，高达 30 米。树皮灰白色。往年生小枝幼时密被黄褐色短柔毛，老后毛常脱落，往年生小枝褐色至深褐色，有时还可残留柔毛。冬芽棕色，鳞片无毛。叶厚纸质至近革质，多为卵形或卵状椭圆形，但不带菱形，基部几乎不偏斜或仅稍偏斜，先端尖至渐尖，但不是尾状渐尖，果梗常 2~3 枚（少有单生）生于叶腋，其中一枚果梗（实为总梗）常有 2 果（少有多至 4 果的），其他的具 1 果，无毛或被短柔毛，长 7~17 毫米；果成熟时黄色至橙黄色，近球形，直径 5~7 毫米；核近球形，直径约 5 毫米，具 4 条肋，表面有网孔状凹陷。花期 3~4 月，果期 9~10 月。

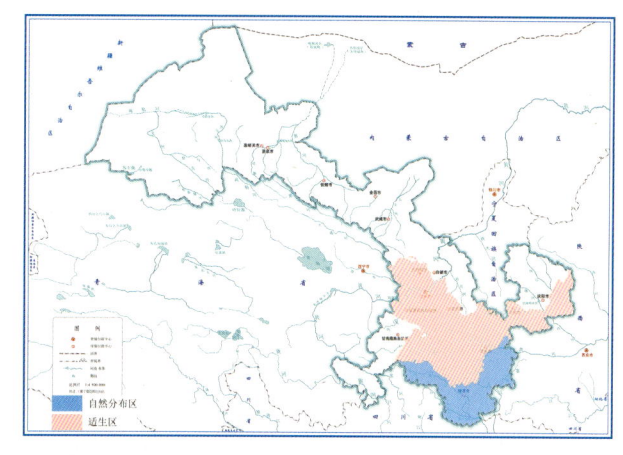

生态适应性： 阳性树种，喜光，稍耐荫，耐干旱瘠薄；在酸性土、中性土、钙质土上均可生长，但不耐盐碱，生长较快。

分布范围： 产于成县、康县、徽县、武都、文县、舟曲、迭部及小陇山等地。在陇南其他县（区）、天水、平凉、临夏、定西、兰州及合水、宁县、正宁等地适宜栽植。山东（青岛、崂山）、河南、江苏、安徽、浙江、福建、江西、湖南、湖北、四川、贵州、广西及广东等地有分布。

育苗技术： 采用播种育苗。果实变为黄褐色时采种，种子沙藏处理，3 月下旬播种，条播，播种量 60~75 千克/公顷。

造林技术： 采用植苗造林。可采取纯林或混交林的不同配置方式，保证合理的初植密度，造林密度 833~1111 株/公顷。

青檀属 *Pteroceltis*

青檀 *Pteroceltis tatarinowii* Maxim.

大麻科 Cannabaceae

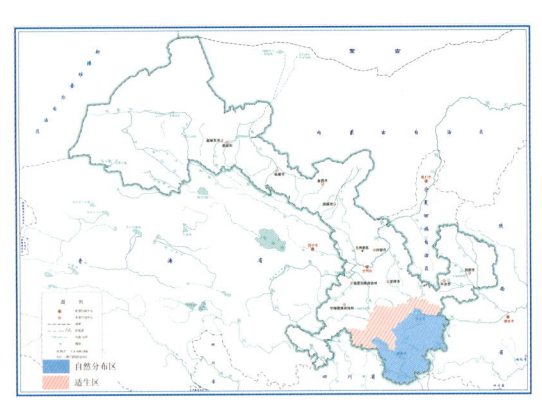

形态特征：乔木，高达20米，胸径达1米。树皮灰色或深灰色，不规则的长片状剥落。小枝黄绿色，皮孔明显。叶纸质，宽卵形至长卵形，长3~10厘米，宽2~5厘米，先端渐尖至尾状渐尖，基部不对称，楔形、圆形或截形，边缘有不整齐的锯齿。翅果状坚果近圆形或近四方形，直径10~17毫米，黄绿色或黄褐色，翅宽，稍带木质，有放射线条纹，下端截形或浅心形，顶端有凹缺，果实外面无毛或多少被曲柔毛，常有不规则的皱纹，有时具耳状附属物，具宿存的花柱和花被。花期3~5月，果期8~10月。

生态适应性：喜光，稍耐旱；中生，喜暖湿气候，适宜生长在海拔1300米以下山麓、沟谷、河滩或溪旁，土层厚30厘米以上、肥力较高或排水良好土壤。

分布范围：产于文县、康县、武都、徽县、礼县、西和、舟曲及小陇山等地。在清水、甘谷、武山、秦安、漳县、岷县、宕昌、迭部等地适宜栽植。辽宁（大连蛇岛）、河北、山西、陕西、青海东南部、山东、江苏、安徽、浙江、江西、福建、河南、湖北、湖南、广东、广西、四川和贵州等地有分布。

育苗技术：一般采用播种育苗。9月中下旬采种，播种前催芽处理，采用高床条播，播种时间一般在3月，覆土以不见种子为宜，覆土后立即盖草。也可扦插育苗。

造林技术：采用植苗造林。时间2~3月，起苗时，自苗颈向上25~30厘米处截去主梢。造林密度随经营方式而定，实行林粮间作的地块，株行距4米×4米，片林营造密度1250~2000株/公顷。

沙拐枣属 *Calligonum*

沙拐枣 *Calligonum mongolicum* Turcz.

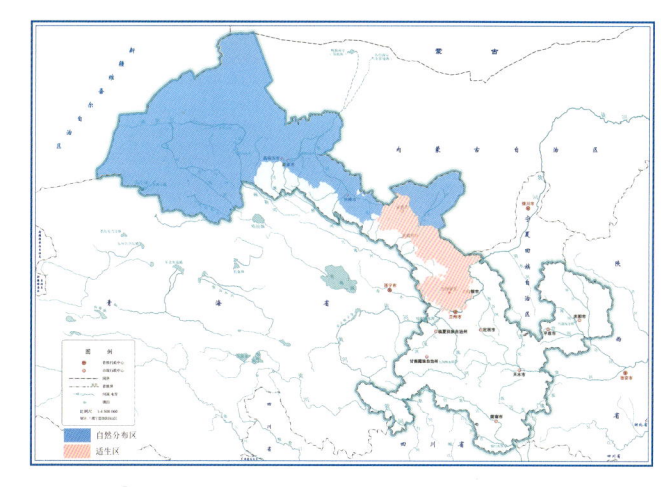

形态特征：灌木，高 25~150 厘米。老枝灰白色或淡黄灰色，开展，拐曲；当年生幼枝草质，灰绿色，有关节。叶线形，长 2~4 毫米。花白色或淡红色，通常 2~3 朵，簇生叶腋；花梗细弱，下部有关节；花被片卵圆形，长约 2 毫米，果时水平伸展。果实宽椭圆形，通常长 8~12 毫米，宽 7~11 毫米；瘦果不扭转、微扭转或极扭转，条形、窄椭圆形至宽椭圆形；果肋凸起或凸起不明显，沟槽稍宽或狭窄，每肋有刺 2~3 行，刺细弱，毛发状，质脆，易折断。花期 5~7 月，果期 6~8 月，在新疆东部，8 月出现第二次花果。

生态适应性：多生于流动沙丘、半流动沙丘或石质地，在沙砾质戈壁、干河床和山前沙砾质洪积物坡地上也能生长；具有抗风蚀、耐沙埋、耐旱、耐瘠薄等特点，能适应极端严酷的干旱环境条件。

分布范围：产于河西各沙区。除祁连山之外，黄河以西均适宜栽植。内蒙古中部、西部及新疆东部有分布。

育苗技术：一般采用播种育苗。6 月底至 8 月采种，播前采用沙藏处理，育苗地以沙壤土为宜，4 月中旬播种，播种量 150~225 千克/公顷。也可扦插育苗。

造林技术：采用植苗造林。春、秋季及雨季均可，春季造林在 4 月中上旬进行，雨季采用容器苗造林，秋季造林在 10 月底至 11 月初进行，造林密度 1250 株/公顷左右。

蓼科 Polygonaceae

梭梭属 *Haloxylon*

梭梭 *Haloxylon ammodendron* (C.A.Mey.) Bge.
别名： 梭梭柴、琐琐

苋科 Amaranthaceae

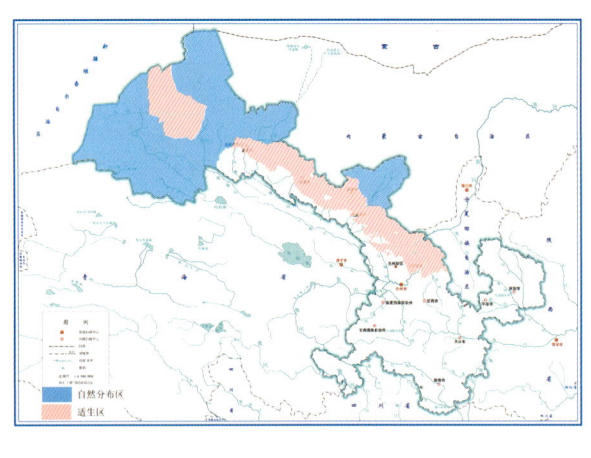

形态特征： 灌木或小乔木，高 1~9 米，树杆地径达 50 厘米。树皮灰白色。枝条粗短，开展；当年生枝条鲜绿色，光滑。叶鳞片状，宽三角形，稍开展，先端钝，腋间具绵毛。花两性，单生于二年生枝条的侧生短枝叶腋；小苞片舟状，宽卵形，与花被近等长，边缘膜质；花被片矩圆形，先端钝，背面先端之下 1/3 处生翅状附属物；花被片在翅以上部分稍内曲并围抱果实；花盘不明显。胞果黄褐色，果皮不与种子贴生；种子黑色，直径约 2.5 毫米。花期 5~7 月，果期 9~10 月。

生态适应性： 耐风，耐旱，较耐盐碱，耐沙质贫瘠土壤，喜光恶涝；适生于半荒漠和荒漠地区的沙漠中，其生境多为地下水较高的沙丘间低地、干河床、湖盆边缘、山前平原或石质砾石地，以含有一定量盐分（含盐量 20 克 / 千克）的土壤或沙地生长最好，沙埋后形成沙丘。

分布范围： 产于民勤、金塔、肃北、阿克塞、玉门、敦煌等地，在黄河以西其他各县（区）适宜栽植。宁夏西北部、青海北部、新疆及内蒙古等地有分布。

育苗技术： 采用播种育苗。10~11 月采种，苗圃地选择沙质土，早春 3 月上中旬播种，条播或撒播，播种量 30~38 千克 / 公顷，播后覆盖风沙土，厚度 1 厘米以下。播种后及时灌溉，全年灌溉 2~3 次。

造林技术： 采用植苗造林。秋季或雨季均可，定根水下渗、地表干燥后，用沙填埋定植坑，造林密度 625~1250 株 / 公顷。

驼绒藜属 *Krascheninnikovia*

华北驼绒藜 *Krascheninnikovia arborescens* (Losina-Losinsk.) Czerep.

形态特征：半灌木，株高1~2米。分枝多集中于上部，较长，通常长35~80厘米。叶较大披针形或矩圆状披针形，长2~5厘米，宽7~10毫米，向上渐狭，先端急尖或钝，基部圆楔形或圆形，通常具明显的羽状叶脉；叶柄短。雄花序细长且柔软，长可达8厘米；雌花管倒卵形，长约3毫米，花管裂片粗短，为管长的1/5~1/4，先端钝，略向后弯；果时管外中上部具四束长毛，下部具短毛。果实狭倒卵形，被毛。花果期7~9月。

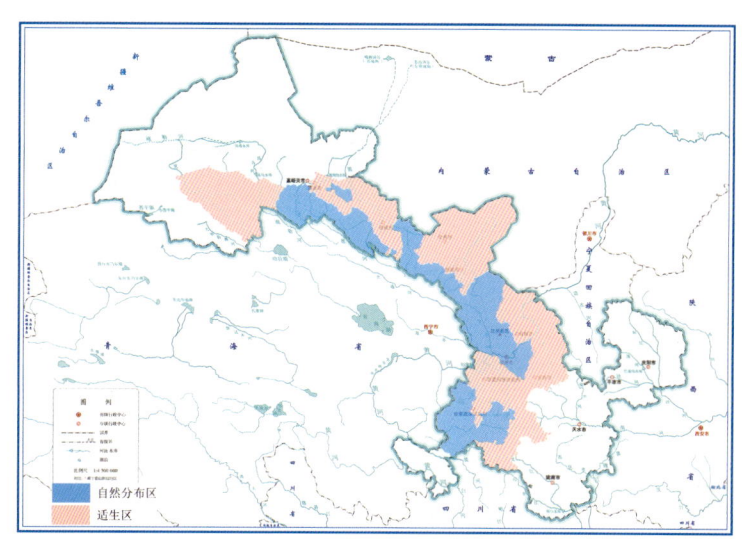

生态适应性：耐旱，耐寒，耐贫瘠。

分布范围：产于兰州、肃南、山丹、古浪、天祝、夏河、临潭、卓尼、碌曲等地，海拔2000~3200米。在张掖、金昌、武威、临夏、白银等地适宜栽植。吉林、辽宁、河北、内蒙古、山西、陕西和四川（松潘）等地有分布。

育苗技术：采用播种育苗。4月下旬至5月上旬开沟播种，播后覆盖厚1厘米风沙土，轻压，播种量20~38千克/公顷，留苗量90万~120万株/公顷。

造林技术：采用植苗造林。春季栽植，选用1年生实生苗木，作为防风固沙林，造林密度2500株/公顷左右。

驼绒藜属 *Krascheninnikovia*

驼绒藜 *Krascheninnikovia ceratoides* (L.) Gueldenstaedt

苋科 Amaranthaceae

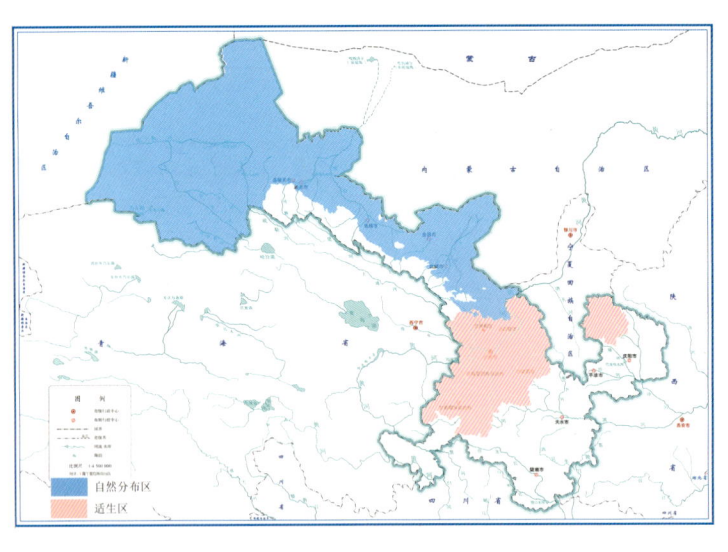

形态特征：半灌木，植株高 0.1~1 米。分枝多集中于下部，斜展或平展。叶互生，在老枝上通常数个束生，在小枝上单生，叶形变化大，条形、条状披针形、披针形或矩圆形，长 1~2(5) 厘米，宽 0.2~0.5(1) 厘米，先端急尖或钝，基部渐狭、楔形或圆形，具 1 明显中脉，有时近基处有 2 条不显著的侧脉，极稀为羽状。雄花序较短，长达 4 厘米，紧密；雌花管椭圆形，长 3~4 毫米，宽约 2 毫米；花管裂片角状，较长，其长为管长的 1/3 到等长。果直立，椭圆形，被毛。花果期 6~9 月。

生态适应性：耐寒，耐旱，耐瘠薄，萌蘖力强；生于戈壁、荒漠、半荒漠、干旱山坡或草原；对于夏季炎热少雨、冬季寒冷、旱涝变化无常的大陆性气候，有较强的适应性。

分布范围：产于河西走廊荒漠地带。在兰州、白银、临夏及安定、陇西、环县、夏河、卓尼、临潭等地适宜栽植。新疆、西藏、青海和内蒙古等省区有分布。

育苗技术：采用播种育苗。10 月上旬采种，播种前凉水浸泡，4 月下旬至 5 月中上旬播种，条播和撒播，播后立即喷灌，播种量 300~525 千克/公顷。

造林技术：一般采用播种造林。春季播种在 4 月初进行，播种量 8~15 千克/公顷，在干旱地区，秋季播种效果较好。也可植苗和扦插造林。

水青树属 *Tetracentron*

水青树 *Tetracentron sinense* Oliv.
保护级别：国家二级

形态特征：乔木，高达30米，胸径达1.5米，全株无毛。树皮灰褐色或灰棕色且略带红色，片状脱落。长枝顶生，细长，幼时暗红褐色。叶片卵状心形，长7~15厘米，宽4~11厘米，顶端渐尖，基部心形，边缘具细锯齿，齿端具腺点，背面略被白霜。花小，呈穗状花序，花序下垂，着生于短枝顶端，多花；花直径1~2毫米，花被淡绿色或黄绿色；雄蕊与花被片对生，花药卵圆形，纵裂；心皮沿腹缝线合生。果长圆形，长3~5毫米，棕色，沿背缝线开裂；种子4~6，条形，长2~3毫米。花期6~7月，果期9~10月。

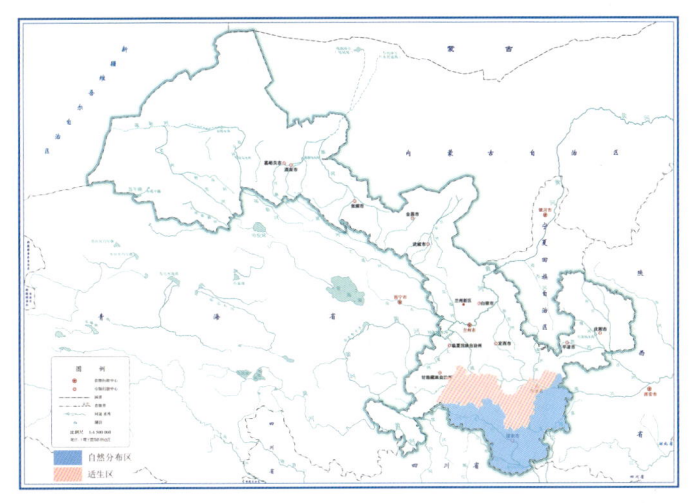

生态适应性：深根性喜光树种，耐寒，耐旱，耐瘠薄，耐盐渍，抗烟尘，抗风，对环境适应性强，不耐水淹；喜温暖气候，但不耐湿热。

分布范围：产于迭部、舟曲、宕昌、武都、文县、成县、徽县、康县及小陇山（东岔、党川）等地。在陇南其他县（区）、临潭、卓尼、岷县、漳县、麦积、秦州、清水等地适宜栽植。云南、陕西、湖北、湖南、四川、贵州等省区有分布。

育苗技术：采用播种育苗。11~12月采种，翌年春季3月中旬播种，播前种子浸泡48小时，高床条播，播后覆盖腐殖质土约2毫米，覆盖草帘后喷水浇透。

造林技术：采用植苗造林。6月上旬雨季进行移栽，造林密度1250株/公顷左右。

昆栏树科 *Trochodendraceae*

连香树属 *Cercidiphyllum*

连香树 *Cercidiphyllum japonicum* Sieb. et Zucc.
保护级别：国家二级

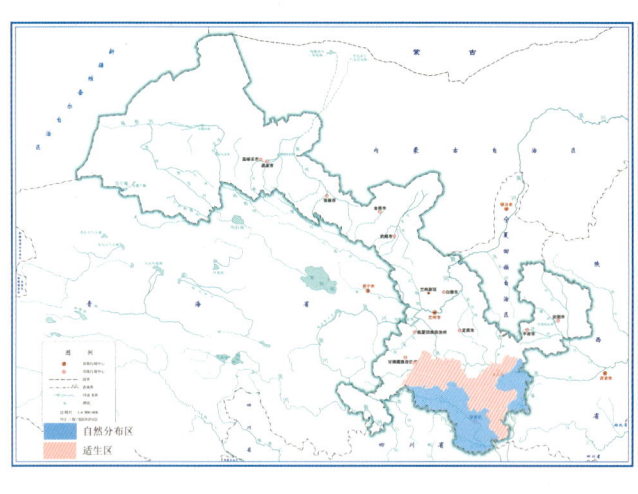

形态特征：落叶大乔木，高 10~20 米，少数达 40 米。树皮灰色或棕灰色。小枝无毛，短枝在长枝上对生。叶：生短枝上的近圆形、宽卵形或心形，生长枝上的椭圆形或三角形，长 4~7 厘米，宽 3.5~6 厘米，先端圆钝或急尖，基部心形或截形，边缘有圆钝锯齿，先端具腺体，两面无毛。雄花常 4 朵丛生，近无梗；苞片在花期红色，膜质，卵形；花丝长 4~6 毫米，花药长 3~4 毫米；雌花 2~6（8）朵，丛生；花柱长 1~1.5 厘米。蓇葖果 2~4 个，荚果状，长 10~18 毫米，宽 2~3 毫米，褐色或黑色，微弯曲，先端渐细，有宿存花柱；种子数个，扁平四角形，长 2~2.5 毫米（不连翅长），褐色，先端有透明翅，长 3~4 毫米。花期 4 月，果期 8 月。

生态适应性：喜光，耐寒，耐旱，耐湿，耐修剪，抗逆性强。

分布范围：产于文县、武都、迭部、舟曲、宕昌及小陇山（太碌、百花、麦积山、东岔）等地。在陇南其他县（区）、秦州、麦积、漳县、岷县、卓尼、临潭等地适宜栽植。山西西南部、河南、陕西、安徽、浙江、江西、湖北及四川等地有分布。

育苗技术：采用播种育苗。果实变成黑色后采种，5 月份气温在 19℃以上时播种，播种量约 55 千克/公顷左右。

造林技术：采用植苗造林。春、秋季均可，选择高度 0.6 米以上苗木，穴状整地，造林密度 1429~2000 株/公顷。

芍药属 *Paeonia*

紫斑牡丹 *Paeonia rockii* (S. G. Haw et Lauener) T. Hong et J. J. Li
保护级别： 国家一级

形态特征： 落叶灌木，高达2米。分枝多且粗壮。叶为2~3回羽状复叶，小叶宽卵形至长卵形，不分裂，稀不等2~4浅裂。花大，单生枝顶，花径10~30厘米；花萼5；花瓣5，花瓣白色，花瓣内面基部具深紫色斑块；心皮3~5，密生绒毛，基本具杯状花盘。花期4~5月，果实成熟期9月。

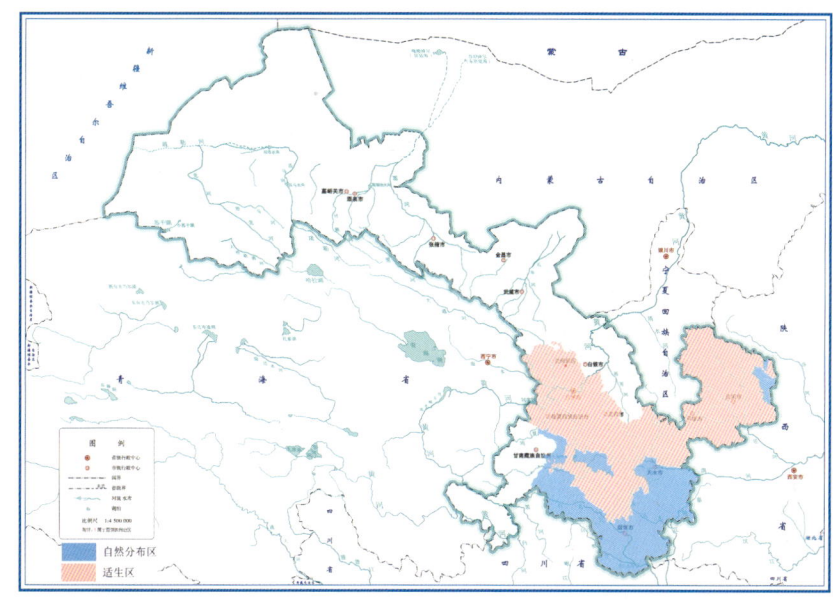

生态适应性： 宜凉爽，畏炎热，忌夏季暴晒，喜燥忌湿；喜深厚肥沃且排水良好的砂质壤土，较耐碱，在黏重、积水或排水不良处易烂根至死亡。

分布范围： 产于卓尼、舟曲、迭部、漳县、西和、成县、康县、武都、文县、麦积、秦州、徽县、两当及子午岭、太子山等地。在天水其他县（区）、陇南其他县（区）、兰州、定西、庆阳、平凉、临夏及莲花山、临潭等地适宜栽植。中国四川北部、陕西南部（太白山区）有分布。

育苗技术： 一般采用播种育苗。9~10月采种，低温沙藏，春、秋季均可播种，条播或穴播，播后10~15天即可出苗。也可分株、压条、嫁接繁殖。

造林技术： 采用植苗造林。具有独特的观赏性，可培育成高大的树形，可孤植、配植、群植等。

五味子属 *Schisandra*

华中五味子 *Schisandra sphenanthera* Rehd. et Wils.

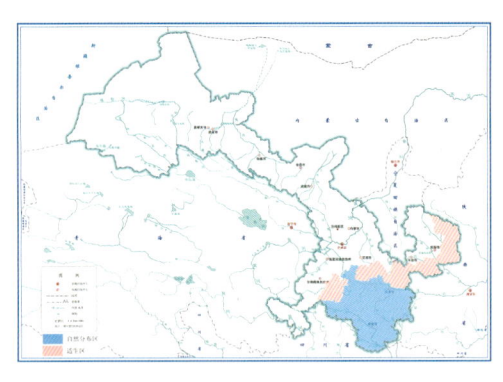

形态特征：木质藤本，全株无毛。小枝红褐色，距状短枝或伸长，具颇密且凸起的皮孔。叶纸质，倒卵形、宽倒卵形，长（3）5~11厘米，宽（1.5）3~7厘米，先端短急尖或渐尖，基部楔形或阔楔形，干膜质边缘至叶柄成狭翅。花生于近基部叶腋，花梗纤细，基部具长3~4毫米的膜质苞片，花被片5~9，橙黄色，椭圆形或长圆状倒卵形。雄花：雄蕊群倒卵圆形，径4~6毫米；花托圆柱形；雄蕊11~19（23），药室内侧向开裂，花丝长约1毫米，上部1~4雄蕊与花托顶贴生。雌花：雌蕊群卵球形，直径5~5.5毫米，雌蕊30~60枚，子房近镰刀状椭圆形，柱头冠狭窄。聚合果成熟小，浆红色，长8~12毫米，具短柄；种子长圆形或肾形，长约4毫米。花期4~7月，果期7~9月。

生态适应性：喜微酸性腐殖土，耐旱性较差；自然条件下，在肥沃、排水好、湿度均衡的土壤上发育较好。

分布范围：产于陇南及迭部、舟曲、秦州、麦积、武山、甘谷、漳县、岷县、渭源等地。在天水其他县（区）、卓尼、临潭、陇西、通渭、秦安、清水、庄浪、张家川、华亭、灵台、泾川、崇信、宁县、正宁、合水、华池等地林区适宜栽植。山西、陕西、山东、江苏、安徽、浙江、江西、福建、河南、湖北、湖南、四川、贵州、云南东北部等地有分布。

育苗技术：采用播种育苗。9月中下旬至10月上旬采种，沙藏催芽，春季播种，条播，播种量25~30克/米^2。

造林技术：采用植苗造林。早春、秋季均可，选择高1米，地径0.7~1厘米的苗木，造林密度3333株/公顷左右。

厚朴属 *Houpoea*

厚朴 *Houpoea officinalis* (Rehd. et E. H. Wils.) N. H. Xia et C. Y. Wu
别名：凹叶厚朴、紫油厚朴
保护级别：国家二级

形态特征：落叶乔木，高达20米。树皮厚，不开裂，油润且带辛辣味。小枝粗壮；顶芽发达，长4~5厘米。叶大，7~9集生枝顶，长圆状倒卵形，长23~45厘米，宽10~20厘米，先端圆或钝尖，下部渐狭为楔形，侧脉20~30对，下面被灰色柔毛和白粉；叶柄粗，长3~4厘米，托叶痕长为叶柄的2/3。花大，白色，芳香，径10~15厘米，花被片9~12（17），长8~10厘米。聚合果圆柱形，长9~13厘米，发育整齐，先端具喙。花期5~6月，果实成熟期9~10月。

生态适应性：喜光，幼树稍能耐荫，喜湿润温凉气候，严寒、酷热、干旱或阴雨连绵对生长都不利；喜在疏松肥沃、湿润、含腐植质多、排水良好的微酸性至中性的沙壤土上生长。

分布范围：产于文县、康县、成县、武都、舟曲及小陇山等地。在陇南其他县（区）及迭部、秦州、麦积、清水、张家川、华亭、灵台和崇信等地适宜栽植。陕西南部、河南东南部、湖北西部、湖南西南部、四川（中部和东部）、贵州东北部等地有分布。

育苗技术：一般采用播种育苗。10月上中旬采种，播种前用冷水浸泡催芽，于2~3月条播，播种量180~225千克/公顷。也可压条、扦插和分蘖繁殖。

造林技术：采用植苗造林。春季栽植，造林密度1111株/公顷左右。

玉兰属 Yulania

望春玉兰 *Yulania biondii* (Pamp.) D. L. Fu
别名：辛夷

木兰科 Magnoliaceae

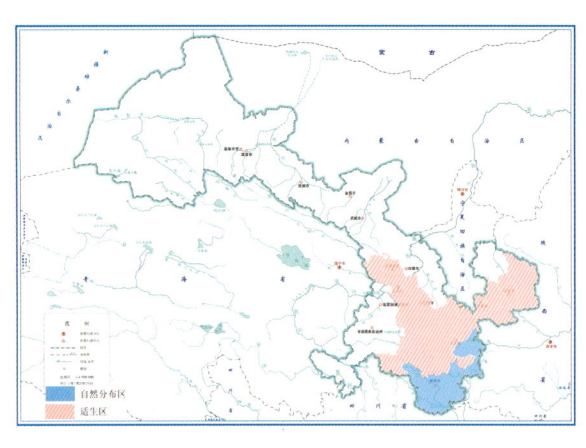

形态特征： 落叶乔木，高达 12 米，胸径达 1 米。树皮淡灰色，光滑。小枝细长，灰绿色，无毛。顶芽卵圆形或宽卵圆形，密被淡黄色展开长柔毛。叶椭圆状披针形、卵状披针形、狭倒卵或卵形长 10~18 厘米，宽 3.5~6.5 厘米，先端急尖，或短渐尖，基部阔楔形，或圆钝，边缘干膜质；侧脉每边 10~15 条。花先叶开放，直径 6~8 厘米，芳香；花梗顶端膨大，长约 1 厘米，具 3 苞片脱落痕；花被 9；雄蕊长 8~10 毫米，花药长 4~5 毫米，花丝长 3~4 毫米，紫色；雌蕊群长 1.5~2 厘米。聚合果圆柱形，长 8~14 厘米，常因部分不育而扭曲；种子心形，外种皮鲜红色，内种皮深黑色，顶端凹陷，具 V 形槽，中部凸起，腹部具深沟。花期 3 月，果熟期 9 月。

生态适应性： 阳性树种，喜光，耐旱，耐寒，耐瘠薄，适应性很强，根系发达，抗风保土能力强，抗污性和吸尘能力强。

分布范围： 产于舟曲、成县、武都、康县、文县及小陇山（严坪、大河店、花庙、观音）等地。在陇南其他县（区）、天水、定西、平凉、庆阳（除环县）、兰州等地适宜栽植。陕西、河南、湖北、四川、山东等省区有分布。

育苗技术： 一般采用播种育苗。8 月下旬至 9 月中旬采种，播种前催芽，3 月中、下旬播种，条播，播种后及时覆盖地膜。也可嫁接育苗。

造林技术： 采用植苗造林。秋季落叶至次春发芽前均可，春天造林选用 1 年生苗，秋季造林选用 2 年生苗，造林密度 625~1111 株/公顷。

玉兰属 Yulania

紫玉兰 *Yulania liliiflora* (Desr.) D. L. Fu
别名：木笔、辛夷、狭萼辛夷

形态特征：落叶灌木，高达 3 米，常丛生。树皮灰褐色。小枝绿紫色或淡褐紫色。叶椭圆状倒卵形或倒卵形，长 8~18 厘米，宽 3~10 厘米，先端急尖或渐尖。花蕾卵圆形，被淡黄色绢毛；花叶同时开放，瓶形；花被片 9~12，外轮 3 片萼片状，紫绿色，披针形长 2~3.5 厘米，常早落，内两轮肉质，外面紫色或紫红色，内面带白色，花瓣状，椭圆状倒卵形，长 8~10 厘米，宽 3~4.5 厘米；雄蕊紫红色，长 8~10 毫米，花药长约 7 毫米，侧向开裂，药隔伸出成短尖头；雌蕊群长约 1.5 厘米，淡紫色，无毛。聚合果深紫褐色，变褐色，圆柱形，长 7~10 厘米；成熟蓇葖近圆球形，顶端具短喙。花期 3~4 月，果期 8~9 月。

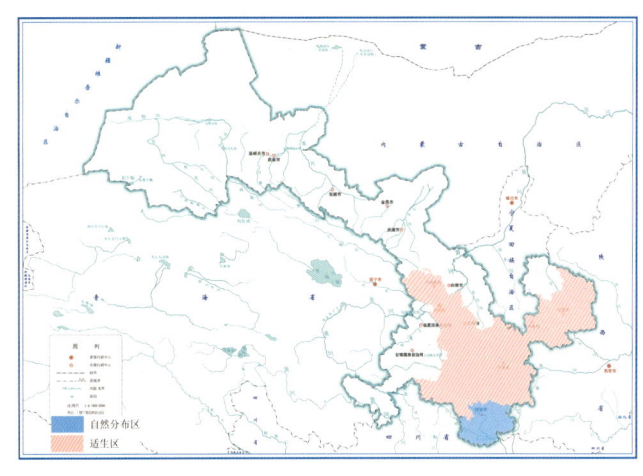

生态适应性：喜温暖湿润和阳光充足环境，较耐寒，但不耐旱和盐碱，怕水淹，要求肥沃、排水好的沙壤土。

分布范围：产于武都、文县、康县等地。在陇南其他县（区）、天水、平凉、庆阳（除环县）、定西、兰州及舟曲等地适宜栽植。福建、湖北、四川、云南等省区有分布。

育苗技术：一般采用播种育苗。9 月下旬采种，冬季沙藏，翌年春季播种，高床条播，行距 30 厘米。也可分株、压条、嫁接繁殖。

造林技术：采用植苗造林。早春进行，多用于园林景观绿化，选用 3~5 年生的大苗，带土球栽植，造林密度 833~1250 株/公顷。

玉兰属 Yulania

武当玉兰 *Yulania sprengeri* (Pamp.) D. L. Fu

别名： 迎春树、湖北木兰、武当木兰、五峰玉兰

木兰科 Magnoliaceae

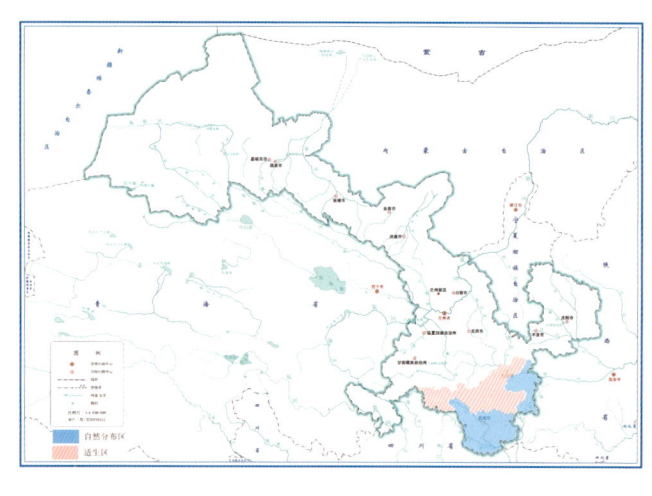

形态特征： 落叶乔木，高达 21 米。树皮淡灰褐色或黑褐色，老干皮具纵裂沟成小块片状脱落。小枝淡黄褐色，后变灰色，无毛。叶倒卵形，长 10~18 厘米，宽 4.5~10 厘米，先端急尖或急短渐尖，基部楔形，叶柄长 1~3 厘米；托叶痕细小。花蕾直立，被淡灰黄色绢毛，花先叶开放，杯状，有芳香，花被片 12（14），外面玫瑰红色，有深紫色纵纹，倒卵状匙形或匙形，长 5~13 厘米，雄蕊长 10~15 毫米，花药长约 5 毫米，稍分离，药隔伸出成尖头，花丝紫红色，宽扁；雌蕊群圆柱形，长 2~3 厘米，淡绿色，花柱玫瑰红色。聚合果圆柱形，长 6~18 厘米；蓇葖扁圆，成熟时褐色。花期 3~4 月，果期 8~9 月。

生态适应性： 喜光，耐寒，适应性强。

分布范围： 产于小陇山（麦积、李子、麻沿、党川、百花）及舟曲、康县、文县、武都等地。在陇南其他县（区）、迭部、秦州、清水等地适宜栽植。陕西、河南、湖北、湖南、四川等省区有分布。

育苗技术： 采用播种育苗。蓇葖果由红色变为红褐色但未开裂时采收，种子沙藏处理。春季条播，覆土厚度 0.5~1 厘米，以不见种子为度。

造林技术： 采用植苗造林。以早春发芽前 10 天或花谢后展叶前栽植，选择 1 年生以上的苗木，根需带泥团栽植，栽后封土压紧，并及时浇足水，造林密度 625~1111 株/公顷。

木姜子属 *Litsea*

木姜子 *Litsea pungens* Hemsl.
别名：辣姜子、兰香树、山胡椒、木香子、山苍子

形态特征：落叶小乔木，高 3~10 米。树皮灰白色。幼枝黄绿色，被柔毛，老枝黑褐色，无毛。叶互生，常聚生于枝顶，披针形或倒卵状披针形，长 4~15 厘米，宽 2~5.5 厘米，先端短尖，基部楔形，膜质。伞形花序腋生；总花梗长 5~8 毫米；每一花序有雄花 8~12 朵，先叶开放；花梗长 5~6 毫米，被丝状柔毛；花被裂片 6，黄色，倒卵形，长 2.5 毫米；能育雄蕊 9，花丝仅基部有柔毛，第 3 轮基部有黄色腺体，圆形；退化雌蕊细小，无毛。果球形，直径 7~10 毫米，成熟时蓝黑色。花期 3~5 月，果期 7~9 月。

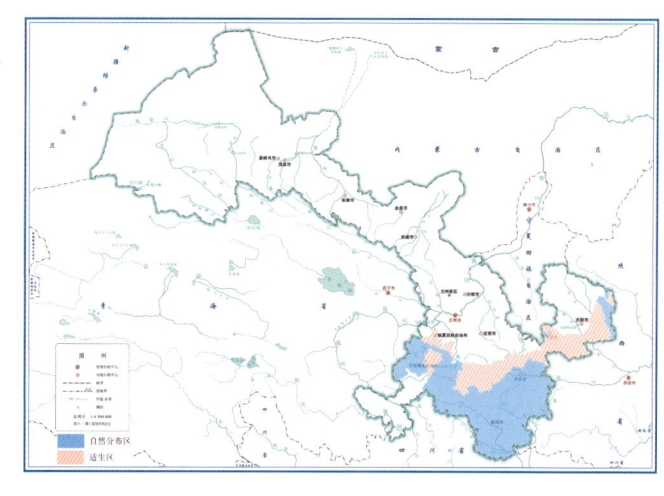

生态适应性：喜湿润气候，喜光，在光照不足的条件下生长发育不良。

分布范围：产于陇南和舟曲、卓尼、临潭、迭部、夏河及子午岭（刘家店、中湾）、崆峒山、小陇山、太子山等地。在天水及合作、康乐、和政、临夏县、漳县、岷县、宁县、正宁、合水、崆峒、华亭、灵台、崇信、泾川等地适宜栽植。湖北、湖南、广东北部、广西、四川、贵州、云南、西藏、陕西、河南、山西南部、浙江等地有分布。

育苗技术：采用播种育苗。果皮变成紫黑色、种仁红色且坚硬时采种，沙藏处理。春季作床开沟播种，播种量 75~150 千克/公顷。出苗后间苗，留苗约 11 万株/公顷。

造林技术：采用植苗造林。初植密度 3333 株/公顷左右，进入盛果期后，应逐渐进行疏伐（主要伐除雄株），最后保留 1111~1667 株/公顷。

樟科 Lauraceae

山白树属 *Sinowilsonia*

山白树 *Sinowilsonia henryi* Hemsl.

金缕梅科 Hamamelidaceae

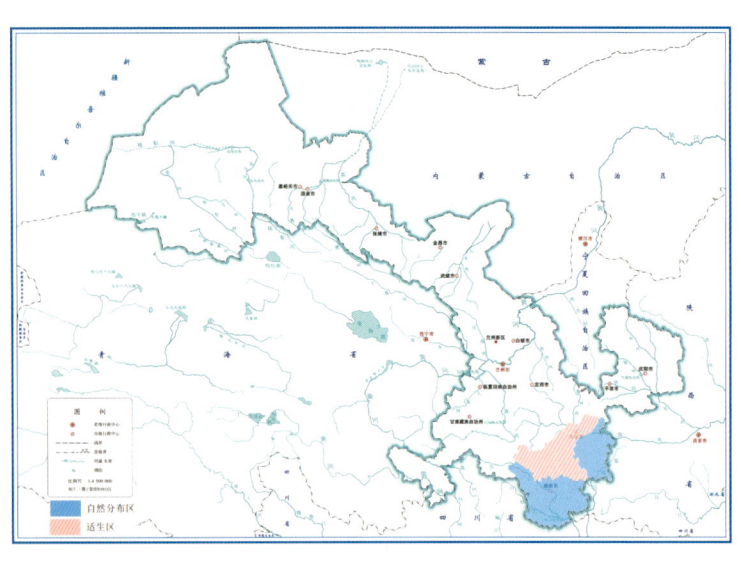

形态特征：落叶灌木或小乔木，高约8米。嫩枝有灰黄色星状绒毛。叶纸质或膜质，倒卵形，长10~18厘米，宽6~10厘米，先端急尖，基部圆形或微心形；边缘密生小齿突。雄花总状花序无正常叶片，萼筒极短，萼齿匙形；雄蕊近于无柄，花药2室；雌花穗状，花序长6~8厘米，基部有1~2片叶子，花序柄长3厘米；萼筒壶形，长约3毫米，萼齿长1.5毫米，均有星毛；退化雄蕊5个，无正常发育的花药，子房上位，有星毛。果序长10~20厘米，花序轴稍增厚，有不规则棱状突起。蒴果无柄，卵圆形，长1厘米，先端尖，被灰黄色长丝毛；种子长8毫米，黑色，有光泽，种脐灰白色。

生态适应性：深根性、强阳性树种，喜光，耐寒，耐旱，不耐荫，不耐水湿。

分布范围：产于舟曲、武都、文县（碧口、范坝、店坝）、康县、徽县及小陇山等地。在西和、宕昌、礼县、成县、麦积、秦州、清水等地适宜栽植。湖北、四川、河南、陕西等省区有分布。

育苗技术：采用播种育苗。8月中下旬采种，越冬沙藏处理，于翌年3月中下旬播种，开沟条播，播种量约150千克/公顷，播后覆1厘米厚细土。

造林技术：采用植苗造林。选用地径6~10厘米的大规格苗木，造林密度1110株/公顷左右。

山梅花属 *Philadelphus*

山梅花 *Philadelphus incanus* Koehne

形态特征：灌木，高 1.5~3.5 米。二年生小枝灰褐色，表皮呈片状脱落，当年生小枝浅褐色或紫红色。叶卵形或阔卵形，长 6~12.5 厘米，宽 8~10 厘米，先端急尖，基部圆形。总状花序有花 5~7（11）；花序轴长 5~7 厘米，疏被长柔毛或无毛；花梗长 5~10 毫米，上部密被白色长柔毛；花萼外面密被紧贴糙伏毛；萼筒钟形，裂片卵形；花冠盘状，直径 2.5~3 厘米；花瓣白色，卵形或近圆形，基部急收狭；雄蕊 30~35；花柱长约 5 毫米，近先端稍分裂，柱头棒形。蒴果倒卵形，长 7~9 毫米；种子长 1.5~2.5 毫米，具短尾。花期 5~6 月，果期 7~8 月。

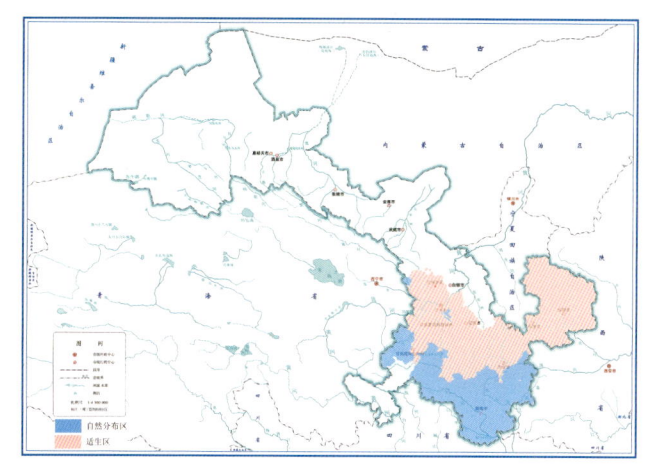

生态适应性：适应性强，喜光，喜温暖，耐寒，耐热，忌水涝；生长速度较快。

分布范围：产于陇南和卓尼、临潭、迭部、夏河、舟曲及兰州（麻家寺、天都山、兴隆山）、永登（连城）、小陇山等地。在天水、平凉、庆阳、定西、兰州、临夏及合作等地适宜栽植。山西、陕西、河南、湖北、安徽和四川等省区有分布。

育苗技术：一般采用播种育苗。10 月上旬采种，低温（±5℃）密封贮藏，3 月下旬或 4 月上旬播种，撒播或条播，播后微量覆土，厚度 0.3 厘米左右，播种量约 30 千克/公顷。也可压条和扦插育苗。

造林技术：采用植苗造林。春、秋季均可，春季在芽萌动前的 3~4 月进行，秋季在落叶后的 10~11 月进行，栽种时一定要带好土球，造林密度 2000 株/公顷左右。

茶藨子属 Ribes

长果茶藨子 *Ribes stenocarpum* Maxim.

别名：狭果茶藨、长果醋栗

形态特征：落叶灌木，高 1~2（3）米。老枝灰色或灰褐色，小枝棕色，皮呈条状或片状剥落，在叶下部的节上具 1~3 枚粗壮刺。叶近圆形或宽卵圆形，长 2~3 厘米，宽 2.5~4 厘米。花两性，2~3 朵组成短总状花序或单生于叶腋；花序轴长 3~7 毫米；花梗长 3~5 毫米，无毛；苞片成对生于花梗节上，宽卵圆形；花萼浅绿色或绿褐色，外面无毛；萼筒钟形，长 4~6 毫米，萼片舌形或长圆形，先端圆钝，花期开展或反折，果期常直立；花瓣长圆形或舌形，长 4~6 毫米，宽 2~3 毫米，先端圆钝，白色；雄蕊稍长或几与花瓣近等长；子房长圆形，无毛；花柱长于雄蕊，分裂几达中部，无毛。果实长圆形，长 2~2.5 厘米，浅绿色有红晕或红色，无毛。花期 5~6 月，果期 7~8 月。

生态适应性：生长于海拔 2300~3300 米的山坡灌丛、云杉林和杂木林下或山沟中。

分布范围：产于夏河、卓尼、临潭及兴隆山、小陇山、祁连山（冷龙岭北坡）等地。在祁连山其他地区、甘南其他县（区）、天水、陇南及岷县、漳县、积石山、临夏县、康乐、和政、临洮、渭源等地适宜栽植。陕西、青海、四川等省区有分布。

育苗技术：采用扦插育苗。选择肥沃、光照良好、避风的地方扦插，扦插株行距 8~10 厘米，土面只露顶芽，插条的倾斜度约为 45°，插后轻轻镇压。

造林技术：采用植苗造林。选用茎粗 0.8 厘米以上，苗高 25 厘米以下，茎部有 6~8 个饱满芽的壮苗栽植，穴状整地，每穴栽 1~2 株苗，造林密度 2500 株/公顷左右。

木瓜海棠属 *Chaenomeles*

木瓜海棠 *Chaenomeles cathayensis* (Hemsl.) Schneid.
别名：木桃、木瓜、光皮木瓜、木梨、贴梗海棠

形态特征：落叶灌木或小乔木，高 2~6 米。枝条直立，具短枝刺。叶片椭圆形、披针形至倒卵披针形，长 5~11 厘米，宽 2~4 厘米，先端急尖或渐尖，基部楔形至宽楔形，边缘有芒状细尖锯齿。花先叶开放，2~3 朵簇生于二年生枝上；花直径 2~4 厘米；萼筒钟状；萼片直立，卵圆形至椭圆形，长 3~5 毫米，宽 3~4 毫米，先端圆钝至截形；花瓣倒卵形或近圆形，长 10~15 毫米，淡红色或白色；雄蕊 45~50，长约为花瓣之半；花柱 5，基部合生，柱头头状。果实卵球形或近圆柱形，先端有凸起，长 8~12 厘米，宽 6~7 厘米，黄色且有红晕，味芳香。花期 3~5 月，果期 9~10 月。

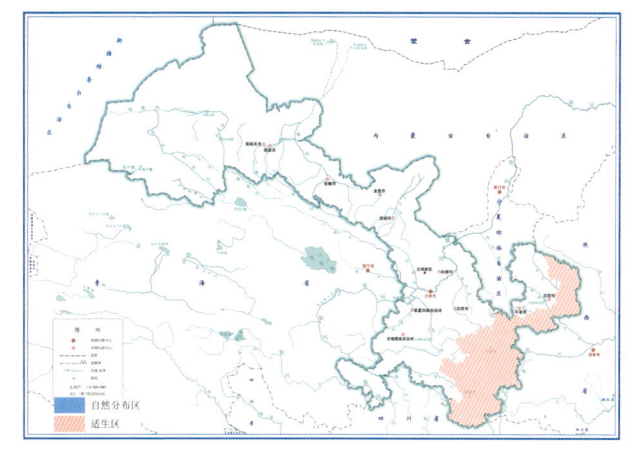

生态适应性：中性，喜温暖湿润和阳光充足的环境，有一定的耐寒性，有很好的耐旱能力，虽喜湿润但怕水涝；土壤要求不严，在肥沃疏松、土层深厚、排水良好的微酸性土壤中生长良好，不耐盐碱。

分布范围：在陇南、天水和崇信、灵台、泾川、宁县、正宁、合水、华池及关山等地适宜栽培。陕西、江西、湖北、湖南、四川、云南、贵州和广西等省区有分布。

育苗技术：一般采用播种育苗。10 月采种，温水浸种后沙藏层积催芽，翌年 3 月播种，播后覆土 2 厘米左右，覆盖塑料膜，苗木出齐后揭除。也可扦插、分株、压条等方法繁殖。

造林技术：采用植苗造林。秋末落叶后至翌春树液流动前栽植，1~2 年生苗可裸根栽植，大苗或幼树以带土栽植为佳，造林密度 1667 株/公顷左右。

栒子属 *Cotoneaster*

平枝栒子 *Cotoneaster horizontalis* Dcne.
别名：矮红子、平枝灰栒子、岩楞子、栒刺木

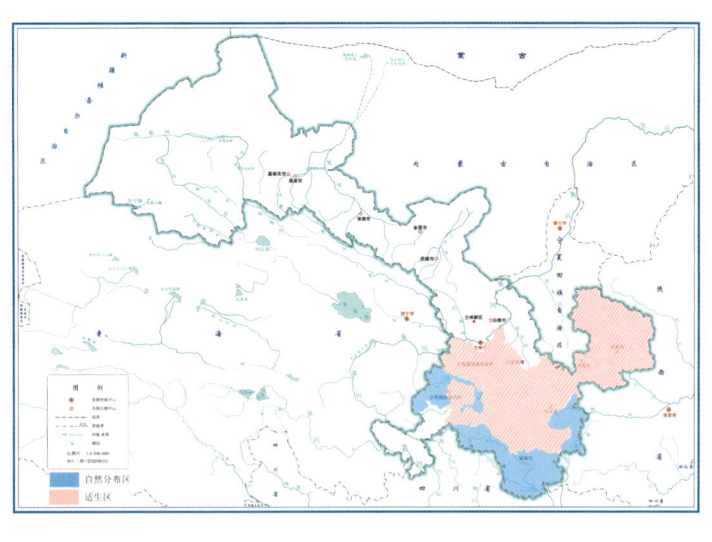

形态特征：落叶或半常绿匍匐灌木，高不超过 0.5 米。枝水平开张成整齐两列状；小枝圆柱形，幼时外被糙伏毛，老时脱落，黑褐色。叶片近圆形或宽椭圆形，稀倒卵形，长 5~14 毫米，宽 4~9 毫米，先端多数急尖，基部楔形，全缘；叶柄长 1~3 毫米，被柔毛；托叶钻形，早落。花 1~2 朵，近无梗，直径 5~7 毫米；萼筒钟状，外面有稀疏短柔毛，内面无毛；萼片三角形，先端急尖，外面微具短柔毛；花瓣直立，倒卵形，先端圆钝，长约 4 毫米，粉红色；雄蕊约 12；花柱常为 3，离生，短于雄蕊；子房顶端有柔毛。果实近球形，直径 4~6 毫米，鲜红色，常具 3 小核，稀 2 小核。花期 5~6 月，果期 9~10 月。

生态适应性：喜光，耐寒，耐旱，耐盐碱，耐贫瘠；生于海拔 1800~2500 米的山坡灌丛。

分布范围：产于康县、武都、文县、夏河、临潭、迭部、舟曲及太子山、小陇山等地。在兰州以东以南等地（除玛曲和碌曲）适宜栽植。陕西、湖北、湖南、四川、贵州及云南等省区有分布。

育苗技术：一般采用播种育苗。11 月初采种，翌年 4 月初，温水浸种后播种，条播，播种量约 30 千克/公顷，秋末浇防冻水。也可扦插育苗。

造林技术：采用植苗造林。一般春季栽植，选用 1 年生以上苗木，造林密度 5000 株/公顷左右。

栒子属 *Cotoneaster*

水栒子 *Cotoneaster multiflorus* Bge.
别名：香李、多花灰栒子、多花栒子、栒子木

形态特征：落叶灌木，高达4米。枝条常呈弓形弯曲，红褐色或棕褐色。叶片卵形或宽卵形，长2~4厘米，宽1.5~3厘米，先端急尖或圆钝，基部宽楔形或圆形。花多数，约5~21朵，成疏松的聚伞花序；花梗长4~6毫米；苞片线形；花直径1~1.2厘米；萼筒钟状，内外两面均无毛；萼片三角形，先端急尖；花瓣平展，近圆形，直径4~5毫米，先端圆钝或微缺，基部有短爪，白色；雄蕊约20；花柱通常2，离生。果实近球形或倒卵形，直径8毫米，红色，有1个由2心皮合生而成的小核。花期5~6月，果期8~9月。

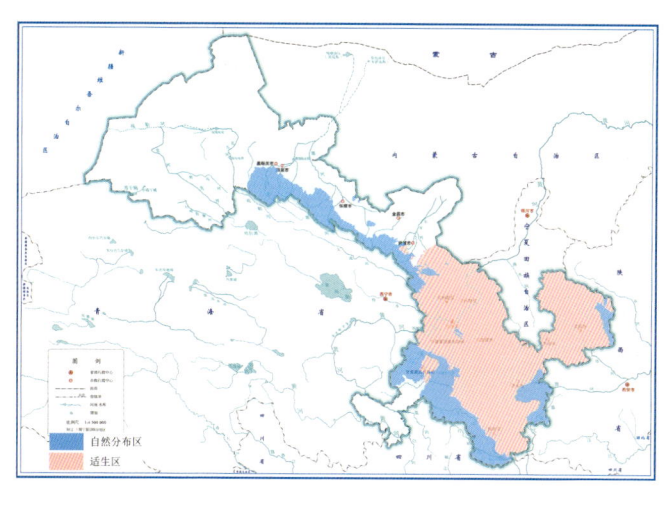

生态适应性：中生，喜温湿气候，稍耐荫，耐寒，耐旱，不耐水湿；对土壤要求不严，适宜生长在海拔1800米以下阴阳坡及山谷。

分布范围：产于夏河、卓尼、临潭、迭部、舟曲、文县及小陇山、太子山、兴隆山、祁连山、子午岭等地。在陇南、天水、平凉、临夏、庆阳、兰州、白银及天祝、古浪等地适宜栽植。黑龙江、辽宁、内蒙古、河北、山西、河南、陕西、青海、新疆、四川、云南及西藏等省区有分布。

育苗技术：一般采用播种育苗。9月至10月采种，春季3月中旬至4月中旬播种，条播，播种量100~120千克/公顷，覆土后上面再覆盖地膜或稻草。也可插条、压条、分根等方法育苗。

造林技术：一般采用植苗造林。春季3月下旬至4月上旬栽植，选择2年生健壮苗木，造林密度2500株/公顷左右。也可分殖造林。

蔷薇科 Rosaceae

山楂属 Crataegus

甘肃山楂 Crataegus kansuensis Wils.
别名：面旦子

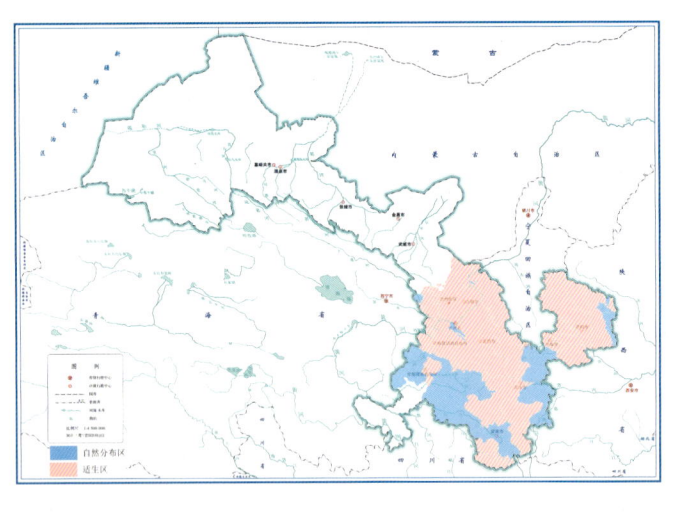

形态特征：灌木或乔木，高 2.5~8 米。枝刺多，锥形。叶片宽卵形，长 4~6 厘米，宽 3~4 厘米，先端急尖，基部截形或宽楔形。伞房花序，直径 3~4 厘米，具花 8~18 朵；总花梗和花梗均无毛，花梗长 5~6 毫米；苞片与小苞片膜质，披针形，边缘有腺齿；花直径 8~10 毫米；萼筒钟状；萼片三角卵形，长 2~3 毫米，先端渐尖；花瓣近圆形，直径 3~4 毫米，白色；雄蕊 15~20；花柱 2~3，子房顶端被绒毛。果实近球形，直径 8~10 毫米，红色或橘黄色。花期 5 月，果期 7~9 月。

生态适应性：喜凉爽湿润的环境，喜光也能耐荫；对土壤要求不严，一般分布于荒山秃岭、阳坡、半阳坡、山谷。

分布范围：产于夏河、临潭、卓尼、迭部、舟曲、岷县、漳县、武都及子午岭、关山、小陇山、太子山、永登（连城）、靖远（哈思山）、兰州（七里河、兴隆山）等地。除玛曲、碌曲和河西地区之外，全省其他地区均适宜栽植。山西、河北、陕西、贵州和四川等省区有分布。

育苗技术：采用播种育苗。8 月下旬至 9 月上旬采种，4 月下旬到 5 月上旬播种，条播，行距 10~15 厘米，播种量 375~450 千克/公顷。

造林技术：采用植苗造林。选土层厚、土壤肥沃的地块，春栽在土壤解冻以后进行，秋栽在落叶后至土壤封冻前进行，造林密度 500~833 株/公顷。

山楂属 Crataegus

山楂 Crataegus pinnatifida Bge.
别名： 山里红、红果、棠棣、绿梨、酸楂

形态特征： 落叶乔木，高达6米。树皮粗糙，暗灰色或灰褐色。刺长1~2厘米，有时无刺。小枝圆柱形，当年生枝紫褐色，疏生皮孔，老枝灰褐色。叶片宽卵形或三角状卵形，长5~10厘米，宽4~7.5厘米，先端短渐尖，基部截形至宽楔形；叶柄长2~6厘米，无毛；托叶草质，镰形。伞房花序具多花，直径4~6厘米，总花梗和花梗均被柔毛；苞片膜质，线状披针形，长6~8毫米，先端渐尖，边缘具腺齿；花径约1.5厘米；萼筒钟状，长4~5毫米，外面密被灰白色柔毛；萼片三角卵形至披针形，先端渐尖，全缘；花瓣倒卵形或近圆形，长7~8毫米，白色；雄蕊20，花药粉红色；花柱3~5，基部被柔毛，柱头头状。果实近球形或梨形，直径1~1.5厘米，深红色；小核3~5。花期5~6月，果期9~10月。

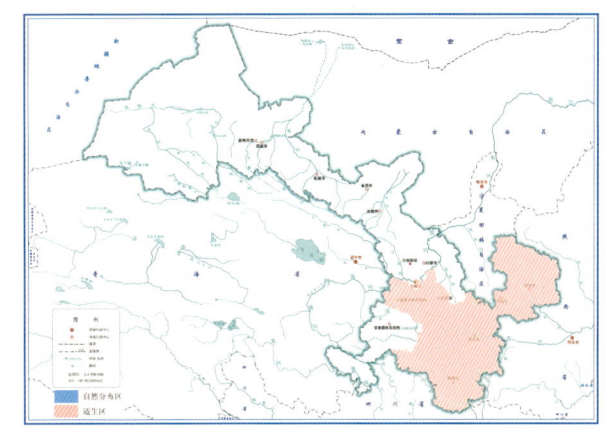

生态适应性： 喜光，稍耐荫，喜凉爽、湿润的环境，既耐寒又耐高温；对土壤要求不严，耐干燥、贫瘠土壤，但以湿润且排水良好的沙质壤土生长最好。

分布范围： 在兰州以东以南地区（除玛曲、碌曲、夏河、合作、临潭、卓尼）适宜栽植。黑龙江、吉林、辽宁、内蒙古、河北、河南、山东、山西、陕西和江苏等省区有分布。

育苗技术： 采用播种育苗。果实着色一半时采种，越冬种子进行沙藏处理。次年4~5月播种，开沟条播，播种量195~225千克/公顷。

造林技术： 采用植苗造林。春、秋季栽植均可，春季栽植宜晚，待地温开始回升后进行，秋季栽植在落叶以后进行，造林密度500~833株/公顷。

蔷薇科 Rosaceae

金露梅属 *Dasiphora*

金露梅 *Dasiphora fruticosa* (L.) Rydb.
别名： 金老梅、金蜡梅

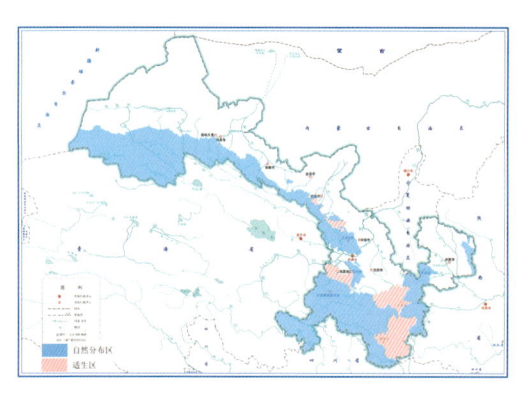

形态特征： 灌木，高 0.5~2 米，羽状复叶有小叶 2 对，稀 3 小叶，上面一对小叶基部下延与叶轴汇合；叶柄被绢毛或疏柔毛；小叶片长圆形、倒卵长圆形或卵状披针形，长 0.7~2 厘米，宽 0.4~1 厘米，全缘，边缘平坦，顶端急尖或圆钝，基部楔形；托叶薄膜质，宽大，外面被长柔毛或脱落。单花或数朵生于枝顶，花梗密被长柔毛或绢毛；花直径 2.2~3 厘米；萼片卵圆形，顶端急尖至短渐尖，副萼片披针形至倒卵状披针形，顶端渐尖至急尖，与萼片近等长，外面疏被绢毛；花瓣黄色，宽倒卵形，顶端圆钝，比萼片长；花柱近基生，棒形，基部稍细，顶部缢缩，柱头扩大。瘦果近卵形，褐棕色，长 1.5 毫米，外被长柔毛。花果期 6~9 月。

生态适应性： 喜光，耐干旱，耐寒，喜湿润，但怕积水，在遮荫处多生长不良；对土壤要求不严，较耐瘠薄，在沙壤土、素沙土中都能正常生长。

分布范围： 产于甘南及文县、礼县、永登、宕昌、漳县、岷县、阿克赛、肃北及子午岭、崆峒山、关山、小陇山、兴隆山、太子山、祁连山等地，海拔 2000~4000 米。在陇南其他县（区）、天水其他县（区）、积石山、康乐、和政、广河、临夏县、天祝等地适宜栽植。黑龙江、吉林、辽宁、内蒙古、河北、陕西、新疆、四川、西藏和青海等省区有分布。

育苗技术： 一般采用播种育苗。初秋种子成熟时采种，5 月播种前，播前种子温热水浸泡处理，高床条播，播种后需保温保湿，播种量约 15 千克/公顷。也可扦插育苗。

造林技术： 采用植苗造林。4~5 月进行，选择 1 年生、高 30 厘米左右苗木，造林密度为 3333 株/公顷左右。

金露梅属 Dasiphora

银露梅 *Dasiphora glabra* (G. Lodd.) Soják
别名：银老梅

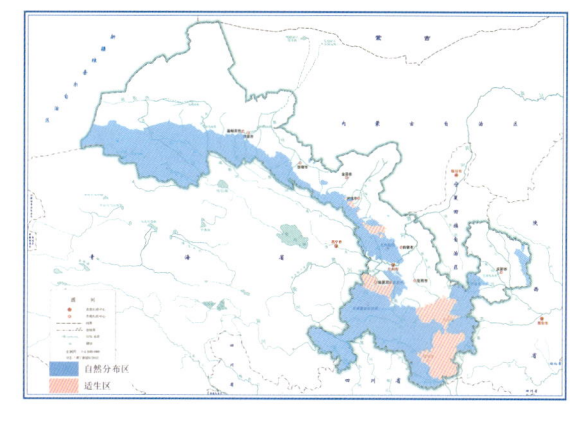

形态特征：灌木，高 0.3~2 米，稀达 3 米。小枝灰褐色或紫褐色，被稀疏柔毛。羽状复叶有小叶 2 对，稀 3 小叶，上面一对小叶基部下延与轴汇合；叶柄被疏柔毛；小叶片椭圆形、倒卵椭圆形或卵状椭圆形，长 0.5~1.2 厘米，宽 0.4~0.8 厘米，顶端圆钝或急尖，基部楔形或几圆形，边缘平坦或微向下反卷，全缘；托叶薄膜质，外被疏柔毛或脱落几无毛。顶生单花或数朵，花梗细长，被疏柔毛；花径 1.5~2.5 厘米；萼片卵形，急尖或短渐尖，副萼片披针形、倒卵披针形或卵形，外面被疏柔毛；花瓣白色，倒卵形，顶端圆钝。瘦果表面被毛。花果期 6~11 月。

生态适应性：喜光，耐寒，喜湿润；对土壤要求不严，生于海拔 2100~4000 米高山灌丛或干山坡上、水边、林缘、草地中。

分布范围：产于甘南及文县、康县、礼县、永登、宕昌、漳县、岷县、阿克塞、肃北及子午岭、崆峒山、关山、小陇山、兴隆山、太子山、祁连山等地，海拔 2000~3800 米。在积石山、康乐、和政、广河、临夏县、天祝等地适宜栽植。内蒙古、河北、山西、陕西、青海、安徽、湖北、四川和云南等省区有分布。

育苗技术：一般采用播种育苗。9~10 月采种，4~6 月播种，采用高床混沙条播，播种量约 15 千克/公顷。也可扦插育苗。

造林技术：采用植苗造林。春季树体萌动前栽植，栽植前将苗木根系蘸泥浆，保持苗根湿润，造林密度 3333 株/公顷左右。

金露梅属 *Dasiphora*

小叶金露梅 *Dasiphora parvifolia* (Fisch. ex Lehm.) Juz.

蔷薇科 Rosaceae

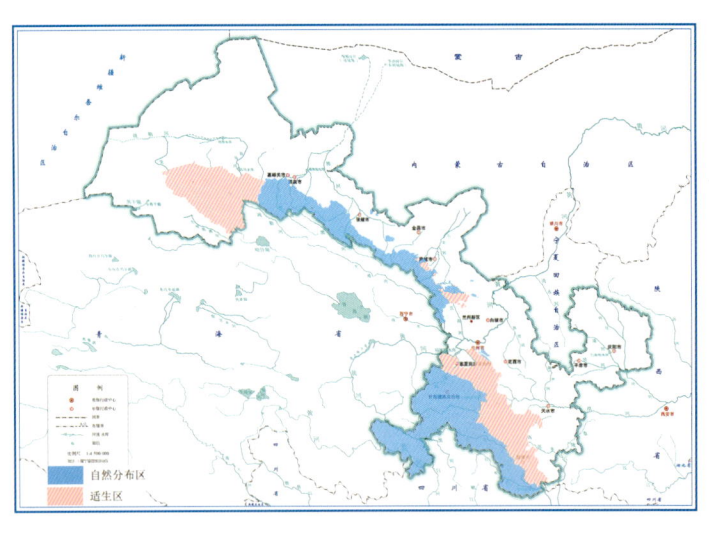

形态特征：灌木，高 0.3~1.5 米。树皮纵向剥落。分枝多，小枝灰色或灰褐色。羽状复叶有小叶 2 对，常混生有 3 对；小叶小，披针形、带状披针形或倒卵披针形，长 0.7~1 厘米，宽 2~4 毫米，顶端常渐尖，基部楔形，边缘全缘，明显向下反卷。顶生单花或数朵，花梗被灰白色柔毛或绢状柔毛；花径 1.2~2.2 厘米；萼片卵形，顶端急尖，副萼片披针形、卵状披针形或倒卵披针形，顶端渐尖或急尖；花瓣黄色，宽倒卵形，顶端微凹或圆钝，比萼片长 1~2 倍。瘦果表面被毛。花果期 6~8 月。

生态适应性：适应性强，耐寒，耐旱，耐瘠薄，在海拔 500~4500 米的地区都能正常生长。

分布范围：产于甘南和文县、永登（连城）及太子山、祁连山、兴隆山、景泰（寿鹿山）等地。在肃北南部、天祝、积石山、临夏县、广河、和政、康乐、临洮、渭源、漳县、岷县、礼县、宕昌等地适宜栽植。黑龙江、内蒙古、青海、四川和西藏等省区有分布。

育苗技术：一般采用播种育苗。瘦果呈橙色时，随熟随采，5 月中旬播种，播前堆藏催芽，条播，播种量约 150 千克/公顷，覆土厚度约 0.5 厘米。也可扦插育苗。

造林技术：采用植苗造林。春末夏初栽植，随起苗随栽植，或进行假植后造林，造林密度 3333 株/公顷左右。

枇杷属 *Eriobotrya*

枇杷 *Eriobotrya japonica* (Thunb.) Lindl.
别名： 卢桔、卢橘、金丸

形态特征： 常绿小乔木，高达10米。小枝粗壮，黄褐色。叶片革质，披针形、倒披针形、倒卵形或椭圆长圆形，长12~30厘米，宽3~9厘米，先端急尖或渐尖，基部楔形或渐狭成叶柄。圆锥花序顶生，长10~19厘米，具多花；总花梗和花梗密生锈色绒毛；花梗长2~8毫米；苞片钻形；花径12~20毫米；萼筒浅杯状，长4~5毫米，萼片三角卵形，先端急尖；花瓣白色，长圆形或卵形，长5~9毫米，基部具爪；雄蕊20，远短于花瓣，花丝基部扩展；花柱5，离生，柱头头状，子房顶端有锈色柔毛，5室。果实球形或长圆形，直径2~5厘米，黄色或橘黄色；种子1~5，球形或扁球形，褐色，种皮纸质。花期10~12月，果期翌年5~6月。

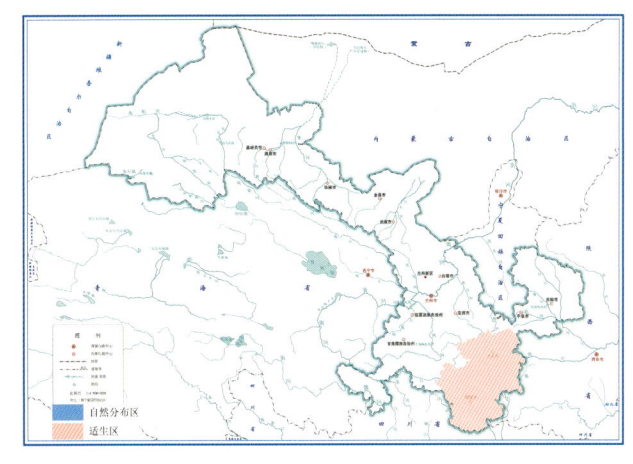

生态适应性： 喜光，稍耐荫，喜温润，稍耐寒；在肥水湿润、排水良好的酸性或微碱性土壤生长良好。

分布范围： 甘肃栽培历史悠久，在陇南、天水及舟曲等地适宜栽培。陕西、河南、江苏、安徽、浙江、江西、湖北、湖南、四川、云南、贵州、广西、广东、福建和台湾等省区有分布。

育苗技术： 采用播种育苗。播种时间以9~10月最好，撒播或开沟条播。栽培品种苗木采用嫁接和压条繁殖。

造林技术： 采用植苗造林。春季一般在2月下旬至3月中旬栽植，造林密度1250株/公顷左右。在冬季无严寒的地方，以秋植为好。

蔷薇科 Rosaceae

棣棠花属 *Kerria*

棣棠 *Kerria japonica* (L.) DC.
别名：棣棠花、土黄条、鸡蛋黄花、山吹

蔷薇科 Rosaceae

形态特征：落叶灌木，高 1~2 米，稀达 3 米。小枝绿色，圆柱形，无毛，常拱垂，嫩枝有棱角。叶互生，三角状卵形或卵圆形，顶端长渐尖，基部圆形、截形或微心形，边缘有尖锐重锯齿，两面绿色，上面无毛或有稀疏柔毛，下面沿脉或脉腋有柔毛；叶柄长 5~10 毫米，无毛；托叶膜质，带状披针形，有缘毛，早落。单花，着生在当年生侧枝顶端，花梗无毛；花径 2.5~6 厘米；萼片卵状椭圆形，顶端急尖，有小尖头，全缘，无毛，果时宿存；花瓣黄色，宽椭圆形，顶端下凹，比萼片长 1~4 倍。瘦果倒卵形至半球形，褐色或黑褐色，表面无毛，有皱褶。花期 4~6 月，果期 6~8 月。

生态适应性：喜温暖湿润环境，耐寒；对土壤要求不严。

分布范围：产于甘南（除玛曲和碌曲）、文县及小陇山林区。在陇南其他县（区）、天水及漳县、岷县等地适宜栽植。陕西、山东、河南、湖北、江苏、安徽、浙江、福建、江西、湖南、四川、贵州、云南等省区有分布。

育苗技术：一般采用播种育苗。种子采收后低温沙藏 40~60 天，于翌年春季播种，撒播或点播，盖上细土，覆上草堆，出苗后要搭棚遮荫。也可分株、扦插繁殖。

造林技术：采用植苗造林。春季栽植，栽植于光照充足处，不宜栽植于风口，多用于园林景观绿化，造林密度 1111 株/公顷左右。

苹果属 Malus

山荆子 *Malus baccata* (L.) Borkh.
别名：山丁子、山定子、林荆子

形态特征：乔木，高 10~14 米，树冠广圆形。幼枝红褐色，老枝暗褐色。叶片椭圆形或卵形，长 3~8 厘米，宽 2~3.5 厘米，先端渐尖，基部楔形或圆形，边缘有细锐锯齿。伞形花序，具花 4~6 朵，无总梗，集生在小枝顶端，直径 5~7 厘米；苞片膜质，线状披针形，边缘具有腺齿；花径 3~3.5 厘米；萼筒外面无毛；萼片披针形，先端渐尖，全缘；花瓣倒卵形，长 2~2.5 厘米，先端圆钝，基部有短爪，白色；雄蕊 15~20；花柱 5 或 4，基部有长柔毛，较雄蕊长。果实近球形，直径 8~10 毫米，红色或黄色。花期 4~6 月，果期 9~10 月。

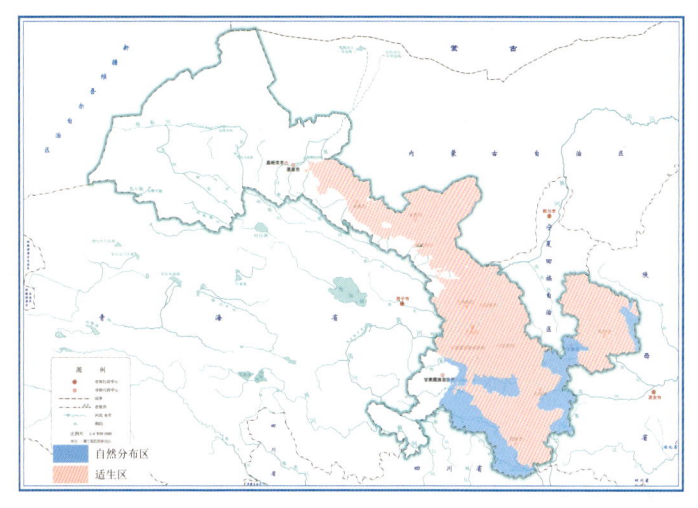

生态适应性：深根性树种，喜光，耐寒性极强，耐瘠薄，除盐碱地以外的山、丘、平原地区均可生长。

分布范围：产于漳县、文县、卓尼、舟曲、迭部、武山及小陇山、关山、崆峒山、子午岭、太子山等地。除酒泉、嘉峪关和夏河、合作、玛曲、碌曲和祁连山之外，全省各地均适宜栽植。辽宁、吉林、黑龙江、内蒙古、河北、山西、山东、陕西等省区有分布。

育苗技术：采用播种育苗。9 月下旬至 10 月上旬采种，秋播的种子不用处理，在土壤封冻前进行。春播的种子采用沙藏处理，在土壤解冻后播种，条播，播种量 30~45 千克/公顷。

造林技术：采用植苗造林。一般在 4 月中旬左右进行栽植，造林密度 1111~1667 株/公顷。

苹果属 *Malus*

花叶海棠 *Malus transitoria* (Batal.) Schneid.
别名： 细弱海棠、涩枣子、小白石枣、马杜梨、花叶杜梨

蔷薇科 Rosaceae

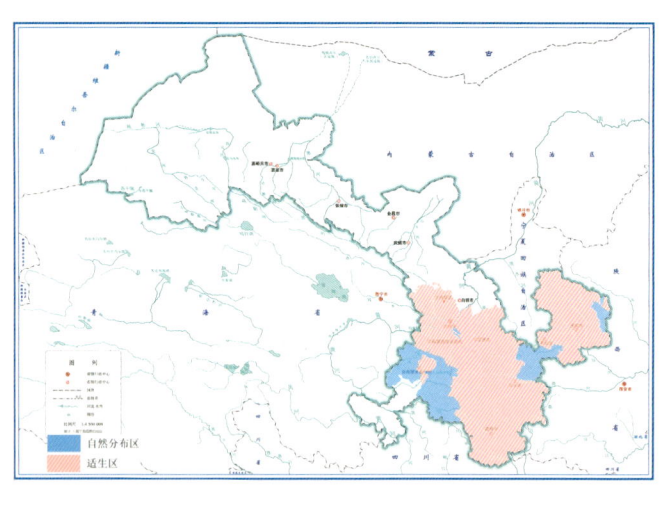

形态特征： 灌木至小乔木，高达8米。小枝细长，圆柱形，老枝暗紫色或紫褐色。叶片卵形至广卵形，长2.5~5厘米，宽2~4.5厘米，先端急尖，基部圆形至宽楔形，边缘有不整齐锯齿。花序近伞形，具花3~6朵；苞片膜质，线状披针形，具毛，早落；花径1~2厘米；萼筒钟状，密被绒毛；萼片三角卵形，先端圆钝或微尖，全缘；花瓣卵形，长8~10毫米，基部有短爪，白色；雄蕊20~25；花丝长短不等，比花瓣稍短；花柱3~5，基部无毛，比雄蕊稍长或近等长。果实近球形，直径6~8毫米。花期5月，果期9月。

生态适应性： 耐旱，耐寒，耐盐碱，耐瘠薄；生长于海拔1500~3900米的山坡丛林中或黄土丘陵上。

分布范围： 产于夏河、临潭、迭部、卓尼及太子山、兴隆山、关山、子午岭（北段及中段）等地。在陇南、天水、平凉、庆阳、定西、兰州、临夏及舟曲、会宁等地适宜栽植。内蒙古、青海、陕西、四川等省区有分布。

育苗技术： 采用播种育苗。播种前用温水浸种催芽。以春播为主，条播，行距15~20厘米，播种量262~338千克/公顷。

造林技术： 采用植苗造林。选用2年生苗木，造林密度1667株/公顷左右；矮化密植时，造林密度2500株/公顷左右。

小石积属 Osteomeles

华西小石积 *Osteomeles schwerinae* Schneid.
别名：沙糖果、黑果、糊炒豆、棱花果树、马屎果

形态特征：落叶或半常绿灌木，高1~3米。枝条开展密集，小枝细弱，圆柱形，微弯曲，红褐色或紫褐色。奇数羽状复叶，具小叶片7~15对，连叶柄长2~4.5厘米，幼时外被绒毛，老时减少；小叶片对生，相距2~4毫米，椭圆形、椭圆长圆形或倒卵状长圆形，长5~10毫米，宽2~4毫米，先端急尖或突尖，基部宽楔形或近圆形，全缘。顶生伞房花序，有花3~5朵，直径2~3厘米；总花梗和花梗均密被灰白色柔毛，花梗长3~8毫米；苞片膜质，线状披针形，被柔毛，早落；花径约1厘米；萼筒钟状，长约3毫米，外面近于无毛或有散生柔毛；萼片卵状披针形，先端急尖，全缘，与萼筒近等长，外面有柔毛；花瓣长圆形，长5~7毫米，宽3~4毫米，白色；雄蕊20；花柱5，柱头头状，比雄蕊稍短。果实卵形或近球形，直径6~8毫米，蓝黑色，具宿存反折萼片；小核5，褐色，椭圆形，表面粗糙。花期4~5月，果期7月。

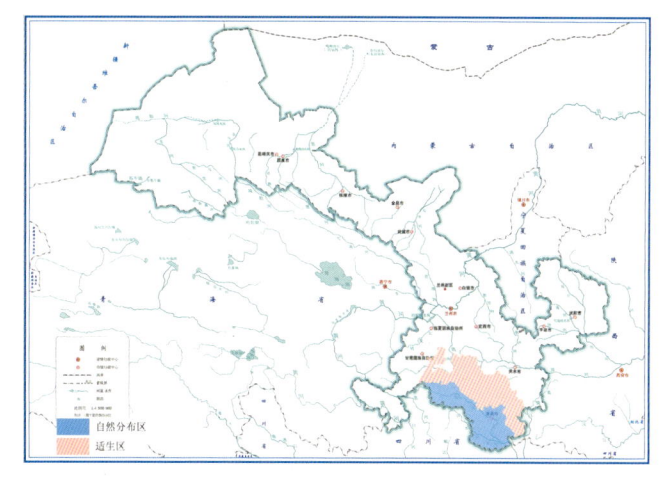

生态适应性：耐旱，耐瘠薄；对土壤适应性很强。

分布范围：产于舟曲、迭部、武都、文县等地，海拔1500~3000米。在宕昌、岷县、漳县、康县、礼县、西和、成县、卓尼等地干热河谷适宜栽植。四川、云南和贵州等省区有分布。

育苗技术：采用播种育苗。8~10月采种，播前温水浸种催芽，容器育苗基质选用3泥炭土:1蛭石（体积比），播种量5~8粒/袋，春、秋季均可，以秋季为好。

造林技术：采用植苗造林。选用2年生苗木，宜作绿篱或岩石园中丛植。

蔷薇科 Rosaceae

扁核木属 *Prinsepia*

蕤核 *Prinsepia uniflora* Batal.

别名：茹茹、马茹、扁核木、蕤李子、马茹刺

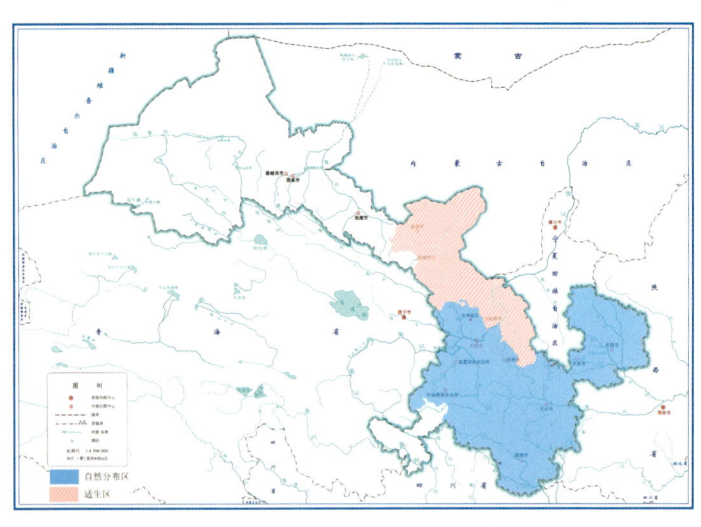

形态特征：灌木，高1~2米。老枝紫褐色，小枝灰绿色或灰褐色；枝刺钻形，无毛。叶互生或丛生；叶片长圆披针形或狭长圆形，长2~5.5厘米，宽6~8毫米，先端圆钝或急尖，基部楔形或宽楔形。花单生或2~3朵；花梗长3~5毫米，无毛；花径8~10毫米；萼筒陀螺状；花瓣白色，有紫色脉纹，倒卵形，长5~6毫米，先端啮蚀状，基部宽楔形，有短爪；雄蕊10，花药黄色，花丝扁且短，着生在花盘上。核果球形，红褐色或黑褐色，直径8~12毫米；核为左右压扁的卵球形，长约7毫米。花期4~5月，果期8~9月。

生态适应性：阳性树种，具有耐寒、耐旱、耐瘠薄、适应性强的特点；在干旱、半干旱、半湿润地区，无论阳坡、阴坡、中性、碱性或钙质土壤，均能正常生长，抗病虫害能力强。

分布范围：产于陇中、陇东、陇南、临夏及舟曲、迭部、卓尼、夏河、合作、临潭等地。在白银、武威、金昌等地适宜栽植。河南、山西、陕西、内蒙古、四川等省区有分布。

育苗技术：采用播种育苗。8月采种，种子沙藏处理。4月中旬至5月上旬播种，穴播，每穴一粒，种脐平放，播种量37~75千克/公顷。

造林技术：造林方法有植苗、分殖、播种三种。植苗宜在早春；分殖造林宜在晚秋，随起随栽，截干留10厘米，适当深栽；播种造林每穴2~3粒，种脐平放，覆土2~3厘米。

李属 Prunus

杏 *Prunus armeniaca* L.
别名： 杏花、杏树

形态特征： 乔木，高 5~8（12）米。树冠圆形、扁圆形或长圆形。树皮灰褐色，纵裂。多年生枝浅褐色，一年生枝浅红褐色，具多数小皮孔。叶片宽卵形或圆卵形，长 5~9 厘米，宽 4~8 厘米，先端急尖至短渐尖，基部圆形至近心形，叶边有圆钝锯齿；叶柄长 2~3.5 厘米，基部常具 1~6 腺体。花单生，直径 2~3 厘米，先于叶开放；花梗短，长 1~3 毫米，被短柔毛；花萼紫绿色；萼筒圆筒形，外面基部被短柔毛；花瓣圆形至倒卵形，白色或带红色，具短爪；雄蕊 20~45；子房被短柔毛。果实球形，稀倒卵形，白色、黄色至黄红色，常具红晕，微被短柔毛；果肉多汁，成熟时不开裂；核卵形或椭圆形；种仁味苦或甜。花期 3~4 月，果期 6~7 月。

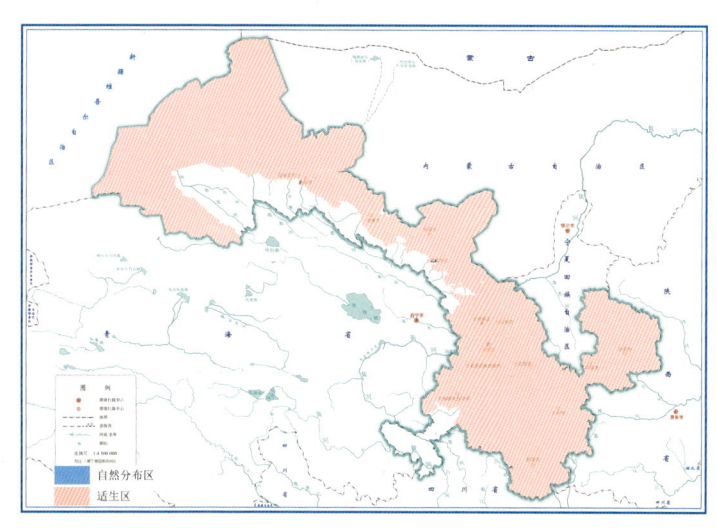

生态适应性： 阳性树种，喜光，耐旱，耐寒，抗风，不耐水涝。

分布范围： 除玛曲、碌曲和河西南部高寒区之外，甘肃各地均有栽培。全国各地均有栽培。

育苗技术： 采用嫁接育苗。多用 1~2 年生山杏作砧木，母树上直径 0.5~1 厘米的 1 年生枝条作穗条，3 月中旬到 4 月上旬，树体萌动后嫁接，带木质部芽接或劈接。

造林技术： 采用植苗造林。选择向阳的干燥处建园，造林密度 1250 株/公顷左右，随树龄增大进行间伐和移植。定植时要配备授粉树，一般混入未嫁接的砧木树即可作为授粉树。

蔷薇科 Rosaceae

李属 Prunus

山桃 *Prunus davidiana* (Carr.) Franch.
别名：苦桃、桃、山毛桃

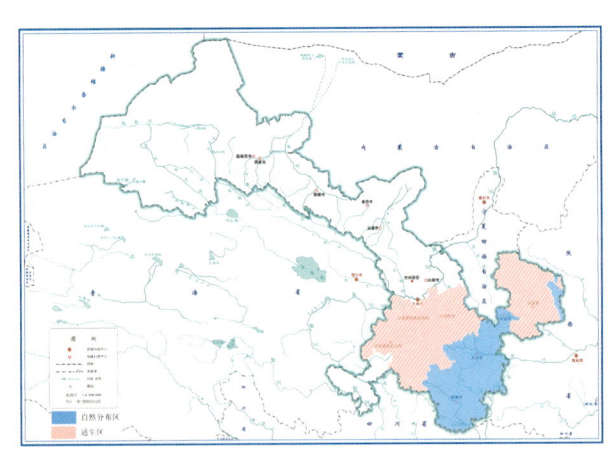

形态特征：乔木，高达 10 米。树冠开展。树皮暗紫色，光滑。叶片卵状披针形，长 5~13 厘米，宽 1.5~4 厘米，先端渐尖，基部楔形；叶柄长 1~2 厘米，常具腺体。花单生，先于叶开放，直径 2~3 厘米；花梗极短或几无梗；萼片卵形至卵状长圆形，紫色，先端圆钝；花瓣倒卵形或近圆形，长 10~15 毫米，粉红色，先端圆钝，稀微凹；雄蕊多数，几与花瓣等长或稍短；子房被柔毛，花柱长于雄蕊或近等长。果实近球形，直径 2.5~3.5 厘米，淡黄色，外面密被短柔毛，果梗短且深入果洼；果肉薄且干，不可食；核球形或近球形，两侧不压扁，顶端圆钝，基部截形，表面具纵、横沟纹和孔穴，与果肉分离。花期 3~4 月，果期 7~8 月。

生态适应性：喜光，耐寒，耐旱，耐轻度盐碱，不耐水湿；中生，喜温湿气候，适宜生长在海拔 1800 米以下阴阳坡及平地、土层厚 20 厘米以上的酸性至微碱性土壤。

分布范围：产于陇南、天水、舟曲及子午岭、关山、崆峒山等地。除玛曲和碌曲之外，兰州以东以南地区均适宜栽植。山东、河北、河南、山西、陕西、四川及云南等省区有分布。

育苗技术：采用播种育苗。8 月至 9 月上旬采种，播种多在晚秋进行。春季播种种子要催芽，开沟条播，播种量 1875~2250 千克 / 公顷，产苗量 30 万 ~ 45 万株 / 公顷。

造林技术：一般采用植苗造林。选用 2 年生健壮苗木，秋季或春季栽植，造林密度 833~1667 株 / 公顷。也可播种造林。

李属 Prunus

甘肃桃 *Prunus kansuensis* (Rehd.) Skeels
保护级别：国家二级

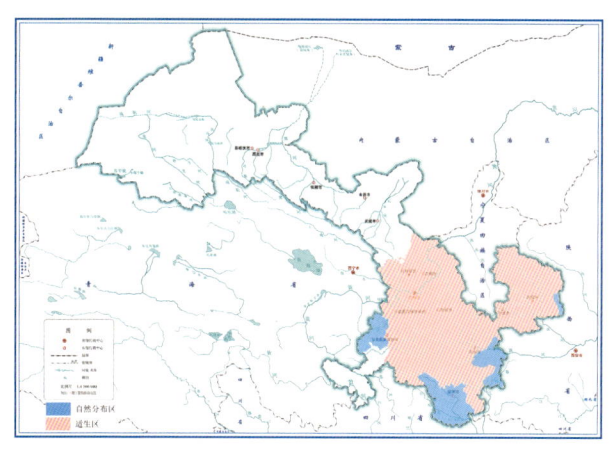

形态特征：乔木或灌木，高 3~7 米。小枝细长，无毛，绿褐色，向阳处转变成红褐色，具不明显小皮孔。叶片卵状披针形或披针形，长 5~12 厘米，宽 1.5~3.5 厘米，先端渐尖，基部宽楔形。花单生，先于叶开放，直径 2~3 厘米；花梗极短或几无梗；萼筒钟形，外被短柔毛，稀几无毛；萼片卵形至卵状长圆形，先端圆钝，外被短柔毛；花瓣近圆形或宽倒卵形，白色或浅粉红色，先端圆钝，边缘有时呈波状或浅缺刻状，基部渐狭成爪；雄蕊 20~30；子房被柔毛，花柱长于雄蕊。果实卵圆形或近球形，直径约 2 厘米，熟时淡黄色，外面密被短柔毛，肉质，熟时不开裂；果梗长 4~5 毫米；核近球形，两侧明显扁平，顶端圆钝，基部近截形，两侧对称，表面具纵、横浅沟纹，但无孔穴。花期 3~4 月，果期 8~9 月。

生态适应性：喜光，耐旱，耐寒，耐瘠薄，适应性强，抗病虫害能力强。

分布范围：产于夏河、舟曲、武都、文县及小陇山、子午岭（中段、南段）等地。在陇南其他县（区）、天水、兰州、白银、定西、庆阳、平凉、临夏及迭部、卓尼、临潭、合作等地适宜栽植。陕西、湖北和四川等省区有分布。

育苗技术：采用播种育苗。8 月至 9 月上旬采种，秋季进行，春季播种种子要催芽，条播，播种量 1500~2000 千克/公顷。

造林技术：一般采用植苗造林。春、秋季均可，选用 2 年生苗木，造林密度 1667 株/公顷左右。也可播种造林。

蔷薇科 Rosaceae

李属 Prunus

蒙古扁桃 *Prunus mongolica* (Maxim.) Ricker
保护级别： 国家二级

蔷薇科 Rosaceae

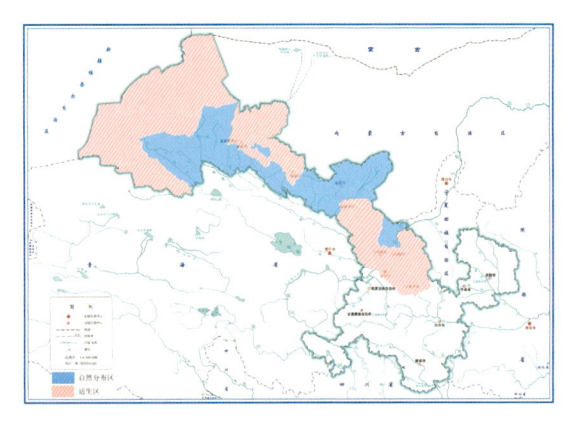

形态特征： 灌木，高 1~2 米。枝条开展，多分枝，小枝顶端转变成枝刺；嫩枝红褐色，被短柔毛，老时灰褐色。短枝上叶多簇生，长枝上叶常互生；叶片宽椭圆形、近圆形或倒卵形，长 8~15 毫米，宽 6~10 毫米，先端圆钝，有时具小尖头，基部楔形，两面无毛，叶边有浅钝锯齿，侧脉约 4 对，下面中脉明显凸起；叶柄长 2~5 毫米，无毛。花单生稀数朵簇生于短枝上；花梗极短；萼筒钟形，无毛；萼片长圆形，与萼筒近等长，顶端有小尖头，无毛；花瓣倒卵形，长 5~7 毫米，粉红色；雄蕊多枚，长短不一致；子房被短柔毛；花柱细长，具短柔毛。果实宽卵球形，长 12~15 毫米，宽约 10 毫米，顶端具急尖头，外面密被柔毛；果梗短；果肉薄，成熟时开裂，离核；核卵形，顶端具小尖头，基部两侧不对称，腹缝压扁，背缝不压扁，表面光滑，具浅沟纹，无孔穴；种仁扁宽卵形，浅棕褐色。花期 5 月，果期 8 月。

生态适应性： 强阳性树种，具有喜光、耐高温、耐旱、耐寒、耐瘠薄的特性，根系发达，主根深 1 米以上，萌蘖力较强。

分布范围： 产于金昌、肃南、肃北、民勤、山丹、玉门、民乐、景泰等地。在河西其他地区及白银、兰州、定西安定等地适宜栽植。内蒙古和宁夏有分布。

育苗技术： 采用播种育苗。播前种子热水浸泡后层积催芽，春播一般在 3 月底至 4 月，秋播一般在 10 月，播种量 300~450 千克/公顷。

造林技术： 采用植苗造林。选用 2 年生实生苗木，根系沾泥浆后栽植，造林密度 625~1429 株/公顷。

李属 Prunus

稠李 *Prunus padus* L.
别名：臭李子、臭耳子

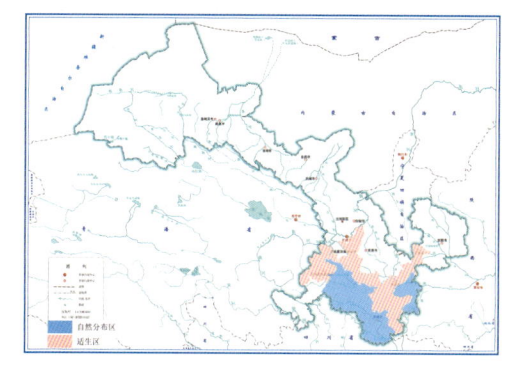

形态特征：落叶乔木，高达 15 米。树皮粗糙而多斑纹。老枝紫褐色或灰褐色，有浅色皮孔；小枝红褐色或带黄褐色。叶片椭圆形、长圆形或长圆倒卵形，长 4~10 厘米，宽 2~4.5 厘米，先端尾尖，基部圆形或宽楔形，边缘有不规则锐锯齿。总状花序多花，长 7~10 厘米，基部通常有 2~3 叶，叶片与枝生叶同形，通常较小；花梗长 1~1.5（2.4）厘米，总花梗和花梗通常无毛；花径 1~1.6 厘米；萼筒钟状；萼片三角状卵形，先端急尖或圆钝，边有带腺细锯齿；花瓣白色，长圆形，先端波状，基部楔形，有短爪；雄蕊多枚，花丝长短不等，排成紧密不规则 2 轮；雌蕊 1，心皮无毛，柱头盘状。核果卵球形，顶端有尖头，直径 8~10 毫米，红褐色至黑色，光滑。花期 4~5 月，果期 5~10 月。

生态适应性：喜光，耐荫，耐严寒，生长速度快；喜湿润肥沃、排水良好的沙壤土，但在低洼或干旱瘠薄地也能正常生长。

分布范围：产于舟曲、迭部、卓尼、临潭、岷县、武都、宕昌、文县（碧口、肖家）及小陇山、太子山、莲花山等地。在崆峒、清水、麦积、秦州、礼县、武山、漳县、渭源、临洮、榆中、积石山、临夏县、康乐、夏河、合作、徽县、康县、成县等地适宜栽植。黑龙江、吉林、辽宁、内蒙古、河北、山西、河南、山东等省区有分布。

育苗技术：采用播种育苗。10 月采种，秋播种子不用处理，春播种子入冬前沙藏催芽，条播或撒播，播种量 40~60 千克/公顷，覆土厚 1 厘米，稍镇压，浇透水。

造林技术：采用植苗造林。早春树叶萌发前进行，多用于景观林营造，可植于路旁、庭院、公园、广场绿地上，孤植、丛植或片植。

李属 *Prunus*

桃 *Prunus persica* L.
别名：桃子、粘核桃、离核桃、油桃、盘桃

蔷薇科 Rosaceae

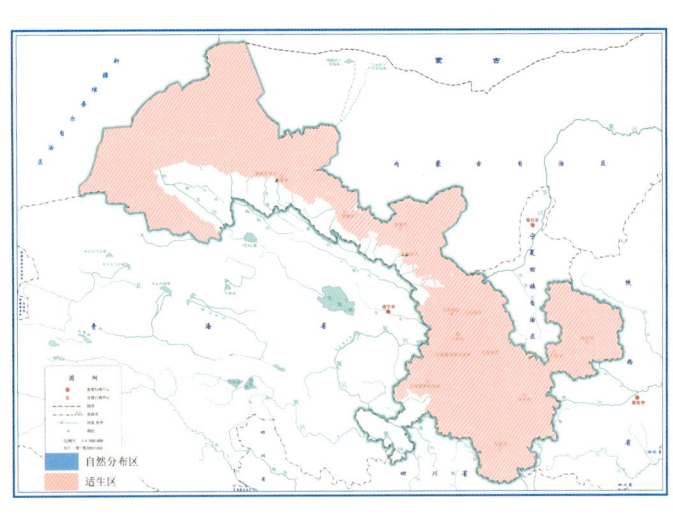

形态特征：乔木，高3~8米。树冠宽广且平展。树皮暗红褐色，老时粗糙呈鳞片状。小枝细长，无毛，有光泽。叶片长圆披针形、椭圆披针形或倒卵状披针形，长7~15厘米，宽2~3.5厘米，先端渐尖，基部宽楔形，叶边具细锯齿或粗锯齿；叶柄粗壮，长1~2厘米。花单生，先于叶开放，直径2.5~3.5厘米；花梗极短或几无梗；萼筒钟形；萼片卵形至长圆形，顶端圆钝，外被短柔毛；花瓣长圆状椭圆形至宽倒卵形，粉红色；雄蕊20~30，花药绯红色；子房被短柔毛。果实卵形、宽椭圆形或扁圆形，直径（3）5~7（12）厘米；果肉多汁有香味，甜或酸甜；核大，离核或黏核。花期3~4月，果实成熟期因品种而异，通常为8~9月。

生态适应性：喜光，耐旱，耐寒；对土壤要求不高，但喜肥沃土壤，忌阴湿或排水不良条件。

分布范围：除玛曲、碌曲和河西南部高寒区之外，全省其他各地均有栽培。原产中国，各省区广泛栽培。

育苗技术：采用嫁接育苗。砧木选择山桃，一般在生长期多用芽接，要求接芽发育良好，嫁接后2~3周解绑。休眠期多用枝接。

造林技术：采用植苗造林。春季建园，栽植时间要晚，以在苗木即将发芽时栽植为宜，套袋栽植，造林密度1250株/公顷左右。

李属 *Prunus*

樱桃 *Prunus pseudocerasus* (Lindl.) G. Don
别名：樱珠、莺桃、楔桃、荆桃

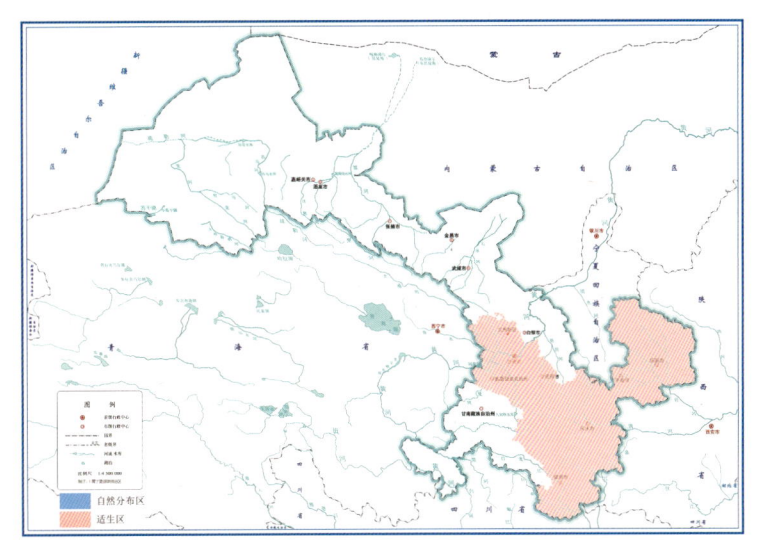

形态特征：乔木，高2~6米。树皮灰白色。小枝灰褐色。叶片卵形或长圆状卵形，长5~12厘米，宽3~5厘米，先端渐尖或尾状渐尖，基部圆形，边有尖锐重锯齿，托叶早落，披针形。花序伞房状或近伞形，有花3~6朵，先叶开放；总苞倒卵状椭圆形，褐色，长约5毫米，宽约3毫米，边有腺齿；花梗长0.8~1.9厘米，被疏柔毛；萼筒钟状，长3~6毫米，宽2~3毫米，外面被疏柔毛，萼片三角卵圆形或卵状长圆形，先端急尖或钝，边缘全缘，长为萼筒的一半或过半；花瓣白色，卵圆形，先端下凹或二裂；雄蕊30~35枚，栽培者可达50枚；花柱与雄蕊近等长，无毛。核果近球形，红色，直径0.9~1.3厘米。花期3~4月，果期5~6月。

生态适应性：喜光，喜温，喜湿；土壤以土质疏松、土层深厚的沙壤土为佳。

分布范围：除甘南之外，在兰州以东以南地区均适宜栽植。辽宁、河北、陕西南部、山东、河南、江苏、浙江、江西和四川等地有分布。

育苗技术：采用嫁接育苗。选择毛樱桃作砧木，以秋季芽接为主，秋季气温越高越偏晚芽接，也可春季带木质芽接或枝接，以一年生枝条作为接穗。

造林技术：采用植苗造林。春季栽植，造林密度1250株/公顷左右。

李属 Prunus

山杏 *Prunus armeniaca* var. *ansu* Maxim.

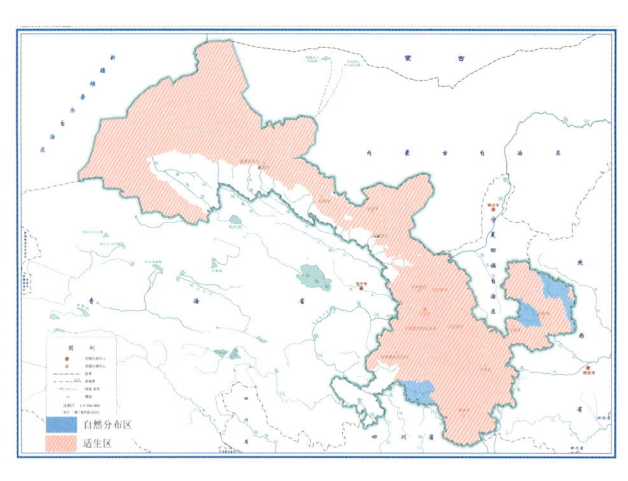

形态特征：灌木或小乔木，高2~5米。树皮暗灰色。小枝灰褐色或淡红褐色。叶片卵形或近圆形，先端长渐尖至尾尖，基部圆形至近心形，叶边有细钝锯齿，两面无毛，稀下面脉腋间具短柔毛。花单生，先于叶开放；花萼紫红色，萼筒钟形，萼片长圆状椭圆形，先端尖，花后反折；花瓣近圆形或倒卵形，白色或粉红色；雄蕊几与花瓣近等长；子房被短柔毛。果实扁球形，黄色或橘红色，被短柔毛；果肉较薄且干燥，成熟时开裂，味酸涩不可食，成熟时沿腹缝线开裂；核扁球形，易与果肉分离，两侧扁，顶端圆形，基部一侧偏斜，不对称，表面较平滑；种仁味苦。花期3~4月，果期6~7月。

生态适应性：喜光，耐寒，耐旱，耐轻度盐碱，不耐水湿；中生，喜温湿气候，适宜生长在海拔1800米以下阳坡、半阳坡及平地、土层厚20厘米以上的酸性至微碱性土壤。

分布范围：产于镇远、华池、迭部及子午岭等地。除玛曲、碌曲和河西南部高寒区之外，全省各地均适宜栽植。黑龙江、吉林、辽宁、内蒙古、河北、山西等省区有分布。

育苗技术：一般采用播种育苗。6月至7月采种，春、秋季均可播种，秋季播种不需种子处理；春季播种，在冬季以前进行沙藏处理，开沟条播，播种量450~600千克/公顷，留苗量约22.5万株/公顷。

造林技术：采用植苗造林。春、秋季均可进行，苗木需分级打浆护根，陇中干旱地区栽植后可截干，造林密度1250~1667株/公顷。

李属 *Prunus*

西康扁桃 *Prunus tangutica* (Batal.) Korsh.
别名：唐古特扁桃

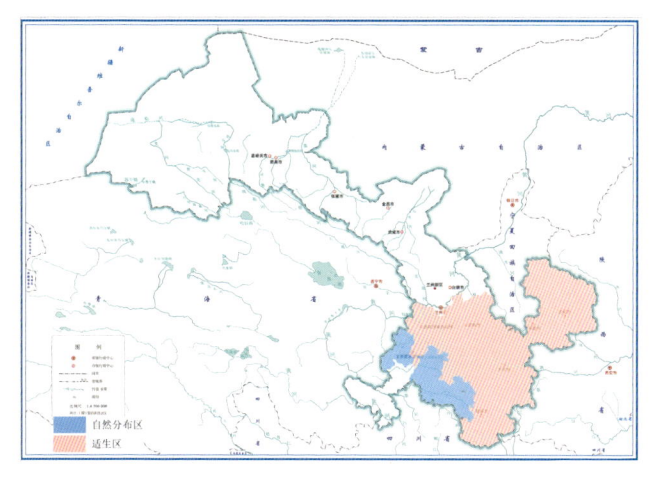

形态特征：密生小灌木，高 1~2（4）米。枝条开展，有刺；小枝灰褐色，无毛，具多数不明显小皮孔。短枝上叶多数簇生，一年生枝上叶常互生；叶片长椭圆形、长圆形或倒卵状披针形，长 1.5~4 厘米，宽 0.5~1.5 厘米，先端圆钝至急尖，有小尖头，基部楔形，两面无毛，上面暗绿色，下面浅绿色，叶边有圆钝细锯齿，侧脉 5~8 对；叶柄长 5~10 毫米，无毛。花单生，直径约 2.5 厘米；花无梗或近无梗；花萼无毛；萼片长椭圆形，有不明显的细锯齿；花瓣倒卵形；雄蕊约 30，分两轮。果实近球形或卵球形，直径 1.5~2 厘米，紫红色，外面密被柔毛，近无梗；果肉薄而干燥，成熟时开裂；核近球形，直径 1.3~1.8 厘米，顶端稍钝，基部近截形，腹缝扁且宽阔，表面具不明显浅沟纹，无孔穴。花期 4~5 月，果期 6~7 月。

生态适应性：喜光树种，根系发达，耐旱，耐寒，耐瘠薄，但在水肥条件较好的地块树体高大、生长旺盛、结果良好。

分布范围：产于夏河、卓尼、临潭、迭部、舟曲、宕昌等地，海拔 1900~2600 米。在兰州以东以南地区适宜栽植。四川西北部有分布。

育苗技术：采用播种育苗。种子越冬沙藏处理，早春土壤开始解冻时立即取出种子播种，播种量 900~1200 千克/公顷。

造林技术：采用植苗造林。春季造林宜早，选择 2 年生苗木，造林密度 2500 株/公顷左右。

李属 Prunus

毛樱桃 *Prunus tomentosa* (Thunb.) Wall.
别名：樱桃、山豆子、梅桃、山樱桃、野樱桃

蔷薇科 Rosaceae

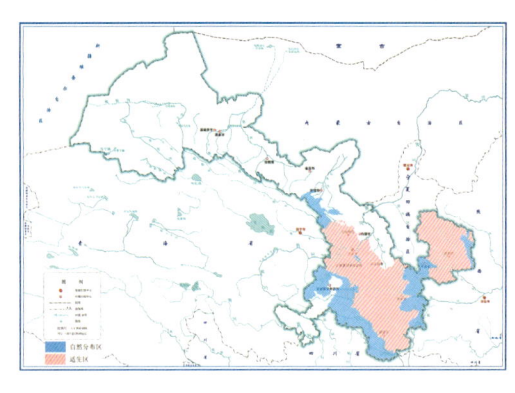

形态特征：灌木，通常高0.3~1米，稀呈小乔木状，高2~3米。小枝紫褐色或灰褐色。叶片卵状椭圆形或倒卵状椭圆形，长2~7厘米，宽1~3.5厘米，先端急尖或渐尖，基部楔形；叶柄长2~8毫米，被绒毛或脱落稀疏；托叶线形，长3~6毫米，被长柔毛。花单生或2朵簇生；花梗长达2.5毫米或近无梗；萼筒管状或杯状，长4~5毫米，外被短柔毛或无毛，萼片三角卵形，先端圆钝或急尖，长2~3毫米，内外两面被短柔毛或无毛；花瓣白色或粉红色，倒卵形，先端圆钝；雄蕊20~25枚。核果近球形，红色，直径0.5~1.2厘米。花期4~5月，果期6~9月。

生态适应性：耐寒，耐旱，适应性强，生长期对积温不敏感；对土壤要求不严，在沙壤土、石砾土及石灰岩山地风化土上均能生长，喜土层深厚、土层疏松且湿润的沙壤土，不喜黏重土和盐渍化土。

分布范围：产于夏河、卓尼、临潭、迭部、舟曲、文县及祁连山东段、兴隆山、小陇山、关山、崆峒山、子午岭、太子山等地。在陇南其他县（区）、兰州、定西、天水、平凉、庆阳、临夏等地适宜栽植。黑龙江、吉林、辽宁、内蒙古、河北、山西、陕西、宁夏、青海、山东、四川、云南及西藏等省区有分布。

育苗技术：一般采用播种育苗。采集成熟果实，种子低温沙藏，条播，播种量约112千克/公顷。也可分株、压条等方法繁殖。

造林技术：采用植苗造林。最好雨后栽植，造林密度1111~1667株/公顷。在树种配置上，可以营造纯林，也可与油松、白桦、辽东栎等树种营造乔灌混交林。

火棘属 Pyracantha

火棘 *Pyracantha fortuneana* (Maxim.) Li
别名： 赤阳子、红子、火把果

形态特征： 常绿灌木，高达 3 米。侧枝短，先端成刺状，嫩枝外被锈色短柔毛，老枝暗褐色，无毛。叶片倒卵形或倒卵状长圆形，长 1.5~6 厘米，宽 0.5~2 厘米，先端圆钝或微凹，有时具短尖头，基部楔形，边缘有钝锯齿。花集成复伞房花序，直径 3~4 厘米，花梗和总花梗近无毛，花梗长约 1 厘米；花径约 1 厘米；萼筒钟状；萼片三角卵形，先端钝；花瓣白色，近圆形，长约 4 毫米；雄蕊 20，花丝长 3~4 毫米，药黄色；花柱 5，离生，子房上部密生白色柔毛。果实近球形，直径约 5 毫米，橘红色或深红色。花期 3~5 月，果期 8~11 月。

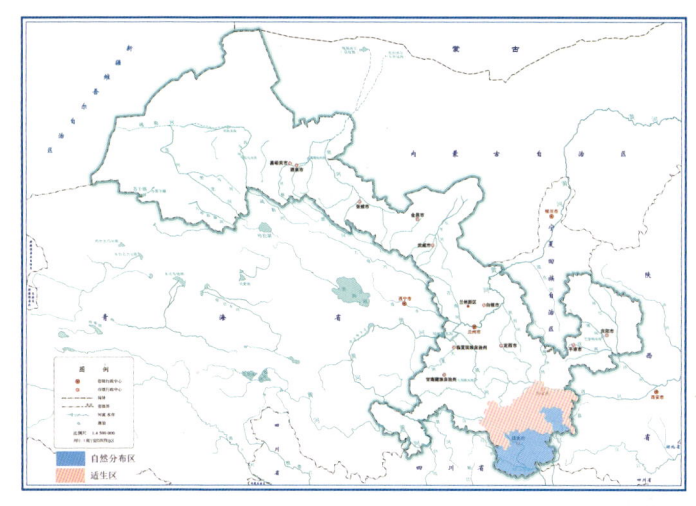

生态适应性： 喜强光，耐贫瘠，耐旱，不耐寒；对土壤要求不严，以排水良好、湿润、疏松的中性或微酸性壤土为好。

分布范围： 产于康县、武都、文县、徽县等地。在陇南其他县（区）、麦积、秦州等地适宜栽植。陕西、河南、江苏、浙江、福建、湖北、湖南、广西、贵州、云南、四川和西藏等省区有分布。

育苗技术： 一般采用播种育苗。11 月份采种，沙藏催芽处理，翌年 3 月中旬播种，开沟条播，播种量 6~9 千克/公顷。也可扦插育苗，硬枝扦插和嫩枝扦插均可。

造林技术： 采用植苗造林。一年四季均可栽植，栽植前应使苗木充分吸水，栽植后立即定干，矮化密植，造林密度 2500 株/公顷左右。

梨属 Pyrus

杜梨 *Pyrus betulifolia* Bge.
别名： 灰梨、野梨子、海棠梨、土梨、棠梨

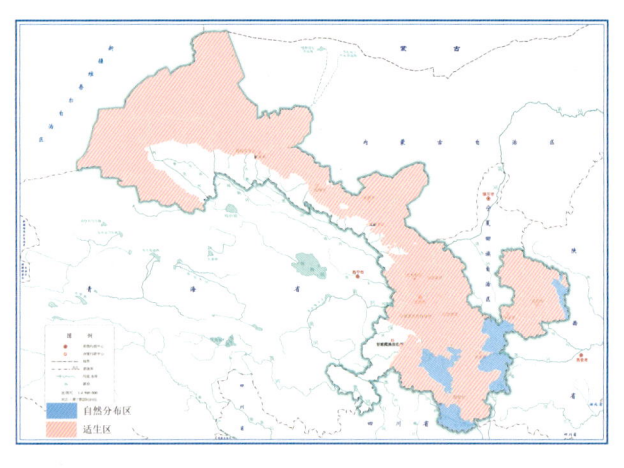

形态特征： 乔木，高达10米。树冠开展，枝常具刺。叶片菱状卵形至长圆卵形，长4~8厘米，宽2.5~3.5厘米，先端渐尖，基部宽楔形，边缘有粗锐锯齿；托叶膜质，线状披针形，两面均被绒毛。伞形总状花序，有花10~15朵，总花梗和花梗均被灰白色绒毛，花梗长2~2.5厘米；苞片膜质，线形，两面均微被绒毛；花径1.5~2厘米；萼片三角卵形，长约3毫米，先端急尖，全缘，花瓣宽卵形，长5~8毫米，先端圆钝，基部具有短爪，白色；雄蕊20，花药紫色；花柱2~3。果实近球形，直径5~10毫米，2~3室，褐色。花期4月，果期8~9月。

生态适应性： 喜光，耐荫，耐旱，稍耐寒。

分布范围： 产于岷县、宕昌、文县及子午岭、关山、小陇山等地。除夏河、合作、玛曲、碌曲和河西南部高寒区之外，全省各地均适宜栽植。辽宁、河北、河南、山东、山西、陕西、湖北、江苏、安徽和江西等省区有分布。

育苗技术： 采用播种育苗。9月份采种，既可春播，也可秋播，春季一般在4月上中旬播种，种子催芽处理，开沟条播，覆土厚度约1.5厘米，播种量22~30千克/公顷。秋播一般在11月上中旬，秋播不必处理种子。

造林技术： 采用植苗造林。春、秋季造林均可，但以春季3月下旬至4月份为好，选用1~2年生苗木，造林密度500~1667株/公顷。

蔷薇属 Rosa

黄蔷薇 *Rosa hugonis* Hemsl.
别名：红眼刺、大马茄子

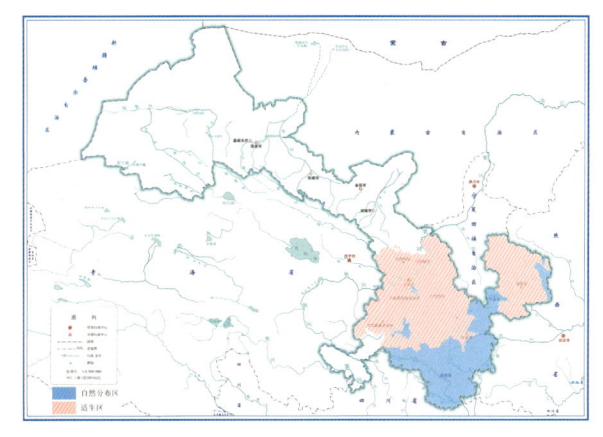

形态特征：矮小灌木，高约 2.5 米。枝粗壮；常呈弓形；小枝圆柱形，无毛，皮刺扁平。小叶 5~13，小叶片卵形、椭圆形或倒卵形，长 8~20 毫米，宽 5~12 毫米，先端圆钝或急尖，边缘有锐锯齿，两面无毛，上面中脉下陷，下面中脉凸起；托叶狭长，大部贴生于叶柄。花单生于叶腋，无苞片；花梗长 1~2 厘米，无毛；花径 4~5.5 厘米；萼筒、萼片外面无毛，萼片披针形，先端渐尖，全缘，内面有稀疏柔毛；花瓣黄色，宽倒卵形，先端微凹，基部宽楔形；雄蕊多枚，着生在坛状萼筒口的周围；花柱离生，被白色长柔毛，稍伸出萼筒口外面，比雄蕊短。果实扁球形，直径 12~15 毫米，有光泽，萼片宿存反折。花期 5~6 月，果期 7~8 月。

生态适应性：喜光，耐寒，耐干旱，耐水湿，耐瘠薄，不耐荫；生于海拔 2000~3400 米向阳山地、丘陵、沟旁、林缘、灌丛、田埂或路边。

分布范围：产于临潭、迭部、舟曲及子午岭、小陇山、陇南诸林区、兴隆山、关山、崆峒山等地。在陇南、定西、天水、平凉、庆阳、临夏、兰州及靖远、平川、会宁、卓尼、合作、夏河等地适宜栽植。山西、陕西、青海和四川等省区有分布。

育苗技术：采用播种育苗。8 月中旬至 9 月上旬采种，播种前催芽，3 月下旬至 4 月上旬进行播种，低床撒播，播种量 75~90 千克/公顷。

造林技术：采用植苗造林。一年四季均可栽植，但以秋季落叶后至春季萌芽前为宜，冬季要防寒，造林密度 1667 株/公顷左右。

蔷薇属 Rosa

玫瑰 *Rosa rugosa* Thunb.
别名：滨茄子、滨梨、刺玫
保护级别：国家二级

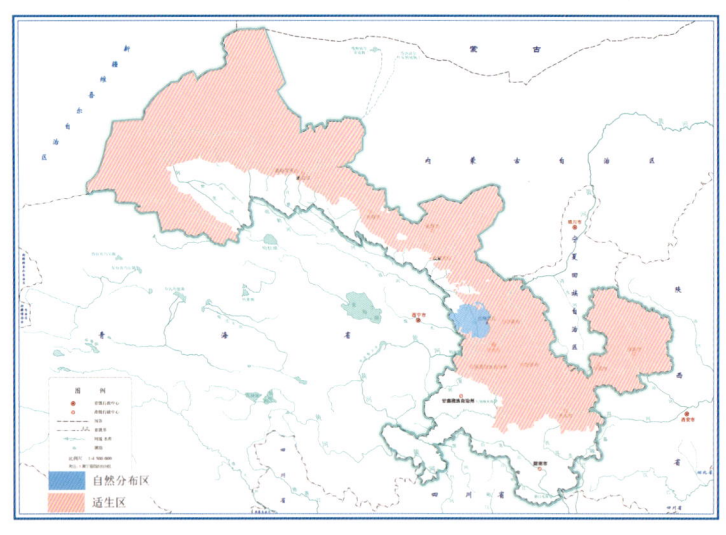

形态特征：直立灌木，高达2米。茎粗壮，丛生。小叶 5~9，小叶片椭圆形或椭圆状倒卵形，长 1.5~4.5 厘米，宽 1~2.5 厘米，先端急尖或圆钝，基部圆形或宽楔形，边缘有尖锐锯齿；托叶大部贴生于叶柄，离生部分卵形，边缘有带腺锯齿。花单生于叶腋，或数朵簇生，苞片卵形，边缘有腺毛，外被绒毛；花径 4~5.5 厘米；萼片卵状披针形，先端尾状渐尖，常有羽状裂片，扩展成叶状；花瓣倒卵形，重瓣至半重瓣，芳香，紫红色至白色；花柱离生，被毛，稍伸出萼筒口外。果扁球形，直径 2~2.5 厘米，砖红色，肉质。花期 5~6 月，果期 8~9 月。

生态适应性：喜光，耐寒，较耐贫瘠干旱，适应性很强；喜深厚肥沃、质地疏松、排水良好的土壤，对微酸性、中性、微碱性土壤都能适应，在山坡、沟谷、崖边均可正常生长。

分布范围：产于兰州永登。除河西南部高寒区、甘南、陇南之外，全省各地均适宜栽植。中国华北有分布。

育苗技术：一般采用分株育苗。秋季落叶后或早春发芽前进行，将整个株丛挖起，分成若干株后栽植。也可压条、埋条、扦插、嫁接、埋根、播种等繁殖方法育苗。

造林技术：采用植苗造林。春、秋季均可栽植，造林密度 833~1667 株/公顷。

悬钩子属 Rubus

茅莓 *Rubus parvifolius* L.
别名： 茅莓悬钩子、小叶悬钩子、红梅消、三月泡

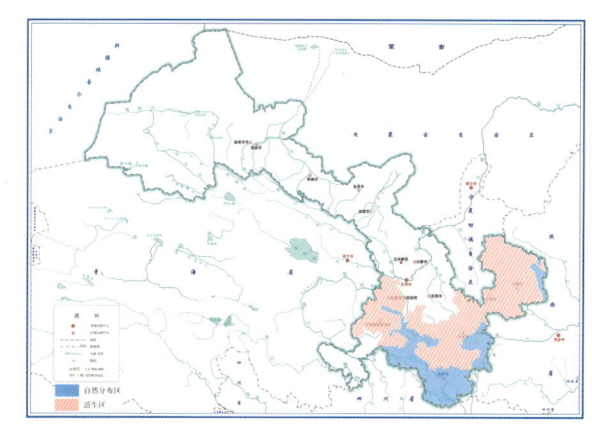

形态特征： 灌木，高 1~2 米。枝呈弓形弯曲，被柔毛或稀疏钩状皮刺。小叶 3 枚，菱状圆形或倒卵形，长 2.5~6 厘米，宽 2~6 厘米，顶端圆钝或急尖，基部圆形或宽楔形；托叶线形，长约 5~7 毫米，具柔毛。伞房花序顶生或腋生，具花数朵至多朵，被柔毛和细刺；花梗长 0.5~1.5 厘米，具柔毛和稀疏小皮刺；苞片线形；花径约 1 厘米；花萼外面密被柔毛和疏密不等的针刺；萼片卵状披针形或披针形，顶端渐尖；花瓣卵圆形或长圆形，粉红至紫红色，基部具爪；雄蕊花丝白色。果实卵球形，直径 1~1.5 厘米，红色。花期 5~6 月，果期 7~8 月。

生态适应性： 中性树种，具有中度喜光、耐旱、耐寒的特点，可忍耐 -30℃的严寒和 42℃的酷暑；喜生于低山阳坡、梯田埂坎及次生林林缘、路边。

分布范围： 产于迭部、舟曲、临潭、康县、武都、文县、岷县及子午岭、小陇山、太子山等地。在陇南其他县（区）、天水、平凉、临夏、庆阳及漳县、渭源、卓尼、合作、夏河等地适宜栽植。黑龙江、吉林、辽宁、河北、河南、山西、陕西、湖北、湖南、江西、安徽、山东、江苏、浙江、福建、台湾、广东、广西、四川、贵州等省区有分布。

育苗技术： 一般采用扦插育苗。穗条选取一年生健壮枝条，剪成 20~25 厘米长的插穗后扦插，株行距 10 厘米 ×30 厘米。也可分根育苗和播种育苗。

造林技术： 采用植苗造林。以春季造林为好，也可雨季带土球移栽，造林密度 3333 株（丛）/公顷左右。

蔷薇科 Rosaceae

鲜卑花属 *Sibiraea*

窄叶鲜卑花 *Sibiraea angustata* (Rehd.) Hand.-Mazz.

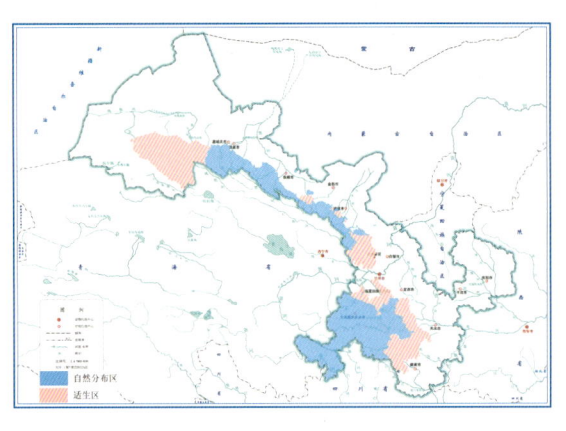

形态特征：灌木，高 2~2.5 米。小枝圆柱形，微有棱角，幼时暗紫色，老时黑紫色。叶在当年生枝条上互生，在老枝上通常丛生，叶片窄披针形、倒披针形，长 2~8 厘米，宽 1.5~2.5 厘米，先端急尖或突尖，基部下延呈楔形，全缘。顶生穗状圆锥花序，长 5~8 厘米，直径 4~6 厘米，总花梗和花梗均密被短柔毛；苞片披针形，先端渐尖，全缘，内外两面均被柔毛；花径约 8 毫米；萼筒浅钟状，外被柔毛；萼片宽三角形，先端急尖，全缘，内外两面均被稀疏柔毛；花瓣宽倒卵形，先端圆钝，基部下延呈楔形，白色；雄花具雄蕊 20~25，着生在萼筒边缘，雌花具退化雄蕊；雄花具 3~5 退化雌蕊，四周密被白色柔毛，雌花具雌蕊 5，子房光滑无毛。蓇葖果直立，长约 4 毫米，具宿存直立萼片。花期 6 月，果期 8~9 月。

生态适应性：喜光，耐干旱，耐瘠薄，耐寒；对土壤要求不严，中性和微酸性土壤均能生长，但在湿润环境生长良好。

分布范围：产于甘南和渭源、漳县、岷县及太子山、祁连山等地，海拔 2800~3300 米。在永登、陇西、武山、礼县、临夏县、和政、康乐、迭部及肃北南部等地适宜栽植。青海、云南、四川和西藏等省区有分布。

育苗技术：采用播种育苗。9~10 月采种，春季播种，温水浸种 12 小时，拌细沙播种，播种量约 35 千克/公顷。

造林技术：采用植苗造林。早春栽植，最好选择小苗造林，大苗造林前进行修剪，坑径要求比根系大 30~40 厘米，造林密度 2500 株/公顷左右。

鲜卑花属 *Sibiraea*

鲜卑花 *Sibiraea laevigata* (L.) Maxim.

形态特征：灌木，高约 1.5 米。小枝粗壮，圆柱形，幼时紫红色，老时黑褐色。叶在当年生枝条多互生，在老枝上丛生，叶片线状披针形、宽披针形或长圆倒披针形，长 4~6.5 厘米，宽 1~2.3 厘米，先端急尖或突尖，基部渐狭，全缘。顶生穗状圆锥花序，长 5~8 厘米，直径 4~6 厘米；花梗长约 3 毫米；苞片披针形，长约 3 毫米；花径约 5 毫米；萼筒浅钟状；萼片三角卵形，先端急尖，全缘；花瓣倒卵形，先端圆钝，基部下延呈宽楔形，白色；雄花具雄蕊 20~25，具 3~5 退化雌蕊；着生在萼筒边缘，花丝细长，药囊黄色，约与花瓣等长或稍长；雌花具雌蕊 5，花柱稍偏斜，柱头肥厚；雌花具退化雄蕊，花丝极短；花盘环状，肥厚，具 10 裂片。蓇葖果 5，并立，长 3~4 毫米，具直立稀开展的宿萼，果梗长 5~8 毫米。花期 7 月，果期 8~9 月。

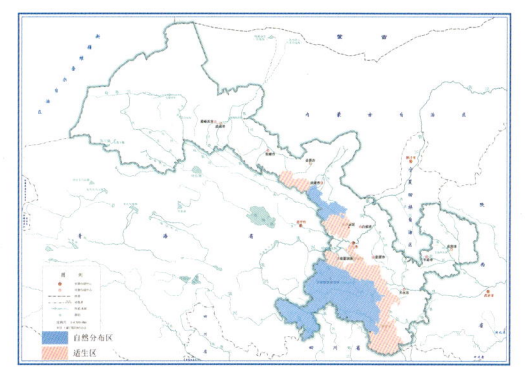

生态适应性：喜光，耐干旱，耐瘠薄，耐寒；对土壤要求不严，中性和微酸性土壤均能生长，但在湿润环境中生长良好。

分布范围：产于甘南及宕昌、岷县、漳县、祁连山（东段）及太子山等地，海拔 2400~3300 米。在七里河、永登、山丹、肃南、渭源、积石山、临夏县、和政、康乐、武都、文县、宕昌等地适宜栽植。青海、西藏等地有分布。

育苗技术：一般采用播种育苗。9 月底至 10 月初采种，在低温下袋装贮藏半年，4 月下旬至 5 月上旬播种，播种量 30~38 千克/公顷。也可分株繁殖。

造林技术：采用植苗造林。早春 4 月上旬至下旬或秋季 10 月下旬至 11 月初，选择 1~2 年生小苗，根系带土球造林，造林密度 3333 株/公顷左右。

蔷薇科 Rosaceae

珍珠梅属 Sorbaria

高丛珍珠梅 *Sorbaria arborea* Schneid.
别名： 野生珍珠梅

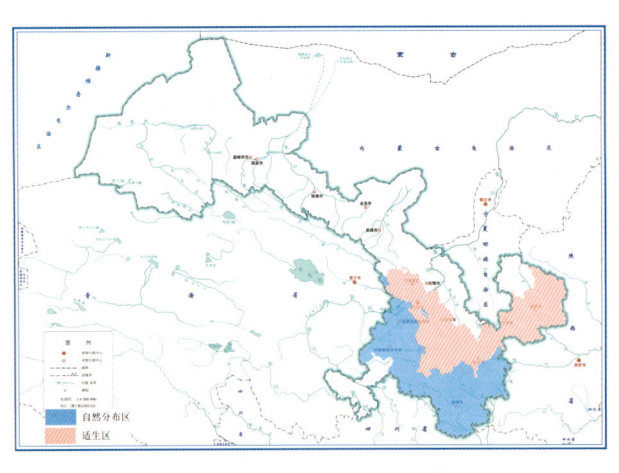

形态特征： 落叶灌木，高达 6 米。枝条开展；小枝圆柱形，稍有棱角。羽状复叶，小叶片 13~17 枚，连叶柄长 20~32 厘米，微被短柔毛或无毛；小叶片对生，披针形至长圆披针形，长 4~9 厘米，宽 1~3 厘米，先端渐尖，基部宽楔形或圆形，边缘有重锯齿；托叶三角卵形，长 8~10 毫米，先端渐尖，基部宽楔形。顶生大型圆锥花序，分枝开展，直径 15~25 厘米；花梗长 2~3 毫米，总花梗与花梗微具星状柔毛；苞片线状披针形至披针形，长 4~5 毫米；花径 6~7 毫米；萼筒浅钟状，花瓣近圆形，先端钝，基部楔形，长 3~4 毫米，白色；雄蕊 20~30，着生在花盘边缘；心皮 5。蓇葖果圆柱形，花柱在顶端稍下方向外弯曲；萼片宿存，反折。花期 6~7 月，果期 9~10 月。

生态适应性： 喜光，也耐荫，喜湿润也耐干旱，耐寒，在 −24℃ 低温下可安全越冬；耐瘠薄，对土壤要求不严。

分布范围： 产于陇南、临夏及舟曲、迭部、夏河、临潭、卓尼、合作及小陇山、兴隆山、太子山、永登（连城）等地。在兰州、定西、天水、平凉、庆阳（除环县）等地适宜栽植。陕西、新疆、湖北、江西、四川、云南、贵州及西藏等省区有分布。

育苗技术： 一般采用播种育苗。春季播种，条播，播深 0.5 厘米，播种量约 90 千克/公顷。也可扦插、分株、根蘖、压条繁殖。

造林技术： 采用植苗造林。选用 1~2 年生、高约 1 米的健壮苗木，造林密度 833~1667 株/公顷。

珍珠梅属 Sorbaria

华北珍珠梅 Sorbaria kirilowii (Regel) Maxim.
别名：珍珠梅、吉氏珍珠梅

形态特征：灌木，高达3米。小枝圆柱形，光滑无毛，幼时绿色，老时红褐色。羽状复叶，具有小叶片13~21，宽7~9厘米；小叶片对生，披针形至长圆披针形，长4~7厘米，宽1.5~2厘米，先端渐尖，基部圆形至宽楔形，边缘有尖锐重锯齿。顶生大型密集的圆锥花序，直径7~11厘米；花梗长3~4毫米；苞片线状披针形；花直径5~7毫米；萼筒浅钟状；萼片长圆形，先端圆钝或截形，全缘；花瓣倒卵形或宽卵形，长4~5毫米，白色；雄蕊20；心皮5。蓇葖果长圆柱形。花期6~7月，果期9~10月。

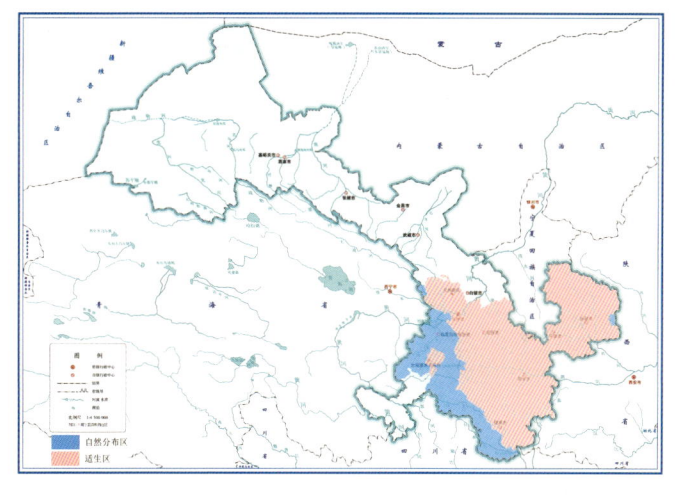

生态适应性：喜光，喜凉爽气候，耐寒，耐旱，常丛生。

分布范围：产于夏河、卓尼、临潭、迭部、舟曲、文县、永登（连城）及子午岭（中段）、太子山等地。除玛曲和碌曲之外，在兰州以东以南地区适宜栽植。河北、河南、山东、山西、陕西、青海和内蒙古等省区有分布。

育苗技术：一般采用播种育苗。9~10月采种，种子混土撒播，播后覆盖细薄土，并每天洒水1~2次。两年生苗移栽定植，株行距40厘米×60厘米，3~5年出圃。也可扦插育苗，硬枝扦插和嫩枝扦插均可。

造林技术：采用植苗造林。多用于园林绿化，春季栽植，可丛植或列植，每年可结合整形造型进行3~4次摘心或短截，可达到树枝丰满、形态优美，造林密度833~1667株/公顷。

花楸属 *Sorbus*

水榆花楸 *Sorbus alnifolia* (Sieb.et Zucc.) K.Koch
别名：粘枣子、千筋树、枫榆、花楸、黄山榆、水榆、苗榆

蔷薇科 Rosaceae

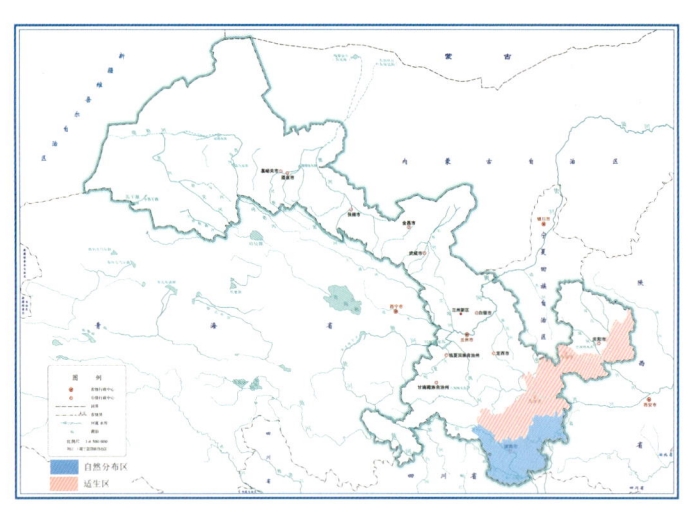

形态特征：乔木，高达20米。小枝圆柱形，具灰白色皮孔。叶片卵形至椭圆卵形，长5~10厘米，宽3~6厘米，先端短渐尖，基部宽楔形至圆形，边缘有不整齐的尖锐重锯齿；复伞房花序较疏松，具花6~25朵，总花梗和花梗具稀疏柔毛；花梗长6~12毫米；萼筒钟状；萼片三角形，先端急尖，外面无毛，内面密被白色绒毛；花瓣卵形或近圆形，长5~7毫米，先端圆钝，白色；雄蕊20，短于花瓣；花柱2，基部或中部以下合生，光滑无毛。果实椭圆形或卵形，直径7~10毫米，2室，萼片脱落后果实先端残留圆斑。花期5月，果期8~9月。

生态适应性：喜光树种，不耐庇荫；喜深厚肥沃湿润的土壤，以温度不太低、雨量比较多的暖温带和亚热带气候较为适宜。

分布范围：产于徽县、两当、武都、成县、文县、康县、舟曲（角儿桥）等地。在陇南其他县（区）、天水、平凉（除静宁）及宁县、正宁、合水等地适宜栽植。黑龙江、吉林、辽宁、河北、河南、陕西、山东、安徽、湖北、江西、浙江及四川等省区有分布。

育苗技术：采用播种育苗。10月采种，种子低温沙藏，播种前一周进行变温催芽，4月上旬播种，条播，播种量15~30千克/公顷。

造林技术：采用植苗造林。秋季或早春栽植，选择1年生壮苗，造林密度1111株/公顷左右。

花楸属 Sorbus

北京花楸 *Sorbus discolor* (Maxim.) Maxim.
别名：红叶花楸、北平花楸树、白果花楸

形态特征：乔木，高达 10 米。小枝圆柱形，二年生枝紫褐色，具稀疏皮孔，嫩枝无毛。奇数羽状复叶，连叶柄共长 10~20 厘米，叶柄长约 3 厘米；小叶片 5~7 对，间隔 1.2~3 厘米；叶轴无毛，上面具浅沟；托叶宿存，草质，有粗锯齿。复伞房花序较疏松，有多枚花朵，总花梗和花梗均无毛；花梗长 2~3 毫米；萼筒钟状；萼片三角形，先端稍钝或急尖；花瓣卵形或长圆卵形，长 3~5 毫米，先端圆钝，白色；雄蕊 15~20；花柱 3~4，基部有稀疏柔毛。果实卵形，直径 6~8 毫米，白色或黄色。花期 5 月，果期 8~9 月。

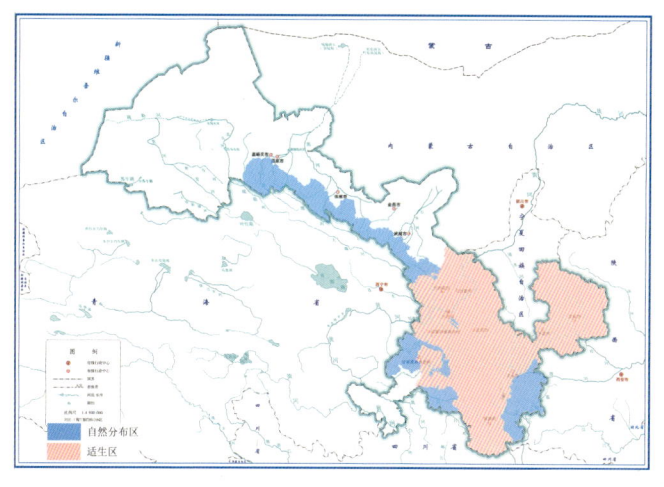

生态适应性：喜光也稍耐荫，耐寒，适应性强；根系发达，对土壤要求不严，以湿润肥沃的砂质壤土为好；喜湿润气候，多沿着溪涧山谷的阴坡生长。

分布范围：产于徽县、成县、康县、临潭、迭部、夏河、天祝、肃南、民乐、山丹及景泰（寿鹿山）、兴隆山、太子山、小陇山等地。在陇南其他县（区）、天水、平凉、庆阳、兰州、定西、临夏、白银及合作、卓尼等地适宜栽植。河北、河南、山西、山东及内蒙古等省区有分布。

育苗技术：采用播种育苗。9 月下旬至 10 月上旬采种，采用沙藏催芽，翌年 4 月底至 5 月上旬播种，高床沟播，沟深 1.5~2 厘米，混沙撒播，边播边覆土压实。

造林技术：采用植苗造林。早春土壤结冻后或晚秋土壤结冻前栽植，造林密度 1250 株/公顷左右。

花楸属 *Sorbus*

陕甘花楸 *Sorbus koehneana* Schneid.
别名： 昆氏花楸

蔷薇科 Rosaceae

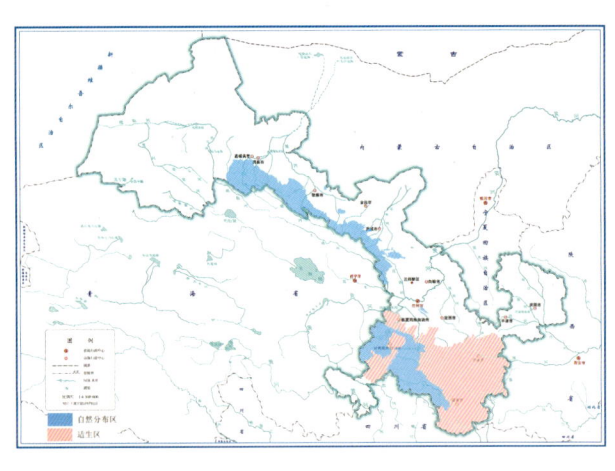

形态特征： 灌木或小乔木，高达4米。小枝圆柱形，暗灰色或黑灰色，具少数不明显皮孔。奇数羽状复叶，连叶柄共长10~16厘米；小叶片8~12对，长圆形至长圆披针形，长1.5~3厘米，宽0.5~1厘米，先端圆钝或急尖，基部偏斜圆形，边缘每侧有尖锐锯齿10~14，全部有锯齿或仅基部全缘。复伞房花序多生在侧生短枝上，具多数花朵，总花梗和花梗有稀疏白色柔毛；花梗长1~2毫米；萼筒钟状，内外两面均无毛；萼片三角形，先端圆钝，外面无毛，内面微具柔毛；花瓣宽卵形，长4~6毫米，宽3~4毫米，先端圆钝，白色，内面微具柔毛或近无毛；雄蕊20，长约为花瓣的1/3；花柱5，几与雄蕊等长。果实球形，直径6~8毫米，白色，先端具宿存闭合萼片。花期6月，果期9月。

生态适应性： 喜温润肥沃土壤，普遍生于山区杂木林内，海拔2300~4000米。

分布范围： 产于夏河、卓尼、临潭、迭部、舟曲、永登（连城）及太子山、兴隆山、祁连山等地。在陇南、天水及合作、碌曲、积石山、临夏县、康乐、和政、渭源、漳县、岷县等地适宜栽植。山西、河南、陕西、青海、湖北、四川等省区有分布。

育苗技术： 采用播种育苗。9~10月采种，春季播种，越冬沙藏催芽，条播或撒播，播种量约30千克/公顷。

造林技术： 采用植苗造林。春季栽植，选用3~5年生苗木，多用于园林绿化，造林密度1667株/公顷左右。

花楸属 Sorbus

天山花楸 *Sorbus tianschanica* Rupr.

形态特征：灌木或小乔木，高达5米。小枝粗壮，圆柱形，褐色或灰褐色，有皮孔，嫩枝红褐色，微具短柔毛。冬芽大，长卵形，先端渐尖，有数枚褐色鳞片。奇数羽状复叶，连叶柄长14~17厘米，叶柄长1.5~3.3厘米；小叶片（4）6~7对；叶轴微具窄翅，上面有沟，无毛；托叶线状披针形，膜质，早落。复伞房花序大形，有多数花朵，排列疏松，无毛；花梗长4~8毫米；花径15~18（20）毫米；萼筒钟状，内外两面均无毛；萼片三角形，先端钝，稀急尖；花瓣卵形或椭圆形，长6~9毫米，先端圆钝，白色。内面微具白色柔毛；雄蕊15~20，通常20；花柱3~5，通常5，稍短于雄蕊或几等长，基部密被白色绒毛。果实球形，直径10~12毫米，鲜红色，先端具宿存闭合萼片。花期5~6月，果期9~10月。

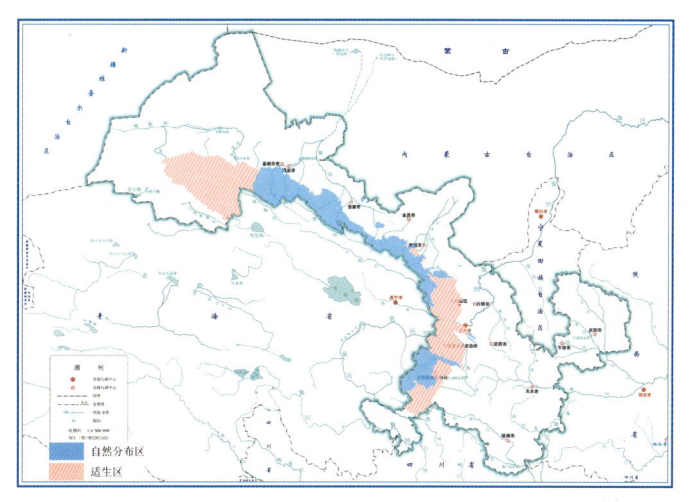

生态适应性：普遍生于高山溪谷中或云杉林边缘，海拔2000~3200米。

分布范围：产于夏河、永登（连城）及祁连山、太子山、兴隆山等地。在临夏及肃北南部、红古、西固、七里河、合作、碌曲等地适宜栽植。新疆和青海有分布。

育苗技术：采用播种育苗。9月下旬至10月中旬采种，以10月中旬秋播为佳，最好使用当年采集的种子。春季4月中旬播种也可，越冬需沙藏处理，播种量约20千克/公顷。

造林技术：采用植苗造林。选用1年生苗木，造林密度1667株/公顷左右，宜在阴天进行。

蔷薇科 Rosaceae

绣线菊属 *Spiraea*

高山绣线菊 *Spiraea alpina* Pall.

蔷薇科 Rosaceae

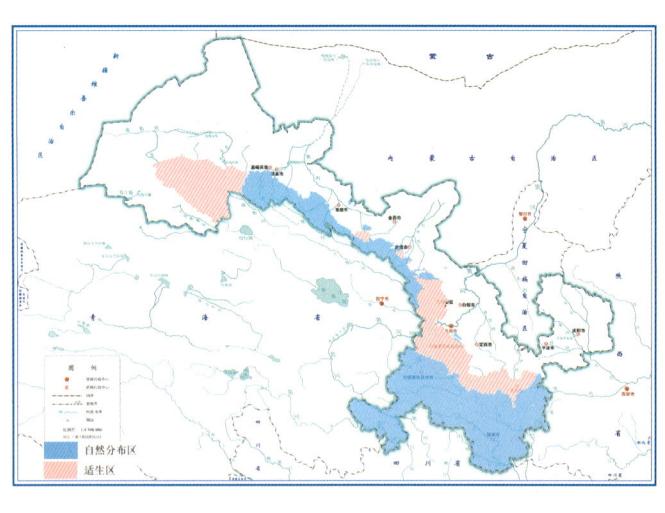

形态特征：灌木，高50~120厘米。枝条直立或开张。叶片多枚簇生，线状披针形至长圆倒卵形，长7~16毫米，宽2~4毫米，先端急尖或圆钝，基部楔形，全缘。伞形总状花序具短总梗，有花3~15朵；苞片小，线形；花径5~7毫米；萼筒钟状，内面具短柔毛；萼片三角形，先端急尖，内面被短柔毛；花瓣倒卵形或近圆形，先端圆钝或微凹，白色；雄蕊20；花盘显著，圆环形；子房外被短柔毛。蓇葖果开张。花期6~7月，果期8~9月。

生态适应性：耐寒，耐旱，耐瘠薄，耐阴湿，适应性强；生于向阳坡地或灌丛中，海拔2000~4000米。

分布范围：产于甘南、陇南及岷县、永登（连城）、靖远（哈思山）、景泰（寿鹿山）、古浪（昌岭山）、祁连山、兴隆山、太子山、小陇山等地。在天祝、肃南、山丹、临洮、漳县、渭源等地适宜栽植。陕西、青海、四川和西藏等省区有分布。

育苗技术：一般采用播种育苗。9月中旬采种，播种前10天催芽，条播、撒播均可。产苗量450万~600万株/公顷。也可嫩枝扦插。

造林技术：采用植苗造林。春、秋季均可栽植，造林密度2500~5000株/公顷。一般用于城镇绿化，点状、簇状或与其他花灌木混交搭配栽植。

绣线菊属 *Spiraea*

土庄绣线菊 *Spiraea pubescens* Turcz.
别名：柔毛绣线菊、蚂蚱腿、小叶石棒子、石莠子、土庄花

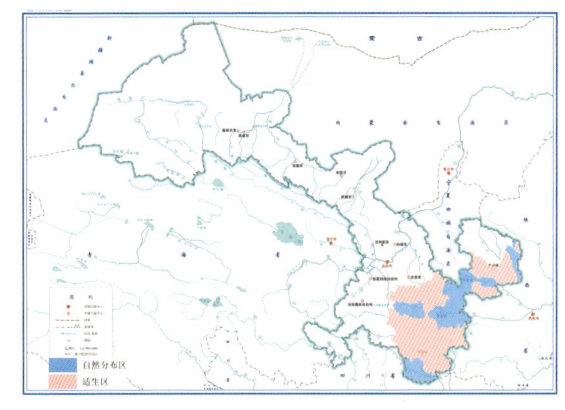

形态特征：灌木，高1~2米。小枝开展，稍弯曲。冬芽卵形或近球形，先端急尖或圆钝，具短柔毛。叶片菱状卵形至椭圆形，长2~4.5厘米，宽1.3~2.5厘米，先端急尖，基部宽楔形；叶柄长2~4毫米，被短柔毛。伞形花序具总梗，有花15~20朵；花梗长7~12毫米；苞片线形，被短柔毛；花径5~7毫米；萼筒钟状；萼片卵状三角形，先端急尖，内面疏生短柔毛；花瓣卵形、宽倒卵形或近圆形，先端圆钝或微凹，白色；雄蕊25~30，约与花瓣等长；花盘圆环形，具10个裂片，裂片先端稍凹陷；子房无毛或仅在腹部及基部有短柔毛，花柱短于雄蕊。蓇葖果开张，花柱顶生，稍倾斜开展或几直立，多数具直立萼片。花期5~6月，果期7~8月。

生态适应性：不喜光，不耐旱，喜阴，喜湿润。

分布范围：产于文县、麦积、秦州、武山、漳县、泾川及关山、崆峒山、子午岭等地。在陇南其他县（区）、天水其他县（区）、灵台、崇信、华亭、崆峒、合水、宁县、正宁、陇西、渭源、舟曲等地适宜栽植。黑龙江、吉林、辽宁、内蒙古、河北、河南、山西、陕西、山东、湖北和安徽等省区有分布。

育苗技术：采用播种育苗。9月上旬采种，干藏至翌春播种，撒播或条播，播后覆盖草帘，待具有3~4片真叶时揭去草帘。也可嫩枝扦插。

造林技术：采用植苗造林。春季或7月雨季造林，蘸浆栽植成活率较高，造林密度1667~3333株/公顷。

蔷薇科 Rosaceae

绣线菊属 *Spiraea*

南川绣线菊 *Spiraea rosthornii* Pritz.
别名：罗氏绣线菊

蔷薇科 Rosaceae

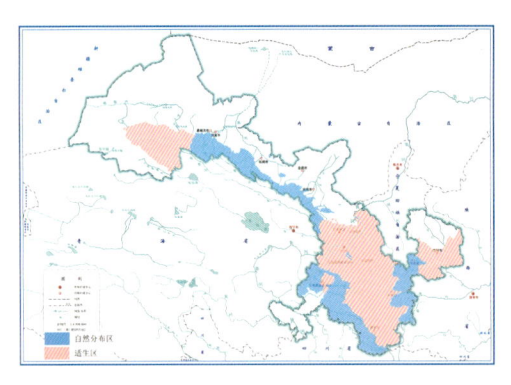

形态特征：灌木，高达 2 米。枝条开张，幼时具短柔毛，黄褐色，以后脱落，老时灰褐色。叶片卵状长圆形至卵状披针形，长 2.5~5（8）厘米，宽 1~2（3）厘米，先端急尖或短渐尖；基部圆形至近截形，边缘有缺刻和重锯齿，上面绿色，被稀疏短柔毛，下面带灰绿色，具短柔毛。复伞房花序生在侧枝先端，被短柔毛，有多枚花朵；花梗长 5~7 毫米；苞片卵状披针形至线状披针形，先端急尖，基部楔形，两面被短柔毛；花径约 6 毫米；萼筒钟状，内外两面有短柔毛；萼片三角形，先端急尖，内面稍被短柔毛；花瓣卵形至近圆形，先端钝，长 2~3 毫米，宽几与长相等，白色；雄蕊 20，长于花瓣；花盘圆环形，有 10 个肥厚裂片，裂片先端有时微凹；子房被短柔毛，花柱短于雄蕊。蓇葖果开张，被短柔毛，花柱顶生，倾斜开展，萼片反折。花期 5~6 月，果期 8~9 月。

生态适应性：喜光且较耐荫，对土壤要求不严。

分布范围：产于夏河、临潭、迭部、卓尼、舟曲、文县、永登（连城）、靖远（哈思山）及关山、崆峒山、小陇山、兴隆山、太子山、祁连山等地，海拔 2400~3500 米。在陇南其他县（区）、定西、兰州、临夏、白银及麦积、秦州、崆峒、华亭、宁县、正宁等地适宜栽植。河南、陕西、青海、安徽、四川和云南等省区有分布。

育苗技术：采用播种育苗。9 月中旬采种，春季播种，播前温水浸种催芽，条播，播后覆盖草帘，待具有 3~4 片真叶时揭去草帘。也可嫩枝扦插。

造林技术：采用植苗造林。春、秋季均可，造林密度 1667~3333 株/公顷。多用于景观造林，以点状、簇状或与其他花灌木混交搭配栽植。

合欢属 Albizia

合欢 Albizia julibrissin Durazz.
别名：马缨花、绒花树、合昏、鸟绒树

形态特征：落叶乔木，高达16米，树冠开展。小枝有棱角，嫩枝、花序和叶轴被绒毛或短柔毛。二回羽状复叶，总叶柄近基部及最顶一对羽片着生处各有1枚腺体；羽片4~12对；小叶10~30对，线形至长圆形，长6~12毫米，宽1~4毫米，向上偏斜，先端有小尖头，有缘毛，有时在下面或仅中脉上有短柔毛；中脉紧靠上边缘。头状花序于枝顶排成圆锥花序；花粉红色；花萼管状，长3毫米；花冠长8毫米，裂片三角形，长1.5毫米，花萼、花冠外均被短柔毛；花丝长2.5厘米。荚果带状，长9~15厘米，宽1.5~2.5厘米，嫩荚有柔毛，老荚无毛。花期6~7月，果期8~10月。

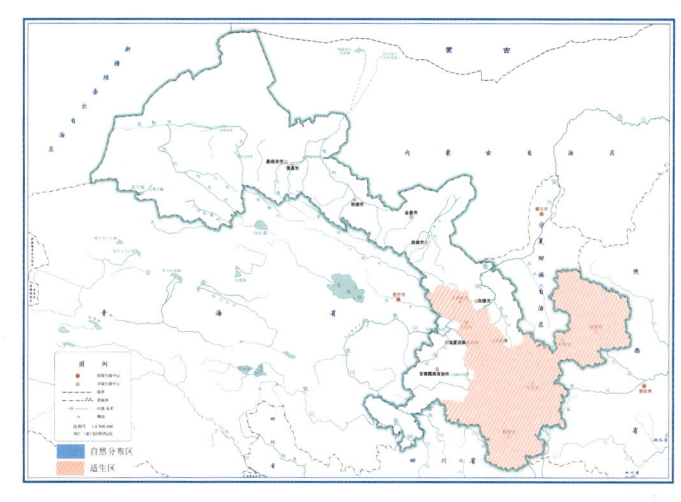

生态适应性：喜光，耐旱，抗污染，不耐水湿；喜暖湿气候，适宜生长在海拔1200米以下缓坡和平地、土层厚30厘米以上的微酸性至微碱性土壤。

分布范围：在甘肃引种栽培历史悠久，在兰州、定西、陇南、天水、平凉、庆阳及迭部、舟曲等地适宜栽植。中国东北至华南及西南部各地有分布。

育苗技术：采用播种育苗。10月采种，于4月上旬播种，条播，播种量75~90千克/公顷。8月后要控制灌水，提高苗木木质化程度。

造林技术：采用植苗造林。春季栽植，用作景观绿化的要栽大苗，株距4~5米，定植后三年内应于秋末及时束草防冻。

豆科 Fabaceae

沙冬青属 *Ammopiptanthus*

沙冬青 *Ammopiptanthus mongolicus* (Maxim. ex Kom.) Cheng f.
保护级别：国家二级

豆科 Fabaceae

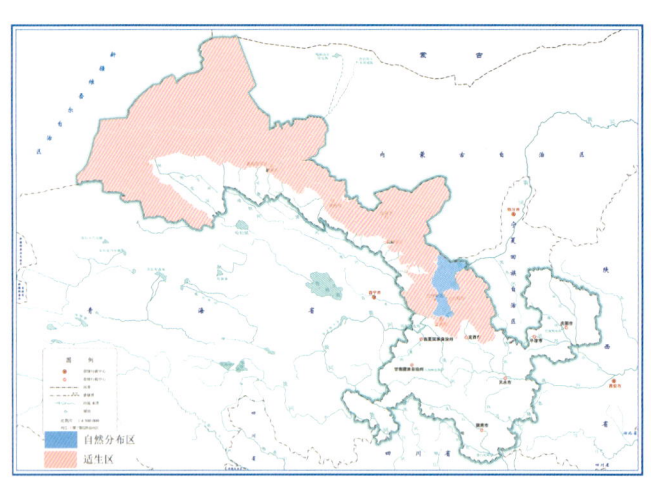

形态特征：常绿灌木，高 1.5~2 米，粗壮。树皮黄绿色，木材褐色。3 小叶，偶为单叶；叶柄长 5~15 毫米，密被灰白色短柔毛；托叶小，三角形或三角状披针形，被银白色绒毛。总状花序顶生枝端，花互生，8~12 朵密集；苞片卵形，长 5~6 毫米；萼钟形，薄革质，长 5~7 毫米，萼齿 5，阔三角形；花冠黄色，花瓣均具长瓣柄，旗瓣倒卵形，长约 2 厘米，翼瓣长圆形，长 1.7 厘米；子房具柄，线形。荚果扁平，线形，长 5~8 厘米，先端锐尖，基部具果颈，果颈长 8~10 毫米；有种子 2~5 粒，种子圆肾形。花期 4~5 月，果期 5~6 月。

生态适应性：常绿超旱生植物，喜沙砾质土壤，或具薄层覆沙的砾石质土壤，多见于沙漠或石质戈壁；多生于山前冲积、洪积平原、山涧盆地、石质残丘间的干谷，成条带状或团块状分布。

分布范围：产于景泰、皋兰、兰州（北山）等地。在河西走廊及兰州、白银等地适宜栽植。新疆、内蒙古和宁夏有分布。

育苗技术：一般采用容器播种育苗。6 月中下旬采种，80℃水浸泡催芽，营养土配方为田园土 15%+ 河砂 50%+ 锯末 10%+ 腐熟羊粪 25%，播种量 3~5 粒/穴，播后撒一层细绵沙，厚度 1~1.5 厘米，并覆盖稻草。

造林技术：一般采用植苗造林。选择 1 年生容器苗，造林密度 1111~2000 株/公顷。也可播种造林。

锦鸡儿属 *Caragana*

锦鸡儿 *Caragana arborescens* Lam.
别名： 蒙古锦鸡儿

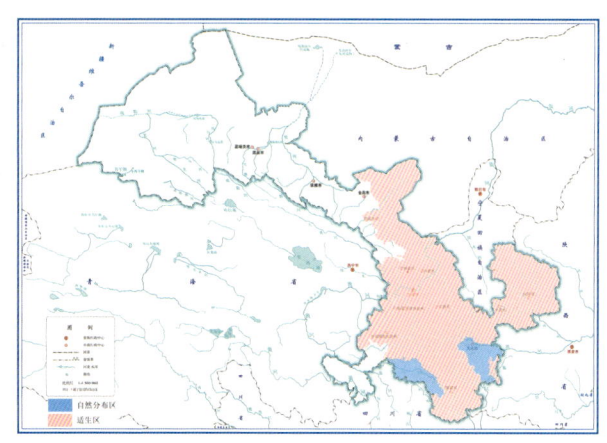

形态特征： 小乔木或大灌木，高2~6米。老枝深灰色，平滑，稍有光泽，小枝有棱，幼时被柔毛，绿色或黄褐色。羽状复叶有4~8对小叶；托叶针刺状，长5~10毫米，长枝者脱落；叶轴细瘦，长3~7厘米幼时被柔毛；小叶长圆状倒卵形、狭倒卵形或椭圆形，长1~2（2.5）厘米，宽5~10（13）毫米，先端圆钝，具刺尖，基部宽楔形，幼时被柔毛，或仅下面被柔毛。花梗2~5簇生，每梗1花，长2~5厘米，关节在上部，苞片小，刚毛状；花萼钟状，长6~8毫米，宽7~8毫米，萼齿短宽；花冠黄色，长16~20毫米，旗瓣菱状宽卵形，宽与长近相等，先端圆钝，具短瓣柄，翼瓣长圆形，较旗瓣稍长，瓣柄长为瓣片的3/4，耳距状，长不及瓣柄的1/3，龙骨瓣较旗瓣稍短，瓣柄较瓣片略短，耳钝或略呈三角形；子房无毛或被短柔毛。荚果圆筒形，长3.5~6厘米，粗3~6.5毫米，先端渐尖，无毛。花期5~6月，果期8~9月。

生态适应性： 深根性树种，喜光，耐干旱，耐贫瘠。

分布范围： 产于迭部、舟曲、麦积、秦州、徽县等地。在陇南其他县（区）、天水其他县（区）、兰州、白银、武威、金昌、定西、平凉、庆阳、临夏及夏河、卓尼、临潭、合作等地适宜栽植。黑龙江、内蒙古东北部、河北、山西、陕西和新疆北部等地有分布。

育苗技术： 采用播种育苗。8月下旬采种，播前温水浸种催芽，撒播，播种量约200千克/公顷。

造林技术： 采用植苗造林。春、秋季均可，选择4年生以上的大苗，多用于城市绿化，可孤植、群植、列植或丛植。

锦鸡儿属 Caragana

柠条锦鸡儿 *Caragana korshinskii* Kom.
别名：毛条、白柠条、柠条、金香雀、短荚柠条

豆科 Fabaceae

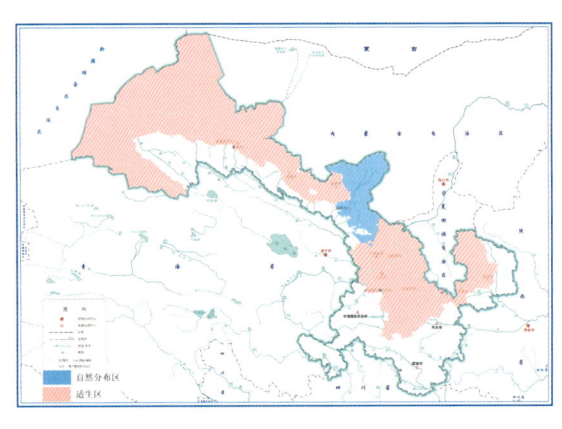

形态特征：灌木，有时小乔木状，高1~4米。老枝金黄色，有光泽；嫩枝被白色柔毛。羽状复叶有6~8对小叶；托叶在长枝者硬化成针刺，长3~7毫米，宿存；叶轴长3~5厘米，脱落；小叶披针形或狭长圆形，长7~8毫米，先端锐尖或稍钝，有刺尖，基部宽楔形。花梗长6~15毫米，密被柔毛；花萼管状钟形，长8~9毫米，密被伏贴短柔毛，萼齿三角形或披针状三角形；花冠长20~23毫米，旗瓣宽卵形或近圆形，先端截平而稍凹，宽约16毫米，具短瓣柄，翼瓣瓣柄细窄，稍短于瓣片，耳短小，齿状，龙骨瓣具长瓣柄，耳极短；子房披针形，无毛。荚果扁，长2~2.5厘米，有时被疏柔毛。花期5月，果期6月。

生态适应性：阳性树种，幼苗期较怕旱，耐干旱，耐贫瘠，耐盐碱，抗逆性强；根系发达，萌蘖力强，生长于半固定和固定沙地，常为优势种。

分布范围：产于河西走廊东部（武威）沙漠地区。在河西走廊、兰州、白银、定西及甘谷、武山、秦安、永靖、东乡、静宁、庄浪、崆峒、华亭、环县、庆城、镇远、西峰等地适宜栽植。内蒙古和宁夏有分布。

育苗技术：采用播种育苗。于6月中下旬成熟，随熟随采，条播，播种宜浅不宜深，一般为2~3厘米，播种量约150千克/公顷。

造林技术：一般采用播种造林。春、夏（雨）、秋季均可播种，采用鱼鳞坑、水平台或反坡梯田等方法整地，穴播，播种量3~9千克/公顷。也可植苗造林。造林密度1667株（穴）/公顷左右。

锦鸡儿属 Caragana

中间锦鸡儿 *Caragana liouana* Zhao Y. Chang et Yakovlev
别名：柠条

形态特征：灌木，高 0.7~2 米。老枝黄灰色或灰绿色，幼枝被柔毛。羽状复叶有 3~8 对小叶；托叶在长枝者硬化成针刺，长 4~7 毫米，宿存；叶轴长 1~5 厘米，密被白色长柔毛，脱落；小叶椭圆形或倒卵状椭圆形，长 3~10 毫米，宽 4~6 毫米，先端圆或锐尖，很少截形，有短刺尖，基部宽楔形，两面密被长柔毛。花梗长 10~16 毫米，关节在中部以上，很少在中下部；花萼管状钟形，长 7~12 毫米，宽 5~6 毫米，密被短柔毛，萼齿三角状；花冠黄色，长 20~25 毫米，旗瓣宽卵形或近圆形，瓣柄为瓣片的 1/4~1/3，翼瓣长圆形，先端稍尖，瓣柄与瓣片近等长，耳不明显；子房无毛。荚果披针形或长圆状披针形，扁，长 2.5~3.5 厘米，宽 5~6 毫米，先端短渐尖。花期 5 月，果期 6 月。

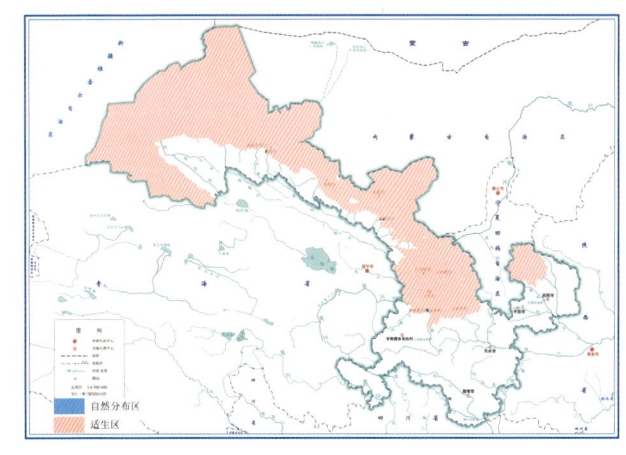

生态适应性：喜光，耐高温，耐寒，耐旱，耐瘠薄，不耐水湿；适生于黄土丘陵地、石质山地、河谷阶地、沙地等。

分布范围：在河西走廊、兰州、白银及安定、临洮、永靖、东乡、环县等地适宜栽植。内蒙古、陕西北部、宁夏（盐池）等地有分布。

育苗技术：采用播种育苗。6 月采种，春季播种，条播，播种量约 300 千克/公顷。

造林技术：一般采用播种造林。春、夏（雨）、秋季均可播种，采用鱼鳞坑、水平台或反坡梯田等方法整地，穴播，播种量 3~9 千克/公顷。也可植苗造林。造林密度 1667 株（穴）/公顷左右。

豆科 Fabaceae

锦鸡儿属 Caragana

小叶锦鸡儿 *Caragana microphylla* Lam.
别名： 灰毛小叶锦鸡儿

豆科 Fabaceae

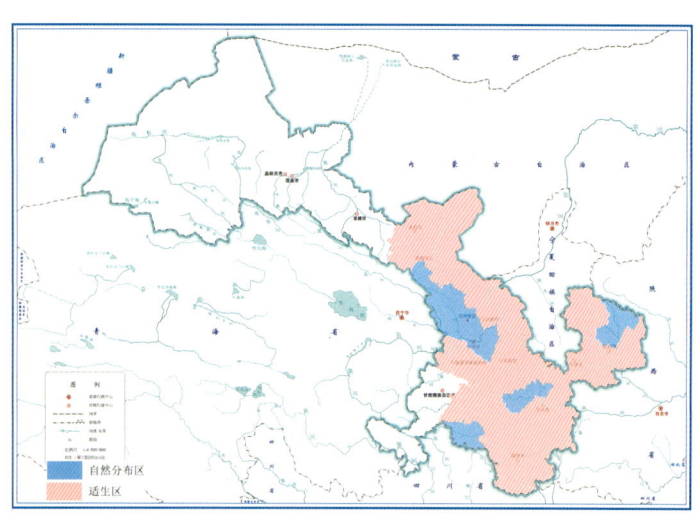

形态特征： 灌木，高1~2（3）米。老枝深灰色或黑绿色，嫩枝被毛。羽状复叶有5~10对小叶；小叶倒卵形或倒卵状长圆形，先端圆或钝，很少凹入，具短刺尖，幼时被短柔毛。花梗长约1厘米，近中部具关节，被柔毛；花萼管状钟形，长9~12毫米，宽5~7毫米，萼齿宽三角形；花冠黄色，长约25毫米，旗瓣宽倒卵形，先端微凹，基部具短瓣柄，翼瓣的瓣柄长为瓣片的1/2，耳短，齿状；龙骨瓣的瓣柄与瓣片近等长，耳不明显，基部截平；子房无毛。荚果圆筒形，稍扁，长4~5厘米。花期5~6月，果期7~8月。

生态适应性： 喜光，不耐荫蔽，耐干旱，耐瘠薄，耐寒，耐高温。

分布范围： 产于兰州、秦安、甘谷、武山、华池、庆城、天祝、迭部等地。在天水其他县（区）、庆阳其他县（区）、白银、金昌、武威、定西、临夏、陇南、平凉等地适宜栽植。东北、华北及山东、陕西等地有分布。

育苗技术： 采用播种育苗。7月上旬采种，翌年3月下旬至4月上旬播种，种子催芽处理，条播，播种量150~200千克/公顷，覆土厚2~3厘米。

造林技术： 一般采用播种造林。春、夏（雨）、秋季均可，雨季播种最好，播种量8~12千克/公顷。也可植苗造林。造林密度1667株（穴）/公顷左右。

锦鸡儿属 Caragana

甘蒙锦鸡儿 Caragana opulens Kom.

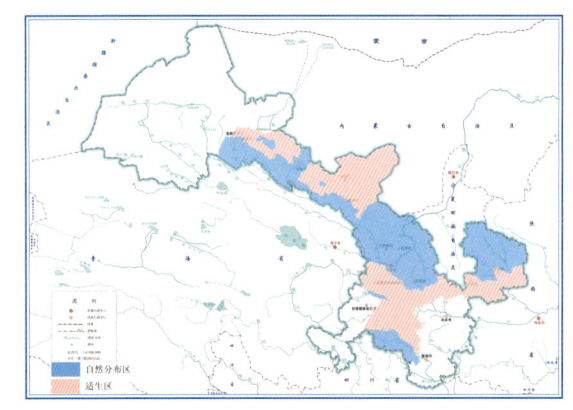

形态特征： 灌木，高 40~60 厘米。树皮灰褐色，小枝细长，稍呈灰白色。假掌状复叶有 4 片小叶；托叶在长枝者硬化成针刺，针刺长 2~5 毫米，在短枝者较短，脱落；小叶倒卵状披针形，长 3~12 毫米，宽 1~4 毫米，先端圆形或截平，有短刺尖，绿色。花梗单生，长 7~25 毫米，关节在顶部或中部以上；花萼钟状管形，长 8~10 毫米，基部显著具囊状凸起，萼齿三角状；花冠黄色，旗瓣宽倒卵形，长 20~25 毫米，有时略带红色，顶端微凹，基部渐狭成瓣柄，翼瓣长圆形，先端钝；子房无毛或被疏柔毛。荚果圆筒状，长 2.5~4 厘米，先端短渐尖。花期 5~6 月，果期 6~7 月。

生态适应性： 阳性树种，具有喜光、耐寒、耐瘠薄、适应性强的特点；对土壤要求不严，在各类土壤，特别是在红土上均能正常生长、开花结实。

分布范围： 产于兰州、白银和安定、华池、庆城、合水、镇远、古浪、天祝、甘州、肃南、迭部、舟曲及祁连山、太子山、子午岭等地。在武威其他县（区）、临夏、平凉、嘉峪关及临泽、高台、卓尼、临潭、临洮、渭源、陇西、通渭、西峰、宁县、正宁、宕昌等地适宜栽植。内蒙古、河北、山西、陕西、宁夏、青海东部、四川北部和西藏昌都等地有分布。

育苗技术： 采用播种育苗。7~8 月采种，4 月下旬至 5 月上旬播种，开沟条播，沟深 2 厘米，播后覆沙土，适当压实，播种量约 225 千克/公顷。

造林技术： 一般采用播种造林。一般在 7 月雨季播种，穴播，播种深度 1.5 厘米左右，播种量约 15 千克/公顷。也可植苗造林。造林密度 1667 株（穴）/公顷左右。

豆科 Fabaceae

紫荆属 *Cercis*

紫荆 *Cercis chinensis* Bge.
别名： 紫珠、裸枝树、满条红、白花紫荆、短毛紫荆

豆科 Fabaceae

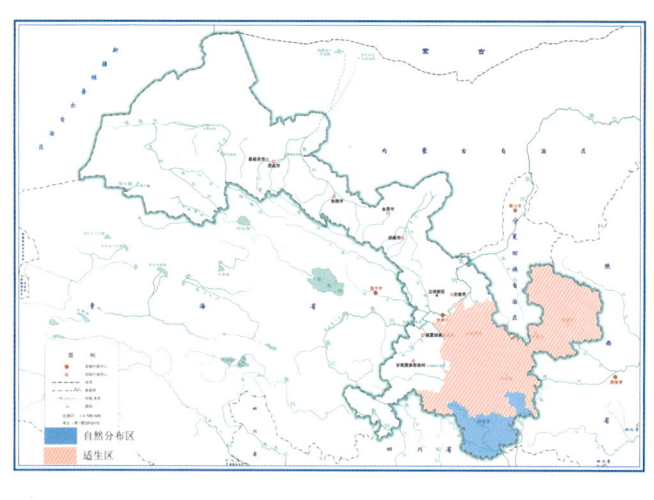

形态特征： 丛生或单生灌木，高 2~5 米。树皮和小枝灰白色。叶纸质，近圆形或三角状圆形，长 5~10 厘米，先端急尖，基部浅至深心形，两面通常无毛。花紫红色或粉红色，2~10 余朵成束，簇生于老枝和主干上，通常先于叶开放，但嫩枝或幼株上的花则与叶同时开放，花长 1~1.3 厘米；龙骨瓣基部具深紫色斑纹；子房嫩绿色，花蕾时光亮无毛，后期则密被短柔毛，有胚珠 6~7 颗。荚果扁狭长形，绿色，长 4~8 厘米，翅宽约 1.5 毫米，先端急尖或短渐尖，喙细而弯曲，基部长渐尖；果颈长 2~4 毫米；种子 2~6 颗，阔长圆形，长 5~6 毫米，黑褐色，光亮。花期 3~4 月，果期 8~10 月。

生态适应性： 有一定的耐盐碱力，在 pH 值 8.8、含盐量 0.2% 的盐碱土中生长健壮；喜肥沃、排水良好的砂质壤土，在黏质土中多生长不良。不耐淹，在低洼处种植极易根系腐烂而死亡。

分布范围： 产于文县、武都、康县、徽县、舟曲等地。在兰州以东以南地区适宜栽植（不包括甘南和临夏）。中国东南部，北至河北，南至广东、广西，西至云南、四川，西北至陕西，东至浙江、江苏和山东等地有分布。

育苗技术： 一般采用播种育苗。9~10 月采种，3 月下旬到 4 月上旬播种，播前用热水浸泡后沙藏催芽，撒播，播种量 60~70 千克/公顷。也可分株育苗。

造林技术： 采用植苗造林。主要用丁景观造林，春、秋季均可栽植，栽植不宜过深，株距 3-5 米。

羊柴属 *Corethrodendron*

细枝羊柴 *Corethrodendron scoparium* Fisch. et Basiner
别名： 花棒、细枝岩黄耆、细枝岩黄芪、细枝山竹子

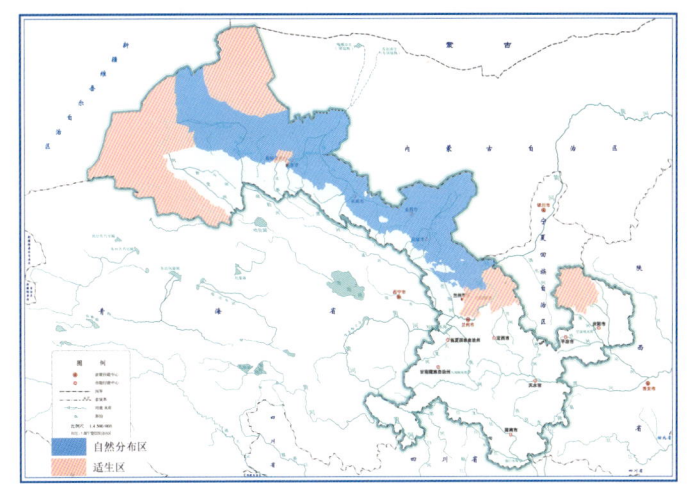

形态特征： 灌木，高 8~30 米。托叶卵状披针形。褐色干膜质，下部合生，易脱落，总状花序腋生，总花梗被短柔毛；花少数，长 15~20 毫米，外展或平展，疏散排列；苞片卵形；具 2~3 毫米的花梗；花萼钟状，长 5~6 毫米，被短柔毛；花冠紫红色，旗瓣倒卵形或倒卵圆形，长 14~19 毫米，顶端钝圆，微凹，冀瓣线形，龙骨瓣通常稍短于旗瓣；子房线形，被短柔毛。荚果 2~4 节，节荚宽卵形，长 5~6 毫米，宽 3~4 毫米，两侧膨大，具明显细网纹和白色密毡毛；种子圆肾形，长 2~3 毫米，淡棕黄色，光滑。花期 6~9 月，果期 8~10 月。

生态适应性： 阳性树种，喜光，生于流沙环境，耐干旱，抗风蚀，耐严寒酷热，耐沙埋；对土壤要求不严格，在石质戈壁、沙地、固定或半固定沙丘及丘间低地上均能生长。

分布范围： 产于河西走廊荒漠区和景泰等地。在酒泉及环县、靖远、平川等地适宜栽植。新疆北部、青海柴达木东部及内蒙古等地有分布。

育苗技术： 采用播种育苗。10 月下旬至 11 月中旬采种，4 月下旬至 7 月上旬均可播种，播种前十天催芽，开沟条播，播深 3~4 厘米，播种量约 112 千克/公顷。

造林技术： 一般采用植苗造林。春、秋季均可栽植，造林密度 833~1667 株/公顷。在墒情好、降雨较多的地区可在 7~9 月份雨季播种造林。

皂荚属 *Gleditsia*

皂荚 *Gleditsia sinensis* Lam.
别名： 皂荚树、皂角、三刺皂角

豆科 Fabaceae

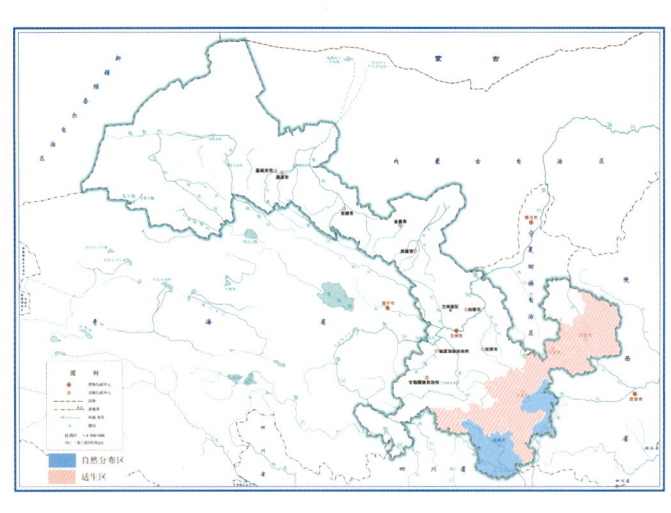

形态特征： 落叶乔木或小乔木，高达30米。枝灰色至深褐色。一回羽状复叶，长10~18（26）厘米；小叶（2）3~9对，纸质，卵状披针形至长圆形。花杂性，黄白色，组成总状花序；花序腋生或顶生，长5~14厘米，被短柔毛；雄花：直径9~10毫米；花托长2.5~3毫米，深棕色，外面被柔毛；萼片4，三角状披针形，长3毫米，两面被柔毛；花瓣4，长圆形，被微柔毛；雄蕊8（6）；退化雌蕊长2.5毫米；两性花：雄蕊8；柱头浅2裂；胚珠多枚。荚果带状，长12~37厘米；果瓣革质，褐棕色或红褐色，常被白色粉霜；种子多颗，长圆形或椭圆形。花期3~5月，果期5~12月。

生态适应性： 喜光，稍耐荫，喜温暖湿润气候，耐寒，耐干旱；喜酸性土壤，对土壤要求不严。

分布范围： 产于舟曲、文县、武都及小陇山等地。在陇南其他县（区）、天水、平凉（除静宁）、庆阳（除环县）及迭部等地适宜栽植。河北、山东、河南、山西、陕西、江苏、安徽、浙江、江西、湖南、湖北、福建、广东、广西、四川、贵州、云南等省区有分布。

育苗技术： 采用播种育苗。11月下旬采种，可秋播也可春播。播种前清水浸种，阴干后再开沟点播，沟深7厘米，种子横放，盖土5厘米，播种量750~900千克/公顷。

造林技术： 采用植苗造林。落叶后至春季发芽前都可进行，以2月中旬至3月上旬为宜，造林密度833~1429株/公顷。

胡枝子属 *Lespedeza*

胡枝子 *Lespedeza bicolor* Turcz.
别名： 随军茶、萩

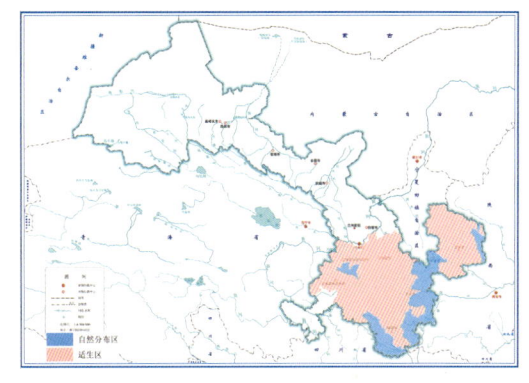

形态特征： 直立灌木，高 1~3 米。多分枝，小枝黄色或暗褐色，有条棱。芽卵形，具数枚黄褐色鳞片。羽状复叶具 3 小叶；托叶 2 枚，线状披针形，长 3~4.5 毫米；小叶质薄，卵形、倒卵形或卵状长圆形，长 1.5~6 厘米，先端钝圆或微凹，稀稍尖，具短刺尖，基部近圆形或宽楔形，全缘。总状花序腋生；总花梗长 4~10 厘米；小苞片 2，卵形，先端钝圆或稍尖，黄褐色，被短柔毛；花梗短，长约 2 毫米，密被毛；花萼长约 5 毫米，5 浅裂；花冠红紫色，长约 10 毫米，旗瓣倒卵形，先端微凹，子房被毛。荚果斜倒卵形，稍扁，长约 10 毫米。花期 7~9 月，果期 9~10 月。

生态适应性： 喜光，耐荫蔽，耐寒，喜湿润；对土壤要求不严，在干旱瘠薄的酸性与碱性土壤上也能生长，适应性强，萌芽力强，耐平茬。

分布范围： 产于张家川、和政、康乐、舟曲、文县、成县、康县及崆峒山、关山、太子山、小陇山、子午岭等地。除玛曲和碌曲之外，在兰州以东以南地区均适宜栽植。黑龙江、吉林、辽宁、河北、内蒙古、山西、陕西、山东、江苏、安徽、浙江、福建、台湾、河南、湖南、广东及广西等省区有分布。

育苗技术： 采用播种育苗。9~10 月采种，宜春季播种，播种前 60℃温水浸种催芽，条播，播后盖草保湿，播种量约 75 千克/公顷。

造林技术： 主要采用植苗和播种造林。在气候湿润多雨或冬季多雪地区，采用播种造林，秋季播种，穴播，每穴播种 15~20 粒；在气候干旱、春季少雨地区，采用植苗造林，可春、秋、雨季进行，选用 1 年生苗木，造林密度 2000~3333 株/公顷。

豆科 Fabaceae

红豆属 *Ormosia*

红豆树 *Ormosia hosiei* Hemsl. et Wils.

别名：江阴红豆、鄂西红豆、何氏红豆、花梨木
保护级别：国家二级

豆科 Fabaceae

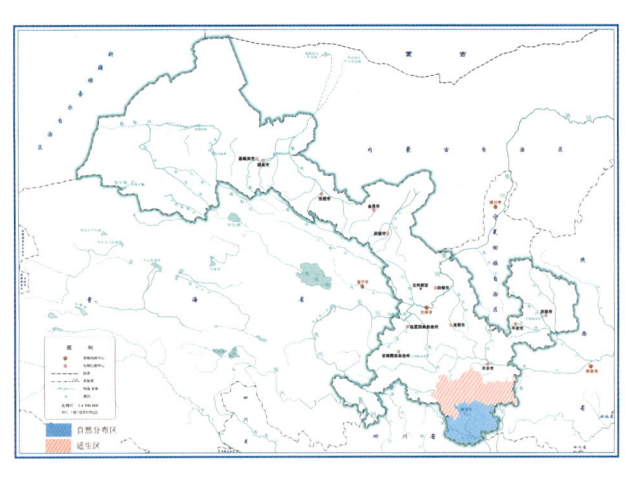

形态特征：常绿或落叶乔木，高达 20~30 米，胸径达 1 米。树皮灰绿色，平滑。小枝绿色，幼时有黄褐色细毛，后变光滑。奇数羽状复叶，长 12.5~23 厘米；小叶（1）~2（4）对，薄革质，卵形或卵状椭圆形，长 3~10.5 厘米，宽 1.5~5 厘米，先端急尖或渐尖，基部圆形或阔楔形。圆锥花序顶生或腋生，长 15~20 厘米；花萼钟形，浅裂，萼齿三角形，紫绿色；花冠白色或淡紫色，旗瓣倒卵形，长 1.8~2 厘米；雄蕊 10，花药黄色；子房内有胚珠 5~6 粒。荚果近圆形，扁平，长 3.3~4.8 厘米，果瓣近革质。花期 4~5 月，果期 10~11 月。

生态适应性：生于河旁、山坡、山谷林内，幼年喜湿耐荫，中龄以后喜光，较耐寒；在土壤肥润、水分条件较好的山洼、山麓、水口等处生长快，干形也较好。

分布范围：产于武都（五马）、康县（白杨、阳坝、托河）、文县等地。在两当、徽县、成县、西和、礼县、宕昌、舟曲等地适宜栽植。陕西、江苏、安徽、浙江、江西、福建、湖北、四川、贵州等省区有分布。

育苗技术：采用播种育苗。10 月下旬至 11 月采种，2~3 月播种，播前温水浸种催芽，点播或条播，播种量 220~300 千克/公顷。

造林技术：采用植苗造林。萌动前选择阴雨天栽植，宜选择土层深厚、肥沃、排水良好的山坡下部、山谷作为造林地，造林密度 1667~2500 株/公顷。

槐属 *Styphnolobium*

槐 *Styphnolobium japonicum* (L.) Schott
别名： 国槐、槐树、豆槐、槐花树、槐花木、紫花槐

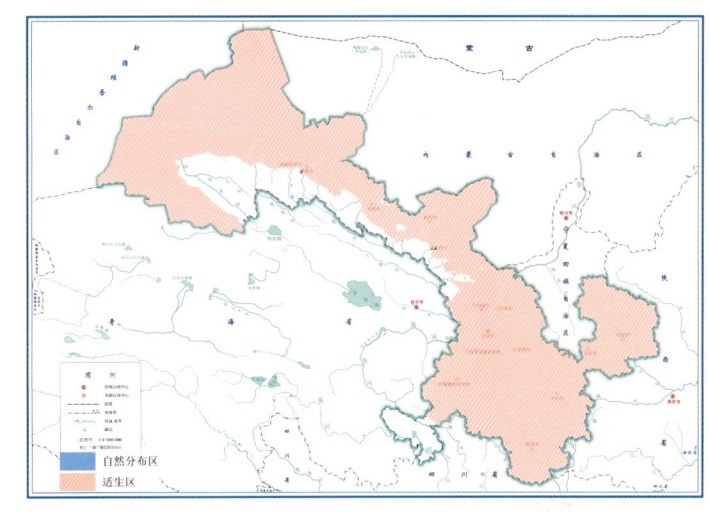

形态特征： 乔木，高达25米。树皮灰褐色，具纵裂纹。羽状复叶长达25厘米；叶柄基部膨大；小叶4~7对，对生或近互生，纸质，卵状披针形或卵状长圆形，长2.5~6厘米，宽1.5~3厘米，先端渐尖，基部宽楔形或近圆形。圆锥花序顶生，常呈金字塔形，长达30厘米；小苞片2枚；花萼浅钟状，长约4毫米，萼齿5，圆形或钝三角形，被灰白色短柔毛，萼管近无毛；花冠白色或淡黄色，旗瓣近圆形，具短柄，有紫色脉纹，先端微缺，基部浅心形，雄蕊近分离，宿存；子房近无毛。荚果串珠状，长2.5~5厘米或稍长，种子间缢缩不明显，具肉质果皮，具种子1~6粒；种子卵球形，淡黄绿色，干后黑褐色。花期7~8月，果期8~10月。

生态适应性： 中生，喜光，耐寒，耐旱；喜温湿气候，适宜生长在海拔1500米以下阳坡和半阳坡、土层厚30厘米以上的酸性和中性土壤。

分布范围： 除玛曲和河西南部高寒区之外，在全省各地均适宜栽植。原产中国北方，全国各地广泛栽培，华北和黄土高原尤为多见。

育苗技术： 一般采用播种育苗。播种前20~25天催芽，开沟播种，播种量300~375千克/公顷。也可扦插育苗。

造林技术： 采用植苗造林。早春栽植，选用3~4年生苗木，造林密度556~1111株/公顷。

刺槐属 *Robinia*

刺槐 *Robinia pseudoacacia* L.
别名：洋槐、槐花

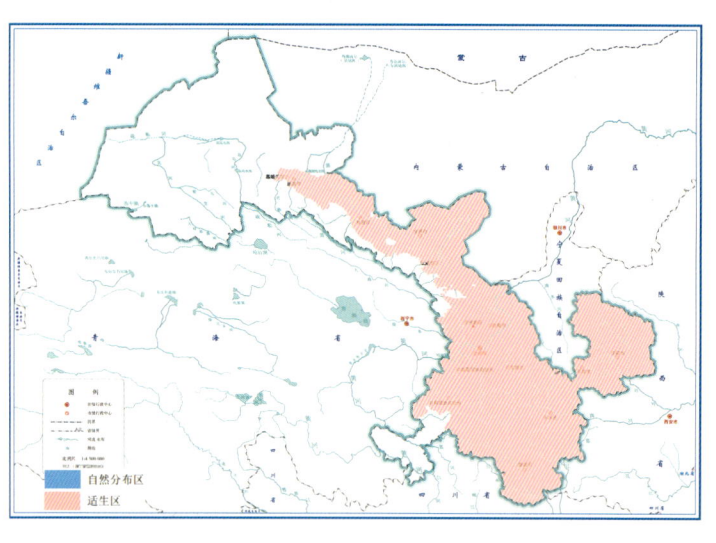

形态特征：落叶乔木，高10~25米。树皮灰褐色至黑褐色，浅裂至深纵裂。具托叶刺。羽状复叶长10~25（40）厘米；小叶常对生，椭圆形、长椭圆形或卵形，先端圆。总状花序腋生，长10~20厘米，下垂，花多枚；花萼斜钟状，长7~9毫米，萼齿5；花冠白色，旗瓣近圆形，先端凹缺，基部圆，反折，内有黄斑，翼瓣斜倒卵形，与旗瓣几等长，基部一侧具圆耳；雄蕊二体，对旗瓣的1枚分离；子房线形，长约1.2厘米，花柱钻形，上弯，顶端具毛，柱头顶生。荚果褐色，或具红褐色斑纹，线状长圆形，扁平，先端上弯，具尖头；种子褐色至黑褐色，近肾形。花期4~6月，果期8~9月。

生态适应性：喜光，不耐荫，耐旱，耐瘠薄，不耐积水，寿命短；浅根性树种，具根瘤菌，喜较干燥且凉爽的气候。

分布范围：除玛曲、碌曲、酒泉和祁连山之外，全省其他地区均适宜栽植。原产美国东部，中国于18世纪末从欧洲引入青岛栽培，现全国各地广泛栽植。

育苗技术：采用播种育苗。9~10月采种，以春播为主，畦床条播，也可大田撒播。播前需用热水浸种催芽。畦播播种量45~60千克/公顷，大田撒播播种量75~90千克/公顷。

造林技术：采用植苗造林。春、秋季均可进行，造林密度833~1667株/公顷。

苦参属 *Sophora*

白刺花 *Sophora davidii* (Franch.) Skeels
别名：狼牙刺、狼牙槐、苦刺花

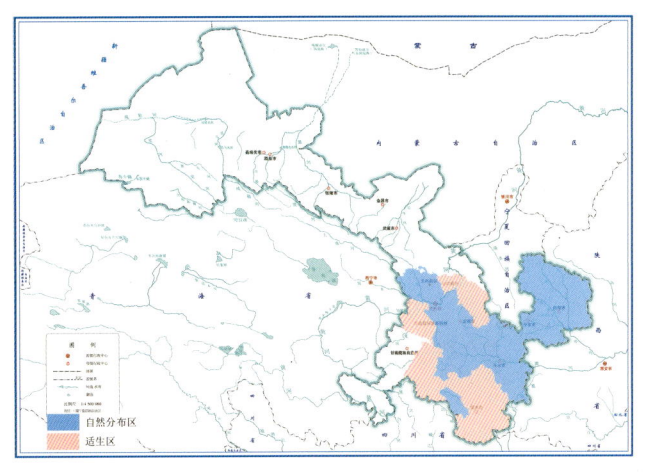

形态特征：灌木或小乔木，高1~2米。枝多开展，小枝初被毛。羽状复叶；托叶钻状，疏被短柔毛，宿存；小叶5~9对，一般为椭圆状卵形或倒卵状长圆形，长10~15毫米，先端圆或微缺，常具芒尖，基部钝圆形，上面几无毛。总状花序着生于小枝顶端；花萼钟状，蓝紫色，萼齿5，不等大，圆三角形，无毛；花冠白色或淡黄色，旗瓣倒卵状长圆形，先端圆形，基部具细长柄，反折，翼瓣与旗瓣等长，倒卵状长圆形，具1锐尖耳，明显具海绵状皱褶，龙骨瓣比翼瓣稍短，镰状倒卵形，具锐三角形耳；雄蕊10，等长，基部连合不到1/3；胚珠多枚，荚果非典型串珠状，长6~8厘米，种子卵球形，长约4毫米，径约3毫米，深褐色。花期3~8月，果期6~10月。

生态适应性：喜光，具有耐旱、耐寒、耐瘠薄、适应性强的特点。

分布范围：产于兰州、定西、天水、庆阳、平凉及两当、徽县、舟曲等地。在陇南其他县（区）、临夏及迭部、临潭、卓尼、靖远、会宁等地适宜栽植。中国华北、陕西、河南、江苏、浙江、湖北、湖南、广西、四川、贵州、云南和西藏等省区有分布。

育苗技术：采用播种育苗。8~9月份采种，3月份播种，播种前用50℃~70℃温水浸种催芽，条播或穴播，覆土1厘米左右，当年苗高70厘米时即可出圃。

造林技术：采用播种和植苗造林。播种造林春、夏、秋季均可，穴播，每穴播10~15粒，每穴留苗3~5株；植苗造林春、秋季均可。造林密度3333株（穴）/公顷左右。

蒺藜科 Zygophyllaceae

驼蹄瓣属 Zygophyllum

霸王 *Zygophyllum xanthoxylum*（Bge.）Maxim.

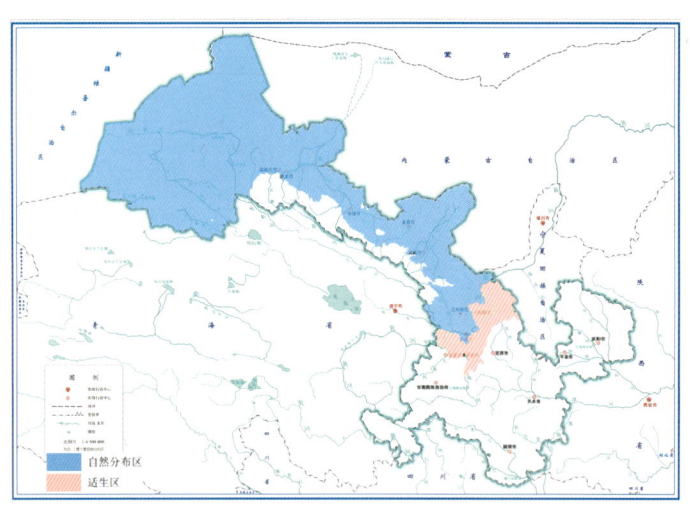

形态特征：灌木，高达1米。枝"之"字形弯曲，开展，枝皮淡灰色。叶柄长0.8~2.5厘米；小叶1对，长匙形、窄长圆形或条形，长0.8~2.4厘米，宽2~5毫米，先端圆钝，基部渐窄，肉质。花生于老枝叶腋；萼片倒卵形，绿色，长4~7毫米；花瓣倒卵形或近圆形，具爪，淡黄色，长0.8~1.1厘米；雄蕊长于花瓣，鳞片倒披针形，先端浅裂。蒴果近球形，长1.8~4厘米；种子肾形，长6~7毫米，径约2.5毫米。花期4~5月，果期7~8月。

生态适应性：根系发达，耐旱性强，不耐黏性重的淤泥土或者强烈的盐渍化土壤；在荒漠地区，生长在石质残丘坡地、沙砾质丘间平地及固定、半固定沙地上，亦可沿干河床呈带状分布。

分布范围：产于黄河以西荒漠半荒漠区。在白银及榆中、永靖、东乡、临洮等地适宜栽植。内蒙古西部、宁夏西部、新疆及青海等地有分布。

育苗技术：主要采用播种和硬枝扦插育苗。播种育苗，7月中旬采种，翌年4月初播种，条播或穴播，播种量150~200千克/公顷。硬枝扦插育苗，春季4~5月扦插，插穗采集1~3年生枝条，穗长12~15厘米，粗度0.5~1.5厘米，扦插前用生根粉催根处理。

造林技术：采用植苗造林。裸根苗春季造林时间为4月上旬至5月上旬，秋季造林时间为10月中旬至11月中旬。容器苗春、夏、秋均可。造林密度625~1250株/公顷。

柑橘属 *Citrus*

甜橙 *Citrus sinensis* (L.) Osbeck
别名： 黄果树、广柑、橙、脐橙、香橙、橙子

芸香科 Rutaceae

形态特征： 乔木。枝少刺或近无刺。叶通常比柚叶略小，翼叶狭长，明显或仅具痕迹，叶片卵形或卵状椭圆形，长 6~10 厘米，宽 3~5 厘米。花白色，很少背面带淡紫红色，总状花序有花少数，或兼有腋生单花；花萼 5~3 浅裂，花瓣长 1.2~1.5 厘米；雄蕊 20~25 枚；花柱粗壮，柱头增大。果圆球形，扁圆形或椭圆形，橙黄至橙红色，果皮难或稍易剥离，瓤囊 9~12 瓣，果心实或半充实，果肉淡黄、橙红或紫红色，味甜或稍偏酸；种子少或无，种皮略有肋纹。花期 3~5 月，果期 10~12 月，迟熟品种至次年 2~4 月。

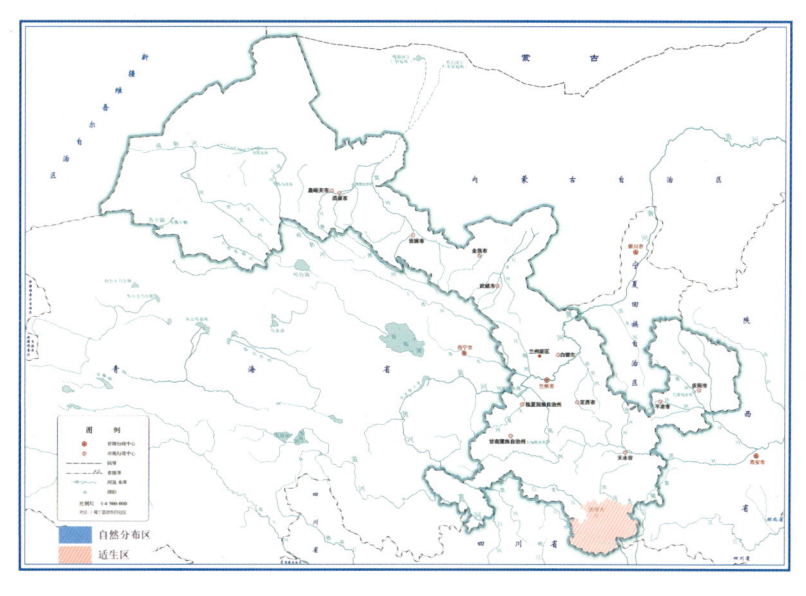

生态适应性： 宜温暖，不耐寒，较耐荫；要求土质肥沃，透水透气性好。

分布范围： 在文县、武都（南部）、康县等地适宜栽培。产于中国东南部。

育苗技术： 采用播种育苗。2 月上旬播种，种子经 35℃ ~40℃温水和 0.1% 高锰酸钾溶液浸种消毒各 1 小时后撒播，播种量约 2250 千克 / 公顷。

造林技术： 采用植苗造林。一般在 9~10 月秋梢老熟后或 2~3 月春梢萌发前栽植，栽植深度以根颈露出地面 5~10 厘米为宜，造林密度 833 株 / 公顷左右。

花椒属 *Zanthoxylum*

花椒 *Zanthoxylum bungeanum* Maxim.
别名：蜀椒、秦椒、大椒、椒、胡椒木

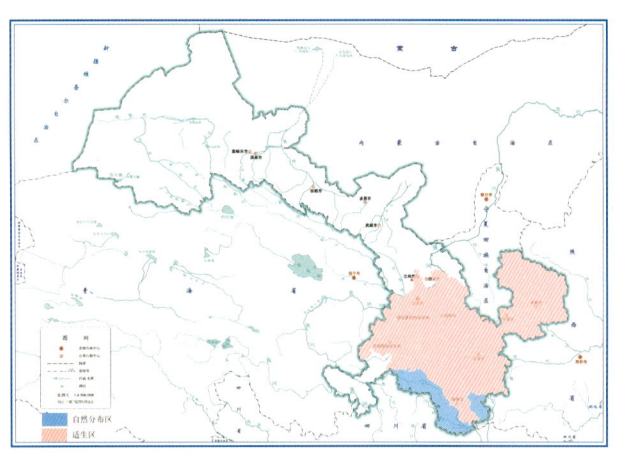

形态特征：落叶小乔木，高 3~7 米。茎干上的刺常早落，枝有短刺。叶有小叶 5~13 片；小叶对生，无柄，卵形、椭圆形，稀披针形，长 2~7 厘米，宽 1~3.5 厘米，叶缘有细裂齿，齿缝有油点。其余无或散生肉眼可见的油点，叶背基部中脉两侧有丛毛或小叶两面均被柔毛。花序顶生或生于侧枝之顶，花序轴及花梗密被短柔毛或无毛；花被片 6~8 片，黄绿色；雄花的雄蕊 5 枚或多至 8 枚；退化雌蕊顶端叉状浅裂；雌花很少有发育雄蕊，有心皮 3 或 2 个，间有 4 个，花柱斜向背弯。果紫红色，单个分果瓣径 4~5 毫米，散生微凸起的油点，顶端有甚短的芒尖或无；种子长 3.5~4.5 毫米。花期 4~5 月，果期 8~9 月或 10 月。

生态适应性：中生，喜光，耐寒，耐旱；喜暖湿气候，适宜生长在海拔 1400 米以下阴阳坡及平地、土层厚 30 厘米以上的酸性至中性土壤。

分布范围：产于康县、文县、舟曲、迭部等地。除玛曲和碌曲之外，在兰州以东以南地区适宜栽培。中国产地北起东北南部，南至五岭北坡，东南至江苏、浙江沿海地带，西南至西藏东南部。

育苗技术：采用播种育苗。7~9 月份采种，春、秋季均可播种，秋播可随采随播，春播在土地解冻后进行，条播，播种量 90~120 千克/公顷。

造林技术：采用植苗造林。春、秋、夏季都可栽植，夏季应在 7~8 月份阴雨季节栽植，苗木以 1~2 年生、高 60~80 厘米的为好，造林密度 833 株/公顷左右。

臭椿属　*Ailanthus*

臭椿　*Ailanthus altissima* (Mill.) Swingle
别名：椿树、樗、黑皮樗、南方椿树

形态特征：落叶乔木，高达20米。树皮平滑且有直纹。嫩枝有髓，幼时被黄色或黄褐色柔毛，后脱落。叶为奇数羽状复叶，长40~60厘米，叶柄长7~13厘米。圆锥花序长10~30厘米；花淡绿色，花梗长1~2.5毫米；萼片5，覆瓦状排列，裂片长0.5~1毫米；花瓣5，长2~2.5毫米，基部两侧被硬粗毛；雄蕊10，花丝基部密被硬粗毛，雄花中的花丝长于花瓣，雌花中的花丝短于花瓣；花药长圆形，长约1毫米；心皮5，花柱黏合，柱头5裂。翅果长椭圆形，长3~4.5厘米；种子位于翅的中间，扁圆形。花期4~5月，果期8~10月。

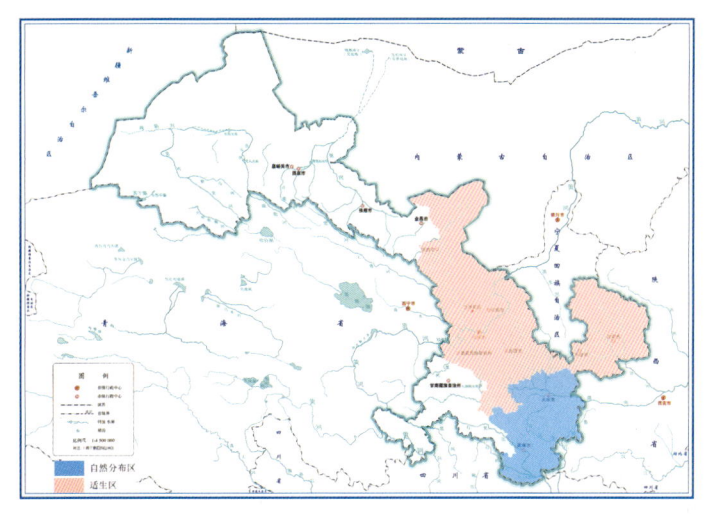

生态适应性：喜光，耐寒，耐旱，耐轻度盐碱；喜暖湿气候，适宜生长在1400米以下阴阳坡，对土壤要求不严。

分布范围：产于天水和陇南等地。在兰州、定西、白银、庆阳、平凉、临夏、武威等地适宜栽植。中国东北部、中部和台湾有分布。

育苗技术：采用播种育苗。9~10月采种，4月中下旬播种，播前用30℃~40℃温水浸泡催芽，开沟条播，播种量约60千克/公顷。

造林技术：采用植苗和播种造林。植苗造林，春、秋季进行，但以春季为主。播种造林，春、夏（雨）、秋季均可进行，每穴撒入种子20~30粒。造林密度833~1250株（穴）/公顷。

苦木科　Simaroubaceae

楝属 *Melia*

楝 *Melia azedarach* L.
别名： 楝树、苦楝、川楝、紫花树

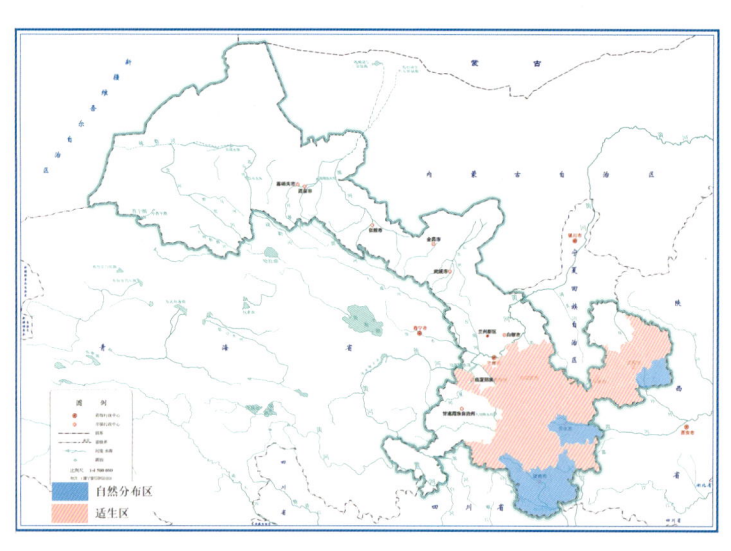

形态特征： 落叶乔木，高达10米。树皮灰褐色，纵裂。分枝广展，小枝有叶痕。叶为2~3回奇数羽状复叶，长20~40厘米；小叶对生，卵形、椭圆形至披针形，长3~7厘米，宽2~3厘米，先端短渐尖，基部楔形或宽楔形，边缘有钝锯齿。圆锥花序约与叶等长；花芳香；花萼5深裂；花瓣淡紫色，倒卵状匙形；雄蕊管紫色，长7~8毫米，有纵细脉，花药10枚，着生于裂片内侧，且与裂片互生；子房近球形，5~6室。核果球形至椭圆形，长1~2厘米，内果皮木质，4~5室，每室有种子1颗；种子椭圆形。花期4~5月，果期10~12月。

生态适应性： 速生，强阳性树种，不耐庇荫，喜温暖气候；对土壤适应性强。

分布范围： 产于舟曲、文县、武都、成县、康县、秦州、麦积、正宁、宁县等地。除甘南（不包括迭部）和环县之外，在兰州以东以南地区适宜栽植。湖北、四川、贵州和云南等省区有分布。

育苗技术： 采用播种育苗。种子冬季沙藏3个月以上，3月下旬播种，点播，每隔15厘米播3~4粒种子，播种量300~375千克/公顷。

造林技术： 采用植苗造林。选择向阳排灌方便的地方建园，穴状、水平阶或鱼鳞坑整地，选择1年生、高1~1.5米、地径1.5~2厘米的苗木，造林密度833~1250株/公顷。

香椿属 Toona

香椿 *Toona sinensis* (A. Juss.) Roem.
别名：椿、毛椿、椿芽、春甜树、春阳树

形态特征： 乔木。树皮深褐色，片状脱落。叶具长柄，偶数羽状复叶，长 30~50 厘米或更长；小叶 16~20，对生或互生，纸质，卵状披针形或卵状长椭圆形，长 9~15 厘米，先端尾尖，基部不对称，边全缘或有疏离的小锯齿。圆锥花序与叶等长或更长，小聚伞花序生于短的小枝上，多花；花萼 5 齿裂或浅波状，外面被柔毛；花瓣 5，白色；雄蕊 10，其中 5 枚能育，5 枚退化；花盘无毛，近念珠状；子房圆锥形，无毛。蒴果狭椭圆形，长 2~3.5 厘米；种子基部通常钝，上端有膜质的长翅，下端无翅。花期 6~8 月，果期 10~12 月。

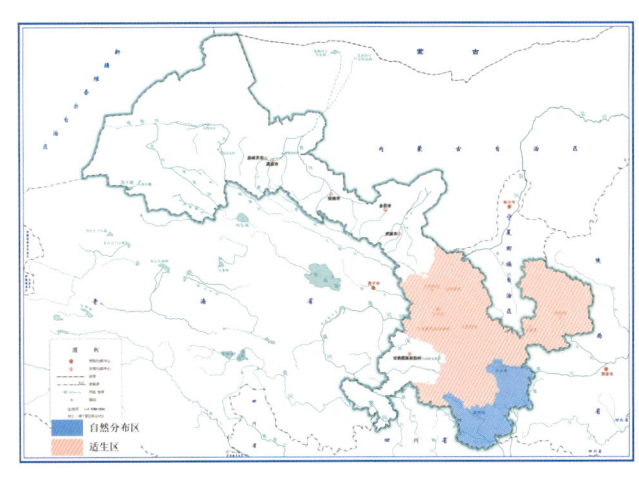

生态适应性： 喜光，喜温暖湿润气候，不耐严寒，不耐旱；对土壤要求不严，在中性、酸性及微碱性的土壤上均能生长，在石灰质土壤上生长良好，在土层深厚、湿润、肥沃的砂壤土上生长较快，较耐水湿。

分布范围： 产于文县、成县、武都、康县、舟曲、徽县、两当、麦积、秦州等地。除甘南之外，在兰州以东以南地区适宜栽植。华北、华东、中部、南部和西南部各地有分布。

育苗技术： 一般采用播种育苗。8~9 月采种，春季 3~4 月开沟条播，播种量 38~60 千克/公顷。也可埋根和留根育苗。

造林技术： 一般采用植苗造林。春季造林为主，选用 1~2 年生苗木，造林密度 833~2000 株/公顷。也可分殖造林。

黄杨属 *Buxus*

黄杨 *Buxus sinica* (Rehd. et E. H. Wils.) M. Cheng
别名：黄杨木、锦熟黄杨、瓜子黄杨

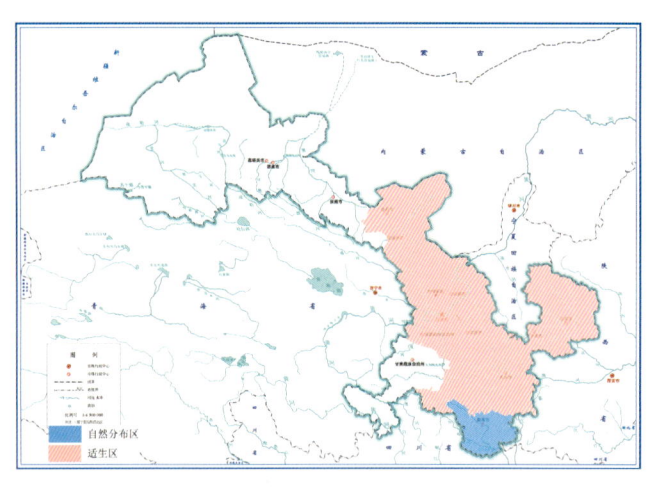

形态特征：灌木或小乔木，高 1~6 米。枝圆柱形，有纵棱，灰白色。叶革质，阔椭圆形、阔倒卵形、卵状椭圆形或长圆形，大多数长 1.5~3.5 厘米，宽 0.8~2 厘米，先端圆或钝，基部圆或急尖或楔形。花序腋生，头状，花密集，花序轴长 3~4 毫米，被毛，苞片阔卵形；雄花：约 10 朵，无花梗，外萼片卵状椭圆形，内萼片近圆形，长 2.5~3 毫米，雄蕊连花药长 4 毫米，不育雌蕊有棒状柄，末端膨大，高 2 毫米左右；雌花萼片长 3 毫米，子房较花柱稍长。蒴果近球形，长 6~8（10）毫米。花期 3 月，果期 5~6 月。

生态适应性：喜光，耐荫，耐旱，耐热，耐寒；多生于山谷、溪边、林下，海拔 1200~2600 米，喜肥沃松散的壤土，微酸性土或微碱性土均能适应，在石灰质泥土中亦能生长。

分布范围：产于舟曲、武都、康县、文县等地。在陇南其他县（区）、兰州、武威、金昌、白银、定西、天水、平凉、庆阳、临夏等地适宜栽植。湖北、四川、贵州、广西、广东、江西、浙江、安徽、江苏、山东等省区有分布。

育苗技术：采用播种育苗。9 月整地作床，混沙撒播，播后保湿，在 11 月中下旬盖草帘子及覆土防冻害，播种量 500~600 千克/公顷。

造林技术：采用植苗造林。春季栽植，一般在 4 月上旬为宜，多用于景观绿篱，株行距为 0.5 米×1.5 米或 0.4 米×1.2 米，随着树龄的增长，以后可以隔株移栽。

黄栌属 *Cotinus*

毛黄栌 *Cotinus coggygria* var. *pubescens* Engl.
别名：柔毛黄栌、红栌

形态特征：灌木，高 3~5 米。叶多为阔椭圆形，稀圆形，长 3~8 厘米，宽 2.5~6 厘米，先端圆形或微凹，基部圆形或阔楔形，全缘，叶背、尤其沿脉上和叶柄密被柔毛。圆锥花序无毛或近无毛；花杂性，径约 3 毫米；花梗长 7~10 毫米，花萼无毛，裂片卵状三角形，长约 1.2 毫米，宽约 0.8 毫米；花瓣卵形或卵状披针形，长 2~2.5 毫米，宽约 1 毫米，无毛；雄蕊 5，长约 1.5 毫米，花药卵形，与花丝等长，花盘 5 裂，紫褐色；子房近球形，径约 0.5 毫米，花柱 3，分离，不等长，果肾形，长约 4.5 毫米，宽约 2.5 毫米，无毛。

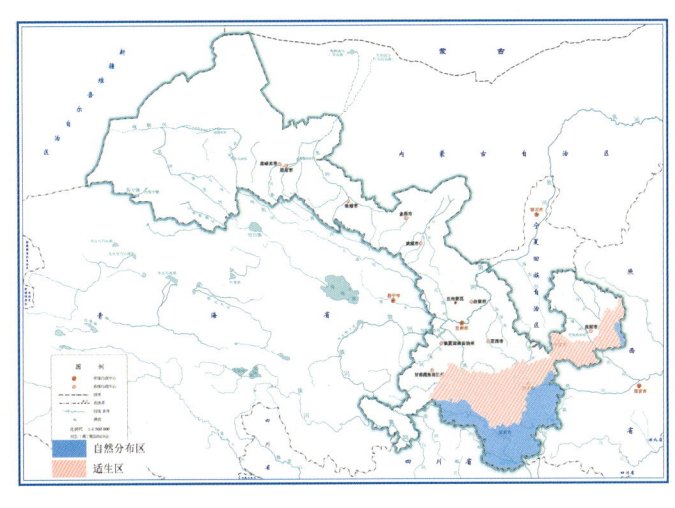

生态适应性：喜光，能耐半荫，耐寒，耐干旱，耐瘠薄，耐盐碱，但不耐水湿；以深厚、肥沃且排水良好的沙壤土生长最好；生长迅速，根系发达，萌蘖性强。

分布范围：产于徽县、成县、两当、康县、武都、文县、迭部、舟曲及子午岭（中湾、刘家店）、小陇山等地。在天水及宕昌、礼县、西和、宁县、合水、正宁、灵台、泾川、临潭、卓尼等地适宜栽植。河北、山东、河南、湖北及四川等省区有分布。

育苗技术：采用播种育苗。6 月下旬至 7 月上旬采种，种子沙藏处理，3 月中下旬播种，条播，播后覆土 1~1.5 毫米并轻轻镇压、整平，播种量 75~90 千克/公顷。

造林技术：采用植苗造林。3 月下旬至 4 月上旬，严格选择健康壮苗木进行造林，造林密度 1667 株/公顷左右。

漆树科 Anacardiaceae

黄栌属 Cotinus

黄栌 *Cotinus coggygria* var. *cinereus* Engl.
别名：灰毛黄栌、红叶

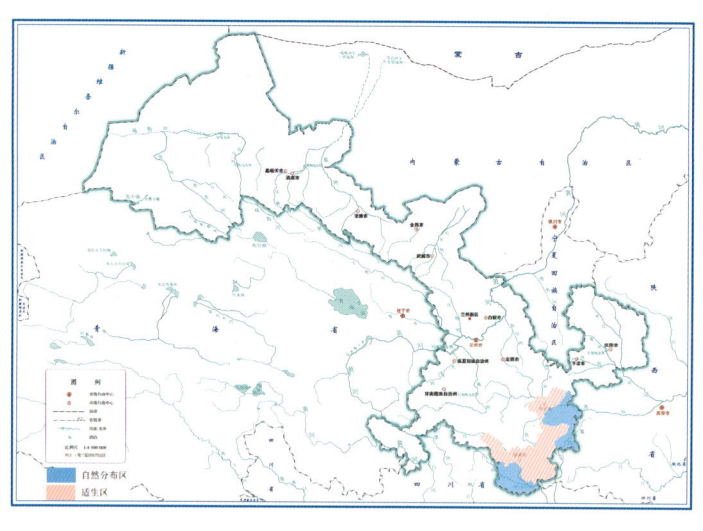

形态特征：灌木，高 3~5 米。叶倒卵形或卵圆形，长 3~8 厘米，宽 2.5~6 厘米，先端圆形或微凹，基部圆形或阔楔形，全缘，两面或尤其叶背显著被灰色柔毛；叶柄短。圆锥花序被柔毛；花杂性，径约 3 毫米；花梗长 7~10 毫米，花萼无毛，裂片卵状三角形，长约 1.2 毫米，宽约 0.8 毫米；花瓣卵形或卵状披针形，长 2~2.5 毫米，宽约 1 毫米，无毛；雄蕊 5，长约 1.5 毫米，花药卵形，与花丝等长，花盘 5 裂，紫褐色；子房近球形，径约 0.5 毫米，花柱 3，分离，不等长，果肾形，长约 4.5 毫米，宽约 2.5 毫米，无毛。

生态适应性：喜光，也耐半荫，耐寒，耐干旱瘠薄和碱性土壤，不耐水湿；宜植于土层深厚、肥沃且排水良好的砂质壤土中。

分布范围：产于文县及小陇山地区。在舟曲、康县、武都、徽县、两当、成县、麦积、秦州、清水等地适宜栽植。河北、山东、河南、湖北及四川等省区有分布。

育苗技术：采用播种育苗。6 月下旬至 7 月上旬采种，3 月下旬至 4 月上旬播种，播种前种子低温沙藏处理，低床条播，播种量 90~105 千克/公顷。

造林技术：采用植苗造林。选择粗度大于 0.4 厘米的苗木，起苗前先将苗木截干，高度约 40 厘米，造林密度 1667 株/公顷左右。

黄连木属 *Pistacia*

黄连木 *Pistacia chinensis* Bge.
别名：黄连树、木黄连、药树、黄连茶

形态特征：落叶乔木，高达 20 米。树干扭曲。树皮暗褐色，呈鳞片状剥落。奇数羽状复叶互生，有小叶 5~6 对，小叶对生或近对生，纸质，披针形或卵状披针形或线状披针形，长 5~10 厘米，宽 1.5~2.5 厘米，先端渐尖或长渐尖，全缘。花单性异株，先花后叶，圆锥花序腋生，雄花序排列紧密，长 6~7 厘米，雌花序排列疏松，长 15~20 厘米，均被微柔毛；花小，苞片披针形或狭披针形，内凹，边缘具柔毛；雄花，花被片 2~4；雄蕊 3~5，花丝极短，花药长圆形；雌蕊缺。雌花，花被片 7~9，长 0.7~1.5 毫米；不育雄蕊缺。子房球形，无毛，花柱极短，柱头 3，厚，肉质，红色。核果倒卵状球形，成熟时紫红色。

生态适应性：喜光，幼时耐荫蔽，不耐寒，耐干旱瘠薄；对土壤要求不严。

分布范围：产于文县、成县、武都、康县、徽县、两当、迭部、舟曲及小陇山林区等地。在卓尼、西和、礼县、宕昌、秦州、麦积、清水、张家川、武山、漳县等地适宜栽植。中国产长江以南各地及华北、西北。

育苗技术：采用播种育苗。10 月份采种，春、秋季均可播种，春季播种前用 40℃的温开水浇淋催芽，每天 2~3 次，胚芽微露时开沟条播，播种量约 150 千克/公顷。

造林技术：一般采用植苗造林。春、秋季均可栽植，选用 1~2 年生苗木，造林密度 1250~2500 株/公顷。也可播种造林，于秋季随采随播。

漆树科 Anacardiaceae

盐麸木属 *Rhus*

盐麸木 *Rhus chinensis* Mill.
别名：盐肤木、五倍子

漆树科 Anacardiaceae

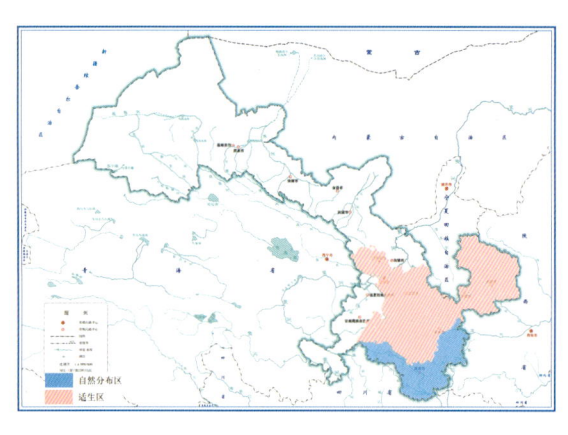

形态特征：落叶小乔木或灌木，高2~10米。小枝棕褐色，被锈色柔毛，具圆形小皮孔。奇数羽状复叶有小叶（2）3~6对，叶轴具宽的叶状翅，小叶自下而上逐渐增大；小叶多形，卵形或椭圆状卵形或长圆形，长6~12厘米，宽3~7厘米，先端急尖，基部圆形，顶生小叶基部楔形，边缘具粗锯齿或圆齿。圆锥花序宽大，雄花序长30~40厘米，雌花序较短，密被锈色柔毛；苞片披针形，长约1毫米，被微柔毛，小苞片极小，花白色；雄花：花萼外面被微柔毛，裂片长卵形，边缘具细柔毛；花瓣倒卵状长圆形，长约2毫米；雄蕊伸出，花丝线形，花药卵形；子房不育。雌花，花萼裂片较短，长约0.6毫米，外面被微柔毛，边缘具细柔毛；花瓣椭圆状卵形，长约1.6毫米，边缘具细柔毛；雄蕊极短。核果球形，径4~5毫米，被具节柔毛和腺毛，成熟时红色。花期8~9月，果期10月。

生态适应性：喜光，喜温暖湿润气候，耐寒；对土壤要求不严，在酸性、中性及石灰性土壤乃至干旱瘠薄的土壤上均能生长。

分布范围：产于武都、康县、成县、徽县、文县、舟曲、迭部及小陇山等地。在兰州、定西、天水、平凉、庆阳及卓尼、临潭等地适宜栽植。中国除东北、内蒙古和新疆外，其余各地均有分布。

育苗技术：采用播种育苗。11月采种，春播在3月底4月初进行，播前沙藏处理或温水浸种催芽。秋播在秋末封冻前为宜，播种量约90千克/公顷。

造林技术：一般采用植苗造林。深秋至翌春栽植，选用当年生壮苗，造林密度1111~2500株/公顷。也可分殖造林。

盐麸木属 *Rhus*

青麸杨 *Rhus potaninii* Maxim.
别名：倍子树、五倍子

形态特征：落叶乔木，高 5~8 米。树皮灰褐色，小枝无毛。奇数羽状复叶，有小叶 3~5 对；小叶卵状长圆形或长圆状披针形，长 5~10 厘米，宽 2~4 厘米，先端渐尖。圆锥花序长 10~20 厘米，被微柔毛；苞片钻形，长约 1 毫米，被微柔毛；花白色，径 2.5~3 毫米；花梗长约 1 毫米，被微柔毛；花萼外面被微柔毛，裂片卵形，长约 1 毫米，边缘具细柔毛；花瓣卵形或卵状长圆形，长 1.5~2 毫米，两面被微柔毛，边缘具细柔毛，开花时先端外卷；花丝线形，长约 2 毫米，花药卵形；花盘厚，无毛；子房球形。核果近球形，略压扁，径 3~4 毫米，密被具节柔毛和腺毛，成熟时红色。

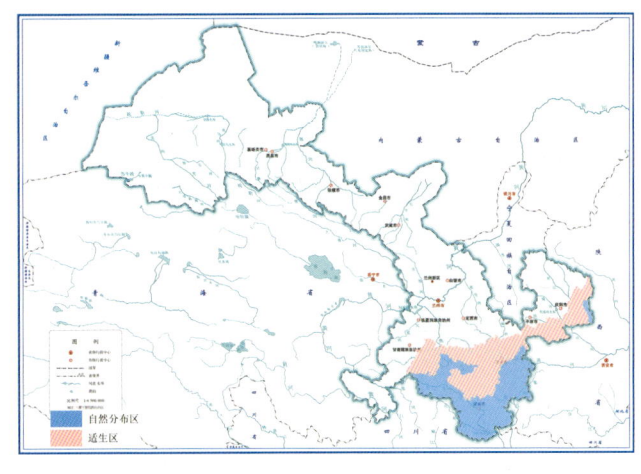

生态适应性：喜温凉湿润，比较耐寒；对土壤要求不严，根系发达，耐旱，生长快，萌蘖性强。

分布范围：产于徽县、成县、康县、武都、文县、岷县、迭部、舟曲及子午岭（南段及中段）、小陇山等地。在陇南其他县（区）及合水、宁县、正宁、崇信、华亭、泾川、灵台、麦积、秦州、清水、张家川、武山、卓尼、临潭等地适宜栽植。云南、四川、陕西、山西、河南等省区有分布。

育苗技术：采用播种育苗。播种前需进行种子除蜡质处理，于 3~4 月整地播种，开浅平沟条播，种子均匀撒播在沟内，播种量约 38~52 千克/公顷。

造林技术：采用植苗造林。造林地应选避风、湿度较大的阴山、半阴山中、下部及山腹低地或田边、地角、溪边沟旁及房前屋后，冬、春季阴雨天造林最佳，造林密度 833~1667 株/公顷。

漆树科 Anacardiaceae

盐麸木属　*Rhus*

红麸杨　*Rhus punjabensis* var. *sinica* （Diels）Rehd. et Wils.

漆树科 Anacardiaceae

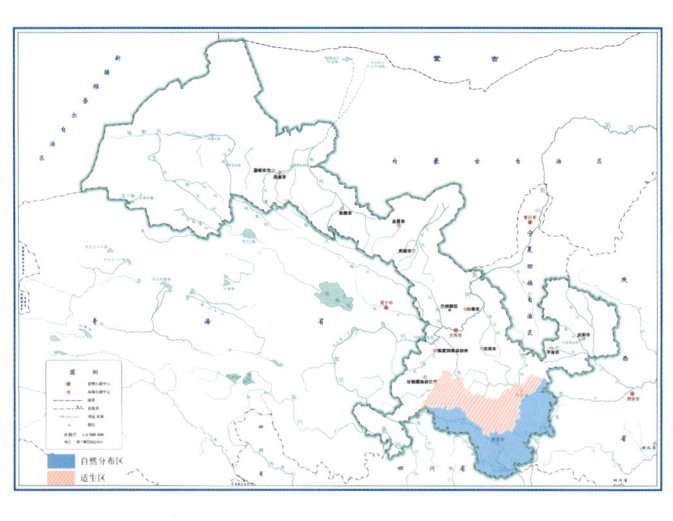

形态特征：落叶乔木或小乔木，高4~15米。树皮灰褐色。小枝被微柔毛。奇数羽状复叶、有小叶3~6对，叶轴上部具狭翅；叶卵状长圆形或长圆形，长5~12厘米，宽2~4.5厘米，先端渐尖或长渐尖，基部圆形或近心形，全缘。圆锥花序长15~20厘米，密被微绒毛；苞片钻形，长1~2厘米，被微绒毛；花小，白色；花梗短；花萼外面疏被微柔毛，裂片狭三角形，长约1毫米，边缘具细柔毛，花瓣长圆形，长约2毫米，两面被微柔毛，边缘具细柔毛；花丝线形，长约2毫米，中下部被微柔毛，花药卵形；花盘厚，紫红色；子房球形，密被白色柔毛。核果近球形，略压扁，径约4毫米，成熟时暗紫红色，被具节柔毛和腺毛；种子小。

生态适应性：喜光，耐干旱，耐瘠薄，耐盐碱；对土壤要求不严，喜生于河谷沙滩、堤岸及沼泽地缘，亦能生砂砾质土上。

分布范围：产于文县、康县、成县及嘉陵江、白龙江、小陇山等地。在陇南其他县（区）及麦积、秦州、清水、卓尼、临潭、岷县等地适宜栽植。云南（东北至西北部）、贵州、湖南、湖北、陕西、四川、西藏等地有分布。

育苗技术：采用播种育苗。春季播种，播前热水浸种催芽，条播，播种量38~52千克/公顷。

造林技术：采用植苗造林。春、秋季均可，造林密度833~1667株/公顷。

漆树属 *Toxicodendron*

漆 *Toxicodendron vernicifluum* (Stokes) F. A. Barkl.
别名：漆树、山漆、小木漆、大木漆、干漆

形态特征：落叶乔木，高达 20 米。树皮灰白色，呈不规则纵裂。小枝被棕黄色柔毛，后变无毛。奇数羽状复叶互生，有小叶 4~6 对，全缘，叶面通常无毛或仅沿中脉疏被微柔毛。圆锥花序长 15~30 厘米，被灰黄色微柔毛，疏花；花黄绿色；花萼无毛；花瓣长圆形，开花时外卷；子房球形，果序常少下垂，核果肾形或椭圆形，外果皮黄色，无毛，具光泽，成熟后不裂，中果皮蜡质，具树脂道条纹，果核棕色，坚硬。花期 5~6 月，果期 7~10 月。

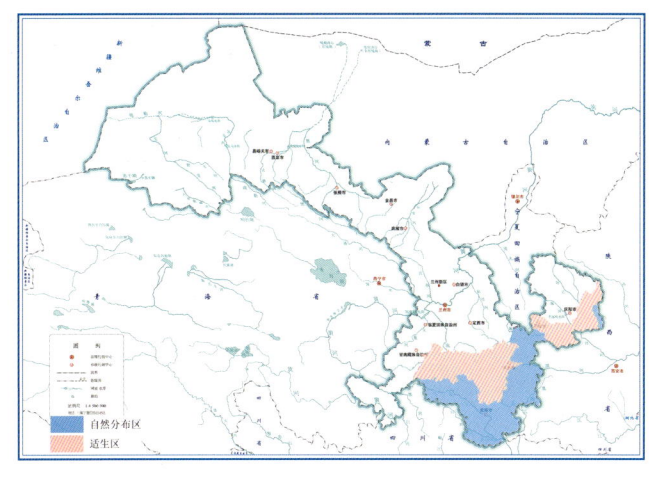

生态适应性：喜光忌风，不耐荫蔽；喜温暖湿润气候及深厚肥沃且排水良好的石灰质土壤，在背风向阳、温和湿润的地方生长较旺盛。

分布范围：产于张家川、徽县、成县、武都、宕昌、康县、文县、迭部、舟曲及小陇山、关山、子午岭（中段和南段）等地。在陇南其他县（区）、合水、宁县、正宁、崆峒、华亭、灵台、崇信、泾川、武山、秦州、麦积、甘谷、秦安、漳县、岷县等地适宜栽植。除黑龙江、吉林、内蒙古和新疆之外，其余各地有分布。

育苗技术：采用播种育苗。10~11 月采种，冬播在 12 月中旬前后土壤未结冻前进行，春播以 3 月上旬至 4 月中旬为好，条播，播种量约 100 千克 / 公顷。

造林技术：一般采用植苗造林。春、秋季都可进行，造林密度 833~1429 株 / 公顷。也可分殖造林或播种造林。

卫矛属 *Euonymus*

卫矛 *Euonymus alatus*（Thunb.）Sieb.
别名： 鬼见羽、艳龄茶、南昌卫矛、毛脉卫矛

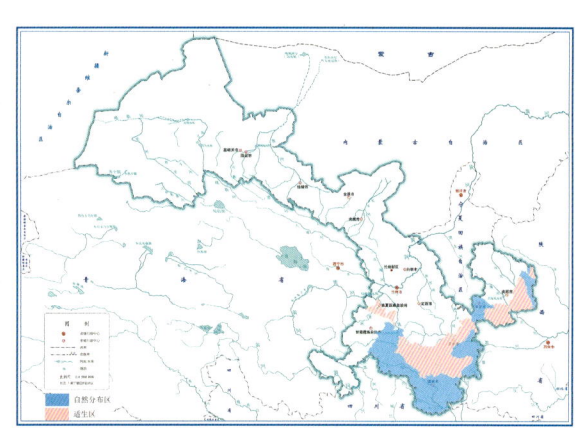

形态特征： 灌木，高1~3米。小枝常具2~4列宽阔木栓翅。叶卵状椭圆形、窄长椭圆形，长2~8厘米，宽1~3厘米，边缘具细锯齿，两面光滑无毛；叶柄长1~3毫米。聚伞花序1~3；花序梗长约1厘米，小花梗长5毫米；花白绿色，直径约8毫米，4枚；萼片半圆形；花瓣近圆形；雄蕊着生花盘边缘处，花丝极短，开花后稍增长，花药宽阔长方形，2室顶裂。蒴果1~4深裂，裂瓣椭圆状，长7~8毫米；种子椭圆状或阔椭圆状，长5~6毫米，种皮褐色或浅棕色，假种皮橙红色，全包种子。花期5~6月，果期7~10月。

生态适应性： 喜光，稍耐荫，耐干旱，耐瘠薄，耐寒；对气候和土壤适应性强，在中性、酸性及石灰性土上均能生长。

分布范围： 产于临潭、卓尼、迭部、舟曲、武都、康县、文县、崆峒、华亭、兰州（天都山）及小陇山、子午岭等地。在陇南其他县（区）、岷县、麦积、秦州、合水、正宁、崇信、泾川、灵台、宁县、清水、张家川、康乐、临夏县等地适宜栽植。除东北、新疆、青海、西藏、广东及海南以外，全国各地均有分布。

育苗技术： 一般采用播种育苗。9~10月采种，种子沙藏处理，春季播种，高床条播，播后覆土2厘米，播种量约375千克/公顷。也可扦插繁殖。

造林技术： 采用植苗造林。春、秋季均可移栽，选用2年生健壮苗木，造林密度2500株/公顷左右。

卫矛属 *Euonymus*

白杜 *Euonymus maackii* Rupr.
别名： 丝绵木、桃叶卫矛、明开夜合、华北卫矛

形态特征： 小乔木，高达6米。叶卵状椭圆形、卵圆形或窄椭圆形，长4~8厘米，宽2~5厘米，先端长渐尖，基部阔楔形或近圆形，边缘具细锯齿；叶柄通常细长，常为叶片的1/4~1/3，但有时较短。聚伞花序3至多个，花序梗略扁，长1~2厘米；花4枚，淡白绿色或黄绿色，直径约8毫米；小花梗长2.5~4毫米；雄蕊花药紫红色，花丝细长。蒴果倒圆心状，4浅裂，长6~8毫米，成熟后果皮粉红色；种子长椭圆状，长5~6毫米，种皮棕黄色，假种皮橙红色，全包种子，成熟后顶端常有小口。花期5~6月，果期9月。

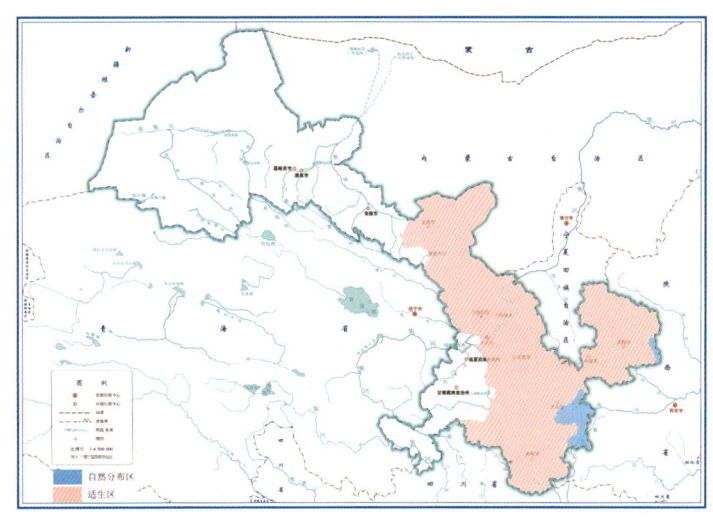

生态适应性： 喜光，也稍耐荫，耐寒，耐旱，耐湿；对土壤要求不严。

分布范围： 产于小陇山、子午岭（中段、南段）等地。在陇南、天水、庆阳、平凉、定西、兰州、白银、武威、金昌等地适宜栽植。中国除陕西、西南和广东、广西未见野生外，其他各地均有分布。

育苗技术： 采用播种育苗。9~10月采种，播前用60℃温水浸种催芽，4月上旬播种，条播或穴播，播种量45~75千克/公顷。

造林技术： 采用植苗造林。春季4月初，选用1年生健壮苗木造林，造林密度833~1667株/公顷。

卫矛属 *Euonymus*

栓翅卫矛 *Euonymus phellomanus* Loes.
别名： 鬼箭羽、木栓翅、水银木

卫矛科 Celastraceae

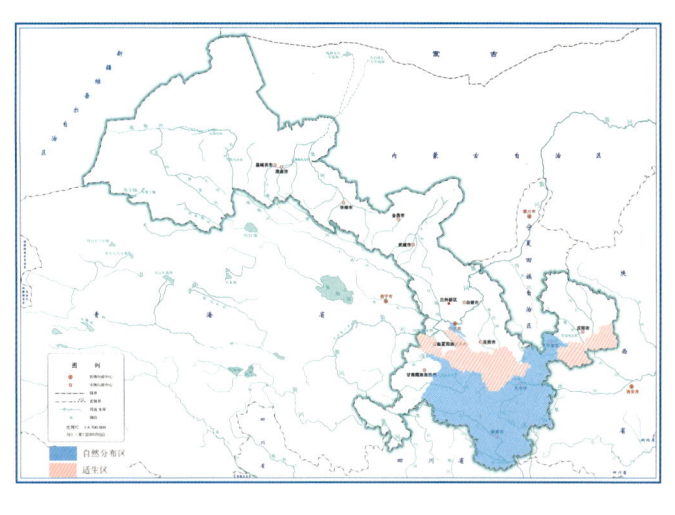

形态特征： 灌木，高 3~4 米。枝条硬直，常具 4 纵列木栓厚翅，在老枝上宽可达 5~6 毫米。叶长椭圆形或略呈椭圆倒披针形，长 6~11 厘米，宽 2~4 厘米，先端窄长渐尖，边缘具细密锯齿。聚伞花序 2~3 次分枝，有花 7~15 朵；花序梗长 10~15 毫米；小花梗长达 5 毫米；花白绿色，直径约 8 毫米，4 枚；雄蕊花丝长 2~3 毫米；花柱短，柱头圆钝不膨大。蒴果 4 棱，倒圆心状，长 7~9 毫米，粉红色；种子椭圆状，种脐、种皮棕色，假种皮橘红色，包被种子全部。花期 7 月，果期 9~10 月。

生态适应性： 喜光，耐寒，耐旱，适应性强，萌发力强，对二氧化硫有较强抗性。

分布范围： 产于陇南和卓尼、迭部、舟曲、麦积、秦州、清水、张家川、庄浪、崆峒、华亭、兰州（西果园）、岷县、漳县及兴隆山、太子山等地，海拔 1300~3200 米。在天水其他县（区）、积石山、康乐、和政、临夏县、渭源、临洮、通渭、陇西、崇信、灵台、泾川等地适宜栽植。陕西、河南、四川北部及南方各地有分布。

育苗技术： 采用播种育苗。9 月中旬至 10 月中旬采种，种子越冬沙藏处理，3 月下旬至 4 月上旬播种，条播，播种量约 280 千克/公顷。

造林技术： 采用植苗造林。春季苗木萌发前栽植，容器苗栽植在春、夏、秋季均可，选择 2 年生以上苗木，造林密度 2500 株/公顷左右。

省沽油属 *Staphylea*

膀胱果 *Staphylea holocarpa* Hemsl.
别名：大果省沽油

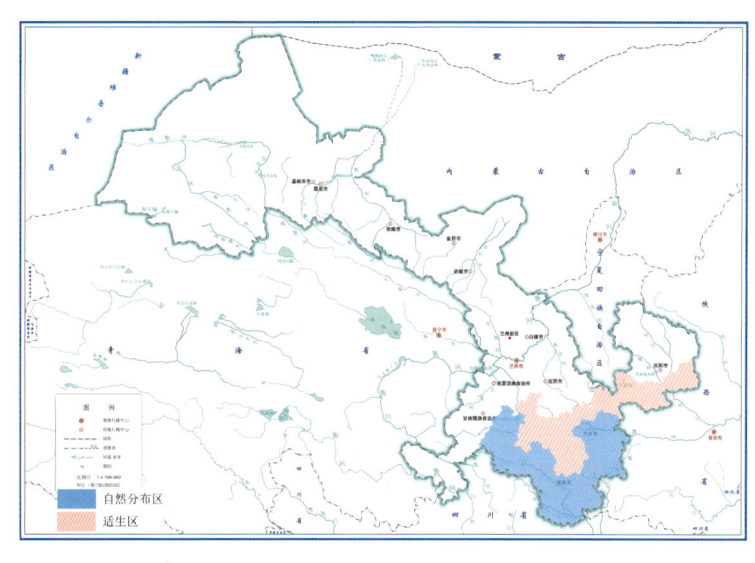

形态特征：落叶灌木或小乔木，高 3~10 米。幼枝平滑。三小叶，小叶近革质，无毛，长圆状披针形至狭卵形，长 5~10 厘米，基部钝，先端突渐尖，上面淡白色，边缘有硬细锯齿，侧脉 10，有网脉，侧生小叶近无柄，顶生小叶具长柄，柄长 2~4 厘米。广展的伞房花序，长 5 厘米，或更长，花白色或粉红色，在叶后开放。果为 3 裂、梨形膨大的蒴果，长 4~5 厘米，宽 2.5~3 厘米，基部狭，顶平截，种子近椭圆形，灰色，有光泽。

生态适应性：耐干旱，耐瘠薄，耐寒。

分布范围：产于迭部、舟曲、卓尼、临潭、宕昌、徽县、两当、成县、武都、文县、康县、清水、秦州、麦积等地。在陇南其他县（区）、天水其他县（区）、平凉及渭源、岷县、漳县、宁县、正宁等地适宜栽植。陕西、湖北、湖南、广东、广西、贵州、四川及西藏东部等地有分布。

育苗技术：采用播种育苗。9 月中下旬采种，种子经酸蚀脱蜡后沙藏催芽，低床撒播，播种量约 1000 粒 / 米^2。

造林技术：采用植苗造林。选择 5 年生、苗高 4~5 米、胸径 4 厘米以上的苗木，多用于景观造林。

白刺属 *Nitraria*

小果白刺 *Nitraria sibirica* Pall.
别名： 酸胖、白刺、西伯利亚白刺、卡密

白刺科 Nitrariaceae

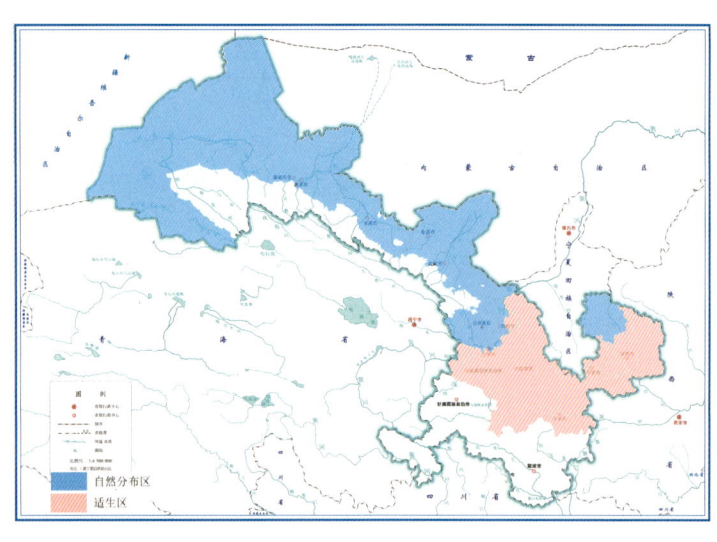

形态特征： 灌木，高 0.5~1.5 米。多分枝，枝铺散，弯曲，少直立；小枝灰白色，不孕枝先端刺针状。叶近无柄，在嫩枝上 4~6 片簇生，倒披针形，长 6~15 毫米，宽 2~5 毫米，先端锐尖或钝，基部渐窄成楔形，无毛或幼时被柔毛。聚伞花序长 1~3 厘米，被疏柔毛；萼片 5，绿色，花瓣黄绿色或近白色，矩圆形，长 2~3 毫米。果椭圆形或近球形，两端钝圆，长 6~8 毫米，熟时暗红色，果汁暗蓝色，带紫色，味甜而微咸；果核卵形，先端尖，长 4~5 毫米。花期 5~6 月，果期 7~8 月。

生态适应性： 超旱生植物，极耐沙埋、沙压，耐寒，耐热，耐盐碱；生于湖盆边缘沙地、盐渍化沙地、沿海盐化沙地。

分布范围： 产于黄河以西地区（除河西南部高寒区）、环县等地。除甘南和陇南之外，在黄河以东以南地区均适宜栽植。在中国各沙漠地区，华北及东北沿海沙区有分布。

育苗技术： 采用播种育苗。7~8 月采种，选择排水良好、向阳背风的沙质土壤，开沟条播，沟深 3~4 厘米，随播随踩实，播后适时喷水，播种量约 225 千克/公顷。

造林技术： 一般采用植苗造林。春、秋季均可进行，造林密度 1667 株/公顷左右。也可播种造林和分殖造林。

白刺属 *Nitraria*

白刺 *Nitraria tangutorum* Bobr.
别名：唐古特白刺、酸胖

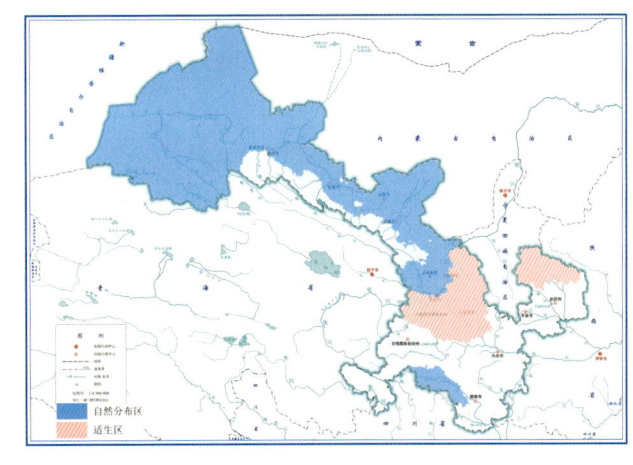

形态特征：灌木，高1~2米。多分枝，弯、平卧或开展；不孕枝先端刺针状；嫩枝白色。叶在嫩枝上2~3（4）片簇生，宽倒披针形，长18~30毫米，宽6~8毫米，先端圆钝，基部渐窄成楔形，全缘，稀先端齿裂。花顶生成聚伞花序，排列较密集，蝎尾状；花小，白色或黄绿色；萼片5，花瓣5；雄蕊10~15；子房上位，3室，柱头卵形。核果卵形，有时椭圆形，熟时深红色，果汁玫瑰色，长8~12毫米，直径6~9毫米；果核狭卵形，长5~6毫米，先端短渐尖。花期5~6月，果期7~8月。

生态适应性：多生长在干燥、多风、盐碱重、土壤贫瘠、植物稀疏的严酷环境中，往往自成群落，伴生植物较少。

分布范围：产于黄河以西地区（除祁连山）、迭部和舟曲干热河谷地带。在兰州、白银、临夏、定西（除漳县和岷县）及环县、华池北部等地适宜栽植。陕西北部、内蒙古西部、宁夏、青海、新疆及西藏东北部等地有分布。

育苗技术：采用播种育苗。8月中下旬采种，播种前种子沙藏催芽，穴播，播种深度2.5厘米，每穴5~10粒，播后喷洒灌溉。

造林技术：可采用播种造林和植苗造林。播种造林宜选择中度盐碱地，播前机耕20厘米深，开深2~3厘米沟播种，播后镇压一遍。在降水量不足200毫米的地区常用植苗造林（裸根苗和容器苗），造林密度1250株/公顷左右。

槭属 Acer

三角槭 Acer buergerianum Miq.
别名：三角枫

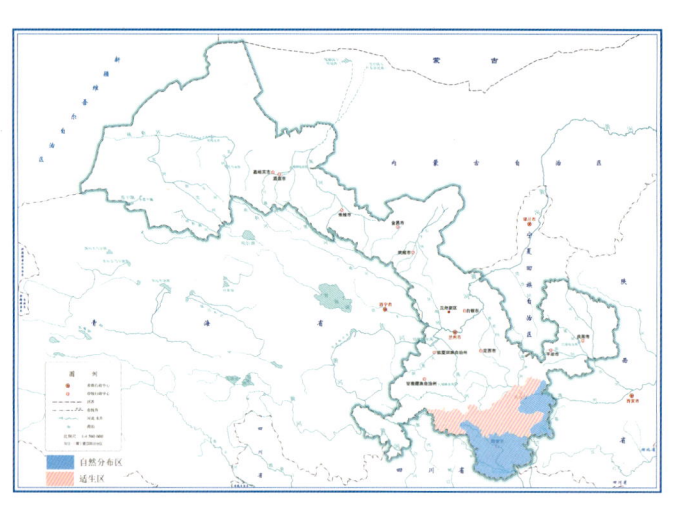

形态特征：落叶乔木，高5~10米，稀达20米。树皮褐色或深褐色，粗糙。小枝细瘦。冬芽小，褐色，长卵圆形。叶纸质，基部近于圆形或楔形，长6~10厘米；叶柄长2.5~5厘米，淡紫绿色，细瘦。花多数常成顶生被短柔毛的伞房花序，直径约3厘米，总花梗长1.5~2厘米；萼片5，黄绿色，卵形，长约1.5毫米；花瓣5，淡黄色，狭窄披针形或匙状披针形，先端钝圆，长约2毫米，雄蕊8；子房密被淡黄色长柔毛，花柱无毛，2裂；花梗长5~10毫米，细瘦，嫩时被长柔毛，渐老近于无毛。翅果黄褐色；小坚果特别凸起，直径6毫米；翅与小坚果共长2~2.5厘米。花期4月，果期8月。

生态适应性：喜光，耐寒，喜温暖湿润气候；适生于偏酸或中性土壤，在微碱性土中也可生长，也耐一定水湿。

分布范围：产于康县、文县、武都、舟曲及小陇山等地。在陇南其他县（区）、麦积、秦州、清水、迭部等地适宜栽植。山东、河南、江苏、浙江、安徽、江西、湖北、湖南、贵州和广东等省区有分布。

育苗技术：采用播种育苗。翅果变成褐色即可采种，冬季沙藏处理，翌春3月种子露嘴时即可播种。

造林技术：采用植苗造林。宜在深秋或早春之后进行，选生长旺盛、健壮的苗木带土球栽植，然后罩上透明的塑料薄膜，当其树芽长到5~15厘米时，选择晴朗无风的天气解去塑料薄膜，造林密度500~1667株/公顷。

无患子科 Sapindaceae

槭属 Acer

青榨槭 *Acer davidii* Franch.
别名：大卫槭、青虾蟆、青蛙腿

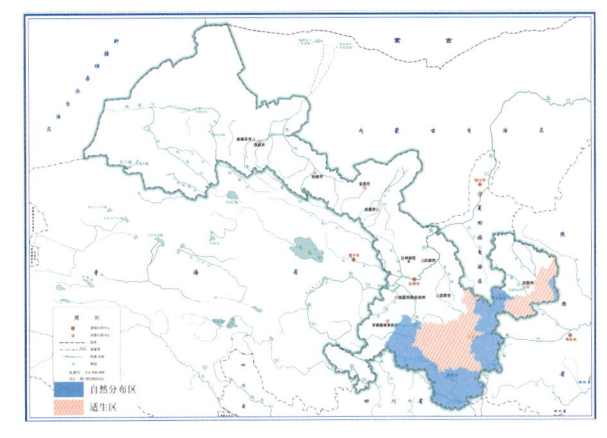

形态特征：落叶乔木，高 10~15 米。树皮黑褐色或灰褐色，常纵裂成蛇皮状。小枝细瘦，圆柱形。叶纸质，长圆卵形或近于长圆形，长 6~14 厘米，宽 4~9 厘米，先端锐尖或渐尖，基部近于心脏形或圆形，边缘具不整齐的钝圆齿。花黄绿色，杂性，雄花与两性花同株，雄花的花梗长 3~5 毫米，通常 9~12 朵，常长成 4~7 厘米的总状花序；两性花的花梗长 1~1.5 厘米，通常 15~30 朵长成 7~12 厘米的总状花序；萼片 5，椭圆形，先端微钝，长约 4 毫米；花瓣 5，倒卵形；雄蕊 8，在两性花中不发育，花药黄色，球形。翅果嫩时淡绿色，成熟后黄褐色。花期 4 月，果期 9 月。

生态适应性：深根性喜光树种，生长于海拔 1500~2700 米的山地疏林中，喜干冷气候，耐干燥，忌低洼积水。

分布范围：产于舟曲、临潭、卓尼、迭部、徽县、两当、康县、武都、文县及子午岭（刘家店、中湾）、关山、崆峒山、小陇山等地。在陇南其他县（区）、麦积、秦州、武山、合水、宁县、正宁、泾川、灵台、崇信、漳县、岷县等地适宜栽植。中国华北、华东、中南、西南各地有分布。

育苗技术：采用播种育苗。9 月份采种，用雪藏法处理或播前加温处理。高床开沟条播，播后覆土 1~1.5 厘米，播种量 18~20 千克/公顷。

造林技术：采用植苗造林。在春季萌芽前或秋季落叶后栽植，景观造林后于地面 10 厘米截干；生态造林留主干单株生长，造林密度 500~1667 株/公顷。

无患子科 Sapindaceae

槭属 *Acer*

血皮槭 *Acer griseum* (Franch.) Pax
别名：马梨光、陕西槭、秃梗槭

科：无患子科 Sapindaceae

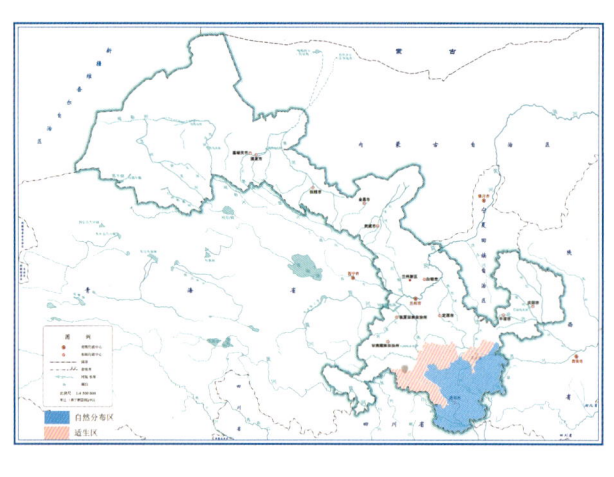

形态特征：落叶乔木，高 10~20 米。树皮赭褐色，常成卵形、纸状的薄片脱落。小枝圆柱形，当年生枝淡紫色，密被淡黄色长柔毛，多年生枝深紫色或深褐色。复叶有 3 小叶；小叶纸质，卵形、椭圆形或长圆椭圆形，长 5~8 厘米，宽 3~5 厘米，先端钝尖，边缘有 2~3 个钝形大锯齿。聚伞花序有长柔毛，常仅有花 3；总花梗长 6~8 毫米；花淡黄色，杂性，雄花与两性花异株；萼片 5，长圆卵形，长 6 毫米；花瓣 5，长圆倒卵形，长 7~8 毫米；雄蕊 10，长 1~1.2 厘米，花丝无毛，花药黄色；花盘位于雄蕊的外侧；子房有绒毛；花梗长 10 毫米。小坚果黄褐色，凸起，近于卵圆形或球形，长 8~10 毫米，密被黄色绒毛。花期 4 月，果期 9 月。

生态适应性：除了散生于山地山顶灌丛外，作为伴生树种散生分布在山地阔叶和针阔叶混交林植被带类型中，集中分布在 1000~1800 米，几乎全部分布在半阳坡、半阴坡、阴坡以及沟谷环境中；土壤类型以山地棕壤、黄棕壤、山地褐土为主。

分布范围：产于陇南山地及小陇山等地。在舟曲、迭部、漳县、岷县、麦积、秦州、清水等地适宜栽植。陕西南部海拔 1500~1700 米的疏林中有分布。

育苗技术：采用播种育苗。10 月采种，越冬沙藏处理，4 月中下旬开沟条播，覆土 3~5 厘米，播种量 225~300 千克/公顷。

造林技术：采用植苗造林。多用于景观造林，孤植或片植，待苗高 3 米以上时定干，及时剪去细弱枝，保持良好树形，造林密度 500~1667 株/公顷。

槭属 *Acer*

庙台槭 *Acer miaotaiense* P. C. Tsoong
别名：留坝槭、羊角槭
保护级别：国家二级

无患子科 Sapindaceae

形态特征：落叶乔木，高 20~25 米。树皮深灰色、稍粗糙。小枝近于圆柱形，当年生枝紫褐色、无毛，多年生枝灰色，皮孔淡黄色，近于椭圆形。叶纸质，外貌近于阔卵形，长 7~9 厘米，宽 6~8 厘米，基部心脏形或近于心脏形，常 3~5 裂，裂片卵形，先端短急锐尖，边缘微呈浅波状，裂片间的凹块钝形，上面深绿色，无毛，下面淡绿色有短柔毛，沿叶脉较密；初生脉 3~5 条和次生脉 5~7 对均在下面，较在上面为显著；叶柄比较细瘦，长 6~7 厘米，基部膨大，无毛。果序伞房状，连同长 8~10 毫米的总果梗在内约长 5 厘米，无毛；果梗细瘦，约长 3 厘米。小坚果扁平，长与宽均约 8 毫米，被很密的黄色绒毛；翅长圆形，宽 8~9 毫米，连同小坚果长 2.5 厘米，张开几成水平。果期 9 月。

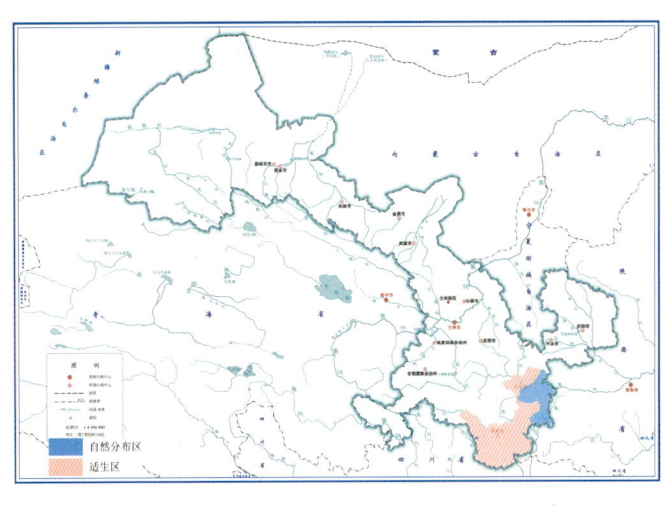

生态适应性：对环境的适应性较强，能耐 0℃以下低温，在年均温 13℃左右生长良好，喜湿。

分布范围：产于小陇山（观音、太白、李子、党川）林区。在徽县、两当、成县、秦州、麦积、清水、康县、武都、文县、舟曲等地适宜栽植。陕西西南部和河南等地有分布。

育苗技术：一般采用播种育苗。10 月采种，春、秋季播种，春播种子越冬低温沙藏处理，高床条播，播后覆土 1~1.5 厘米。也可扦插繁殖。

造林技术：采用植苗造林。春季栽植，选择 2 年生苗木，栽植时应采取截冠措施，造林密度 500~1667 株/公顷。

槭属 *Acer*

茶条槭 *Acer tataricum* subsp. *ginnala* (Maxim.) Wesmael
别名： 华北茶条槭、茶条、茶条枫

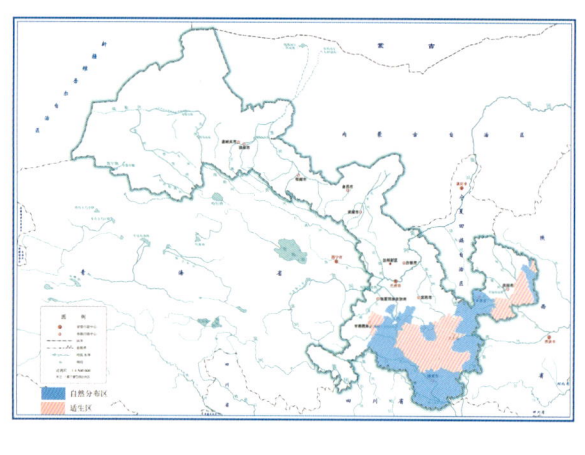

形态特征： 落叶灌木或小乔木，高5~6米。树皮粗糙、微纵裂，灰色。小枝细瘦，近于圆柱形。叶纸质，基部圆形，截形或略近于心脏形，叶片长圆卵形或长圆椭圆形，长6~10厘米，宽4~6厘米，有较深的3~5裂。伞房花序长6厘米，具多枚花；花梗细瘦，长3~5厘米。花杂性，雄花与两性花同株；萼片5，卵形，黄绿色；花瓣5，长圆卵形白色；雄蕊8，花丝无毛，花药黄色；花盘无毛，位于雄蕊外侧；子房密被长柔毛；花柱无毛，长3~4毫米，顶端2裂。果实黄绿色或黄褐色；小坚果嫩时被长柔毛，长8毫米；翅连同小坚果长2.5~3厘米。花期5月，果期10月。

生态适应性： 生于海拔1200~1756米的沟谷、山坡、山梁等杂木林中。

分布范围： 产于崇信、武山、渭源、康乐、临潭、舟曲、迭部、卓尼、文县、武都、康县及子午岭、小陇山、关山、崆峒山等地。在陇南其他县（区）、天水其他县（区）及漳县、岷县、合水、正宁、宁县、华亭、灵台、泾川、合作等地适宜栽植。黑龙江、吉林、辽宁、内蒙古、河北、山西、河南、陕西等省区有分布。

育苗技术： 采用播种育苗。9月下旬至10月初采种，播前种子温水浸泡后混拌湿沙催芽，4月中下旬，平床开沟撒播，覆土厚度2~2.5厘米，播种量225~300千克/公顷。

造林技术： 采用植苗造林。春季进行，造林密度833~2000株/公顷。景观造林可单株、丛状、窄带、单行等，株行距按实际需要确定。

槭属 Acer

元宝槭 Acer truncatum Bge.
别名：元宝枫、五角枫、槭

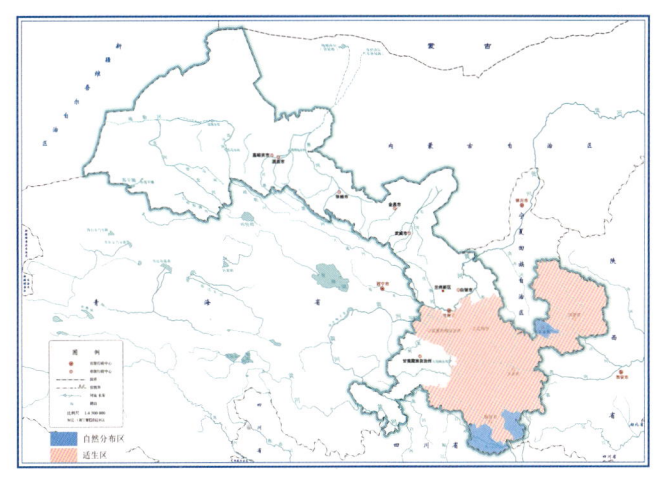

形态特征：落叶乔木，高 8~10 米。树皮灰褐色或深褐色，深纵裂。小枝无毛，具圆形皮孔。叶纸质，长 5~10 厘米，宽 8~12 厘米，常 5 裂，基部截形稀近于心脏形。花黄绿色，杂性，雄花与两性花同株，常成无毛的伞房花序，长 5 厘米；总花梗长 1~2 厘米；萼片 5，黄绿色，长圆形，先端钝形；花瓣 5，淡黄色或淡白色，长圆倒卵形，长 5~7 毫米；雄蕊 8，生于雄花者长 2~3 毫米，生于两性花者较短，花药黄色，花丝无毛；子房嫩时有黏性，花柱短，2 裂，柱头反卷；花梗细瘦，长约 1 厘米。翅果成熟时淡黄色或淡褐色；小坚果压扁状，长 1.3~1.8 厘米。花期 4 月，果期 8 月。

生态适应性：深根性树种，较喜光，稍耐荫，喜侧方庇荫，耐旱，不耐涝；适温凉湿润气候，较耐寒，但过于干冷则对生长不利，在炎热地区也如此。

分布范围：产于文县、康县及崆峒山等地。除甘南之外，在兰州以东以南地区适宜栽植。吉林、辽宁、内蒙古、河北、山西、山东、江苏北部、河南和陕西等地有分布。

育苗技术：采用播种育苗。9 月下旬至 10 月上、中旬采种，春季播种，播种前 10 天，种子温水浸泡催芽，播种量 225~300 千克/公顷。

造林技术：采用植苗造林。移植苗生长 2 年后，高度 2 米以上时即可上山造林，带土球移栽，造林密度 500~1667 株/公顷。

七叶树属 *Aesculus*

七叶树 *Aesculus chinensis* Bge.
别名： 浙江七叶树

无患子科 Sapindaceae

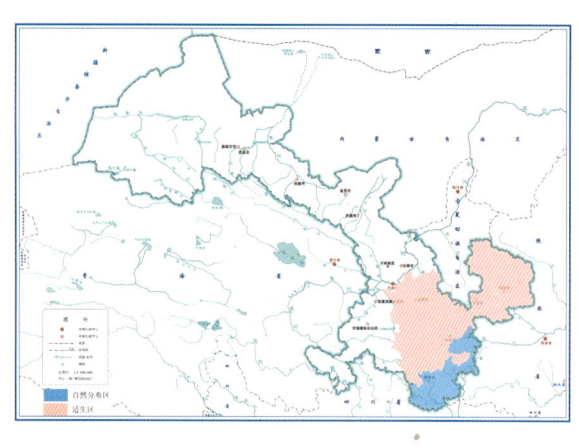

形态特征： 落叶乔木，高达25米。树皮深褐色或灰褐色。小枝圆柱形，黄褐色或灰褐色。掌状复叶，由5~7小叶组成；小叶纸质，长圆披针形至长圆倒披针形，先端短锐尖，基部楔形或阔楔形，边缘有钝尖形的细锯齿，长8~16厘米，宽3~5厘米。花序圆筒形，连同长5~10厘米的总花梗在内共长21~25厘米，小花序常由5~10朵花组成，平斜向伸展，有微柔毛，长2~2.5厘米；花杂性，雄花与两性花同株，花萼管状钟形，长3~5毫米，不等地5裂，裂片钝形；花瓣4，白色，长圆倒卵形至长圆倒披针形，长8~12毫米，边缘有纤毛，基部爪状；雄蕊6，长1.8~3厘米，花丝线状；子房在雄花中不发育，在两性花中发育良好，卵圆形。果实球形或倒卵圆形，直径3~4厘米，黄褐色，具很密的斑点，种子常1~2粒发育，近于球形，直径2~3.5厘米，栗褐色。花期4~5月，果期10月。

生态适应性： 喜光，稍耐荫，喜温暖气候，也耐寒；喜深厚、肥沃、湿润且排水良好的土壤。

分布范围： 产于文县、武都、成县、康县及小陇山（高桥、严坪、李子）等地。除甘南之外（不包括舟曲），在兰州以南以东地区适宜栽植。浙江北部和江苏南部有分布。

育苗技术： 一般采用播种育苗。9月上旬采种，随采随播，或带果皮拌3倍湿沙在低温处贮藏至来年春播，条状点播，株行距20厘米×25厘米。也可扦插和压条繁殖。

造林技术： 采用植苗造林。属于不耐移植的树种，移栽时所带土球为树木胸径的3~5倍，在初春或秋末进行，造林密度500~1111株/公顷。

栾树属 *Koelreuteria*

栾 *Koelreuteria paniculata* Laxm.
别名： 栾树、灯笼树、摇钱树、黑叶树

形态特征： 落叶乔木或灌木。树皮厚，灰褐色至灰黑色，老时纵裂。小枝具疣点，与叶轴、叶柄均被皱曲的短柔毛或无毛。叶丛生于当年生枝上，平展，一回、不完全二回或偶有为二回的羽状复叶，长可达50厘米。聚伞圆锥花序长25~40厘米，密被微柔毛，分枝长且广展；苞片狭披针形，被小粗毛；花淡黄色，稍芬芳；花梗长2.5~5毫米；萼裂片卵形，边缘具腺状缘毛，呈啮蚀状；花瓣4，开花时向外反折，被长柔毛；雄蕊8枚，在雄花中的长7~9毫米，雌花中的长4~5毫米；子房三棱形。蒴果圆锥形，具3棱，长4~6厘米，顶端渐尖，果瓣卵形；种子近球形，直径6~8毫米。花期6~8月，果期9~10月。

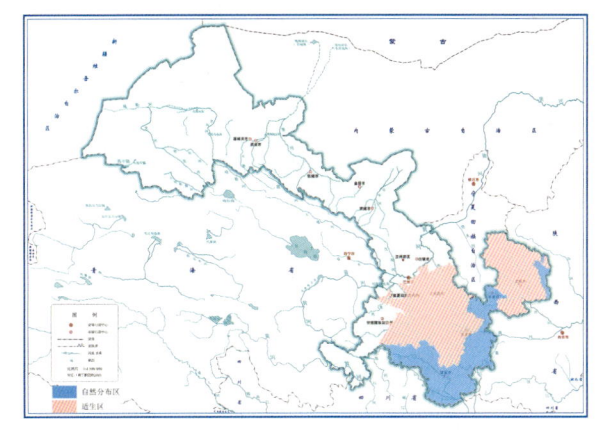

生态适应性： 耐寒，耐盐渍，不耐水淹，但耐短期水涝；耐干旱和瘠薄，对环境的适应性强，喜欢生长于石灰质土壤中。

分布范围： 产于徽县、成县、宕昌、康县、文县、武都、舟曲、迭部及子午岭、崆峒山、小陇山、关山等地，海拔1500~2150米。除玛曲、碌曲、夏河、合作、积石山、东乡、永靖等地之外，在兰州以东以南地区适宜栽植。中国大部分地区，东北自辽宁起经中部至西南部的云南均有分布。

育苗技术： 采用播种育苗。10月中旬前后采种，秋季10月或春季2~3月开沟条播，播种量120~150千克/公顷，1年生苗即可出圃造林。

造林技术： 一般采用植苗造林。造林季节以早春苗木发芽前较好，在没有鸟、鼠为害的地方也可秋季随采随播，每穴播种4~5粒，造林密度1250~2000株（穴）/公顷。

无患子科 Sapindaceae

文冠果属 *Xanthoceras*

文冠果 *Xanthoceras sorbifolium* Bge.
别名：木瓜、文冠花、文冠树

无患子科 Sapindaceae

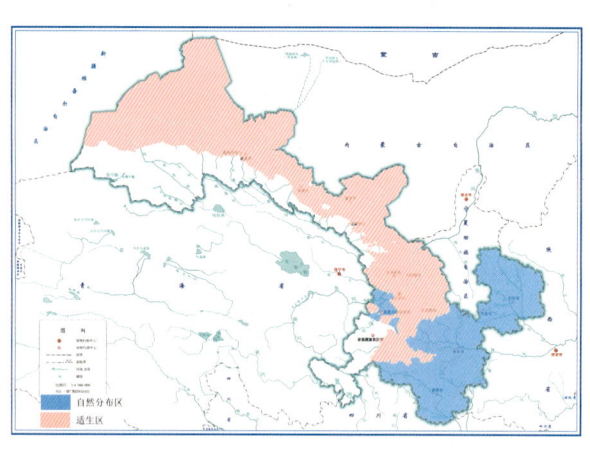

形态特征：落叶灌木或小乔木，高 2~5 米。小枝粗壮，褐红色，无毛。小叶 4~8 对，膜质或纸质，披针形或近卵形，长 2.5~6 厘米，宽 1.2~2 厘米，顶端渐尖，基部楔形，边缘有锐利锯齿。花序先叶抽出或与叶同时抽出，两性花的花序顶生，雄花序腋生，长 12~20 厘米，直立，总花梗短；花梗长 1.2~2 厘米；苞片长 0.5~1 厘米；萼片长 6~7 毫米，两面被灰色绒毛；花瓣白色，基部紫红色或黄色，有清晰的脉纹，长约 2 厘米，爪之两侧有须毛；花盘的角状附属体橙黄色，长 4~5 毫米；雄蕊长约 1.5 厘米，花丝无毛；子房被灰色绒毛。蒴果长达 6 厘米；种子长达 1.8 厘米，黑色且有光泽。花期 4~5 月，果期 7~8 月。

生态适应性：喜光，耐寒，耐旱，耐轻度盐碱，不耐水湿，怕风；中生，喜温湿气候，适宜生长在海拔 1500 米以下阴、阳坡和平地、土层厚 30 厘米以上的酸性至微碱性土壤。

分布范围：产于庆阳、平凉、天水、陇南及漳县、舟曲、迭部、永靖、康乐、临夏县、东乡等地。在河西地区（除南部高寒区）、定西其他县（区）、临夏其他县（区）、白银、兰州等地适宜栽培。中国产北部和东北部。

育苗技术：一般采用播种育苗。8 月采种，种子越冬沙藏，4 月上中旬播种，条播，播种量 300~500 千克/公顷。也可插根和嫁接育苗。

造林技术：采用植苗造林。选用 2~3 年生健壮苗木，春、秋季均可栽植，造林密度 833~1667 株/公顷。

枳椇属 *Hovenia*

枳椇 *Hovenia acerba* Lindl.

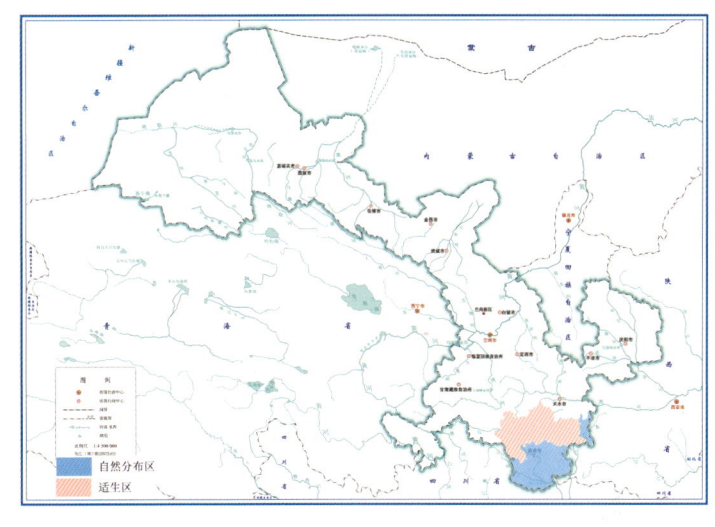

形态特征：高大乔木，高10~25米。小枝褐色或黑紫色，被棕褐色短柔毛或无毛，有明显白色的皮孔。叶互生，厚纸质至纸质，宽卵形、椭圆状卵形或心形，长8~17厘米，宽6~12厘米，顶端长渐尖或短渐尖，基部截形或心形，边缘常具整齐浅而钝的细锯齿。二歧式聚伞圆锥花序，顶生或腋生，被棕色短柔毛；花两性，直径5~6.5毫米；萼片具网状脉或纵条纹，长1.9~2.2毫米；花瓣椭圆状匙形，长2~2.2毫米，具短爪；花盘被柔毛；花柱半裂，长1.7~2.1毫米。浆果状核果近球形，直径5~6.5毫米，成熟时黄褐色或棕褐色；种子暗褐色或黑紫色，直径3.2~4.5毫米。花期5~7月，果期8~10月。

生态适应性：较喜光，不耐庇荫；生于海拔2100米以下的开旷地、山坡林缘或疏林中。

分布范围：产于武都（裕河）、文县、康县、两当等地。在成县、徽县、舟曲、宕昌、礼县、西和等地适宜栽植。陕甘以南、华东、华中、华南及西南各地均有分布。

育苗技术：采用播种育苗。霜降后采种，越冬沙藏处理，3月中下旬播种，条播，播种量45~60千克/公顷，播后覆土1.5厘米。

造林技术：采用植苗造林。3月栽植，选择光照充足、土壤条件好的荒山荒地或迹地，造林密度833~1429株/公顷。

枣属 *Ziziphus*

枣 *Ziziphus jujuba* Mill.

鼠李科 Rhamnaceae

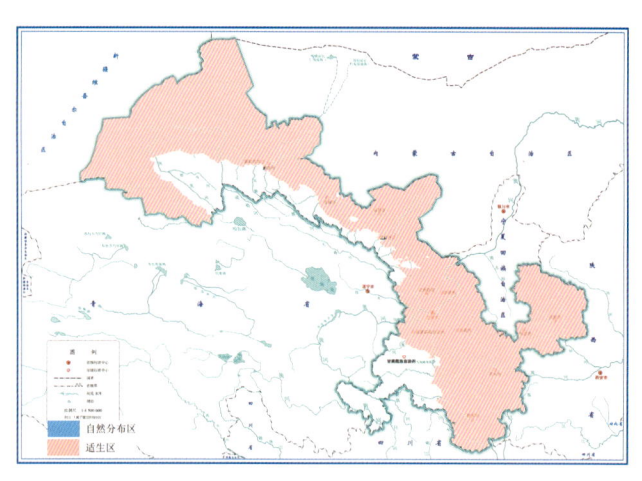

形态特征：落叶小乔木，稀灌木，高达10米。树皮褐色或灰褐色。小枝紫红色或灰褐色，呈"之"字形曲折，具2个托叶刺。叶纸质，卵形，卵状椭圆形，或卵状矩圆形；长3~7厘米，宽1.5~4厘米，顶端钝或圆形，稀锐尖，基部稍不对称，近圆形，边缘具圆齿状锯齿。花黄绿色，两性，5基数，无毛，具短总花梗，单生或2~8个密集成腋生聚伞花序；花瓣倒卵圆形，基部有爪，与雄蕊等长；花盘厚，肉质，圆形，5裂；子房下部藏于花盘内，与花盘合生，2室。核果矩圆形或长卵圆形，长2~3.5厘米，中果皮肉质，厚，味甜，核顶端锐尖，2室，果梗长2~5毫米；种子扁椭圆形。花期5~7月，果期8~9月。

生态适应性：喜光，耐寒，耐旱，怕风；中生，喜温湿气候，适宜生长在海拔1700米以下山区、丘陵和平原、厚度30厘米以上的酸性至微碱性土壤。

分布范围：除甘南、河西南部高寒区之外，全省各地均适宜栽植。吉林、辽宁、河北、山东、山西、陕西、河南、新疆、安徽、江苏、浙江、江西、福建、广东、广西、湖南、湖北、四川、云南和贵州等省区有分布。

育苗技术：主要采用分株和嫁接育苗。分株法，早春在枣树行间，开沟断根，促进根蘖发生。嫁接法，采用野生酸枣苗或培育酸枣实生苗作砧木嫁接。

造林技术：采用植苗造林。春、秋季均可，栽植时对上部枝条采用重剪和短截，造林密度625~1250株/公顷。

枣属 *Ziziphus*

酸枣 *Ziziphus jujuba* var. *spinosa* (Bge.) Hu ex H.F. Chow

形态特征：落叶灌木或小乔木，高1~4米。小枝呈"之"字形弯曲，紫褐色。托叶刺有2种，一种直伸，长达3厘米，另一种常弯曲。叶互生，叶片椭圆形至卵状披针形，长1.5~3.5厘米，宽0.6~1.2厘米，边缘有细锯齿，基部3出脉。花黄绿色，2~3朵簇生于叶腋。核果小，近球形或短矩圆形，熟时红褐色，近球形或长圆形，长0.7~1.2厘米，味酸，核两端钝。花期6~7月，果期8~9月。

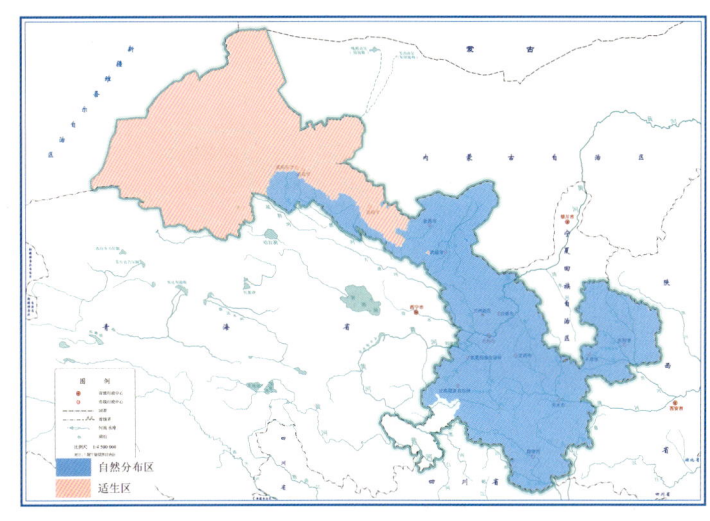

生态适应性：耐旱，耐寒，耐碱，对土质要求不严；喜温暖干燥环境，适于向阳干燥的山坡、丘陵、山谷、平原及路旁的沙石土壤，不宜低洼水涝地。

分布范围：除玛曲和碌曲之外，在祁连山浅山区、金昌、武威及白银以南以东地区广泛分布。在河西其他地区适宜栽植。辽宁、内蒙古、河北、山东、山西、河南、陕西、宁夏、新疆、江苏及安徽等省区有分布。

育苗技术：一般采用播种育苗。9月采种，春播的种子进行沙藏越冬，秋播在10月中、下旬进行，开沟条播，播种量约90千克/公顷。也可分株繁殖。

造林技术：采用植苗造林。春季萌芽前和秋季落叶后均可进行，选择1~2年生苗木，造林密度833~1250株/公顷。

鼠李科 Rhamnaceae

木槿属 Hibiscus

木槿 Hibiscus syriacus L.
别名： 喇叭花、荆条、木棉

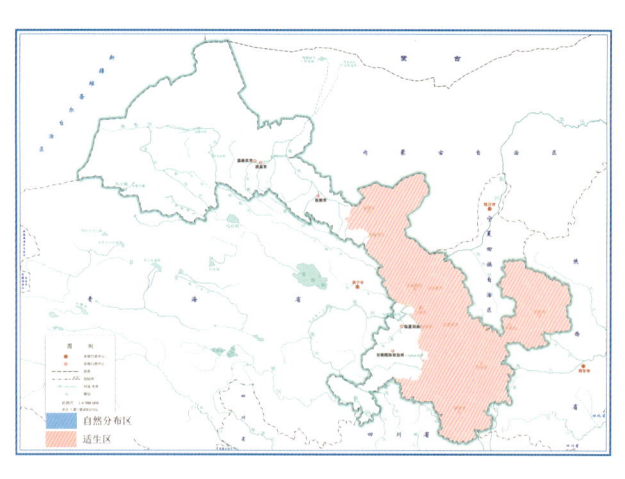

形态特征： 落叶灌木，高3~4米。小枝密被黄色星状绒毛。叶菱形至三角状卵形，长3~10厘米，宽2~4厘米，具深浅不同的3裂或不裂，先端钝，基部楔形，边缘具不整齐齿缺；叶柄长5~25毫米，上面被星状柔毛；托叶线形，长约6毫米，疏被柔毛。花单生于枝端叶腋间，花梗长4~14毫米，被星状短绒毛；小苞片6~8，线形，长6~15毫米，密被星状疏绒毛；花萼钟形，长14~20毫米，密被星状短绒毛，裂片5，三角形；花钟形，淡紫色，直径5~6厘米，花瓣倒卵形，长3.5~4.5厘米，外面疏被纤毛和星状长柔毛；雄蕊柱长约3厘米。蒴果卵圆形，直径约12毫米，密被黄色星状绒毛。种子肾形，背部被黄白色长柔毛。花期7~10月。

生态适应性： 喜光，喜温暖湿润的气候，耐干旱和贫瘠，耐热，也耐寒，稍耐荫；适应性很强，对有害气体有很强的抗性。

分布范围： 在兰州、定西、陇南、天水、平凉、庆阳、白银、武威、金昌等地有引种栽培。原产中国中部各地。

育苗技术： 采用扦插育苗。春、秋季均可进行，穗条选1~2年生枝条，插穗用清水浸泡4~6小时后开沟扦插，行距20~30厘米，株距5~8厘米。

造林技术： 采用植苗造林。选用1年生苗木，落叶后或次年春发芽前栽植，定植后截干，造林密度1250株/公顷左右。

椴属 Tilia

华椴 *Tilia chinensis* Maxim.
别名：亮绿叶椴、云南椴

锦葵科 Malvaceae

形态特征：乔木，高达15米。嫩枝无毛。叶阔卵形，长5~10厘米，宽4.5~9厘米，先端急短尖，基部斜心形或近截形，上面无毛，下面被灰色星状茸毛；叶柄长3~5厘米，稍粗壮，被灰色毛。聚伞花序长4~7厘米，有花3朵，花序柄有毛，下半部与苞片合生；花柄长1~1.5厘米；苞片窄长圆形，长4~8厘米，无柄，上面有疏毛，下面毛较密；萼片长卵形，长6毫米，外面有星状柔毛；花瓣长7~8毫米；退化雄蕊较花瓣短小；雄蕊长5~6毫米；子房被灰黄色星状茸毛，花柱长3~5毫米，无毛。果实椭圆形，长1厘米，两端略尖，有5条棱突，被黄褐色星状茸毛。花期夏初。

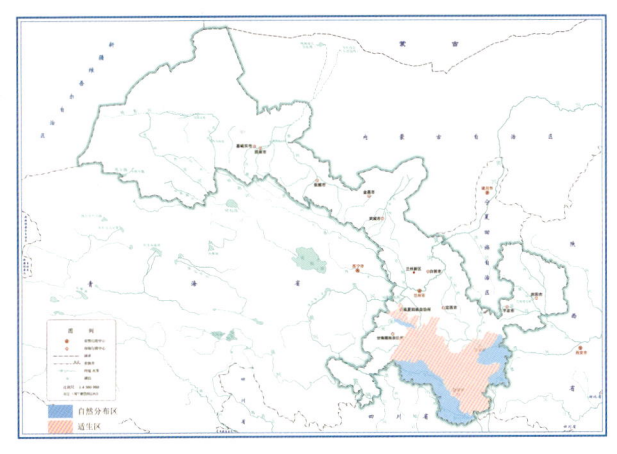

生态适应性：中生，喜光，抗毒；喜温湿气候，适宜生长在海拔1800米以下阴坡和谷地、厚度为30厘米以上的肥沃、湿润石灰岩质土壤及钙质黄土。

分布范围：产于文县、舟曲、迭部及太子山、小陇山等地。在陇南其他县（区）、清水、麦积、秦州、渭源、岷县、漳县、卓尼、临潭、康乐、和政、临夏县等地适宜栽植。陕西、河南、湖北、四川及云南等省区有分布。

育苗技术：采用播种育苗。播前种子进行催芽处理，春季播种4月中旬，秋季播种11月，条播，播种量180~225千克/公顷。

造林技术：采用植苗造林。选用2年生以上苗木，春、秋季均可造林，但以春季为好，造林密度1429株/公顷左右。

猕猴桃属 *Actinidia*

软枣猕猴桃 *Actinidia arguta* (Sieb. et Zucc.) Planch. ex Miq.
别名：软枣子、紫果猕猴桃、心叶猕猴桃
保护级别：国家二级

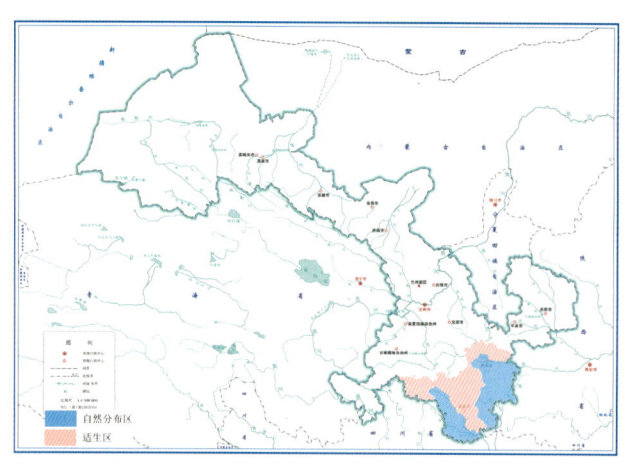

形态特征：大型落叶藤本。小枝基本无毛或幼嫩时星散地薄被柔软绒毛或茸毛。叶膜质或纸质，卵形、长圆形、阔卵形至近圆形，长6~12厘米，宽5~10厘米，顶端急短尖，基部圆形至浅心形。花序腋生或腋外生，为1~2回分枝，1~7花，或厚或薄地被淡褐色短绒毛，花序柄长7~10毫米，花柄8~14毫米，苞片线形。花绿白色或黄绿色，芳香，直径1.2~2厘米；萼片4~6枚；卵圆形至长圆形，边缘较薄；花瓣4~6片，楔状倒卵形或瓢状倒阔卵形，长7~9毫米；花丝丝状，花药黑色或暗紫色。果圆球形至柱状长圆形，长2~3厘米；种子纵径约2.5毫米。

生态适应性：喜凉爽、湿润的气候；常生于山沟溪流旁，多攀缘在阔叶树上。

分布范围：产于舟曲、秦州、麦积、徽县、两当、成县、文县及康县等地。在陇南其他县（区）及迭部、清水、秦安、甘谷等地适宜栽植。黑龙江、吉林、辽宁、山东、山西、河北、河南、安徽、浙江及云南等省区有分布。

育苗技术：一般采用硬枝扦插育苗。11月中下旬，剪取1年生枝，在0℃~5℃的室内或地窖贮存，翌年3月中下旬扦插，上部芽端与床面紧贴，控制温度在22℃~26℃。也可嫩枝扦插育苗。

造林技术：采用植苗造林。3~4月定植，造林密度1667株/公顷左右，雌雄株配置6∶1为宜。栽植通常需要搭架，一般架高2.5米，支架杆行间距3米、行内距4米。

猕猴桃属 *Actinidia*

中华猕猴桃 *Actinidia chinensis* Planch.
别名：猕猴桃、藤梨、羊桃藤、羊桃、阳桃、奇异果
保护级别：国家二级

形态特征：大型落叶藤本。幼枝或厚或薄地被有灰白色茸毛或褐色长硬毛或铁锈色硬毛状刺毛，老时秃净或留有断损残毛。叶纸质，倒阔卵形至倒卵形或阔卵形至近圆形，长 6~17 厘米，宽 7~15 厘米，顶端截平形并中间凹入或具凸尖、急尖至短渐尖，基部钝圆形、截平形至浅心形。聚伞花序 1~3 花，花序柄长 7~15 毫米，花柄长 9~15 毫米；苞片小，卵形或钻形；花初放时白色，放后变淡黄色，有香气，直径 1.8~3.5 厘米；萼片 3~7 片，阔卵形至卵状长圆形；花瓣 5 片；雄蕊极多，花丝狭条形，花药黄色。果黄褐色，近球形、圆柱形、倒卵形或椭圆形；种子纵径 2.5 毫米。

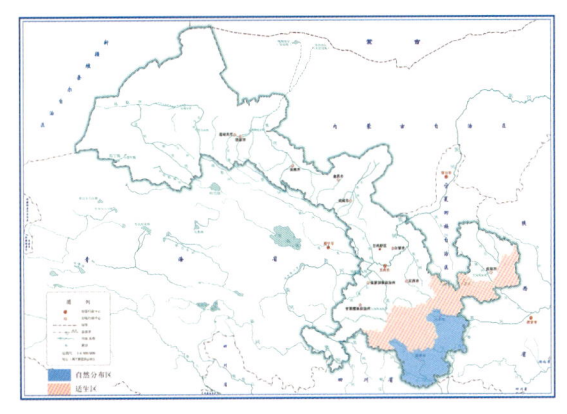

生态适应性：喜光，喜温暖湿润气候，喜背风向阳环境；喜肥沃疏松的腐殖质土，不耐涝，怕曝晒，忌黏性重及瘠薄的土壤。

分布范围：产于舟曲、文县、武都、成县、康县、徽县、两当、麦积、秦州等地。在天水其他县（区）、陇南其他县（区）、平凉及迭部、岷县、漳县、宁县、正宁、合水等地适宜栽植。陕西（南端）、湖北、湖南、河南、安徽、江苏、浙江、江西、福建、广东（北部）和广西（北部）等地有分布。

育苗技术：一般采用播种育苗。9 月中下旬采种，2~3 月混沙埋藏，沙藏 40~60 天播种，播种量 15~30 千克/公顷，播后覆土厚度为种子大小的 2~3 倍。也可扦插育苗。

造林技术：采用植苗造林。选用 1 年生苗木，造林密度 1667 株/公顷左右，定植时配置授粉树，雌雄比例为 8∶1。

红砂属 Reaumuria

红砂 *Reaumuria songarica* (Pall.) Maxim.
别名：枇杷柴

柽柳科 Tamaricaceae

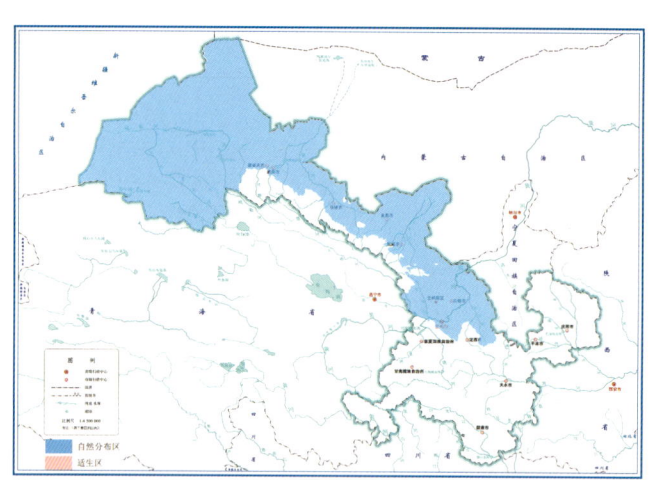

形态特征：小灌木，高 10~30（70）厘米。老枝灰褐色。树皮为不规则的波状剥裂；小枝多拐曲，皮灰白色，粗糙，纵裂。叶肉质，短圆柱形，鳞片状，长 1~5 毫米，宽 0.5~1 毫米，先端钝，浅灰蓝绿色，具点状的泌盐腺体。花单生叶腋，或在幼枝上端集为少花的总状花序状；花无梗；苞片 3，披针形，先端尖，长 0.5~0.7 毫米；花萼钟形，下部合生，裂片 5，三角形，边缘白膜质，具点状腺体；花瓣 5，白色略带淡红，长圆形，长约 4.5 毫米；雄蕊 6~8（12），分离；子房椭圆形，花柱 3，具狭尖之柱头。蒴果长椭圆形或纺锤形，长 4~6 毫米，具 3 棱；种子长圆形，全部被黑褐色毛。花期 7~8 月，果期 8~9 月。

生态适应性：喜光，耐旱，耐高温，耐寒，耐盐碱；生于低矮沙丘、覆沙地、沙砾质戈壁及山前砾石冲积扇上。

分布范围：在酒泉、张掖、金昌、武威、白银、兰州及永靖、东乡等地广泛分布。新疆、青海、宁夏和内蒙古，直到东北西部等地有分布。

育苗技术：采用播种育苗。10 月中下旬采种，春播宜在 4 月上旬，育苗地以深厚的沙壤土为宜，开沟条播，沟深 2 厘米，覆盖 1 厘米以下的风沙土，播种量 38~49 千克/公顷。

造林技术：采用植苗造林。裸根苗在春、秋季造林；容器苗春、夏、秋季均可造林。造林密度 3333 株/公顷左右。

柽柳属 *Tamarix*

甘蒙柽柳 *Tamarix austromongolica* Nakai

形态特征： 灌木或乔木，高 1.5~4（6）米。树干和老枝栗红色，枝直立。叶灰蓝绿色，木质化生长枝上基部的叶阔卵形，急尖；绿色嫩枝上的叶长圆形或长圆状披针形，渐尖，基部亦向外鼓胀。春和夏秋均开花；春季开花，总状花序自往年生的木质化的枝上发出，侧生，花序轴质硬且直伸，有短总花梗或无梗。夏、秋季开花，总状花序较春季的狭细，组成顶生大型圆锥花序，生于当年生幼枝上；花 5 枚，萼片 5，卵形，急尖，绿色，边缘膜质透明；

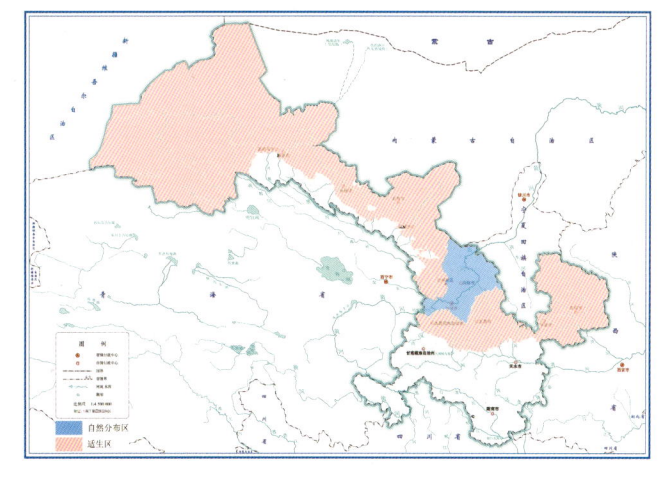

花瓣 5，倒卵状长圆形，淡紫红色，顶端向外反折。蒴果长圆锥形，长约 5 毫米。花期 5~9 月。

生态适应性： 根系发达，根蘖性强；喜光照，喜水，耐瘠薄，也能耐干旱、盐碱和霜冻。

分布范围： 产于黄河两岸各县（区）。在河西地区（除祁连山）及白银、兰州、临夏、平凉、庆阳、定西（除漳县和岷县）等地适宜栽植。青海（东部）、宁夏和内蒙古（中南部和东部）、陕西（北部）、山西、河北（北部）及河南等地有分布。

育苗技术： 主要采用扦插育苗和播种育苗。扦插育苗，春、秋季均可进行，插穗选择 1 年生枝条，秋季扦插苗入冬前应覆土或搭设保温棚越冬。播种育苗，6 月中旬至 10 月采种，采收后一周内用落水法播种，播种量 22~30 千克/公顷。

造林技术： 主要采用植苗造林和扦插造林。植苗造林，苗木随起随运随栽，定植后截干；扦插造林插穗选择 1~2 年生、直径 1 厘米左右枝条，插穗长度 30~35 厘米。造林密度 1111~2000 株/公顷。

柽柳属 *Tamarix*

柽柳 *Tamarix chinensis* Lour.
别名：西河柳、三春柳、红柳、香松

柽柳科 Tamaricaceae

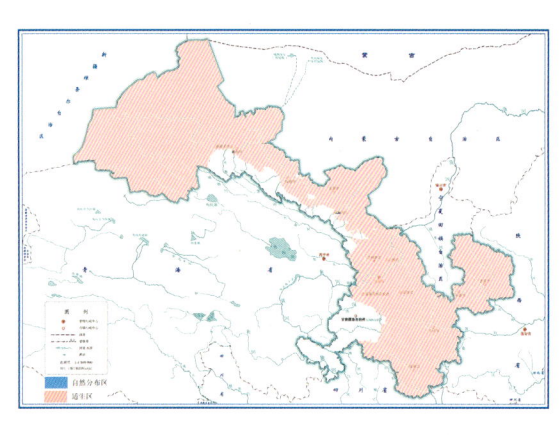

形态特征：乔木或灌木，高3~6（8）米。老枝直立，暗褐红色，幼枝稠密细弱，红紫色或暗紫红色。叶鲜绿色，长圆状披针形或长卵形，长1.5~1.8毫米，先端尖。每年开花两三次。春季开花：总状花序侧生在往年生木质化的小枝上，长3~6厘米，宽5~7毫米，花大且少，较稀疏且纤弱点垂；花5出；萼片5，狭长卵形，具短尖头，略全缘，外面2片，背面具隆脊；花瓣5，粉红色，果时宿存；花盘5裂，裂片先端圆或微凹，紫红色，肉质；雄蕊5；子房圆锥状瓶形，花柱3，棍棒状。蒴果圆锥形。夏、秋季开花，总状花序较春生者细，生于当年生幼枝顶端，组成顶生大圆锥花序，疏松且通常下弯；花5出，较春季花略小，密生；花瓣粉红色，花盘5裂；雄蕊5，花药钝。花期4~9月。

生态适应性：喜光，耐寒，耐旱，耐高温，耐水湿，耐盐碱；适生气候范围广，对土壤要求不严，喜生于海拔1200米以下河流滩涂、潮湿盐碱地和沙荒地。

分布范围：除甘南（不包括舟曲和迭部）和祁连山之外，全省各地广泛栽植。辽宁、河北、河南、山东、江苏（北部）、安徽（北部）等地有分布。

育苗技术：主要采用播种或扦插育苗。播种育苗，果实成熟后及时采种，多采用落水法播种。扦插育苗，春季4月扦插，插条选择1~2年生枝条，插穗长度15~20厘米。

造林技术：采用扦插造林。选择1~2年生枝条剪穗，插穗长度30~50厘米，秋季随剪随插造林；春季造林须在秋冬剪好插条，湿沙埋藏，3月中、下旬扦插造林，每穴插2~3穗，造林密度833~2000穴/公顷。

柽柳属 *Tamarix*

多枝柽柳 *Tamarix ramosissima* Ledeb.

形态特征： 灌木或小乔木，高1~3（6）米。老杆和老枝的树皮暗灰色。木质化生长枝上的叶披针形，基部短，半抱茎。总状花序生在当年生枝顶，集成顶生圆锥花序，长3~5厘米；苞片披针形，卵状披针形或条状钻形，长1.5~2（2.8）毫米；花梗长0.5~0.7毫米；花5枚；花萼长0.5~1毫米，边缘窄膜质，有不规则的齿牙，无龙骨；花瓣粉红色或紫色，倒卵形至阔椭圆状倒卵形，顶端微缺（弯），直伸，靠合，形成闭合的酒杯状花冠，果时宿存；花盘5裂，雄蕊5，与花冠等长，花丝着生在花盘裂片间边缘略下方；子房锥形瓶状，具三棱，花柱3，棍棒状。蒴果三棱圆锥形瓶状。花期5~9月。

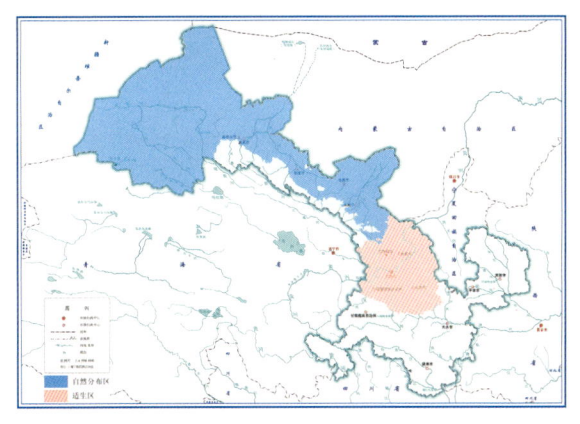

生态适应性： 喜光，耐寒，耐干旱，耐沙埋，耐水湿高温，在极端高温47.6℃，降水量20毫米，蒸发量3000毫米以上的地区仍能利用地下水正常生长。

分布范围： 产于河西走廊河滩碱地（除祁连山）。在兰州、临夏、白银及安定、临洮、渭源、通渭、陇西等地适宜栽植。西藏西部、新疆、青海（柴达木）、内蒙古（西部至临河）和宁夏（北部）等地有分布。

育苗技术： 主要采用播种或扦插育苗。播种育苗，以春播为好，也可夏播，多采用落水法播种，当年苗高50~80厘米时即可出圃。扦插育苗，选1厘米粗的1年生枝条，截成15~20厘米长的插穗，在春季扦插。

造林技术： 一般采用植苗造林。春季4月中上旬，选择地下水位较高、轻度或中度盐化的沙地或有灌溉条件的土壤进行，造林密度833~1667株/公顷。也可扦插造林。

瑞香属 *Daphne*

黄瑞香 *Daphne giraldii* Nitsche
别名：祖师麻

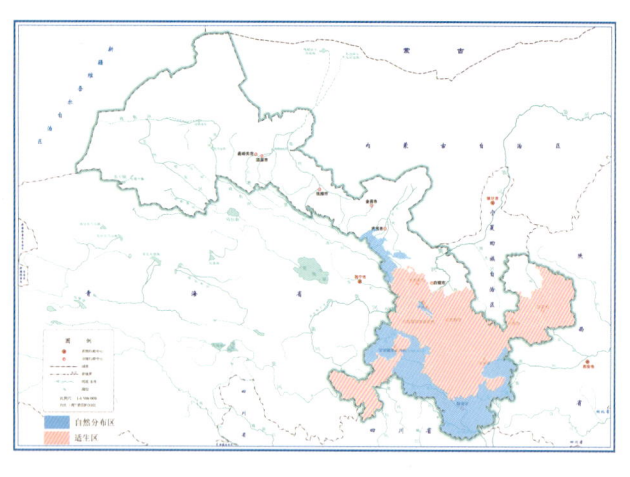

形态特征：落叶直立灌木，高 45~70 厘米。枝圆柱形，幼时橙黄色，老时灰褐色，叶迹明显，近圆形。叶互生，膜质，倒披针形，长 3~6 厘米，宽 0.7~1.2 厘米，先端钝形或微凸尖，基部狭楔形，全缘。花黄色，微芳香，常 3~8 朵组成顶生的头状花序；花序梗极短或无；无苞片；花萼筒圆筒状，长 6~8 毫米，裂片 4，卵状三角形；雄蕊 8，2 轮，花丝长约 0.5 毫米，花药长圆形；花盘不发达，浅盘状，边缘全缘；子房椭圆形，无花柱，柱头头状。果实卵形或近圆形，成熟时红色，长 5~6 毫米。花期 6 月，果期 7~8 月。

生态适应性：生于海拔 1600~2600 米的山地林缘或疏林中。

分布范围：产于文县、武都、康县、成县、兰州（天都山、西果园）、夏河、卓尼、临潭、迭部、舟曲、永登（连城）及太子山、小陇山、兴隆山、祁连山（东段）等地。在甘南其他县（区）、陇南其他县（区）、兰州、定西、临夏、天水、平凉、庆阳（除环县）及天祝、古浪等地适宜栽植。黑龙江、辽宁、陕西、青海、新疆及四川等省区有分布。

育苗技术：采用播种育苗。果实完全发红时采种，秋季播种以 11 月中下旬土壤封冻前为好，起垄开沟条播，播种量 80~90 千克/公顷。春季播种的种子于上年 11 月中下旬沙藏处理，4 月下旬播种，开沟点播。

造林技术：采用植苗造林。春季 4 月上旬至下旬栽植，选用高 6~8 厘米、茎粗 0.2 厘米左右，根系发达呈乳白色的苗木，采用独苗定植的方式，造林密度 3333 株/公顷左右。

瑞香属 *Daphne*

唐古特瑞香 *Daphne tangutica* Maxim.
别名：陕甘瑞香、甘肃瑞香

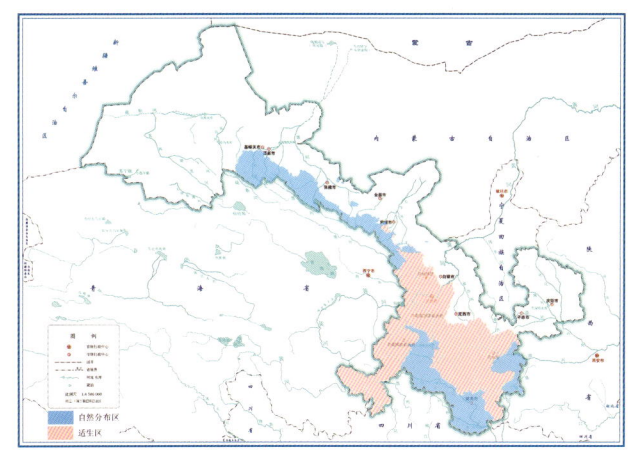

形态特征：常绿灌木，高 0.5~2.5 米。枝肉质，较粗壮，幼枝灰黄色，分枝短，较密，老枝淡灰色或灰黄色，微具光泽。叶互生，革质或亚革质，披针形至长圆状披针形或倒披针形，长 2~8 厘米，宽 0.5~1.7 厘米，先端钝形。头状花序生于小枝顶端；花序梗长 2~3 毫米，有黄色细柔毛；花外面紫色或紫红色，内面白色；苞片早落，卵形或卵状披针形，长 5~6 毫米，宽 3~4 毫米；花萼筒圆筒形，长 9~13 毫米，具显著的纵棱，裂片 4；雄蕊 8，2 轮；花盘环状，边缘为不规则浅裂；子房长圆状倒卵形，长 2~3 毫米。果实卵形或近球形，长 6~8 毫米，成熟时红色，干燥后紫黑色；种子卵形。花期 4~5 月，果期 5~7 月。

生态适应性：生长于海拔 1000~3800 米的湿润林中；对环境条件要求比较严，喜生长于湿润、腐殖质含量高的林下、灌丛、半阴坡及湿润沟谷地带。

分布范围：产于卓尼、临潭、迭部、舟曲、武都、文县及小陇山、太子山、祁连山等地。在甘南其他县（区）、陇南其他县（区）、兰州、天水、临夏、定西（除安定）及天祝等地适宜栽植。山西、陕西、青海、四川、贵州、云南及西藏等省区有分布。

育苗技术：采用播种育苗。7~8 月采种，以春播较佳，4~5 月播种，播前催芽处理，条播，播种量 53~60 千克/公顷。

造林技术：一般采用播种造林。播种地选择林下为宜，也适宜海拔 3200 米以上土壤腐殖质含量高的阴坡、半阴坡，播后未发芽前无需浇水。也可植苗造林。

瑞香科 Thymelaeaceae

胡颓子属 *Elaeagnus*

沙枣 *Elaeagnus angustifolia* L.
别名：银柳、香柳、红豆、牙格达、刺柳

胡颓子科 Elaeagnaceae

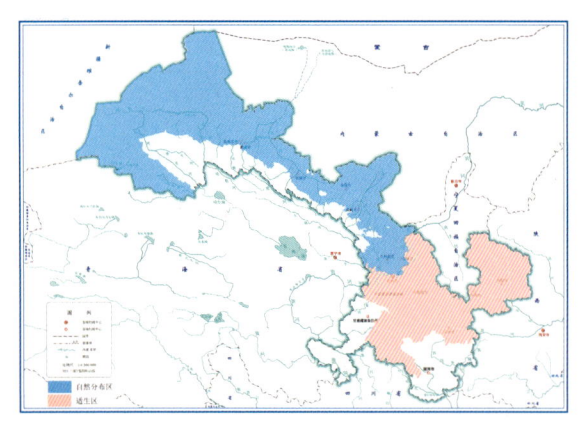

形态特征：落叶乔木或小乔木，高5~10米，无刺或具刺。幼枝密被银白色鳞片，老枝鳞片脱落，红棕色，光亮。叶薄纸质，矩圆状披针形至线状披针形，长3~7厘米，宽1~1.3厘米，顶端钝尖或钝形，基部楔形，全缘。花银白色，直立或近直立，密被银白色鳞片，芳香；萼筒钟形，在裂片下面不收缩或微收缩，在子房上骤收缩，裂片宽卵形或卵状矩圆形，长3~4毫米，顶端钝渐尖，内面被白色星状柔毛；雄蕊几无花丝，花药淡黄色，矩圆形；花柱直立，无毛，上端甚弯曲；花盘明显，圆锥形。果实椭圆形，长9~12毫米，直径6~10毫米，粉红色，密被银白色鳞片；果肉乳白色，粉质；果梗短，粗壮，长3~6毫米。花期5~6月，果期9月。

生态适应性：喜光，耐寒，耐旱，耐瘠薄，耐盐碱；中生，喜干旱气候，对立地和土壤要求不严，荒漠、山地、平原和沙滩均能生长。

分布范围：产于黄河以西以北地区。在白银、兰州、定西、临夏、天水、庆阳、平凉及迭部、舟曲、卓尼、临潭等地适宜栽植。辽宁、河北、山西、河南、陕西、内蒙古、宁夏、新疆和青海等省区有分布。

育苗技术：一般采用播种育苗。10月中下旬采种，播前催芽处理，春季播种以3月中下旬为宜，秋季播种为10月下旬至11月上旬，开沟条播，沟深3~4厘米，播种量450~750千克/公顷。也可扦插育苗。

造林技术：采用植苗造林。春、秋季均可栽植，造林密度714~1250株/公顷。

沙棘属 *Hippophae*

中国沙棘 *Hippophae rhamnoides* subsp. *sinensis* Rousi
别名：酸刺、黑刺

形态特征：落叶灌木或乔木，高 1~5 米，高山沟谷可达 18 米，棘刺较多，顶生或侧生。嫩枝褐绿色，密被银白色且带褐色鳞片或有时具白色星状柔毛，老枝灰黑色，粗糙。单叶通常近对生，纸质，狭披针形或矩圆状披针形，长 30~80 毫米，宽 4~10（13）毫米，两端钝形或基部近圆形，基部最宽，上面绿色，初被白色盾形毛或星状柔毛，下面银白色或淡白色，被鳞片，无星状毛；叶柄极短。花单性，雌雄异株；短总状花序着生在短枝基部；花小，先叶开放；雌花淡黄色，花被片 2；雌花具短柄，花被筒短，2 裂；柱头直立。果实圆球形，直径 4~6 毫米，橙黄色或橘红色；种子小，阔椭圆形至卵形，有时稍扁，长 3~4.2 毫米，黑色或紫黑色，具光泽。花期 4~5 月，果期 9~10 月。

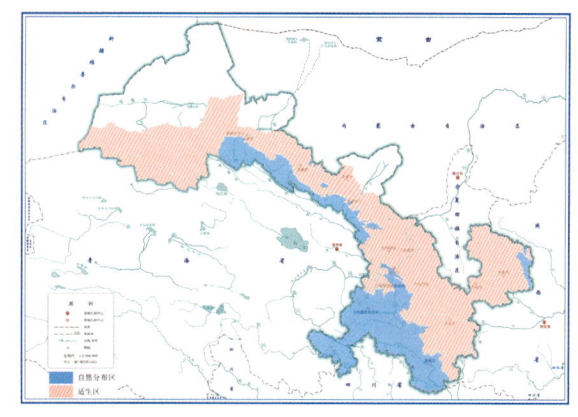

生态适应性：喜光，耐寒，耐旱，耐瘠薄；常生于海拔 800~3600 米温带地区向阳的山脊、谷地、干涸河床地或山坡，多砾石或沙质土壤或黄土上。

分布范围：产于白龙江、洮河及太子山、祁连山、兴隆山、子午岭、兰州、甘南等地林区。除河西沙区（民勤、金塔、肃北北部、敦煌、瓜州）之外，全省广泛栽植。河北、内蒙古、山西、陕西、青海、四川西部等地有分布。

育苗技术：一般采用播种育苗。9 月采种，5 月下旬播种，播种前催芽，条播，播种量 75~113 千克/公顷。也可硬枝和嫩枝扦插育苗、嫁接育苗。

造林技术：采用植苗造林。春、秋季均可，在阳坡宜稀、阴坡密植，水土保持林造林密度 1429~2000 株/公顷，经济林造林密度 1250 株/公顷左右，合理配置雌雄株。

胡颓子科 Elaeagnaceae

沙棘属 *Hippophae*

西藏沙棘 *Hippophae tibetana* Schltdl.

胡颓子科 Elaeagnaceae

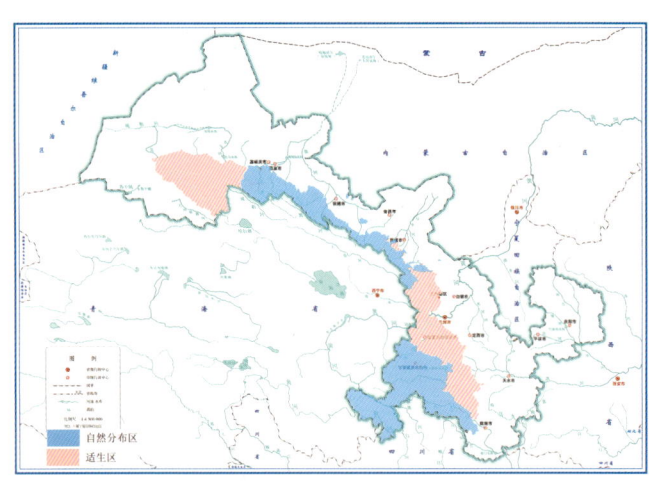

形态特征：矮小灌木，高40~60厘米，稀达1米。叶腋通常无棘刺，顶枝有棘刺。老枝灰黑色，幼枝密被褐色和银白色盾鳞。3叶轮生或2叶对生，稀互生，线形或矩圆状线形，长10~25毫米，宽2~3.5毫米，两端钝形，边缘全缘不反卷，上面幼时疏生白色鳞片，成熟后脱落，下面灰白色，密被银白色和散生少数褐色细小鳞片。雌雄异株；雄花黄绿色，花萼2裂，雄蕊4，2枚与花萼裂片对生，2枚与花萼裂片互生；雌花淡绿色，花萼囊状，顶端2齿裂。果实成熟时黄褐色，多汁，阔椭圆形或近圆形，长8~12毫米，直径6~10毫米，顶端具6条放射状黑色条纹；果梗纤细，褐色，长1~2毫米。花期5~6月，果期9月。

生态适应性：喜光，耐旱，耐寒，适宜于干燥寒冷、风大的高原气候；生于高寒草甸、灌丛、河漫滩、沟谷及河流两岸，海拔2800~5200米。

分布范围：产于甘南和祁连山等地。在临夏及天祝、永登、红古、岷县、漳县、宕昌等地适宜栽植。青海、四川和西藏等省区有分布。

育苗技术：采用播种育苗。9月下旬至10月上旬采种，4月下旬至5月中上旬播种，播种前种子催芽处理，播种量150~225千克/公顷。

造林技术：采用植苗造林。4月上旬或9月下旬，选择地径5毫米以上，苗条木质化程度良好的1年生以上实生苗栽植，造林密度3333株/公顷左右。

石榴属 *Punica*

石榴 *Punica granatum* L.
别名： 若榴木、丹若、山力叶、安石榴、花石榴

形态特征： 落叶灌木或乔木，高通常3~5米，稀达10米。枝顶常成尖锐长刺，幼枝具棱角，老枝近圆柱形。叶通常对生，纸质，矩圆状披针形，长2~9厘米，顶端短尖、钝尖或微凹，基部短尖至稍钝形。花大，1~5朵生枝顶；萼筒长2~3厘米，通常红色或淡黄色，裂片略外展，卵状三角形，长8~13毫米；花瓣通常大，红色、黄色或白色，长1.5~3厘米，宽1~2厘米，顶端圆形；花丝无毛，长达13毫米。浆果近球形，直径5~12厘米，通常为淡黄褐色或淡黄绿色，有时白色，稀暗紫色。种子多数，钝角形，红色至乳白色，肉质的外种皮可供食用。

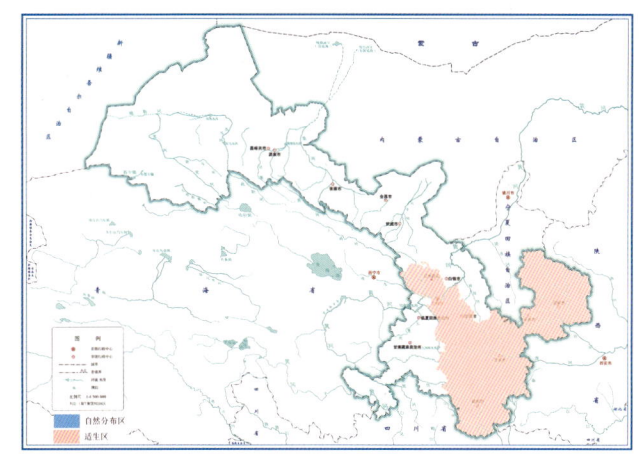

生态适应性： 喜光，喜温暖向阳的环境，耐旱，耐寒，也耐瘠薄，不耐涝和荫蔽；对土壤要求不严，但以排水良好的夹沙土为宜。

分布范围： 在兰州、定西、天水、陇南、平凉、庆阳及舟曲等地适宜栽植。原产巴尔干半岛至伊朗及其邻近地区。

育苗技术： 一般采用扦插育苗。以春、秋季为好，插条选择1~2年生枝，一般分长条插和短条插两种方法。长条插穗剪成1米左右，插入深度30~45厘米，地上再培土45厘米；短条插穗剪成25~30厘米的枝段，插入土中3/4。也可压条和分株繁殖。

造林技术： 采用植苗造林。造林密度833株/公顷左右，以春栽为宜，栽后灌水保墒，在距地面5~10厘米处截干。

珙桐属 *Davidia*

珙桐 *Davidia involucrata* Baill.
别名：鸽子树、空桐、枢梨子
保护级别：国家一级

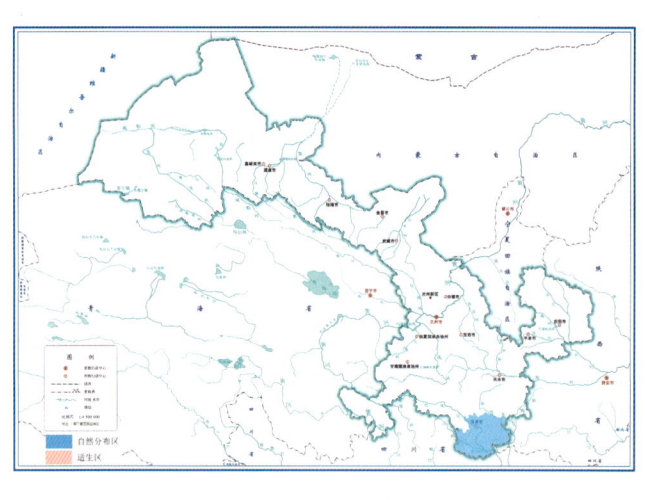

形态特征：落叶乔木，高 15~20 米，胸径约 1 米。树皮深灰色或深褐色，常裂成不规则的薄片而脱落。幼枝圆柱形，当年生枝紫绿色，多年生枝深褐色或深灰色；叶纸质，互生，阔卵形或近圆形，长 9~15 厘米，宽 7~12 厘米，顶端急尖或短急尖，基部心脏形或深心脏形。两性花与雄花同株，由多枚的雄花与 1 个雌花或两性花成近球形的头状花序。雄花无花萼及花瓣，有雄蕊 1~7，长 6~8 毫米；雌花或两性花具下位子房，6~10 室，与花托合生。果实为长卵圆形核果，长 3~4 厘米，中果皮肉质，种子 3~5 枚。花期 4 月，果期 10 月。

生态适应性：浅根性树种，喜降水较多、相对湿度大、云雾多的温凉气候；适生于微酸性的山地黄壤土或黄棕壤土。

分布范围：产于文县、康县（南部）、武都（南部）等地。在康县其他区域、武都其他区域适宜栽植。湖北西部、湖南西部、四川以及贵州和云南两省的北部等地有分布。

育苗技术：采用播种育苗。10 月下旬至 11 月上旬采种，播前沙藏处理，点播，株行距 20 厘米 ×30 厘米，播种深 5~8 厘米，覆土厚 3 厘米左右，播种量约 7500 千克 / 公顷。

造林技术：一般采用植苗造林。春、秋季均可栽植，选择 1 年生以上苗木，移栽苗需遮荫。在高海拔地区造林，冬季需要及时冬灌和培土，做好防寒防冻工作，在土层肥沃深厚的地方，可采用分殖造林，造林密度 1111~2000 株 / 公顷。

楤木属 *Aralia*

楤木 *Aralia elata* (Miq.) Seem.
别名： 刺老鸦、刺龙牙、龙牙楤木、刺嫩芽

五加科 Araliaceae

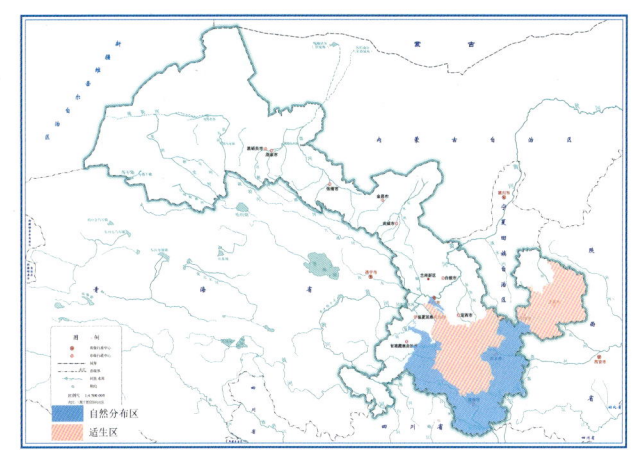

形态特征： 灌木或乔木，高 2~5 米，胸径达 10~15 厘米。树皮灰色，疏生粗壮直刺。小枝通常淡灰棕色，有黄棕色绒毛。叶为二回或三回羽状复叶，长 60~110 厘米；托叶与叶柄基部合生，纸质，耳廓形，长 1.5 厘米或更长，叶轴无刺或有细刺；羽片有小叶 5~11。圆锥花序大，长 30~60 厘米；伞形花序直径 1~1.5 厘米，有花多枚；总花梗长 1~4 厘米，密生短柔毛；苞片锥形，膜质，外面有毛；花白色，芳香；萼无毛，边缘有 5 个三角形小齿；花瓣 5，卵状三角形，长 1.5~2 毫米；雄蕊 5；子房 5 室；花柱 5。果实球形，黑色，直径约 3 毫米。花期 7~9 月，果期 9~12 月。

生态适应性： 阴性树种，耐寒，喜温暖湿润的环境，喜肥沃而略偏酸性的土壤；生于 2000~2600 米的山坡杂木林和灌丛中。

分布范围： 产于七里河、卓尼、临潭、迭部、舟曲、秦州、麦积、清水、武都、成县、徽县、两当、康县、文县及兴隆山、关山、太子山等地。在天水其他县（区）、陇南其他县（区）、定西、庆阳（除环县）、平凉、及榆中等地适宜栽植。中国华南、华中、华东及西南等区域有分布。

育苗技术： 一般采用播种育苗，9 月中旬采种，播种前种子沙藏催芽，以春季播种为主，条播，播种量 30~45 千克 / 公顷。也可插根育苗。

造林技术： 采用植苗造林。春季进行，造林密度 1667~3333 株 / 公顷。栽植第二年早春树液流动前，在主干 1/3 左右处短截，促进地下根茎潜伏芽萌生出新株。

刺楸属 *Kalopanax*

刺楸 *Kalopanax septemlobus* (Thunb.) Koidz.
别名：辣枫树、云楸、刺桐、刺枫树、鼓钉刺

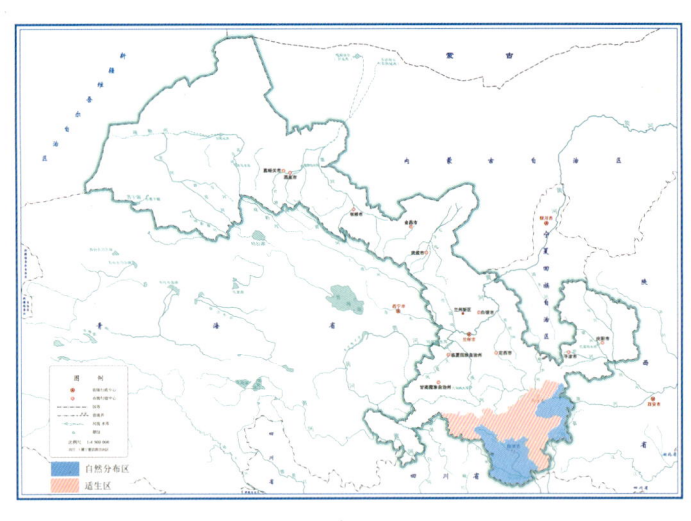

形态特征：落叶乔木，高达10米。树皮暗灰棕色。小枝淡黄棕色或灰棕色，散生粗刺。叶片纸质，圆形或近圆形，直径9~25厘米，掌状5~7浅裂，裂片阔三角状卵形至长圆状卵形。圆锥花序大，长15~25厘米，直径20~30厘米；伞形花序直径1~2.5厘米，有花多枚；总花梗细长，长2~3.5厘米；花梗细长，无毛或稍有短柔毛；花白色或淡绿黄色；萼无毛，边缘有5小齿；花瓣5，三角状卵形，长约1.5毫米；雄蕊5；花丝长3~4毫米；子房2室；花柱合生成柱状，柱头离生。果实球形，蓝黑色。花期7~10月，果期9~12月。

生态适应性：深根性喜光树种，喜温，耐寒，耐旱，耐瘠薄；喜阳光充足和湿润的环境，适宜在含腐殖质丰富、土层深厚、疏松且排水良好的中性或微酸性土壤中生长。

分布范围：产于文县、武都、舟曲及小陇山等地。在陇南其他县（区）、麦积、秦州、清水、迭部等地适宜栽植。中国东北至广东、广西、云南，西自四川西部，东至海滨的广大区域均有分布。

育苗技术：采用播种育苗。9~10月份采种，播种前种子采用低温沙藏催芽，春季地温达到7℃~8℃时进行播种，条播播种量75~90千克/公顷。也可混沙撒播，产苗量为30万~45万株/公顷。

造林技术：采用植苗造林。春季栽植，1年生苗可裸根进行，栽植后于地表5~10厘米处平茬，2年生以上苗木栽植必须带土球进行，造林密度833~1667株/公顷。

山茶属 Camellia

茶 *Camellia sinensis* (L.) O. Ktze.
别名： 茶树、茗、大树茶

形态特征： 灌木或小乔木。嫩枝无毛。叶革质，长圆形或椭圆形，长4~12厘米，宽2~5厘米，先端钝或尖锐，基部楔形，边缘有锯齿。花1~3朵腋生，白色，花柄长4~6毫米；苞片2片，早落；萼片5片，阔卵形至圆形，长3~4毫米，宿存；花瓣5~6片，阔卵形，长1~1.6厘米，基部略连合；雄蕊长8~13毫米，基部连生1~2毫米；子房密生白毛；花柱无毛，先端3裂，裂片长2~4毫米。蒴果3球形或1~2球形，高1.1~1.5厘米，每球有种子1~2粒。花期10月至翌年2月。

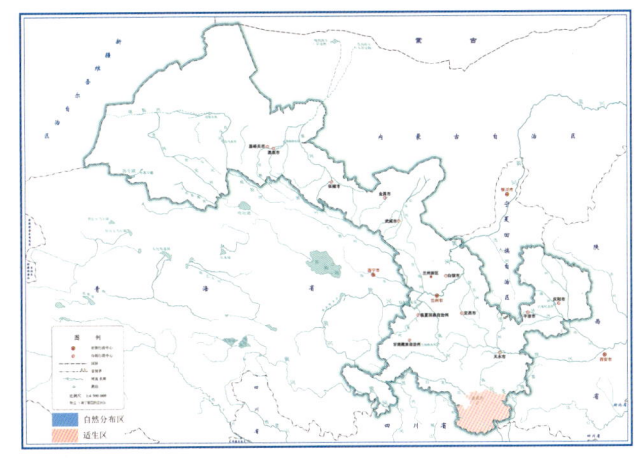

生态适应性： 一般生于土层厚达1米以上不含石灰石、排水良好的砂质壤土，有机质含量1%~2%以上，通气性、透水性或蓄水性能好，pH值4.5~6.5为宜，年降水量在1500毫米以上；光照不能太强也不能太弱，对紫外线有特殊嗜好；气温日平均需10℃，最低不能低于-10℃。

分布范围： 在文县（碧口）、康县（阳坝、清水）、武都（裕河）等地栽培。野生种常见于长江以南各地的山区。

育苗技术： 采用扦插繁殖。以春、秋季扦插为佳，选用优良品种茶树的1年生枝，剪取长约3厘米，带1芽1叶、无损伤的短茎作为插穗。将叶片稍翘斜插入土中，扦插后立即喷足水、遮荫。

造林技术： 采用植苗造林。当茶苗高25厘米以上，可于10~12月或翌年2~3月起苗栽植，一般平地及缓坡茶园宜单行条植，行距1.5米，丛（株）距30厘米左右。

山茱萸属 Cornus

灯台树 Cornus controversa Hemsl.
别名：瑞木

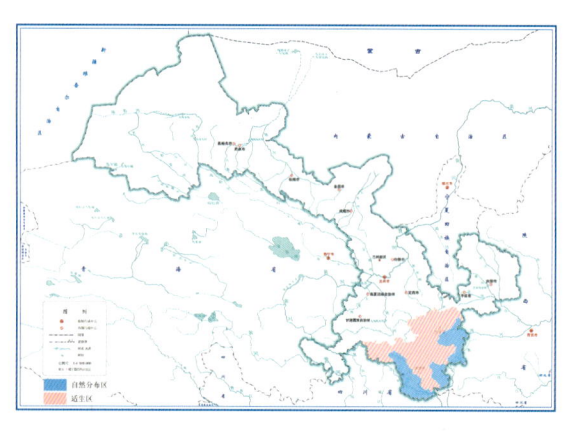

形态特征：落叶乔木，高6~15米，稀达20米。树皮光滑，暗灰色或带黄灰色。枝开展，圆柱形，无毛或疏生短柔毛。叶互生，纸质，阔卵形、阔椭圆状卵形或披针状椭圆形，长6~13厘米，宽3.5~9厘米，先端凸尖，基部圆形或急尖，全缘。伞房状聚伞花序，顶生，宽7~13厘米，稀生浅褐色平贴短柔毛；总花梗淡黄绿色，长1.5~3厘米；花小，白色，直径8毫米，花萼裂片4，三角形，长于花盘，外侧被短柔毛；花瓣4，长圆披针形，先端钝尖，外侧疏生平贴短柔毛；雄蕊4，着生于花盘外侧，与花瓣互生；花柱圆柱形，无毛，柱头小，头状，淡黄绿色；子房下位，花托椭圆形，淡绿色，密被灰白色贴生短柔毛。核果球形，直径6~7毫米，成熟时紫红色至蓝黑色；核骨质，球形，直径5~6毫米，略有8条肋纹，顶端有一个方形孔穴。花期5~6月，果期7~8月。

生态适应性：喜光，喜温凉气候，较耐寒，耐旱，耐荫，根系发达，生长快，萌蘖性强，但不耐水淹；常生于常绿阔叶林或针阔叶混交林中，海拔250~2600米。

分布范围：产于文县、康县、舟曲及小陇山等地。在陇南其他县（区）、天水及迭部等地适宜栽植。辽宁、河北、陕西、山东、安徽、台湾、河南、广东、广西以及长江以南各地有分布。

育苗技术：采用播种育苗。9~10月采种，11月下旬种子低温沙藏，于次年4月中上旬播种，若秋末冬初播种，不必进行低温沙藏处理，条播，覆土厚2厘米左右，播种量约225千克/公顷。

造林技术：采用植苗造林。选用5~8年生，树高2.5米以上、冠幅1.5米以上的大苗定植，造林密度1250~1667株/公顷。

山茱萸属 *Cornus*

四照花 *Cornus kousa* subsp. *chinensis*（Osborn）Q. Y. Xiang
别名： 白毛四照花、华西四照花

形态特征： 落叶小乔木。小枝纤细，幼时淡绿色，微被灰白色贴生短柔毛，老时暗褐色。叶对生，纸质或厚纸质，卵形或卵状椭圆形，长 5.5~12 厘米，宽 3.5~7 厘米，先端渐尖，有尖尾，基部宽楔形或圆形，边缘全缘或有明显的细齿；叶柄细圆柱形，长 5~10 毫米，被白色贴生短柔毛，上面有浅沟，下面圆形。头状花序球形，约由 40~50 朵花聚集而成；总苞片 4，白色，卵形或卵状披针形，先端渐尖，两面近于无毛；总花梗纤细，被白色贴生短柔毛；花小，花萼管状，上部 4 裂，裂片钝圆形或钝尖形，外侧被白色细毛，内侧有一圈褐色短柔毛；花盘垫状；子房下位，花柱圆柱形，密被白色粗毛。果序球形，成熟时红色，微被白色细毛。

生态适应性： 喜光，耐寒，根系发达，抗风能力强；湿地、旱地皆能生长，生长快，易繁殖。

分布范围： 产于武都、文县、康县、舟曲、迭部及小陇山等地。在宕昌、礼县、徽县、成县、两当、麦积、秦州、岷县、西和、卓尼等地适宜栽植。陕西南部、湖北西部及四川北部等地有分布。

育苗技术： 采用播种育苗。9 月下旬至 10 月上旬采种，种子越冬沙藏处理，春季播种，条播，播种量 250~300 粒 / 米^2。

造林技术： 采用植苗造林。春季进行，幼苗带土球栽植，造林密度 1111 株 / 公顷左右。

山茱萸属 *Cornus*

山茱萸 *Cornus officinalis* Sieb. et Zucc.
别名：枣皮

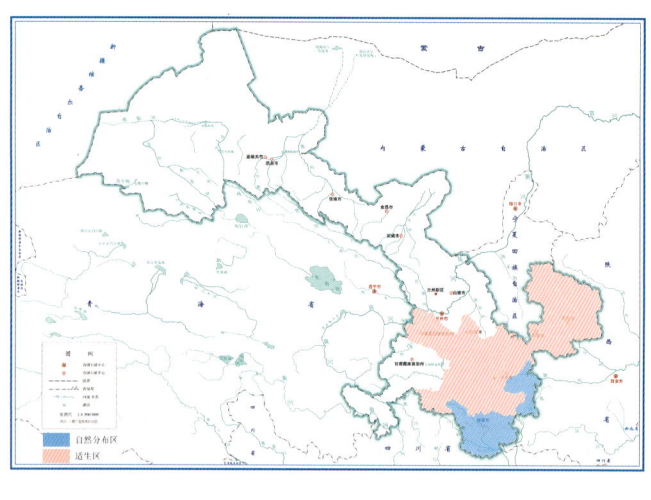

形态特征：落叶乔木或灌木，高 4~10 米。树皮灰褐色。小枝细圆柱形。叶对生，纸质，卵状披针形或卵状椭圆形，长 5.5~10 厘米，宽 2.5~4.5 厘米，先端渐尖，基部宽楔形或近于圆形，全缘。伞形花序生于枝侧，有总苞片 4，卵形，厚纸质至革质，长约 8 毫米，带紫色；总花梗粗壮，微被灰色短柔毛；花小，两性，先叶开放；花萼裂片 4，阔三角形；花瓣 4，舌状披针形，黄色，向外反卷；雄蕊 4，与花瓣互生；花盘垫状；子房下位。核果长椭圆形，长 1.2~1.7 厘米，红色至紫红色。花期 3~4 月，果期 9~10 月。

生态适应性：阳性树种，生长适温为 20℃~30℃，超过 35℃则生长不良；耐寒，可耐短暂的 -18℃低温；一般分布在海拔 400~1800 米的区域，其中 600~1300 米比较适宜。

分布范围：产于康县、文县、武都、舟曲及小陇山等地。在陇南其他县（区）、天水、临夏、定西、平凉、庆阳及迭部等地适宜栽植。山西、陕西、山东、江苏、浙江、安徽、江西、河南、湖南等省区有分布。

育苗技术：一般采用播种育苗。9 月至 10 月采种，播前采用浸沤法、浸晒法、沙藏法处理种子，春、秋季均可播种，以秋播为好，秋播在 10 月至 11 月进行，播种量约 450 千克/公顷。也可嫁接或扦插育苗。

造林技术：采用植苗造林。春、秋两季均可栽植，以春季为好，造林密度 714~1429 株/公顷。

山茱萸属 Cornus

毛梾 *Cornus walteri* Wanger.
别名：车梁木

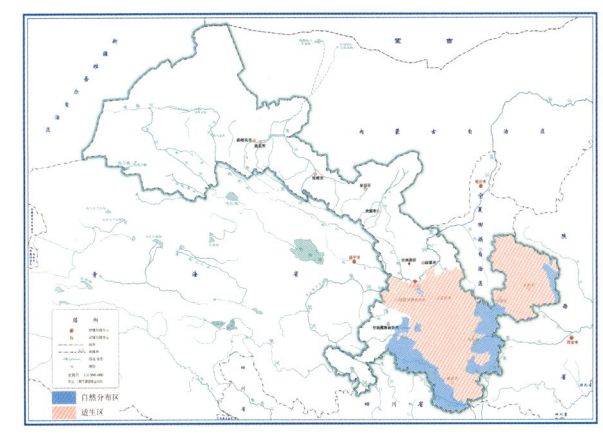

形态特征：落叶乔木，高6~15米。树皮厚，黑褐色，纵裂而又横裂成块状。叶对生，纸质，椭圆形、长圆椭圆形或阔卵形，长4~12（15.5）厘米，宽1.7~5.3（8）厘米，先端渐尖，基部楔形。伞房状聚伞花序顶生，宽7~9厘米，被灰白色短柔毛；花白色，有香味，直径9.5毫米；花萼裂片4，绿色，齿状三角形；花瓣4，长圆披针形，长4.5~5毫米，下面有贴生短柔毛；雄蕊4，长4.8~5毫米，花丝线形，花药淡黄色；花盘明显，垫状或腺体状；花柱棍棒形，被有稀疏的贴生短柔毛，子房下位。核果球形，直径6~7（8）毫米，成熟时黑色；核骨质，扁圆球形。花期5月，果期9月。

生态适应性：对土壤要求不严，中性、酸性或微碱性土壤上均能生长，在湿润深厚肥沃的土壤上生长尤为旺盛。

分布范围：产于卓尼、迭部、舟曲、成县、文县及子午岭、小陇山、兴隆山、关山、靖远（哈思山）等地。除甘南部分县区之外，在兰州以东以南地区适宜栽植。辽宁、河北、山西南部以及华东、华中、华南、西南各地均有分布。

育苗技术：采用播种育苗。7月下旬至8月上旬采种，种子溶蜡处理之后进行冰藏，播前3周将冰藏种子取出进行催芽，条播，播种时间为4月下旬至5月上旬，播种量约225千克/公顷。

造林技术：采用植苗造林。春季在2月下旬至3月下旬栽植，秋季在10月下旬至11月下旬栽植，多选用2~4年生健壮苗木，造林密度1111株/公顷左右。

山茱萸属 *Cornus*

光皮梾木 *Cornus wilsoniana* Wanger.
别名：光皮树

山茱萸科 Cornaceae

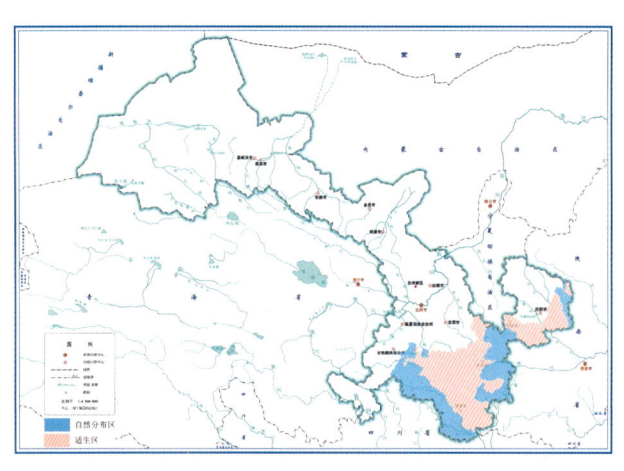

形态特征：落叶乔木，高 5~18 米。树皮灰色至青灰色，块状剥落。小枝圆柱形，深绿色。叶对生，纸质，椭圆形或卵状椭圆形，长 6~12 厘米，宽 2~5.5 厘米，先端渐尖或突尖，基部楔形或宽楔形，边缘波状，微反卷。顶生圆锥状聚伞花序，宽 6~10 厘米，被灰白色疏柔毛；花小，白色，直径约 7 毫米；花萼裂片 4，三角形；花瓣 4，长披针形，下面密被灰白色平贴短柔毛；雄蕊 4，长 6.2~6.8 毫米，花药线状长圆形，黄色，丁字形着生；花盘垫状；花柱圆柱形，柱头小，头状，子房下位，花托倒圆锥形，密被灰色平贴短柔毛。核果球形，直径 6~7 毫米，成熟时紫黑色至黑色，被平贴短柔毛或近于无毛；核骨质，球形，直径 4~4.5 毫米，肋纹不明显。花期 5 月，果期 10~11 月。

生态适应性：喜光，耐寒；喜深厚、肥沃且湿润的土壤，在酸性土及石灰岩土生长良好；生于海拔 130~1130 米的森林中。

分布范围：产于卓尼、迭部、舟曲、成县、文县及关山、子午岭、小陇山等地。在陇南其他县（区）、天水、平凉及临潭、漳县、岷县、合水、宁县、正宁等地适宜栽植。陕西、浙江、江西、福建、河南、湖北、湖南、广东、广西、四川、贵州等省区有分布。

育苗技术：采用播种育苗。10 月下旬至 11 月上旬采种，种子低温沙藏处理，春季播种，条状点播，沟深 2~3 厘米，株距 3~5 厘米，行距 25~30 厘米。

造林技术：采用植苗造林。春季栽植，随起随运随栽，造林密度 833~1667 株/公顷。

柿属 *Diospyros*

柿 *Diospyros kaki* Thunb.
别名：柿子

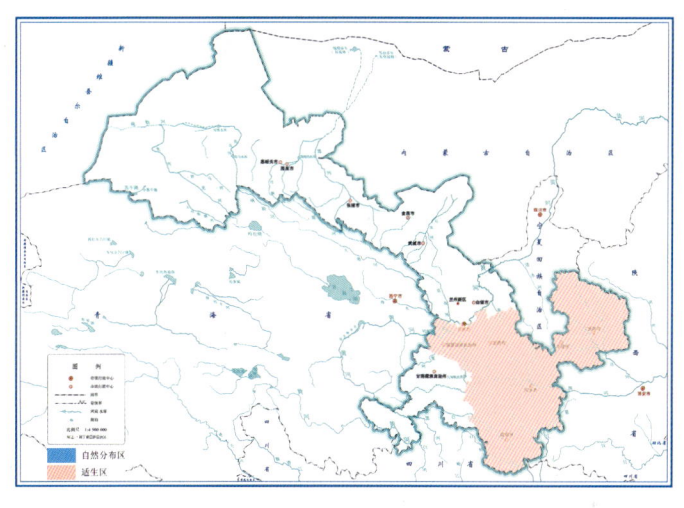

形态特征：落叶乔木，高 10~14 米。树皮深灰色至灰黑色，裂成长方块状。树冠球形或长圆球形。枝开展，无毛，散生纵裂的长圆形或狭长圆形皮孔。叶纸质，卵状椭圆形至倒卵形或近圆形，长 5~18 厘米，宽 2.8~9 厘米；叶柄长 8~20 毫米，变无毛，上面有浅槽。花雌雄异株，花序腋生，为聚伞花序；雄花序小，长 1~1.5 厘米；雄花小，长 5~10 毫米；花萼钟状，两面有毛，深 4 裂，裂片卵形，长约 3 毫米；花冠钟状，黄白色，外面或两面有毛，4 裂。果有球形、扁球形、球形且略呈方形、卵形等，直径 3.5~8.5 厘米，基部通常有棱，嫩时绿色，后变黄色、橙黄色，果肉较脆硬，老熟时果肉变得柔软多汁，呈橙红色或大红色等，有种子数颗；种子褐色。花期 5~6 月，果期 9~10 月。

生态适应性：喜光，耐旱；中生，喜温湿气候，适宜生长在海拔 1200 米以下缓坡和平地、土层厚 30 厘米以上的中性土壤。

分布范围：除甘南之外，在兰州以东以南地区适宜栽培。产于中国长江流域。

育苗技术：采用嫁接育苗。砧木主要是君迁子或山柿子实生苗，从优良品种柿树上选择生长充实健壮的上年秋梢或当年春梢、粗 0.3~0.5 厘米的枝条作接穗，尽量随采随接。

造林技术：采用植苗造林。嫁接苗高 1 米左右时，在秋季落叶后至春季发芽前定植，造林密度 625~1250 株 / 公顷。

柿属 *Diospyros*

君迁子 *Diospyros lotus* L.
别名：牛奶柿、黑枣、软枣

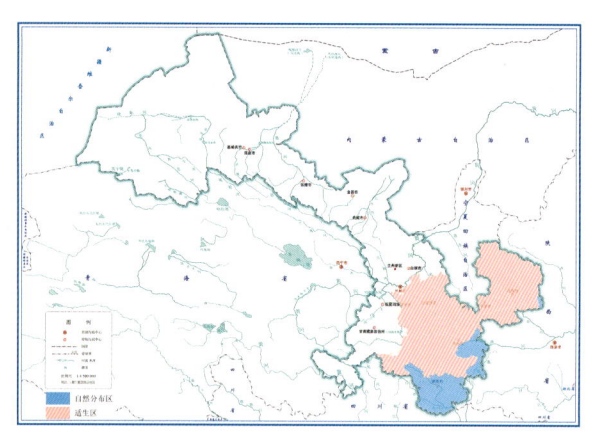

形态特征：落叶乔木，高达30米。树冠近球形或扁球形。树皮灰黑色或灰褐色，深裂或不规则的厚块状剥落。叶近膜质，椭圆形至长椭圆形，长5~13厘米，宽2.5~6厘米，先端渐尖或急尖，基部钝，宽楔形以至近圆形。雄花1~3朵腋生，簇生，近无梗；花萼钟形，4裂；花冠壶形，带红色或淡黄色，长约4毫米，4裂；雄蕊16枚，每2枚连生成对；花药披针形；雌花单生，几无梗，淡绿色或带红色；花冠壶形，长约6毫米，4裂；退化雄蕊8枚，着生于花冠基部，长约2毫米；子房除顶端外无毛，8室。果近球形或椭圆形，直径1~2厘米，常被有白色薄蜡层；种子长圆形，褐色。花期5~6月，果期10~11月。

生态适应性：耐半荫，耐寒、耐旱，耐瘠薄，寿命较长；生长于山地、山坡、山谷的灌丛中，或林缘。

分布范围：产于舟曲、文县、武都、康县及小陇山、子午岭（南段刘家店）等地。除甘南（不包括迭部和舟曲）和临夏之外，在兰州以东以南地区适宜栽植。山东、辽宁、河南、河北、山西、陕西、江苏、浙江、安徽、江西、湖南、湖北、贵州、四川、云南、西藏等省区有分布。

育苗技术：采用播种育苗。10~11月采种，多采用春季播种，也可秋季播种。春季播种在3月下旬至4月上中旬进行，种子沙藏催芽处理，在畦内开沟播种，播种量75~113千克/公顷。

造林技术：采用植苗造林。在4月上旬进行，苗木应选择1~2年生健壮苗木，造林密度833株/公顷左右。

山矾属 *Symplocos*

白檀 *Symplocos tanakana* Nakai

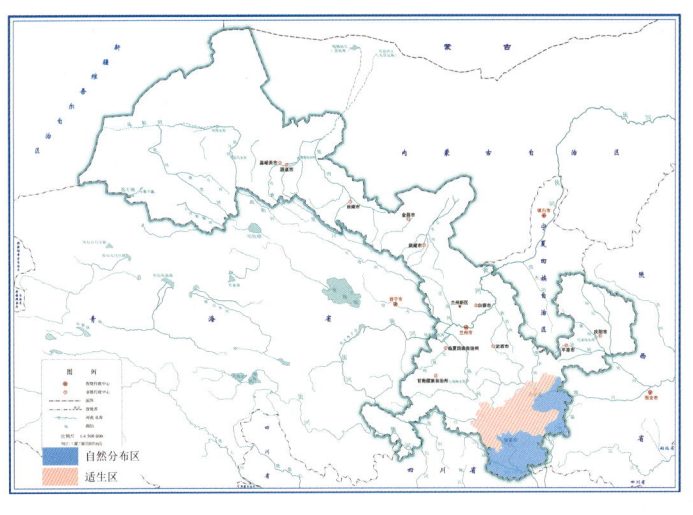

形态特征：落叶灌木或小乔木，高 1.5~5 米。树皮灰色，不规则条裂。嫩枝被灰白色柔毛，老枝无毛。叶两面、叶柄和花序均被柔毛，叶互生，纸质，椭圆形或倒卵形，长 3~11 厘米，宽 2~4 厘米，叶端急尖或渐尖，基部楔形，边缘有细尖锯齿，中脉在上面凹下；花期 5 月，圆锥花序生于新枝顶端或叶腋，长 4~8 厘米，花均有长花梗；花萼长约 2 毫米，裂片有柔毛，花冠白色，芳香，5 深裂，筒极短；雄蕊约 30 枚，花丝基部合生为五体雄蕊；子房顶端圆锥状，无毛，2 室。核果卵形、蓝黑色，稍偏斜，长 5~8 毫米，宿存萼裂片直立。花期 5 月。

生态适应性：深根性树种，适应性强，耐寒，耐旱，耐瘠薄，喜光也稍耐荫；喜温暖湿润的气候和深厚肥沃的砂质壤土。

分布范围：产于康县、武都、文县及嘉陵江林区、小陇山等地。在陇南其他县（区）、舟曲、麦积、秦州、清水等地适宜栽植。中国东北、华北、华中、华南、西南等区域有分布。

育苗技术：采用播种育苗。9 月下旬至 10 月上旬采种，4 月下旬播种，播种前浸种，撒播或条播，覆土厚约 1.5 厘米，播种量约 195 千克 / 公顷。

造林技术：一般采用植苗造林。选用 1 年生苗木，早春栽植，造林密度 2500 株 / 公顷左右。立地条件较好的地方，也可播种造林。

流苏树属 *Chionanthus*

流苏树 *Chionanthus retusus* Lindl. et Paxt.

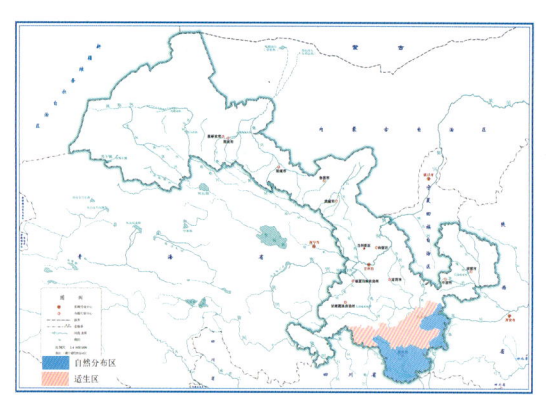

形态特征：落叶灌木或乔木，高达20米。小枝灰褐色或黑灰色，圆柱形，开展，无毛。叶片革质或薄革质，长圆形、椭圆形或圆形，长3~12厘米，宽2~6.5厘米，先端圆钝，基部圆或宽楔形至楔形，全缘或有小锯齿，叶缘稍反卷；叶柄长0.5~2厘米，密被黄色卷曲柔毛。聚伞状圆锥花序，长3~12厘米，顶生于枝端；苞片线形，疏被或密被柔毛，花长1.2~2.5厘米，单性且雌雄异株或为两性花；花梗长0.5~2厘米，纤细；花萼长1~3毫米，4深裂，裂片尖三角形或披针形；花冠白色，4深裂，裂片线状倒披针形；雄蕊藏于管内或稍伸出，花药长卵形，长1.5~2毫米，药隔突出；子房卵形，长1.5~2毫米，柱头球形，稍2裂。果椭圆形，被白粉，长1~1.5厘米，径6~10毫米，呈蓝黑色或黑色。花期3~6月，果期6~11月。

生态适应性：喜光，不耐荫蔽，耐寒，耐旱，耐瘠薄，忌积水；对土壤要求不严，但在肥沃、通透性好的沙壤土中生长最好。

分布范围：产于武都、康县、文县、舟曲及小陇山等地。在陇南其他县（区）、麦积、秦州、清水、迭部等地适宜栽植。陕西、山西、河北、河南以南至云南、四川、广东、福建及台湾等地有分布。

育苗技术：采用播种育苗。9月中旬至10月中旬采种，越冬沙藏处理，春季播种，高床条播，播种量225~300千克/公顷。

造林技术：采用植苗造林。春、秋季均可，选择3年生苗木，带土球栽植，造林密度1250株/公顷左右。

连翘属 Forsythia

连翘 Forsythia suspensa (Thunb.) Vahl
别名：毛连翘

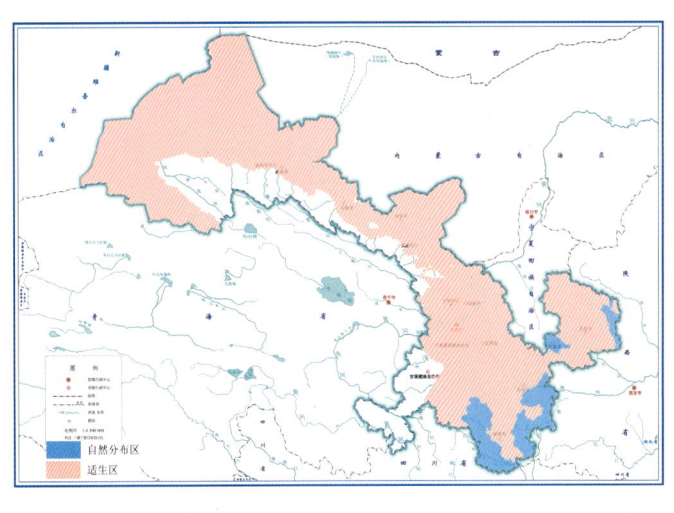

形态特征：落叶灌木。枝棕色、棕褐色或淡黄褐色。叶通常为单叶，或3裂至三出复叶，叶片卵形、宽卵形或椭圆状卵形至椭圆形，先端锐尖，基部圆形、宽楔形至楔形。花通常单生或2至数朵着生于叶腋，先于叶开放；花梗长5~6毫米；花萼绿色，裂片长圆形或长圆状椭圆形，先端钝或锐尖，边缘具柔毛；花冠黄色，裂片倒卵状长圆形或长圆形，在雌蕊长5~7毫米花中，雄蕊长3~5毫米，在雄蕊长6~7毫米的花中，雌蕊长约3毫米。果卵球形、卵状椭圆形或长椭圆形，长1.2~2.5厘米，先端喙状渐尖。花期3~4月，果期7~9月。

生态适应性：喜光，耐寒，耐旱，耐瘠薄，不耐水湿；喜暖湿气候，适宜生长在海拔1500米以下阴阳坡、土层厚20厘米以上的酸性至微碱性土壤。

分布范围：产于舟曲、文县、成县、康县、宕昌及小陇山、崆峒山、子午岭（中湾、刘家店）等地。除甘南（不包括舟曲和迭部）和河西南部高寒区之外，在全省各地广泛用于城市绿化。河北、山西、陕西、山东、安徽西部、河南、湖北及四川等省区有分布。

育苗技术：一般采用播种育苗。9月采种，3月下旬至4月上旬播种，播种量45~75千克/公顷。也可扦插和压条繁殖。

造林技术：采用植苗造林。3月上中旬栽植，每穴栽植2株，造林密度1111~1667穴/公顷。

木樨科 Oleacae

梣属 *Fraxinus*

白蜡树 *Fraxinus chinensis* Roxb.
别名：白蜡杆、小叶白蜡、尖叶梣、川梣、绒毛梣

木樨科 Oleaceae

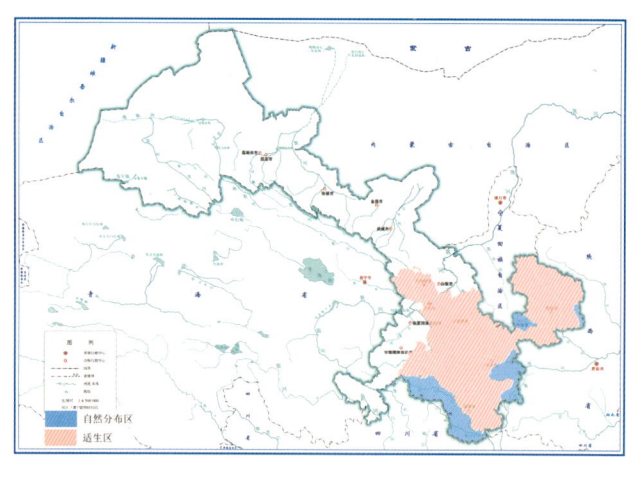

形态特征：落叶乔木，高 10~12 米。树皮灰褐色，纵裂。小枝黄褐色，粗糙，无毛或疏被长柔毛。羽状复叶长 15~25 厘米；叶柄长 4~6 厘米，基部不增厚；小叶 5~7 枚，硬纸质，卵形、倒卵状长圆形至披针形，长 3~10 厘米；圆锥花序顶生或腋生枝梢，长 8~10 厘米；花序梗长 2~4 厘米，无毛或被细柔毛，光滑，无皮孔；花雌雄异株；雄花密集，花萼小，钟状，长约 1 毫米，无花冠；雌花疏离，花萼大，桶状，长 2~3 毫米，4 浅裂，花柱细长，柱头 2 裂。翅果匙形，长 3~4 厘米，先端锐尖，常呈犁头状，基部渐狭，翅平展，坚果圆柱形，长约 1.5 厘米；宿存萼紧贴于坚果基部，常在一侧开口深裂。花期 4~5 月，果期 7~9 月。

生态适应性：喜光树种，耐寒，稍耐荫；对土壤要求不严，耐轻度盐碱和水湿；喜暖湿气候，适宜生长在海拔 1500 米以下阴阳坡。

分布范围：产于迭部、舟曲、文县及子午岭（中段、南段）、崆峒山、小陇山等地。除甘南部分县区和临夏之外，兰州以东以南地区适宜栽植。中国各地均有分布。

育苗技术：一般采用播种育苗。春、秋季都可进行，秋播种子不需处理，春播前 10 天进行种子处理，条播，播种量 150~225 千克/公顷。也可扦插育苗。

造林技术：采用植苗造林。选择 2~3 年、胸径在 3 厘米以上苗木，造林密度 500~2222 株/公顷，早春对定植苗在 1~2 米处进行定干。

梣属 *Fraxinus*

花曲柳 *Fraxinus chinensis* subsp. *rhynchophylla* (Hance) E. Murr.
别名： 大叶白蜡

木樨科 Oleaceae

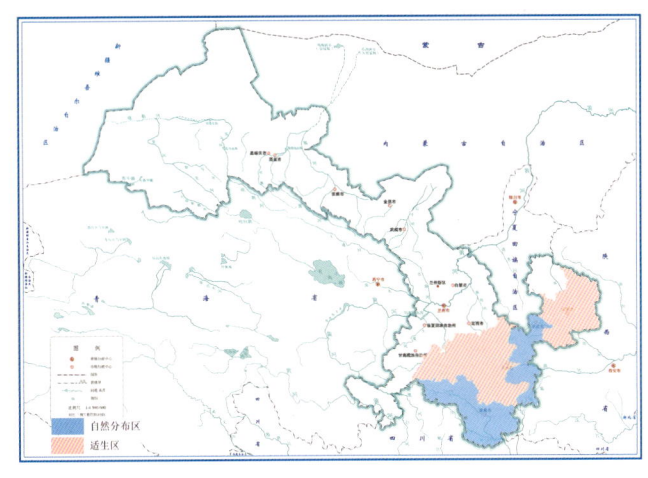

形态特征： 落叶大乔木，高 12~15 米。树皮灰褐色，光滑。当年生枝淡黄色，羽状复叶长 15~35 厘米；叶柄长 4~9 厘米，基部膨大；小叶 5~7 枚，革质，先端渐尖，叶缘呈不规则粗锯齿；苞片长披针形，无毛，早落。雄花与两性花异株；花萼浅杯状，长约 1 毫米；无花冠；两性花具雄蕊 2 枚，长约 4 毫米，花药椭圆形，花丝长约 1 毫米，雌蕊具短花柱，柱头 2 叉深裂；雄花花萼小。翅果线形，先端钝圆、急尖或微凹，翅下延至坚果中部，坚果长约 1 厘米，略隆起。花期 4~5 月，果期 9~10 月。

生态适应性： 喜光树种，适应性强，能耐 47.6℃的高温和 -36.8℃的低温；在酸性、石灰性及含盐量 5 克/千克的土壤中均能生长，通常在河流两岸及水边栽种，生长迅速；耐大气干旱能力较差。

分布范围： 产于康县及小陇山、白龙江林区、崆峒山、关山等地。在陇南其他县（区）、天水、平凉及宁县、正宁、合水、卓尼、舟曲、迭部等地适宜栽植。中国东北和黄河流域均有分布。

育苗技术： 一般采用播种和扦插育苗。播种育苗在春、秋季均可进行，秋播不需要种子处理，春播前 10 天催芽，条播，播种量 150~225 千克/公顷。扦插育苗，插穗长度 20 厘米，扦插密度 45000~75000 株/公顷。

造林技术： 采用植苗造林。春季造林，选择 1 年生、地径 0.4 厘米以上、苗高 20 厘米以上健壮苗木，造林密度 1667~2500 株/公顷。

梣属 *Fraxinus*

水曲柳 *Fraxinus mandshurica* Rupr.
保护级别：国家二级

木樨科 Oleaceae

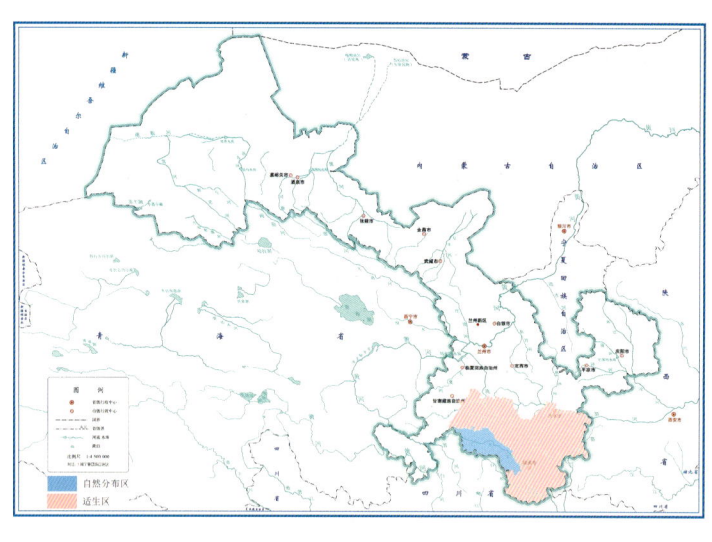

形态特征：落叶大乔木，高达30米，胸径达2米。树皮厚，灰褐色，纵裂。小枝粗壮，黄褐色至灰褐色。羽状复叶长25~35（40）厘米；叶柄长6~8厘米，近基部膨大，干后变黑褐色；小叶7~11（13）枚，纸质，长圆形至卵状长圆形，长5~20厘米，宽2~5厘米，先端渐尖或尾尖，基部楔形至钝圆。圆锥花序生于去年生枝上，长15~20厘米；花序梗与分枝具窄翅状锐棱；雄花与两性花异株，均无花冠也无花萼；雄花序紧密，花梗细而短，长3~5毫米，雄蕊2枚；两性花序稍松散，花梗细而长，两侧常着生2枚甚小的雄蕊，子房扁且宽。翅果大且扁，长圆形至倒卵状披针形。花期4月，果期8~9月。

生态适应性：喜光，喜湿润，耐寒；生于海拔700~2100米的山坡疏林中或河谷平缓山地；适合生长在土壤温度较低、含水率偏高的下坡位。

分布范围：产于迭部、舟曲等地。在陇南及麦积、秦州、卓尼、临潭、岷县、漳县等地适宜栽植。中国东北、华北、陕西、湖北等地均有分布。

育苗技术：一般采用播种育苗。种子沙藏处理，春季3月下旬播种，条播或撒播，播种量约225千克/公顷，覆土厚度1~2厘米，出苗后及时间苗，每米双行留苗20~25株。也可扦插育苗。

造林技术：采用植苗造林。春季4月下旬进行，造林密度2000株/公顷左右。

女贞属 *Ligustrum*

女贞 *Ligustrum lucidum* Ait.
别名： 大叶女贞、冬青、落叶女贞

形态特征： 灌木或乔木，高达25米。树皮灰褐色。枝黄褐色、灰色或紫红色，圆柱形。叶片常绿，革质，卵形、长卵形或椭圆形至宽椭圆形，长6~17厘米，宽3~8厘米，先端锐尖至渐尖或钝，基部圆形或近圆形。圆锥花序顶生，长8~20厘米；花序轴及分枝轴无毛，紫色或黄棕色；花序基部苞片常与叶同型，小苞片披针形或线形，长0.5~6厘米；花无梗或近无梗；花萼无毛，长1.5~2毫米；花冠长4~5毫米，裂片长2~2.5毫米，反折；花丝长1.5~3毫米，花药长圆形；花柱长1.5~2毫米，柱头棒状。果肾形或近肾形，长7~10毫米，成熟时呈红黑色，被白粉。花期5~7月，果期7月至翌年5月。

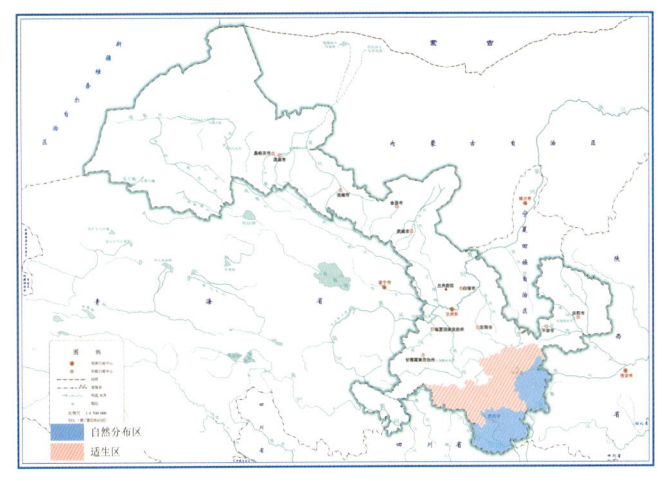

生态适应性： 适生于深厚、肥沃、湿润的土壤，对土壤的适应性强，酸性、中性、碱土及轻度盐碱土均可生长；深根性，侧根广展，抗风力强；忌积水，不耐干旱和贫瘠。

分布范围： 产于文县、康县、武都、徽县、两当及小陇山等地。在陇南其他县（区）、天水及舟曲、迭部等地适宜栽植。长江以南至华南、西南各地有分布，向西北分布至陕西。

育苗技术： 一般采用播种育苗。10~11月采种，随采随播，春播前种子浸种催芽，撒播和条播，播种量约20千克/公顷。也可扦插育苗。

造林技术： 采用植苗造林。春季栽植，当天起苗当天造林，造林密度约1667株/公顷，城市绿化株行距4米×4米。

木樨榄属 *Olea*

木樨榄 *Olea europaea* L.
别名：油橄榄

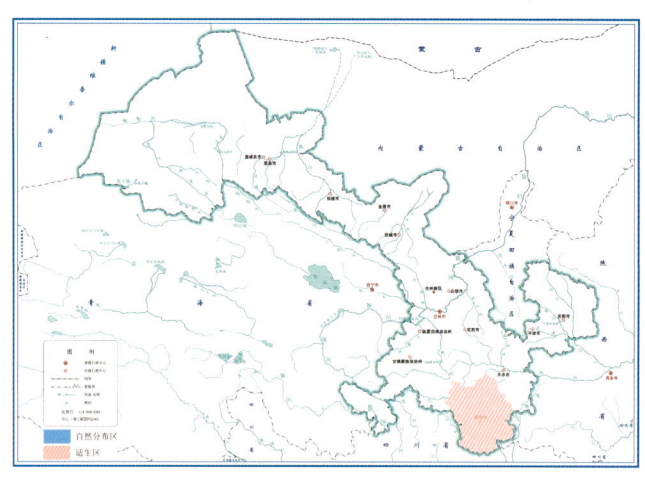

形态特征：常绿小乔木，高达10米。树皮灰色。枝灰色或灰褐色，近圆柱形，散生圆形皮孔。叶片革质，披针形，长1.5~6厘米，宽0.5~1.5厘米，先端锐尖至渐尖，具小凸尖，基部渐窄或楔形，全缘，叶缘反卷。圆锥花序腋生或顶生，长2~4厘米；花序梗长0.5~1厘米，被银灰色鳞片；苞片披针形或卵形，长0.5~2毫米；花梗短；花芳香，白色，两性；花萼杯状，长1~1.5毫米，浅裂或几近截形；花冠长3~4毫米，深裂几达基部，裂片长圆形，先端钝或锐尖，边缘内卷；花丝扁平，花药卵状三角形；子房球形，无毛，花柱短，柱头头状，2裂。果椭圆形，长1.6~2.5厘米，径1~2厘米，成熟时呈蓝黑色。花期4~5月，果期6~9月。

生态适应性：喜光，喜温暖，耐旱，忌涝，年均温15℃~20℃、年有效积温3500℃~4000℃、日平均温度18℃~24℃环境最适宜生长；对土壤要求不严，pH值5.0~8.5均可栽培。

分布范围：武都、文县、宕昌、成县、康县、西和、礼县、舟曲等地有引种栽培。中国长江流域以南地区亦栽培。

育苗技术：一般采用扦插育苗。扦插基质可用河沙、蛭石、珍珠岩、泥炭土等，选择1年生枝条作插穗，株距2~3厘米，行距5~6厘米。也可播种、嫁接育苗。

造林技术：采用植苗造林。春、秋季均可栽植，选择光照充足、土层肥厚（≥80厘米）、pH值6.5~8.5的地块，造林密度333~500株/公顷。

木樨属 *Osmanthus*

木樨 *Osmanthus fragrans* (Thunb.) Lour.
别名： 丹桂、刺桂、四季花

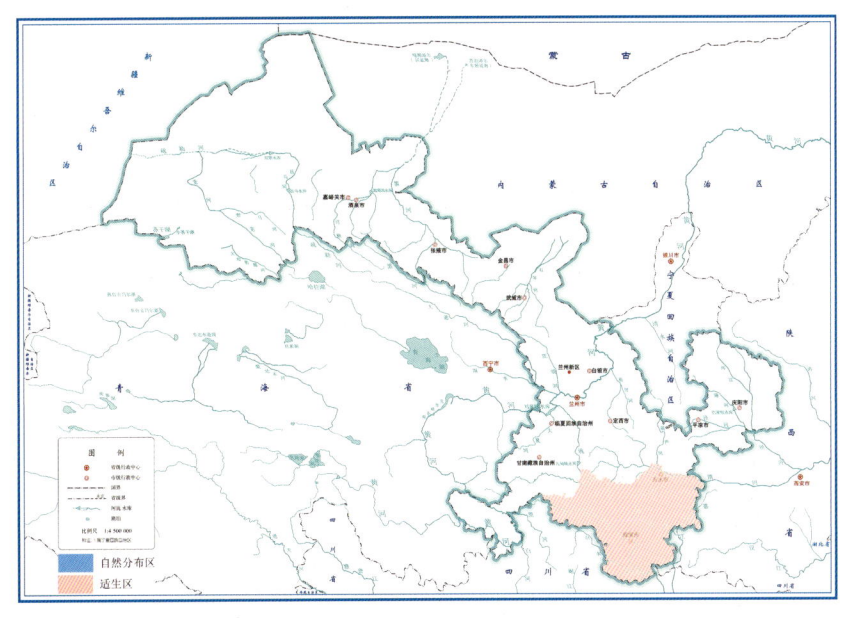

形态特征： 常绿乔木或灌木，高 3~5 米。树皮灰褐色。小枝黄褐色，无毛。叶片革质，椭圆形、长椭圆形或椭圆状披针形，长 7~14.5 厘米，宽 2.6~4.5 厘米，先端渐尖，基部渐狭呈楔形或宽楔形。聚伞花序簇生于叶腋，每腋内有花多朵；苞片宽卵形，质厚；花梗细弱，长 4~10 毫米；花极芳香；花萼长约 1 毫米；花冠黄白色、淡黄色、黄色或橘红色，长 3~4 毫米；雄蕊着生于花冠管中部，花丝极短；雌蕊长约 1.5 毫米，花柱长约 0.5 毫米。果歪斜，椭圆形，呈紫黑色。花期 9~10 月上旬，果期翌年 3 月。

生态适应性： 喜温暖，较耐荫；适生于肥沃且排水良好的沙质壤土。

分布范围： 在陇南及舟曲、迭部、麦积、秦州、岷县等地适宜栽植。中国西南部有分布。

育苗技术： 一般采用播种育苗。4~5 月采种，种子越冬沙藏处理，翌年 4 月上旬播种，播种量约 150 千克/公顷。也可扦插育苗。

造林技术： 采用植苗造林。栽植时间春季最佳，带土球移植，造林密度 2000 株/公顷左右。

丁香属 *Syringa*

紫丁香 *Syringa oblata* Lindl.
别名：白丁香、毛紫丁香、华北紫丁香

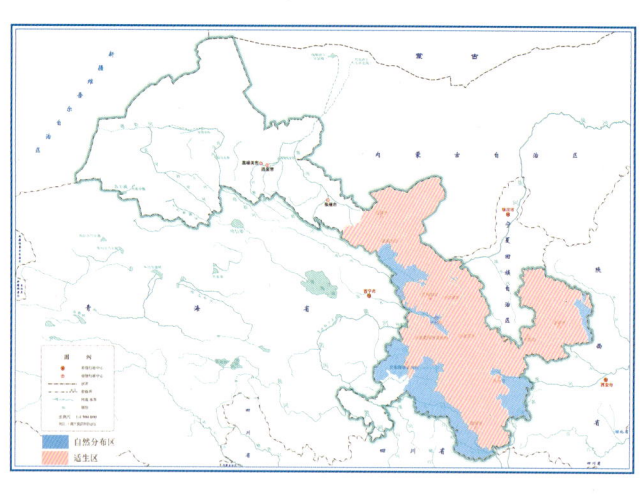

形态特征：灌木或小乔木，高达5米。树皮灰褐色或灰色。叶片革质或厚纸质，卵圆形至肾形，长2~14厘米，宽2~15厘米，先端短凸尖至长渐尖或锐尖。圆锥花序直立，近球形或长圆形，长4~16（20）厘米；花梗长0.5~3毫米；花萼长约3毫米，萼齿渐尖、锐尖或钝；花冠紫色，长1.1~2厘米，花冠管圆柱形，长0.8~1.7厘米。果倒卵状椭圆形、卵形至长椭圆形，长1~1.5（2）厘米，先端长渐尖，光滑。花期4~5月，果期6~10月。

生态适应性：喜光，耐半荫，耐寒，耐旱，耐瘠薄，忌积涝、湿热；适应性较强，以排水良好、疏松的中性土壤为宜，忌酸性土。

分布范围：产于舟曲、迭部、夏河、卓尼、临潭、天祝、麦积、永登（连城）、徽县、两当、文县（范坝）、兰州（南部山区）及兴隆山、靖远（哈思山）、子午岭等地。除酒泉、嘉峪关、张掖和玛曲、碌曲等地之外，全省其他地区均适宜栽植。中国东北、华北、西北（除新疆）至西南达四川西北部（松潘、南坪）等区域均有分布。

育苗技术：采用播种育苗。8~10月采种，随采随播，开沟点播，播后覆土约1厘米，苗高4~5厘米具2片幼叶时，移植于苗床或移入营养袋中育苗。

造林技术：采用植苗造林。选择土壤疏松且排水良好的地块，春季萌动前裸根栽植，选用2~3年生苗木，造林密度1250~2000株/公顷。

丁香属 *Syringa*

羽叶丁香 *Syringa pinnatifolia* Hemsl.

形态特征：直立灌木，高1~4米。树皮呈片状剥裂。枝灰棕褐色，与小枝常呈四棱形。叶为羽状复叶，长2~8厘米，宽1.5~5厘米，具小叶7~11（13）枚；小叶片对生或近对生，卵状披针形、卵状长椭圆形至卵形，长0.5~3厘米，宽0.3~1.5厘米，先端锐尖至渐尖或钝，基部楔形至近圆形。圆锥花序由侧芽抽生，长2~6.5厘米；花梗长2~5毫米；花萼长约2.5毫米，萼齿三角形，先端锐尖、渐尖或钝；花冠白色、淡红色，略带淡紫色，长1~1.6厘米，花冠管略呈漏斗状；花药黄色，长约1.5毫米。果长圆形，光滑。花期5~6月，果期8~9月。

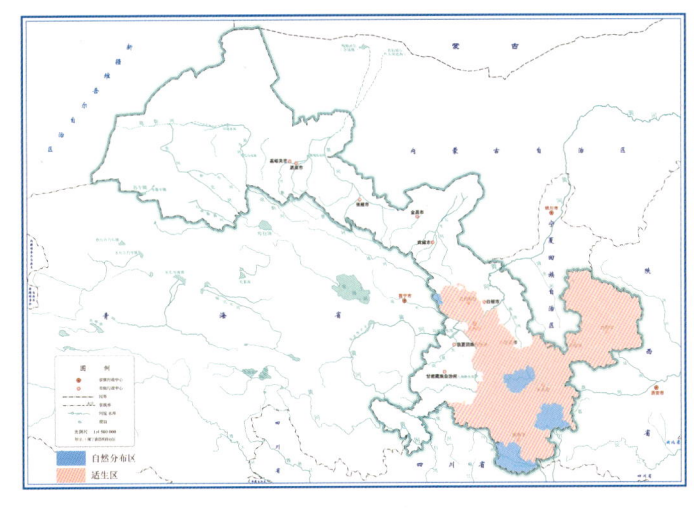

生态适应性：喜光，稍耐荫，耐寒，耐旱。

分布范围：产于徽县（谈家庄）、成县（南康）、文县、永登（连城）、甘谷、武山等地。在天水其他县（区）、陇南其他县（区）、兰州、定西、平凉、庆阳及舟曲、迭部等地适宜栽植。内蒙古和宁夏交界的贺兰山地区以及陕西南部、青海东部和四川西部有分布。

育苗技术：一般采用播种育苗。9~10月采种，播前温水浸泡处理，温室3月中下旬播种，大田4月中下旬播种，条播，温室播种深度0.5~1厘米，大田1~2厘米。也可嫩枝扦插育苗。

造林技术：采用植苗造林。多用于城市绿化，春季进行，随整地随栽植，选择3年生以上苗木，造林密度1429~2500株/公顷。

木樨科 Oleaceae

丁香属 *Syringa*

小叶巧玲花 *Syringa pubescens* subsp. *microphylla* (Diels) M. C. Chang et X. L. Chen

别名：四季丁香、小叶丁香、光萼巧玲花

木樨科 Oleaceae

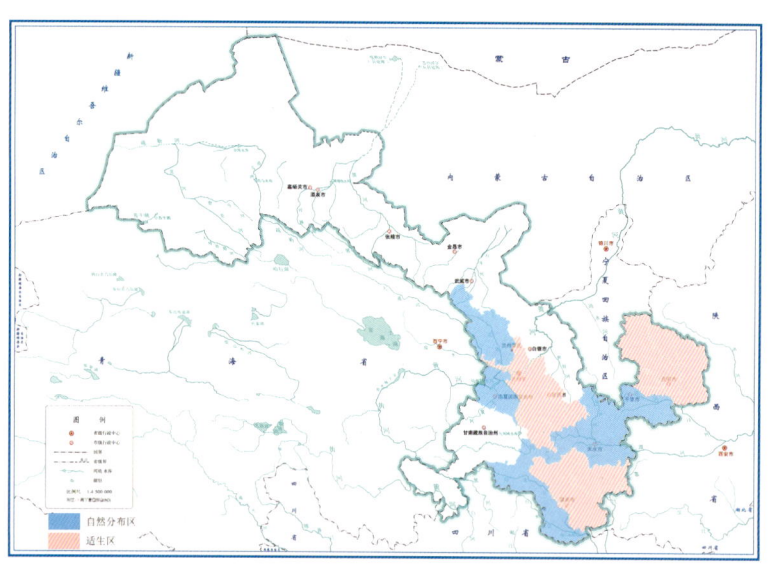

形态特征：灌木。小枝，花序轴近圆柱形，连同花梗、花萼呈紫色，被微柔毛或短柔毛，稀密被短柔毛或近无毛。叶片卵形、椭圆状卵形至披针形或近圆形、倒卵形，下面疏被或密被短柔毛、柔毛或近无毛。花冠紫红色，盛开时外面呈淡紫红色，内带白色，长0.8~1.7厘米，花冠管近圆柱形，长0.6~1.3厘米，裂片长2~4毫米；花药紫色或紫黑色，着生于距花冠管喉部0~3毫米处。花期5~6月，栽培的每年开花两次，第一次春季，第二次8~9月，果期7~9月。

生态适应性：喜阳，喜湿润，适宜排水良好的土壤。

分布范围：产于平凉、天水、临夏及永登、天祝、迭部、舟曲、岷县、文县等地。在陇南其他县（区）、定西、庆阳和兰州等地适宜栽植。河北西南部、山西、陕西、宁夏南端、青海东部、河南西部、湖北西部及四川东北部等地有分布。

育苗技术：一般采用播种育苗。9月采种，翌年春季播种，播前浸种，播后覆土约1厘米，播种量约350千克/公顷。也可扦插和分株繁殖。

造林技术：采用植苗造林。宜在秋季落叶后或早春芽萌动前栽植，造林密度1667株/公顷左右。

杠柳属 *Periploca*

杠柳 *Periploca sepium* Bge.

形态特征：落叶蔓性灌木，长达 1.5 米。茎皮灰褐色。小枝通常对生，有细条纹，具皮孔。叶卵状长圆形，长 5~9 厘米，宽 1.5~2.5 厘米，顶端渐尖，基部楔形。聚伞花序腋生，着花数朵；花萼裂片卵圆形，长 3 毫米，宽 2 毫米，顶端钝，花萼内面基部有 10 个小腺体；花冠紫红色，辐状，张开直径 1.5 厘米，花冠筒短，裂片长圆状披针形，中间加厚呈纺锤形，反折，内面被长柔毛；副花冠环状，10 裂，其中 5 裂延伸丝状，被短柔毛，顶端向内弯；雄蕊着生在副花冠内面，并与其合生。蓇葖 2，圆柱状，长 7~12 厘米，直径约 5 毫米，具有纵条纹；种子长圆形，长约 7 毫米，宽约 1 毫米，黑褐色，顶端具白色绢质种毛。花期 5~6 月，果期 7~9 月。

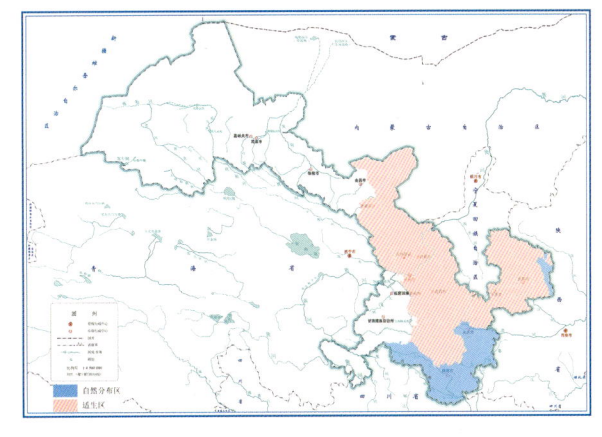

生态适应性：阳性树种，喜光，耐寒，耐旱，耐瘠薄，耐盐碱；对土壤适应性强，抗风蚀，抗沙埋，根蘖性强。

分布范围：产于武都、成县、徽县、两当、康县、文县、麦积、秦州、迭部、舟曲及子午岭等地。在陇南其他县（区）、天水其他县（区）、庆阳、平凉、兰州、白银、定西、武威等地适宜栽植。吉林、辽宁、内蒙古、河北、山东、山西、江苏、河南、江西、贵州、四川和陕西等省区有分布。

育苗技术：一般采用播种育苗。10 月采种，3 月下旬至 4 月上旬播种，垄播，开沟深度 1 厘米，覆土厚约 1 厘米。也可扦插和分株繁殖。

造林技术：一般采用植苗造林。造林前整地起垄，选用 1 年生以上苗木，造林密度 5000 株/公顷左右。也可播种造林。

夹竹桃科 Apocynaceae

枸杞属 *Lycium*

宁夏枸杞 *Lycium barbarum* L.
别名：中宁枸杞、山枸杞、津枸杞

茄科 Solanaceae

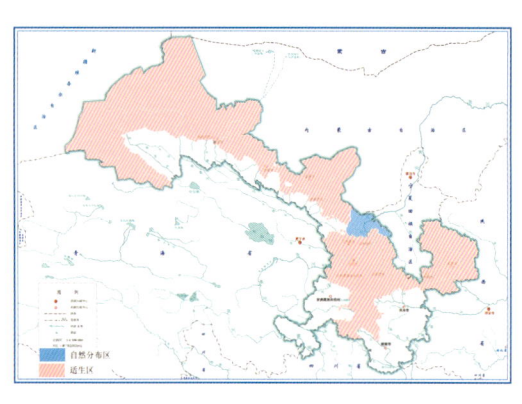

形态特征：灌木，高0.8~2米，栽培者茎粗，直径10~20厘米。分枝细密，野生时多开展且略斜升或弓曲，栽培时小枝弓曲且树冠多呈圆形。叶互生或簇生，披针形或长椭圆状披针形，顶端短渐尖或急尖，基部楔形，长2~3厘米，宽4~6毫米，略带肉质。花在长枝上1~2朵生于叶腋，在短枝上2~6朵同叶簇生。花萼钟状，长4~5毫米，通常2中裂；花冠漏斗状，紫色，裂片长5~6毫米，卵形，基部有耳。浆果红色或在栽培类型中也有橙色，果皮肉质，多汁液，广椭圆状、矩圆状、卵状或近球状，顶端有短尖头或平截，长8~20毫米，直径5~10毫米。花果期较长，一般从5月到10月边开花边结果，采摘果实时成熟一批采摘一批。

生态适应性：喜光，宜冷凉气候，耐干旱，耐瘠薄，耐寒，耐盐碱，忌高温及水涝；对土壤质地要求不严，适应性强，但以排水良好、土质肥沃的中性或微碱性沙壤土为好。

分布范围：产于景泰、靖远等地。在河西地区（除南部高寒区）、白银其他县（区）、兰州、定西、临夏、平凉、庆阳及临潭、迭部、宕昌等地适宜栽培。河北北部、内蒙古、山西北部、陕西北部、宁夏、青海、新疆等地有分布。

育苗技术：主要采用播种和扦插育苗。播种育苗，6月下旬至10月上旬采种，开沟条播，播种量约5千克/公顷。扦插育苗，春季选择1~2年生枝条剪插穗，用清水或生长素溶液浸泡处理后扦插。

造林技术：采用植苗造林。春季3月下旬至4月上旬进行，定植坑宽和深度均为30厘米，定植密度1667~2500株/公顷。

枸杞属 *Lycium*

枸杞 *Lycium chinense* Mill.
别名：枸杞菜、狗奶子、狗牙根

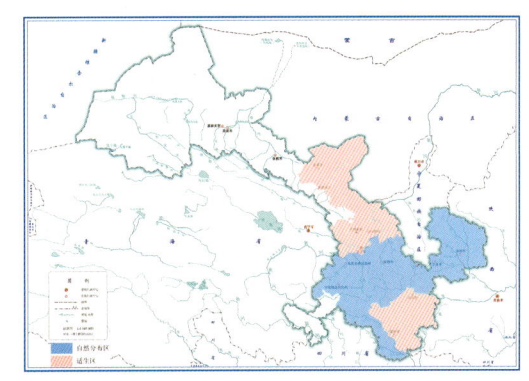

形态特征：多分枝灌木，高1（2）米。枝条细弱，弯曲或俯垂，淡灰色，具纵纹，小枝顶端成棘刺状，短枝顶端棘刺长达2厘米；叶卵形、卵状菱形、长椭圆形或卵状披针形，长1.5~5厘米，先端尖，基部楔形，栽培植株之叶长10厘米以上，叶柄长0.4~1厘米；花在长枝1~2腋生，花梗长1~2厘米，花萼长3~4毫米，常3中裂或4~5齿裂，具缘毛；花冠漏斗状，淡紫色，冠筒向上骤宽，较冠檐裂片稍短或近等长，5深裂，裂片卵形，平展或稍反曲，具缘毛，基部耳片显著；雄蕊稍短于花冠，花丝近基部密被一圈绒毛并成椭圆状毛丛，与毛丛等高处花冠筒内壁密被一环绒毛，花柱稍长于雄蕊；浆果卵圆形，红色，长0.7~1.5厘米，栽培类型长圆形或长椭圆形，长达2.2厘米；种子扁肾形，长2.5~3毫米，黄色。花期5~9月，果期8~11月。

生态适应性：适宜湿润环境，对温度的要求较低；耐肥、耐旱并且耐盐碱，对种植土壤的要求不严格；常生于山坡、荒地、丘陵地、盐碱地、路旁及宅旁。

分布范围：产于中部黄土高原、庆阳、平凉及夏河、卓尼、临潭、迭部、舟曲、文县等地。在天水其他县（区）、陇南其他县（区）、武威、金昌、白银、兰州等地适宜栽植。河北北部、山西北部、陕西北部、内蒙古、宁夏、青海东部和新疆等地有分布。

育苗技术：采用扦插育苗。包括硬枝扦插和嫩枝扦插，硬枝扦插在4月初进行，插穗长度13~15厘米，深度9~12厘米。嫩枝扦插在6月下旬开始，选择新梢中上部半木质化的枝条，直插，深度3~4厘米。

造林技术：采用植苗造林。春、秋季均可栽植，造林密度1667~2500株/公顷。

枸杞属 *Lycium*

黑果枸杞 *Lycium ruthenicum* Murr.

保护级别：国家二级

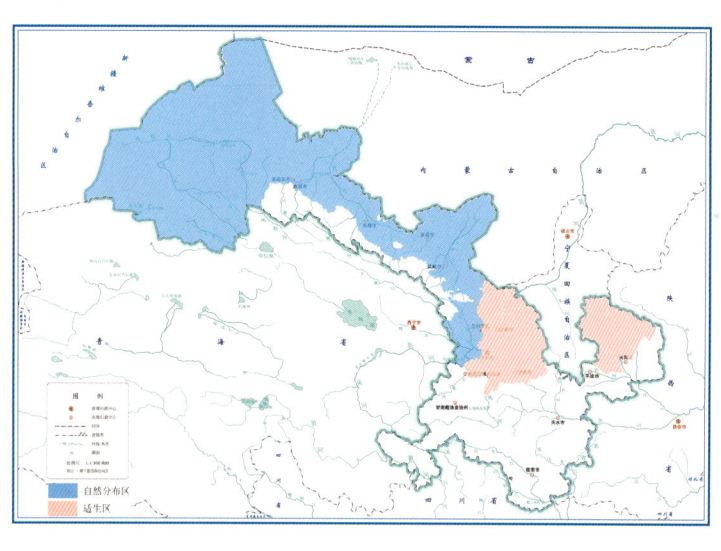

形态特征：多棘刺灌木，高 20~50（150）厘米。多分枝，小枝顶端渐尖成棘刺状。叶 2~6 枚簇生于短枝上，在幼枝上则单叶互生，肥厚肉质，近无柄，条形、条状披针形或条状倒披针形，顶端钝圆，基部渐狭，长 0.5~3 厘米，宽 2~7 毫米。花 1~2 朵生于短枝上；花萼狭钟状，长 4~5 毫米，不规则 2~4 浅裂；花冠漏斗状，浅紫色，长约 1.2 厘米，5 浅裂；雄蕊稍伸出花冠，着生于花冠筒中部；花柱与雄蕊近等长。浆果紫黑色，球状，径 4~9 毫米。种子肾形，褐色，长 1.5 毫米。花果期 5~10 月。

生态适应性：喜光，耐旱，耐盐碱；对土壤要求不严，多喜生于盐碱荒地、盐化沙地等各种盐渍化生境土壤中。

分布范围：产于河西荒漠盐碱地、永靖、永登、红古、西固等地。在兰州、白银及东乡、庆城、镇原、华池、环县、安定等地适宜栽培。陕西北部、宁夏、青海、新疆和西藏等省区有分布。

育苗技术：一般采用播种育苗。7~11 月采种，3 月下旬至 4 月中旬播种，播前种子温水浸种处理，条播，播种量约 20 千克/公顷，产苗 60 万~75 万株/公顷。也可扦插和根蘖繁殖。

造林技术：采用植苗造林。根径大于 0.6 厘米时即可出圃造林，选择阴天或早晚定植，造林密度 5000 株/公顷左右。

醉鱼草属 *Buddleja*

互叶醉鱼草 *Buddleja alternifolia* Maxim.

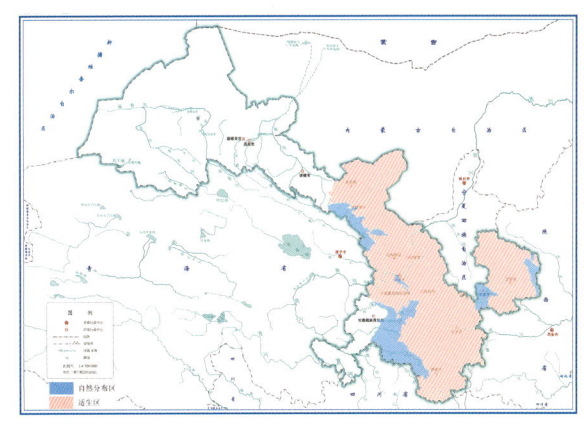

形态特征：灌木，高1~4米。长枝对生或互生；短枝簇生。叶在长枝上互生，在短枝上簇生，在长枝上的叶片披针形或线状披针形，长3~10厘米，宽2~10毫米，顶端急尖或钝，基部楔形；在花枝上或短枝上的叶很小，椭圆形或倒卵形，长5~15毫米，宽2~10毫米，顶端圆至钝，基部楔形或下延至叶柄。花多朵组成簇生状或圆锥状聚伞花序；花序较短，密集，长1~4.5厘米；花萼钟状，具四棱，花萼裂片三角状披针形；花冠紫蓝色；雄蕊着生于花冠管内壁中部，花丝极短；子房长卵形，长约1.2毫米。蒴果椭圆状，长约5毫米；种子多颗，狭长圆形，长1.5~2毫米，灰褐色，周围边缘有短翅。花期5~7月，果期7~10月。

生态适应性：耐干旱，抗风沙，耐土壤瘠薄与严寒酷暑。

分布范围：产于舟曲、卓尼、临潭、迭部、崆峒、华亭、渭源、兰州（西果园）及子午岭、太子山、祁连山（冷龙岭以东）、兴隆山等地。在定西其他县（区）、平凉其他县（区）、武威、金昌、兰州、临夏、白银、庆阳、天水、陇南等地适宜栽植。内蒙古、河北、山西、陕西、宁夏、青海、河南、四川和西藏等省区有分布。

育苗技术：一般采用播种育苗。8月中下旬采种，春季播种，多用平床，撒播或条播均可，播种量约75千克/公顷。也可硬枝和嫩枝扦插育苗。

造林技术：采用植苗造林。造林密度1667株/公顷左右，栽植后第3年根据生长量和密度需适当间苗或分栽，避免相互挤压。

玄参科 Scrophulariaceae

醉鱼草属 *Buddleja*

大叶醉鱼草 *Buddleja davidii* Franch.
别名：大卫醉鱼草

玄参科 Scrophulariaceae

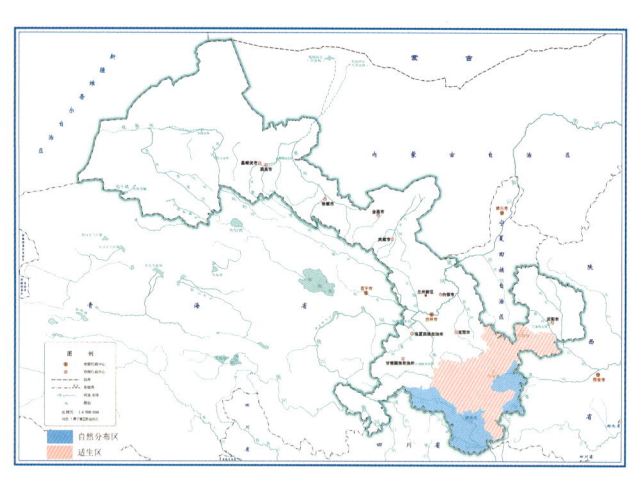

形态特征：灌木，高1~5米。小枝外展且下弯，略呈四棱形。叶对生，叶片膜质至薄纸质，狭卵形、狭椭圆形至卵状披针形，长1~20厘米，宽0.3~7.5厘米，顶端渐尖，基部宽楔形至钝，边缘具细锯齿。总状或圆锥状聚伞花序，顶生，长4~30厘米，宽2~5毫米；花梗长0.5~5毫米；小苞片线状披针形，长2~5毫米；花萼钟状，长2~3毫米，花萼裂片披针形，长1~2毫米，膜质；花冠淡紫色，后变黄白色至白色，喉部橙黄色，芳香，花冠裂片近圆形，长和宽1.5~3毫米；雄蕊着生于花冠管内壁中部；子房卵形，长1.5~2毫米，花柱圆柱形，长0.5~1.5毫米。蒴果狭椭圆形或狭卵形，2瓣裂，淡褐色；种子长椭圆形，长2~4毫米，两端具尖翅。花期5~10月，果期9~12月。

生态适应性：喜温暖湿润气候，忌水涝，较耐寒，耐旱。

分布范围：产于迭部、舟曲、武都、文县及小陇山等地。在陇南其他县（区）、天水、平凉及漳县、岷县等地适宜栽植。陕西、江苏、浙江、江西、湖北、湖南、广东、广西、四川、贵州、云南和西藏等省区有分布。

育苗技术：一般采用播种育苗。11月中旬采种，越冬沙藏处理，落水法播种，播种量165千克/公顷，覆土要浅，幼苗期应适当遮荫。也可用扦插和分株繁殖。

造林技术：采用植苗造林。选用干燥、背风向阳、排水良好的栽植地，1~3年生幼苗冬季要进行防寒保护，造林密度2000株/公顷左右。

泡桐属 Paulownia

白花泡桐 Paulownia fortunei (Seem.) Hemsl.
别名：通心条、泡桐、白花桐

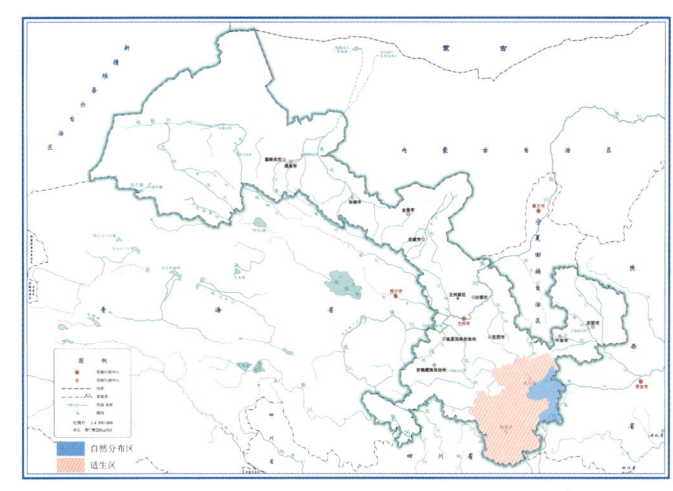

形态特征：乔木，高达30米，树冠圆锥形，胸径达2米。树皮灰褐色；幼枝、叶、花序各部和幼果均被黄褐色星状绒毛。叶片长卵状心脏形，长达20厘米，顶端长渐尖或锐尖头。花序枝几无或仅有短侧枝，成圆柱形，长约25厘米，小聚伞花序有花3~8朵；萼倒圆锥形，长2~2.5厘米，花后逐渐脱毛，分裂至1/4或1/3处，萼齿卵圆形至三角状卵圆形，至果期变为狭三角形；花冠管状漏斗形，白色，长8~12厘米；雄蕊长3~3.5厘米，有疏腺；子房有腺，花柱长约5.5厘米。蒴果长圆形或长圆状椭圆形。花期3~4月，果期7~8月。

生态适应性：强阳性树种，喜光，不耐庇荫，耐涝，耐旱，耐寒，抗病虫灾害；适宜在河流冲积土、土层深厚、地下水位1.5米以下、肥沃湿润的沙壤土和壤土中生长。

分布范围：产于小陇山林区。在陇南、天水及舟曲等地适宜栽植。安徽、浙江、福建等省区有分布。

育苗技术：一般采用播种育苗。9~10月采种，4月中下旬播种，播前种子温水浸泡催芽，撒播或条播，播种量10~15千克/公顷。也可埋根和压条繁殖。

造林技术：采用植苗造林。春季栽植，行道树按照株距3~5米栽植，营造林带或片林，造林密度500~833株/公顷。

泡桐属 *Paulownia*

毛泡桐 *Paulownia tomentosa* (Thunb.) Steud.
别名： 紫花桐

泡桐科 Paulowniaceae

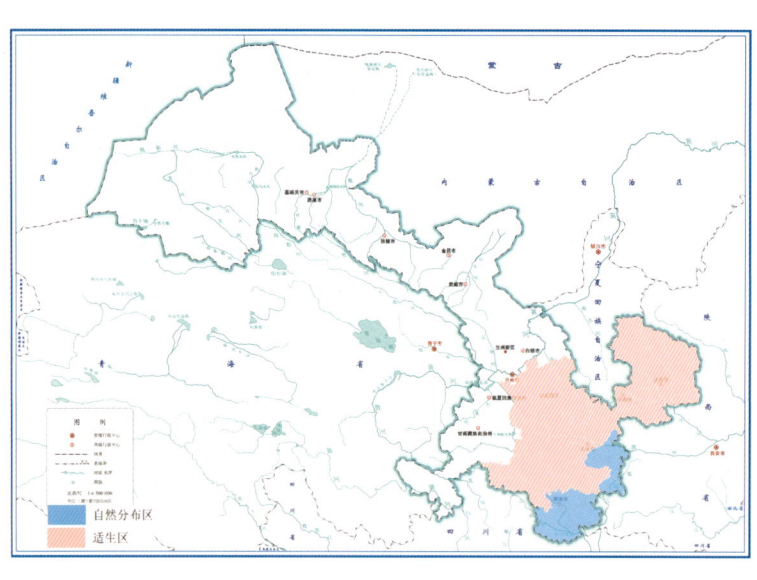

形态特征： 乔木，高达20米，树冠宽大伞形。树皮褐灰色。小枝有明显皮孔。叶片心脏形，长达40厘米，顶端锐尖头，全缘或波状浅裂。花序为金字塔形或狭圆锥形，长一般在50厘米以下，小聚伞花序的总花梗长1~2厘米，具花3~5朵；萼浅钟形，长约1.5厘米，萼齿卵状长圆形；花冠紫色，漏斗状钟形，长5~7.5厘米，外面有腺毛，檐部2唇形；雄蕊长达2.5厘米；子房卵圆形，有腺毛，花柱短于雄蕊。蒴果卵圆形，幼时密生黏质腺毛，长3~4.5厘米；种子连翅长2.5~4毫米。花期4~5月，果期8~9月。

生态适应性： 深根性树种，耐旱，耐寒，较耐瘠薄。

分布范围： 产于康县、文县、武都及小陇山等地。除甘南和临夏之外，在兰州以东以南地区适宜栽植。辽宁南部、河北、河南、山东、江苏、安徽、湖北、江西等地有分布。

育苗技术： 采用播种育苗。10月下旬采种，4月中下旬播种，播种前种子催芽，条播或撒播，条播播种量6千克/公顷，撒播播种量10千克/公顷。

造林技术： 采用植苗造林。春、秋季均可栽植，如在四旁栽植，一般是随整地随栽树。山地栽植，可按带状梯田整地，造林密度500~833株/公顷。

梓属 Catalpa

楸 *Catalpa bungei* C. A. Meyer
别名： 金丝楸

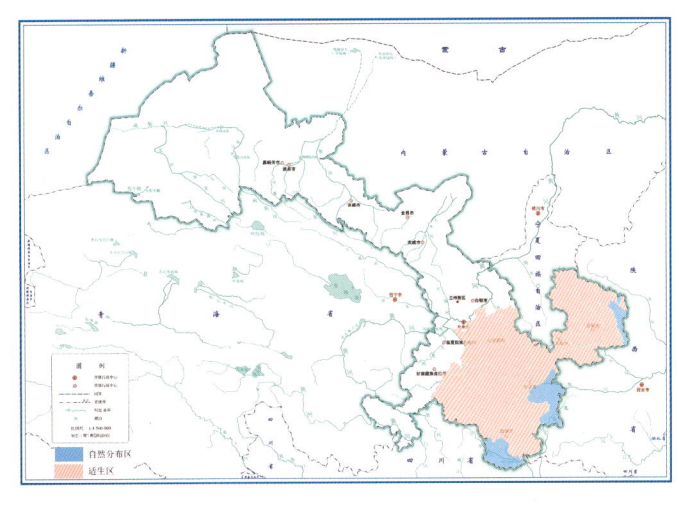

形态特征： 小乔木，高 8~12 米。叶三角状卵形或卵状长圆形，长 6~15 厘米，宽达 8 厘米，顶端长渐尖，基部截形，阔楔形或心形，有时基部具有 1~2 牙齿，叶面深绿色，叶背无毛；叶柄长 2~8 厘米。顶生伞房状总状花序，有花 2~12 朵；花萼蕾时圆球形，2 唇开裂，顶端有 2 尖齿；花冠淡红色，内面具有 2 黄色条纹及暗紫色斑点，长 3~3.5 厘米。蒴果线形，长 25~45 厘米，宽约 6 毫米；种子狭长椭圆形，长约 1 厘米，宽约 2 毫米，两端生长毛。花期 5~6 月，果期 6~10 月。

生态适应性： 中生，喜温湿气候，喜光，耐寒，稍耐盐碱，抗污染；适宜生长在海拔 1200 米以下缓坡和平地、土层厚 30 厘米以上肥沃湿润的微酸性和酸性土壤。

分布范围： 产于文县及小陇山、子午岭等地。除临夏及玛曲、碌曲、夏河、合作之外，在兰州以东以南地区适宜栽植。河北、河南、山东、山西、陕西、江苏及浙江等省区有分布。

育苗技术： 一般采用播种育苗。9 月采种，4 月中下旬播种，低床落水条播，播种量 15 千克/公顷左右。也可根插繁殖。

造林技术： 主要采用植苗造林和分殖造林。植苗造林，春、秋季均可，造林密度 625~1667 株/公顷，行道树株距 2 米。分殖造林，挖取 2~3 年生的根蘖苗，挖苗时距苗木 20~30 厘米以外切断侧根，再深挖。

紫葳科 Bignoniaceae

梓属 *Catalpa*

梓 *Catalpa ovata* G. Don
别名： 梓树、黄花楸、臭梧桐、水桐楸、水桐、花楸

紫葳科 Bignoniaceae

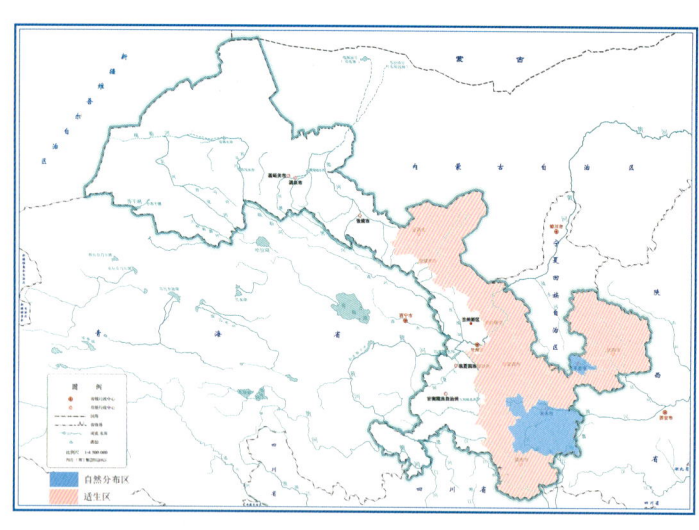

形态特征： 乔木，高达15米。树冠伞形，主干通直。嫩枝具稀疏柔毛。叶对生或近于对生，有时轮生，阔卵形，长宽近相等，长约25厘米，顶端渐尖，基部心形，全缘或浅波状，常3浅裂，叶片上面及下面均粗糙，微被柔毛或近于无毛；叶柄长6~18厘米。顶生圆锥花序；花序梗微被疏毛，长12~28厘米。花萼蕾时圆球形，2唇开裂，长6~8毫米。花冠钟状，淡黄色，内面具2黄色条纹及紫色斑点，长约2.5厘米，直径约2厘米。能育雄蕊2，花丝插生于花冠筒上，花药叉开；退化雄蕊3，子房上位，棒状；花柱丝形，柱头2裂。蒴果线形，下垂，长20~30厘米；种子长椭圆形，长6~8毫米，宽约3毫米，两端具有平展的长毛。

生态适应性： 喜光，喜暖湿气候，抗污染，不耐干旱、瘠薄；适宜生长在海拔1800米以下缓坡和山谷、土层厚30厘米以上肥沃湿润的微酸性和酸性土壤。

分布范围： 产于成县、徽县、两当、礼县、秦州、西和、麦积、武山、崆峒等地。除甘南（不包括舟曲）之外，在金昌和武威以东以南等地适宜栽培。中国长江流域及以北地区广泛分布。

育苗技术： 采用播种育苗。播种前10~15天进行种子混沙催芽处理，3月中下旬开沟条播，播种量15~22千克/公顷。

造林技术： 采用植苗造林。一般在春季进行，造林密度500~1250株/公顷。

小檗属 Berberis

鲜黄小檗 *Berberis diaphana* Maxim.
别名：黄檗、三颗针、黄花刺

形态特征：落叶灌木，高1~3米。幼枝绿色，老枝灰色；茎刺三分叉，淡黄色。叶坚纸质，长圆形或倒卵状长圆形，长1.5~4厘米，宽5~16毫米，先端微钝，基部楔形，边缘具2~12刺齿。花2~5朵簇生，黄色；花梗长12~22毫米；萼片2轮，外萼片近卵形，长约8毫米，内萼片椭圆形，长约9毫米；花瓣卵状椭圆形，长6~7毫米，先端急尖，锐裂，基部缢缩呈爪，具2枚分离腺体；雄蕊长约4.5毫米，药隔先端平截。浆果红色，卵状长圆形，长1~1.2厘米，先端略斜弯，具明显宿存花柱。花期5~6月，果期7~9月。

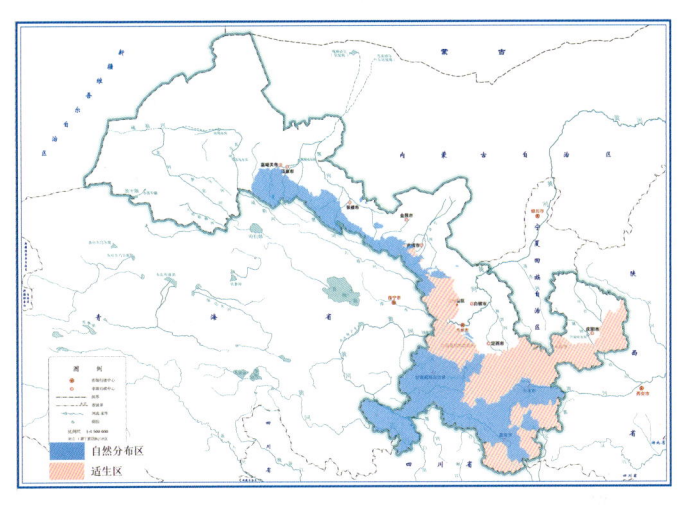

生态适应性：喜光，耐低温，耐干旱，不耐庇荫；对土壤、气候适应性强；生于灌丛、草甸、林缘、坡地或云杉林中（海拔620~3600米）。

分布范围：产于甘南和宕昌、成县、礼县、武都、渭源、秦州、麦积及太子山、兴隆山、祁连山等地。在天水其他县（区）、陇南其他县（区）、临夏、平凉及天祝、永登、肃南、山丹、漳县、岷县、宁县、正宁等地适宜栽植。陕西和青海有分布。

育苗技术：采用播种育苗。9~11月采种，越冬采用低温沙藏催芽，4月下旬至5月上旬播种，条播，播种量约225千克/公顷。

造林技术：采用植苗造林。4月上旬至5月上旬栽植，在水分条件不好的地方，坑要深，水要浇透，造林密度3333株/公顷左右。

小檗属 Berberis

甘肃小檗 Berberis kansuensis Schneid.

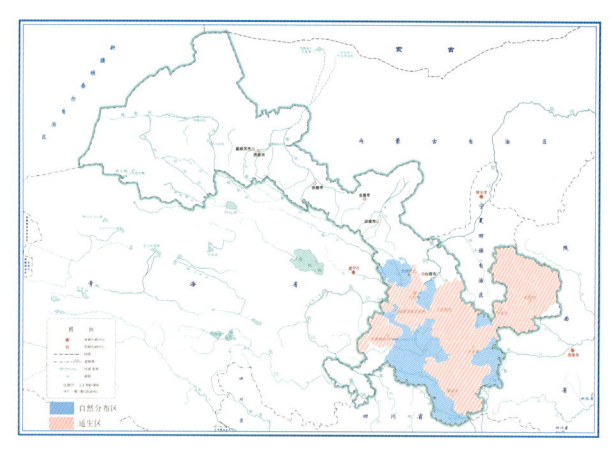

形态特征：落叶灌木，高达3米。老枝淡褐色，幼枝带红色，具条棱；茎刺弱，单生或三分叉。叶厚纸质，叶片近圆形或阔椭圆形，长2.5~5厘米，宽2~3厘米，先端圆形，基部渐狭成柄。总状花序具10~30朵花，长2.5~7厘米，包括总梗长0.5~3厘米；苞片长1~1.5毫米；花梗长4~8毫米，常轮列；花黄色；小苞片带红色，长约1.4毫米，先端渐尖；萼片2轮，外萼片卵形，长2.5毫米，宽约1.5毫米，先端急尖，内萼片长圆状椭圆形，长约4.5毫米；花瓣长圆状椭圆形，长4.5毫米，先端缺裂，裂片急尖，基部缢缩呈短爪，具2枚分离倒卵形腺体；雄蕊长约3毫米，药隔稍延伸，先端圆形或平截；胚珠2枚，具柄。浆果长圆状倒卵形，红色，长7~8毫米，直径5~6毫米。花期5~6月，果期7~8月。

生态适应性：生长于海拔1400~2800米的地区，见于山坡灌丛中及杂木林中。

分布范围：产于岷县、漳县、渭源、卓尼、临潭、迭部、舟曲、文县、永登、庄浪、榆中及小陇山、太子山等地。除玛曲和碌曲之外，在兰州以东以南林区适宜栽植。青海、陕西、宁夏、四川等省区有分布。

育苗技术：一般采用播种育苗。10月中上旬采种，3月下旬至4月中旬播种，播前种子温水浸种或沙藏催芽，沟播，覆土1~1.5厘米，播种量150~225千克/公顷。也可扦插育苗。

造林技术：采用植苗造林。3月下旬至4月上旬进行，选择2年生以上、苗高40厘米以上的苗木，栽植前定干高30~40厘米，多用于景观绿化，造林密度3333株/公顷左右。

香果树属　*Emmenopterys*

香果树　*Emmenopterys henryi* Oliv.
别名： 茄子树、水冬瓜、大叶水桐子、丁木
保护级别： 国家二级

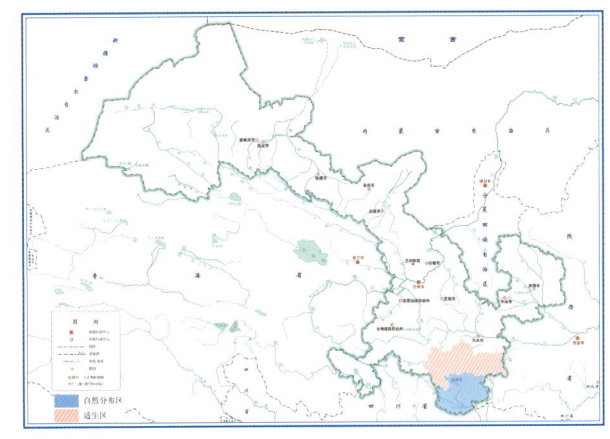

形态特征： 落叶大乔木，高达 30 米，胸径达 1 米。树皮灰褐色，鳞片状。小枝有皮孔，粗壮，扩展。叶纸质或革质，阔椭圆形、阔卵形或卵状椭圆形，长 6~30 厘米，宽 3.5~14.5 厘米，顶端短尖或骤然渐尖，稀钝，基部短尖或阔楔形，全缘；托叶大，三角状卵形，早落。圆锥状聚伞花序顶生；花芳香，花梗长约 4 毫米；萼管长约 4 毫米，裂片近圆形，具缘毛，脱落，变态的叶状萼裂片白色、淡红色或淡黄色，纸质或革质，匙状卵形或广椭圆形，长 1.5~8 厘米，宽 1~6 厘米，有纵平行脉数条；花冠漏斗形，白色或黄色，长 2~3 厘米，被黄白色绒毛，裂片近圆形。蒴果长圆状卵形或近纺锤形，长 3~5 厘米，径 1~1.5 厘米，有纵细棱；种子多数，小且有阔翅。花期 6~8 月，果期 8~11 月。

生态适应性： 阳性树种，喜温或凉爽的气候；喜湿润肥沃的山地黄壤或沙质黄棕壤土。

分布范围： 产于康县、武都、文县（上丹、让水河、碧口一带）等地。在舟曲、宕昌、礼县、西和、成县、徽县和两当等地适宜栽植。陕西、江苏、安徽、浙江、江西、福建、河南、湖北、湖南、广西、四川、贵州、云南东北部至中部等地有分布。

育苗技术： 采用播种育苗。果实变成红色时采种，3 月中旬播种，高床撒播，播种量约 8 千克/公顷。

造林技术： 采用植苗造林。落叶后土壤封冻前或春季 3 月中下旬栽植，选用 1~2 年生苗木，适当带土球，随起随栽，造林密度 833 株/公顷左右。

茜草科　Rubiaceae

荚蒾属 *Viburnum*

香荚蒾 *Viburnum farreri* W. T. Stearn
别名：香探春、野绣球、探春

五福花科 Adoxaceae

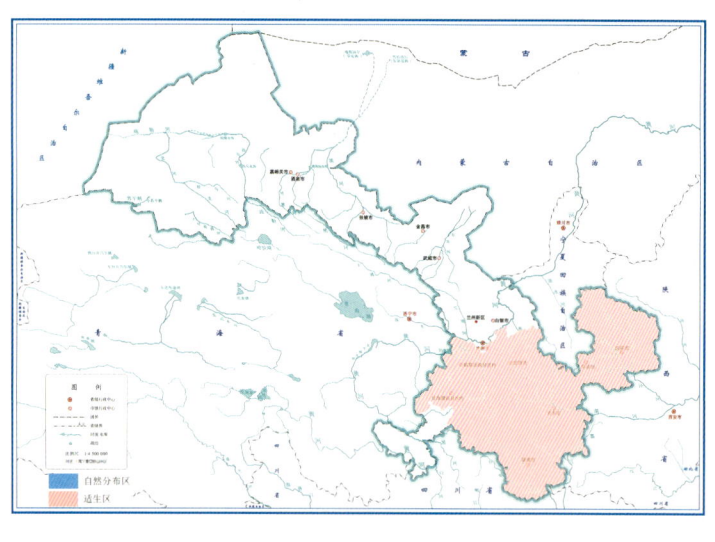

形态特征：落叶灌木，高达5米。当年小枝绿色，二年生小枝红褐色，后变灰褐色或灰白色。叶纸质，椭圆形或菱状倒卵形，长4~8厘米，顶端锐尖，基部楔形至宽楔形，边缘基部除外具三角形锯齿。圆锥花序生于能生幼叶的短枝之顶，长3~5厘米，有多数花，花先叶开放，芳香；苞片条状披针形，具缘毛；萼筒筒状倒圆锥形，长约2毫米，萼齿卵形，长约0.5毫米，顶钝；花冠蕾时粉红色，开后变白色，高脚碟状，直径约1厘米，筒长7~10毫米，裂片5（4）枚；雄蕊生于花冠筒内中部以上。果实紫红色，矩圆形。花期4~5月。

生态适应性：喜光，耐半荫；喜肥沃松软的微酸性土壤，不耐贫瘠；生于海拔1500~2000米灌丛或草地上。

分布范围：除玛曲和碌曲之外，在兰州以东以南地区适宜栽培。青海（西宁）、新疆天山有分布。

育苗技术：一般采用播种育苗。9月中旬采种，随采随播，条播，播后覆盖稻草，播种量375~450千克/公顷。也可嫩枝和硬枝扦插繁殖、分株繁殖。

造林技术：采用植苗造林。在园林绿化的绿地草坪边缘、树丛之间、道路两侧、假山石旁栽植，栽植方式可采用孤植、丛植或群植。

接骨木属 *Sambucus*

接骨木 *Sambucus williamsii* Hance
别名： 九节风、续骨草、木蒴藋、东北接骨木

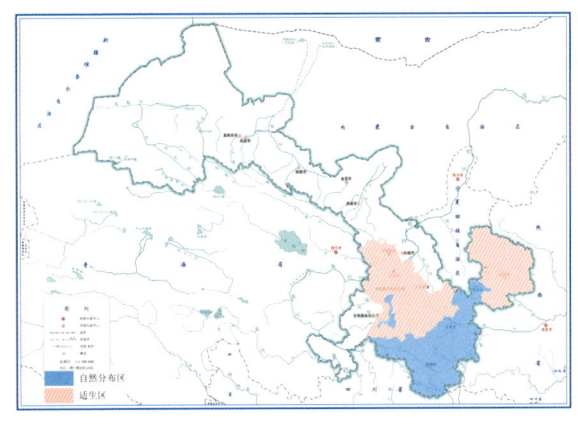

形态特征： 落叶灌木或小乔木，高 5~6 米。老枝淡红褐色，具明显的长椭圆形皮孔。羽状复叶，有小叶 2~3 对，侧生小叶片卵圆形、狭椭圆形至倒矩圆状披针形，长 5~15 厘米，宽 1.2~7 厘米，顶端尖、渐尖至尾尖，边缘具不整齐锯齿，基部楔形或圆形。花与叶同出，圆锥形聚伞花序顶生，长 5~11 厘米，宽 4~14 厘米，具总花梗；萼筒杯状，长约 1 毫米，萼齿三角状披针形；花冠蕾时带粉红色，开后白色或淡黄色，裂片矩圆形或长卵圆形，长约 2 毫米；雄蕊与花冠裂片等长，开展，花药黄色；子房 3 室，花柱短，柱头 3 裂。果实红色，卵圆形或近圆形，直径 3~5 毫米；分核 2~3 枚，卵圆形至椭圆形，长 2.5~3.5 毫米。花期一般 4~5 月，果熟期 9~10 月。

生态适应性： 喜光，较耐荫，耐寒，耐旱，抗污染；根系发达，萌蘖性强。

分布范围： 产于陇南和迭部、舟曲、临潭、康乐、秦州、麦积、张家川、清水及崆峒山、关山等地。在天水其他县（区）、临夏其他县（区）、兰州、定西、平凉、庆阳等地适宜栽植。黑龙江、吉林、辽宁、河北、山西、陕西、山东、江苏、安徽、浙江、福建、河南、湖北、湖南、广东、广西、四川、贵州及云南等省区有分布。

育苗技术： 一般采用播种育苗。8 月采种，播种前 30~50 天催芽处理，条播，播种量 100~150 千克/公顷，播深 1 厘米左右。也可扦插育苗。

造林技术： 采用植苗造林。早春栽植，选择无病虫害的健壮苗木，山地鱼鳞坑整地栽植，造林密度 1667 株/公顷左右。

五福花科 Adoxaceae

忍冬属 Lonicera

蓝果忍冬 *Lonicera caerulea* L.
别名：蓝靛果、阿尔泰忍冬、蓝靛果忍冬

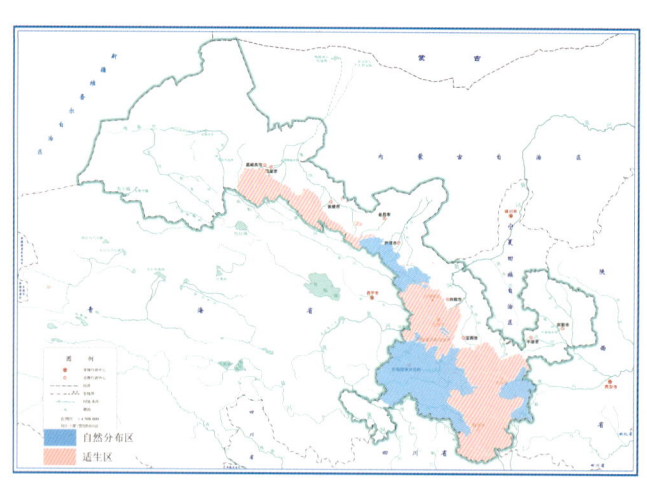

形态特征：落叶灌木，高1~3米。幼枝和叶柄无毛或具散生短糙毛。冬芽有1对铅形外鳞片。叶宽椭圆形，有时圆卵形或倒卵形，厚纸质，长1.5~5厘米，无毛或沿中脉有疏硬毛。苞片条形，长为萼筒的2~3倍；小苞片合生成一坛状壳斗，完全包被相邻两萼筒，果熟时变肉质；花冠黄白色，筒状漏斗形，稍不整齐，长9.5~11（13）毫米，筒比裂片长2倍；花药与花冠等长。复果蓝黑色，稍被白粉，卵状长圆形。花期5~6月，果熟期7~8月。

生态适应性：中生树种，喜湿，但土壤水分太多会出现生长不良现象；对土壤要求不严，在砂壤土、壤土、重壤土的条件下均能正常生长。

分布范围：产于甘南（除玛曲）、康乐、和政、临夏县、天祝、渭源、岷县、漳县及太子山、小陇山、兴隆山、祁连山（冷龙岭以东）等地，海拔2000米以上。在兰州、天水、陇南、临夏其他县（区）及临洮、通渭、陇西及祁连山其他区域等地适宜栽植。黑龙江、吉林、辽宁、内蒙古、河北、山西、宁夏、青海、四川北部及云南西北部等地有分布。

育苗技术：一般采用播种育苗。6~7月采种，翌年4月下旬至5月上旬播种，播前用温水浸种后层积催芽，条播，播种量18~22千克/公顷。也可扦插育苗。

造林技术：采用植苗造林。主要用于园林绿化，选择分枝量10~15个/墩，株高、冠幅达0.5~0.6米的苗木。

忍冬属 *Lonicera*

金花忍冬 *Lonicera chrysantha* Turcz.
别名：黄花忍冬

形态特征：落叶灌木，高达 4 米。幼枝、叶柄和总花梗常被展开的直糙毛、微糙毛和腺。叶纸质，菱状卵形、菱状披针形或倒卵形，长 4~8（12）厘米，顶端渐尖或急尾尖。总花梗细，长 1.5~3（4）厘米；苞片条形或狭条状披针形，长 2.5（8）毫米；小苞片分离，长约 1 毫米；相邻两萼筒分离，长 2~2.5 毫米，萼齿圆卵形或卵形，顶端圆或钝；花冠先白色后变黄色，外面疏生短糙毛，唇形。果实红色，圆形，直径约 5 毫米。花期 5~6 月，果熟期 7~9 月。

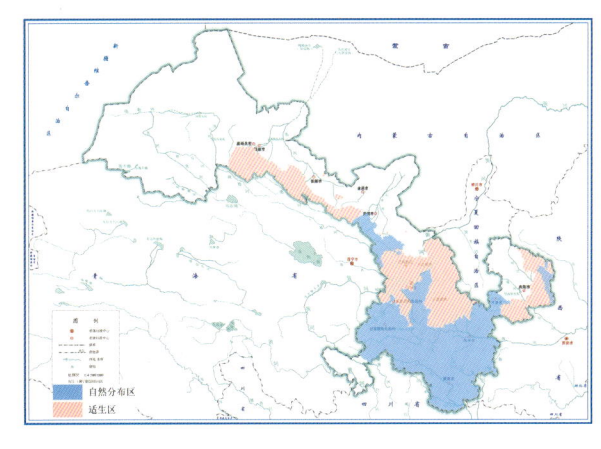

生态适应性：生于沟谷、林下或林缘灌丛中；适应性很强，对土壤和气候的选择并不严格，酸性、盐碱地均能生长，但以土层较厚的沙质壤土为最佳。

分布范围：产于甘南（除玛曲）、陇南、天水及临洮、渭源、岷县、漳县、临夏县、和政、永登（连城）、天祝、榆中及子午岭、关山等地。除河西走廊、庆阳西部及玛曲、景泰之外，全省其他地区均适宜栽植。黑龙江南部、吉林东部、辽宁南部、内蒙古南部、河北、山西、陕西、宁夏和青海东部、山东（泰山）、江西（庐山）、河南西部、湖北（武当山）及四川东部（巫山）和北部等地有分布。

育苗技术：一般采用播种育苗。8 月下旬采种，春播采用越冬沙藏法处理，秋播用温水浸种处理。条播，播种量 120~150 千克 / 公顷。也可扦插育苗。

造林技术：采用植苗造林。春、秋季均可造林，选择 2 年生以上苗木。园林景观绿化中，可与其他绿化树种进行搭配栽植。

忍冬属 *Lonicera*

忍冬 *Lonicera japonica* Thunb.
别名：金银花、双花、金银藤

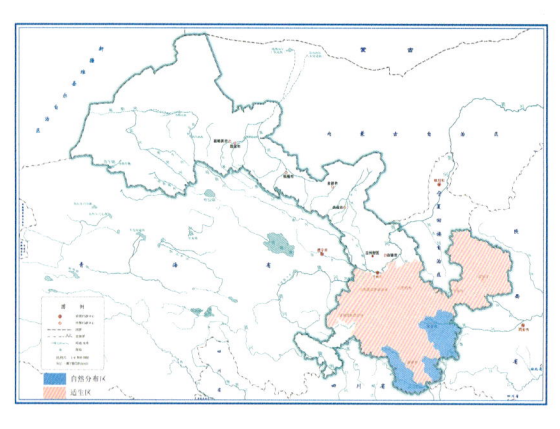

形态特征：半常绿藤本。幼枝橘红褐色，密被黄褐色、展开的硬直糙毛。叶纸质，卵形至矩圆状卵形，长 3~5（9.5）厘米，顶端尖或渐尖，基部圆或近心形，有糙缘毛，小枝上部叶通常两面均密被短糙毛，下部叶常平滑无毛而下面多少带青灰色；叶柄长 4~8 毫米，密被短柔毛。总花梗通常单生于小枝上部叶腋；苞片大，叶状，卵形至椭圆形，长 2~3 厘米；小苞片顶端圆形或截形；萼筒长约 2 毫米，无毛；花冠白色，后变黄色，长（2）3~4.5（6）厘米，唇形，筒稍长于唇瓣，上唇裂片顶端钝形，下唇带状且反曲。果实圆形，直径 6~7 毫米，熟时蓝黑色，有光泽；种子卵圆形或椭圆形，褐色，长约 3 毫米，中部有 1 凸起的脊。花期 4~6 月（秋季亦常开花），果熟期 10~11 月。

生态适应性：中性偏阴树种，具有耐旱、耐寒的特点，在 -30℃的严冬乃至 40℃左右的酷暑都能正常生长。

分布范围：产于麦积、秦州、清水、徽县、两当、康县、文县、舟曲等地。除碌曲和玛曲之外，在兰州以东以南地区适宜栽植。中国除黑龙江、内蒙古、宁夏、青海、新疆、海南和西藏无自然生长外，各地均有分布。

育苗技术：一般采用扦插育苗，3 月下旬至 4 月上旬进行，选择一年生枝条剪插穗，扦插株行距为 10 厘米 ×20 厘米。也可压条繁殖。

造林技术：采用植苗造林。选择苗高 0.5~1 米、冠幅 0.3~0.5 米的苗木造林最佳，造林密度 2000~2500 株 / 公顷。

蒿属 Artemisia

黑沙蒿 Artemisia ordosica Krasch.
别名：油蒿

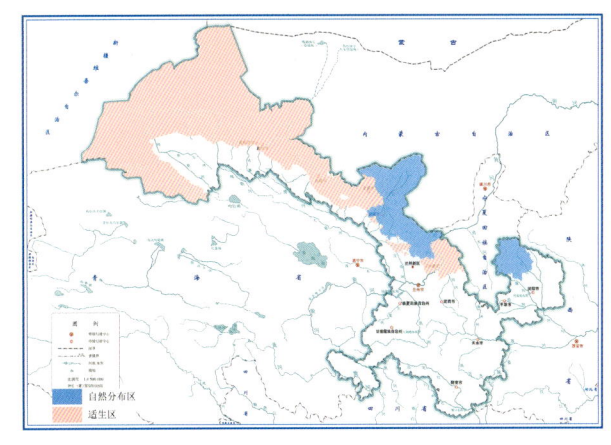

形态特征：小灌木。根状茎粗壮，直径1~3厘米，具多枚营养枝。茎皮老时常呈薄片状剥落，老枝暗灰白色或暗灰褐色。叶黄绿色，常少半肉质，干后坚硬；茎下部叶宽卵形或卵形，一至二回羽状全裂，每侧有裂片3~4枚，基部裂片最长；中部叶卵形或宽卵形，长3~5（7）厘米，宽2~4厘米，一回羽状全裂；上部叶5或3全裂，裂片狭线形，无柄；苞片叶3全裂或不分裂，狭线形。头状花序多数，卵形，在分枝上排成总状或复总状花序，并在茎上组成展开的圆锥花序；雌花10~14朵，花冠狭圆锥状，檐部具2裂齿，花柱长，先端2叉；两性花5~7朵，不孕育，花冠管状，花药线形，花柱短，先端圆，棒状，2裂。瘦果倒卵形。花果期7~10月。

生态适应性：耐干旱，耐瘠薄，耐沙埋，能耐40℃左右酷暑和–35℃严寒；适生于年平均气温在5.5℃~7.5℃的固定、半固定沙丘地，覆沙梁峁地和草甸性沙地。

分布范围：产于民勤、古浪、凉州、景泰、环县等地，在河西其他地区（除南部高寒区）、白银区、靖远、平川等地适宜栽植。内蒙古、宁夏、河北（北部）及陕西（北部）等地有分布。

育苗技术：采用容器播种育苗。基质按照黏土、沙子、有机肥4.5：4.5：1配置，播种后覆土0.5~1厘米。

造林技术：一般采用播种造林。6~7月或雨季播种，人工下种、机械播种均可。地广人稀、劳力不足的地区，多采用飞播造林。也可植苗造林，造林密度2500株/公顷左右。

菊科 Asteraceae

蒿属 *Artemisia*

圆头蒿 *Artemisia sphaerocephala* Krasch.
别名：籽蒿、白砂蒿、黄蒿、黄毛菜籽

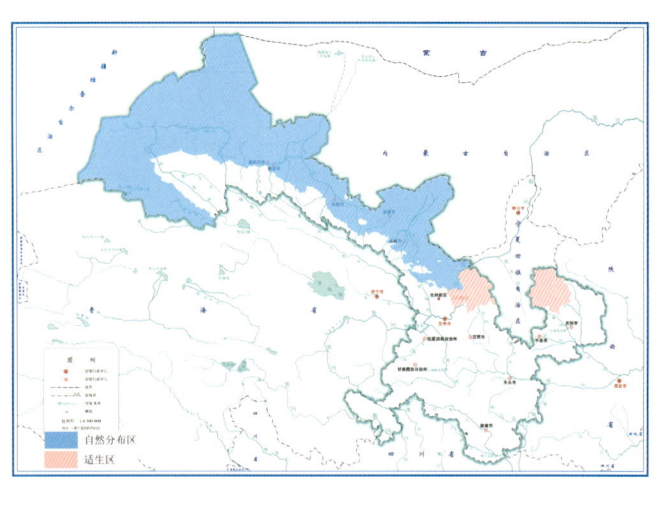

形态特征：小灌木。主根粗长，垂直，侧根多，木质；根状茎粗大，木质，直径 1~4 厘米，有营养枝。茎通常多枚，成丛，稀单一，高 80~150 厘米，灰黄色或灰白色，常扭曲，具薄片状剥落的外皮。叶稍厚，半肉质，干后坚硬，黄绿色；茎下部、中部叶宽卵形或卵形，二回或一至二回羽状全裂；上部叶羽状分裂或 3 全裂；苞片叶不分裂，线形，稀 3 全裂。头状花序球形或近球形，直径 3~4 毫米，具短梗，下垂，在分枝的小枝上排成穗状花序式的总状花序或复总状花序，而在茎上组成大型、开展的圆锥花序；总苞片 3~4 层，外层总苞片卵状披针形，半革质，背面淡黄色，光滑，有绿色中肋，背面突起，中、内层总苞片圆卵形，边缘宽膜质或全为半膜质。瘦果小，黑色，果壁上具胶质物。花果期 7~10 月。

生态适应性：超旱生沙生植物，抗风蚀，耐沙埋，耐贫瘠；生长在流动、半流动沙丘上，也可生长在平沙地、覆沙戈壁和干河床上。

分布范围：产于河西地区（除南部高寒区）。在白银区、靖远、平川、环县等地适宜栽植。内蒙古、山西、陕西、宁夏、青海及新疆等省区有分布。

育苗技术：采用播种育苗。春季进行，穴播或条播，覆土 0.5~1 厘米，播种量 8~19 千克/公顷。

造林技术：一般采用播种造林。6~8 月或雨季播种，人工撒播、机械播种均可。地广人稀、劳力不足的地区，采用飞播造林。也可植苗造林，造林密度 3333 株/公顷左右。

刚竹属 *Phyllostachys*

毛竹 *Phyllostachys edulis*（Carr.）J. Houz.
别名：楠竹、龟甲竹

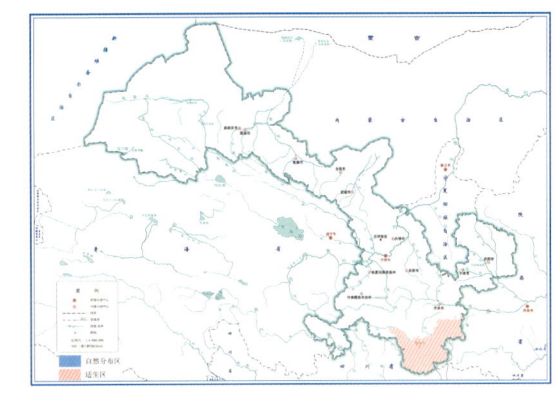

形态特征：竿高达20米，粗20余厘米。幼竿密被细柔毛及厚白粉；基部节间甚短，向上则逐节较长，中部节间长40厘米或更长；竿环不明显。箨鞘背面黄褐色或紫褐色，具黑褐色斑点及密生棕色刺毛；箨耳微小，繸毛发达；箨舌宽短，强隆起乃至为尖拱形，边缘具粗长纤毛；箨片较短，长三角形至披针形，有波状弯曲，绿色。叶片较小且薄，披针形，长4~11厘米，宽0.5~1.2厘米。花枝穗状，长5~7厘米；佛焰苞通常在10片以上，常偏于一侧，呈整齐的复瓦状排列，无叶耳，具易落的鞘口繸毛，每片孕性佛焰苞内具1~3枚假小穗。鳞被披针形，长约5毫米，宽约1毫米；花丝长4厘米，花药长约12毫米；柱头3，羽毛状。颖果长椭圆形，长4.5~6毫米。笋期4月，花期5~8月。

生态适应性：浅根性树种，要求温暖湿润的气候条件；适于在平均气温14℃~20℃，年降水量800~1000毫米以上的地区生长，土壤以疏松、肥沃、湿润且带酸性的灰棕壤和黑沙土为最好，干燥盐碱性土壤或低洼积水处都不宜栽植。

分布范围：在武都、文县、康县、两当、成县、徽县、舟曲等地适宜栽植。产于黄河流域以南。

育苗技术：采用播种育苗。8~9月采种，种子干藏，开春即可点播或条播，点播株行距20厘米×30厘米，播种量8~10粒/穴。条播行距25~30厘米，播种量30~38千克/公顷，冬季盖草或搭暖棚防冻。

造林技术：采用植苗造林，造林季节以早春2月较好，选择雨前或雨后的阴天栽植，造林密度300~525株/公顷。

甘肃省造林乡土树种名录（含推荐种）

裸子植物 Gymnospermae

序号	科名	属名	种名	拉丁学名	树种特性及适宜生境	荒山绿化	平原绿化	城市绿化	乡村绿化	通道绿化	水系绿化	沙地绿化
1	银杏科 Ginkgoaceae	银杏属 Ginkgo	银杏	Ginkgo biloba L.	乔木，喜光，对气候、土壤的适应性较宽；能生于酸性土壤（pH值4.5）、石灰性土壤（pH值8）及中性土壤上，但不耐盐碱土及过湿的土壤	√	√	√	√	√		
2	松科 Pinaceae	冷杉属 Abies	秦岭冷杉	Abies chensiensis Tiegh.	乔木，适于寒冷地带和高山气候，生长在酸性土壤，喜冷凉湿润的环境	√	√	√	√	√	√	
3	松科 Pinaceae	冷杉属 Abies	黄果冷杉	Abies ernestii Rehd.	乔木，耐阴性强，主要生长在土层深厚、肥沃、含沙质的酸性土壤、棕色森林土的山地及山谷地带，适应温凉和寒冷的气候	√						
4	松科 Pinaceae	冷杉属 Abies	巴山冷杉	Abies fargesii Franch.	乔木，耐阴，抗风力强，在湿润、深厚的微酸性土壤上生长良好	√	√	√	√	√		
5	松科 Pinaceae	冷杉属 Abies	岷江冷杉	Abies fargesii var. faxoniana (Rehd. et E. H. Wils.) Tang S. Liu	乔木，耐寒，耐阴，适应性强，喜高海拔山地的阴坡、半阴坡及谷地的冷湿环境，生长缓慢	√	√	√	√	√		
6	松科 Pinaceae	落叶松属 Larix	华北落叶松	Larix gmelinii var. principis-rupprechtii (Mayr) Pilger	乔木，耐寒，喜光，耐寒，耐干旱，耐瘠薄；对土壤适应性强，以山地棕壤生长最好	√			√	√		
7	松科 Pinaceae	落叶松属 Larix	红杉	Larix potaninii Batal.	乔木，喜光，耐寒，适应性强；要求比较湿润的气候条件，对土壤要求不严		√	√		√		
8	松科 Pinaceae	云杉属 Picea	云杉	Picea asperata Mast.	乔木，浅根性树种，稍耐荫、喜凉润、喜肥，能耐干燥及寒冷的环境条件；在气候凉润，土层深厚、排水良好的微酸性棕色森林土地带生长迅速，发育良好	√	√	√	√	√		√
9	松科 Pinaceae	云杉属 Picea	麦吊云杉	Picea brachytyla (Franch.) Pritz.	大乔木，浅根性、阳性树种，稍耐荫蔽、排水良好的酸性黄壤、山地黄棕壤或山地棕色森林土和腐殖质丰富的半阴或半阴坡地带，生长良好		√	√	√			

裸子植物 Gymnospermae

序号	科名	属名	种名	拉丁学名	树种特性及适宜生境	适宜绿化类型					
						荒山绿化	平原绿化	城市绿化	乡村绿化	通道绿化	水系绿化	沙地绿化
10	松科 Pinaceae	云杉属 Picea	青海云杉	Picea crassifolia Kom.	乔木，耐寒，喜光，较耐瘠薄，稍耐阴湿，耐旱，忌水涝；浅根性树种，抗风力差；对土壤要求不严，喜中性土壤	√	√	√			√	
11	松科 Pinaceae	云杉属 Picea	大果青杆	Picea neoveitchii Mast.	乔木，适生于土壤深厚、排水良好的酸性或微酸性的山地棕壤、山地暗棕壤、山地灰褐色土、栗钙土或淡栗钙土	√			√			
12	松科 Pinaceae	云杉属 Picea	紫果云杉	Picea purpurea Mast.	乔木，耐寒，耐贫瘠，喜潮湿和阴湿环境，构疏松土壤中发育良好；生于河谷、平缓地、阴坡和半阴坡	√	√	√	√	√		
13	松科 Pinaceae	云杉属 Picea	青杆	Picea wilsonii Mast.	乔木，耐阴，耐寒，不耐水湿和盐碱；喜冷湿气候，适宜生长在海拔1600米以上的阴阳坡，厚度30厘米以上微酸性土壤		√	√	√		√	
14	松科 Pinaceae	松属 Pinus	华山松	Pinus armandii Franch.	乔木，喜光，稍耐干旱瘠薄；中生，喜湿凉气候，适宜生长在海拔1200-1800米的阴、阳坡，厚度30厘米以上的微酸性至中性土壤	√	√	√	√	√		
15	松科 Pinaceae	松属 Pinus	白皮松	Pinus bungeana Zucc. ex Endl.	乔木，耐干旱瘠薄；中生，喜暖湿气候，适宜生长在海拔1500米以下的阴阳坡及平地，厚度20厘米以上的钙质土壤或黄土	√	√	√	√	√	√	
16	松科 Pinaceae	松属 Pinus	马尾松	Pinus massoniana Lamb.	乔木，阳性树种，不耐庇荫，喜光，喜温，喜微酸性土壤，根系发达，主根明显，不耐盐碱；对土壤要求不严格，在石砾土、沙质土、黏土、山脊和阴坡的冲刷薄地上，以及陡峭的石山岩缝里都能生长	√	√	√	√	√		
17	松科 Pinaceae	松属 Pinus	樟子松	Pinus sylvestris var. mongolica Litv.	乔木，喜光，耐干旱，耐瘠薄，耐严寒，-40℃低温条件下也能正常生长；对土壤要求不严	√			√			
18	松科 Pinaceae	松属 Pinus	油松	Pinus tabuliformis Carr.	乔木，喜光，耐寒，耐旱，耐瘠薄；中生，喜温温气候，适宜生长在海拔800~1800米的阴坡、半阴坡及平缓地，厚度为20厘米以上的酸性、中性土壤或钙质黄土	√	√	√	√	√		
19	松科 Pinaceae	铁杉属 Tsuga	铁杉	Tsuga chinensis (Franch.) Pritz.	乔木，耐阴，喜温暖气候，适肥沃、排水良好的酸性土壤		√	√	√			
20	柏科 Cupressaceae	柏木属 Cupressus	岷江柏木	Cupressus chengiana S.Y. Hu	乔木，抗逆性强，耐寒，耐旱，耐瘠薄，具有适应严酷生境的特性	√	√	√	√	√		

裸子植物 Gymnospermae

序号	科名	属名	种名	拉丁学名	树种特性及适宜生境	荒山绿化	平原绿化	城市绿化	乡村绿化	通道绿化	水系绿化	沙地绿化
						适宜绿化类型						
21	柏科 Cupressaceae	刺柏属 Juniperus	圆柏	Juniperus chinensis L.	乔木，喜光，较耐荫，耐寒，耐热，忌积水；对土壤要求不严，深根性，侧根发达，对多种有害气体有一定抗性	√	√	√	√	√		
22	柏科 Cupressaceae	刺柏属 Juniperus	密枝圆柏	Juniperus convallium Rehd. et E. H. Wils.	乔木，喜光，耐旱，耐贫瘠；生长在海拔2000~2600米的向阳山坡上，多组成小片纯林或散生于山谷中	√	√	√	√	√		
23	柏科 Cupressaceae	刺柏属 Juniperus	松潘圆柏	Juniperus erectopatens (W. C. Cheng et L. K. Fu) R. P. Adams	乔木，喜阴，分布于海拔2000~2500米阳坡地带，木材有香气，为稀有树种		√	√	√			
24	柏科 Cupressaceae	刺柏属 Juniperus	刺柏	Juniperus formosana Hayata	乔木，阳性树种，喜光，耐寒，耐旱；主侧根均很发达，抗污染能力强；喜酸性土壤，在干旱沙地、肥沃通透性土壤生长最好	√	√	√	√	√		√
25	柏科 Cupressaceae	刺柏属 Juniperus	香柏	Juniperus pingii var. wilsonii (Rehd.) Silba	乔木，阴性，耐寒，喜湿润气候，不择土壤，能生长于潮湿的碱性土壤上，生长较慢；生长于高海拔的各种亚高山针叶林或疏林树线以上	√			√			
26	柏科 Cupressaceae	刺柏属 Juniperus	铺地柏	Juniperus procumbens (Endl.) Siebold ex Miquel	灌木，阳性树种，喜光，稍耐荫，适生于湿润气候；萌生力较强，耐寒，耐旱，抗盐碱；喜生于湿润肥沃排水良好的钙质土壤			√				
27	柏科 Cupressaceae	刺柏属 Juniperus	祁连圆柏	Juniperus przewalskii Kom.	乔木，喜光，耐高寒，耐干旱，耐热，极耐贫瘠，不耐阴湿积水，对土壤要求不严，能生于酸性、中性及石灰质土壤上；常生于海拔2600~4000米地带之阳坡	√	√	√	√	√		√
28	柏科 Cupressaceae	刺柏属 Juniperus	杜松	Juniperus rigida Sieb. et Zucc.	灌木，极喜光，耐寒，耐旱，耐瘠薄；喜生于向阳湿润的沙质山坡	√	√	√	√	√	√	√
29	柏科 Cupressaceae	刺柏属 Juniperus	叉子圆柏	Juniperus sabina L.	灌木，喜光，稍耐荫，多分布于阳坡，耐干旱、耐瘠薄，具有水势较低，保水力强，蒸腾速率低等耐旱特性	√	√	√	√	√		√
30	柏科 Cupressaceae	刺柏属 Juniperus	方枝柏	Juniperus saltuaria Rehd. et E. H. Wils.	乔木，耐高冷高山气候，生长缓慢，生于海拔2800~3800米的高山地带	√						
31	柏科 Cupressaceae	刺柏属 Juniperus	高山柏	Juniperus squamata Buchanan-Hamilton ex D. Don	灌木，生于海拔1600~4000米的高山地带，多出现于石灰岩山地的顶部	√					√	

裸子植物 Gymnospermae

序号	科名	属名	种名	拉丁学名	树种特性及适宜生境	适宜绿化类型					
						荒山绿化	平原绿化	城市绿化	乡村绿化	通道绿化	水系绿化	沙地绿化
32	柏科 Cupressaceae	刺柏属 Juniperus	大果圆柏	Juniperus tibetica Kom.	乔木，耐干冷的高山气候，在寒冷干燥的环境能形成森林；生于山坡、山脊、山麓，海拔3450~4500米	√						
33	柏科 Cupressaceae	侧柏属 Platycladus	侧柏	Platycladus orientalis (L.) Franco	乔木，喜光树种，幼龄期稍耐荫，干旱瘠薄，对土壤要求不严，适生于中性、酸性及微碱性土壤，在石灰性土上生长良好	√	√	√	√	√		
34	红豆杉科 Taxaceae	三尖杉属 Cephalotaxus	三尖杉	Cephalotaxus fortunei Hooker	乔木，生于山坡疏林、溪谷湿润且排水良好的地方	√	√	√	√			
35	红豆杉科 Taxaceae	红豆杉属 Taxus	红豆杉	Taxus wallichiana var. chinensis (Pilger) Florin	乔木、喜温树种、耐寒，不耐湿热，对土壤肥力要求较高，耐瘠薄，喜肥沃、湿润、排水良好的微酸性至微碱性土	√	√	√	√		√	
36	红豆杉科 Taxaceae	红豆杉属 Taxus	南方红豆杉	Taxus wallichiana var. mairei (Lemee et H. Levl.) L. K. Fu et Nan Li	乔木、耐阴树种、耐干旱、瘠薄，不耐低洼积水，喜温暖湿润的气候，通常生长于山脚腹地较为潮湿处	√	√	√	√	√		
37	麻黄科 Ephedraceae	麻黄属 Ephedra	木贼麻黄	Ephedra equisetina Bge.	小灌木，生于干旱地区的山脊、山顶及岩壁等处	√						
38	麻黄科 Ephedraceae	麻黄属 Ephedra	中麻黄	Ephedra intermedia Schrenk ex Mey.	灌木，属超旱生、强旱生、旱生系列植物种，生于干旱荒漠、沙滩、山坡或草地上	√						
39	麻黄科 Ephedraceae	麻黄属 Ephedra	膜果麻黄	Ephedra przewalskii Stapf	适中温超旱生常绿灌木，高50~240厘米，常生长于固定或半固定沙丘、戈壁，山前平原、干河床上；防风固沙、干旱荒漠区植被的主要建群种							√
40	麻黄科 Ephedraceae	麻黄属 Ephedra	草麻黄（麻黄）	Ephedra sinica Stapf	草本状灌木，耐严寒，耐干旱；生活力极强，适生于年均温6.5℃~7.5℃的固定半固定荒漠、沙丘、干燥覆沙梁地和向阳坡地							√

被子植物 Angiospermae
双子叶植物纲 Dicotyledoneae

序号	科名	属名	种名	拉丁学名	树种特性及适宜生境	荒山绿化	平原绿化	城市绿化	乡村绿化	通道绿化	水系绿化	沙地绿化
41	杨柳科 Salicaceae	杨属 Populus	响叶杨	Populus adenopoda Maxim.	乔木，喜光树种，不耐荫蔽，耐寒，耐旱，耐盐碱，耐贫瘠；对土壤要求不严，在黄壤、黄棕壤、沙壤土、冲积土、钙质土上均能生长，土壤的酸碱度适应幅度较大，微碱性土都能生长		√	√	√	√		
42	杨柳科 Salicaceae	杨属 Populus	新疆杨	Populus alba var. pyramidalis Bge.	乔木，中湿性树种，喜光，耐寒性较差，抗大气干旱，抗风，抗烟尘，抗柳毒蛾，较耐盐碱，但在未经改良的盐碱地、沼泽地、黏土地、戈壁滩等均生长不良	√	√	√	√	√		√
43	杨柳科 Salicaceae	杨属 Populus	青杨	Populus cathayana Rehd.	乔木，喜温凉湿润，比较耐寒，耐干旱，湿润、肥沃、透气性良好的沙壤土、河滩冲积土上，适生于土壤深厚、砾土及弱碱性的黄土、栗钙土上正常生长		√	√	√	√		
44	杨柳科 Salicaceae	杨属 Populus	山杨	Populus davidiana Dode	乔木，强阳性树种，喜光，稍耐荫，耐寒冷，耐干旱，耐瘠薄，忌水涝和暴晒，生长较慢；适于山腹以下排水良好肥沃土壤	√	√	√	√	√	√	
45	杨柳科 Salicaceae	杨属 Populus	胡杨	Populus euphratica Oliv.	乔木，喜光，耐热，耐大气干旱，耐盐碱，抗风沙，耐寒	√		√	√	√		√
46	杨柳科 Salicaceae	杨属 Populus	河北杨	Populus × hopeiensis Hu et Chow	乔木，耐寒，喜湿润，不抗涝，根系发达，萌蘖性强	√	√	√	√	√	√	
47	杨柳科 Salicaceae	杨属 Populus	箭杆杨	Populus nigra var. thevestina (Dode) Bean	乔木，喜光，耐寒，耐旱，耐干旱气候，稍耐盐碱及水湿，但在低洼常积水处生长不良	√	√	√	√	√		
48	杨柳科 Salicaceae	杨属 Populus	青甘杨	Populus przewalskii Maxim.	落叶乔木，耐寒，喜光，速生，为防护林水土保持林和四旁绿化的优良速生树种	√	√	√	√	√	√	
49	杨柳科 Salicaceae	杨属 Populus	冬瓜杨	Populus purdomii Rehd.	乔木，喜光，耐湿，较耐旱，在弱酸性、弱碱性、质土壤中生长势旺盛；生于山坡、山谷、河滩沙地及河流两岸，海拔2400~2800米，结构疏松	√		√	√			
50	杨柳科 Salicaceae	杨属 Populus	小叶杨	Populus simonii Carr.	乔木，耐旱，耐寒，较耐盐碱，耐沙埋	√	√	√	√		√	√

被子植物 Angiospermae
双子叶植物纲 Dicotyledoneae

序号	科名	属名	种名	拉丁学名	树种特性及适宜生境	荒山绿化	平原绿化	城市绿化	乡村绿化	通道绿化	水系绿化	沙地绿化
51	杨柳科 Salicaceae	杨属 Populus	毛白杨	*Populus tomentosa* Carr.	乔木，喜光，喜深厚肥沃、透水性好的壤土和砂壤土，不耐积水和严寒；寿命长，生长快	√				√	√	
52	杨柳科 Salicaceae	杨属 Populus	文县杨	*Populus wenxianica* Z. C. Feng et J. L. Guo ex G. H. Zhu	乔木，速生性，较强生态适应性，侧根发达，固土能力强，具有良好的水土保持性能		√	√	√	√	√	
53	杨柳科 Salicaceae	杨属 Populus	椅杨	*Populus wilsonii* Schneid.	乔木，生在地势平坦、喜土壤质地为中壤、轻壤或沙壤土，最适宜是沿河流域有冲积物的沙壤土	√	√	√	√	√		
54	杨柳科 Salicaceae	杨属 Populus	二白杨	*Populus × xiaohei* var. *gansuensis* (C. Wang et H. L. Yang) C. Shang	乔木，耐旱，对病虫抵抗力强，为干旱、半干旱地区营造农田防护林和防沙林的优良树种	√	√	√	√	√	√	
55	杨柳科 Salicaceae	柳属 Salix	白柳	*Salix alba* L.	乔木，耐旱，耐盐碱，抗风沙，对有毒气体抗性很强，对气候的适应范围广	√		√	√	√	√	√
56	杨柳科 Salicaceae	柳属 Salix	秦岭柳	*Salix alfredii* Goerz ex Rehd. et Kobuski	小乔木或灌木，水源涵养树种，一般生于山坡	√		√	√	√	√	
57	杨柳科 Salicaceae	柳属 Salix	奇花柳	*Salix atopantha* C. K. Schneid.	灌木，主要生长于海拔3700~4100米的山坡或山谷、草甸、蜜源植物；为优美的观赏树种	√			√			
58	杨柳科 Salicaceae	柳属 Salix	垂柳	*Salix babylonica* L.	乔木，喜光，耐寒，耐水湿，耐干旱；根系发达，喜潮湿深厚之酸性及中性土壤，喜生于河岸两边湿地	√	√	√	√	√	√	
59	杨柳科 Salicaceae	柳属 Salix	乌柳	*Salix cheilophila* C. K. Schneid. in Sargent	灌木或小乔木，抗逆性强，耐一定盐碱，耐严寒和酷热，喜水湿，喜适度沙压，但不耐风蚀		√	√	√	√	√	√
60	杨柳科 Salicaceae	柳属 Salix	杯腺柳	*Salix cupularis* Rehd.	灌木，极耐寒，生于海拔2540~4000米的高寒山坡	√	√	√	√	√	√	
61	杨柳科 Salicaceae	柳属 Salix	甘肃柳	*Salix fargesii* var. *kansuensis* (Hao) N.Chao	乔木或灌木，喜光，耐寒、耐旱，喜湿润土壤，适应性强			√	√	√	√	

被子植物 Angiospermae
双子叶植物纲 Dicotyledoneae

序号	科名	属名	种名	拉丁学名	树种特性及适宜生境	适宜绿化类型					
						荒山绿化	平原绿化	城市绿化	乡村绿化	通道绿化	水系绿化	沙地绿化
62	杨柳科 Salicaceae	柳属 Salix	紫枝柳	Salix heterochroma Seem.	小乔木，高达10米，生长于海拔2400~2700米的林缘、山谷等处，以及云杉、冷杉林缘	√	√	√	√	√		
63	杨柳科 Salicaceae	柳属 Salix	杞柳	Salix integra Thunb.	灌木，阴性树种，喜光，耐水湿，也能耐干旱；能忍耐盐碱，适生于砂质水湿地，干旱少雨的阴湿山地也生长旺盛	√		√	√			
64	杨柳科 Salicaceae	柳属 Salix	拉马山柳	Salix lamashanensis Hao ex Fang et Skvortsov	灌木，抗逆性强，生长于海拔2700~3500米的高山地区和阴坡林中空地	√	√	√	√	√		√
65	杨柳科 Salicaceae	柳属 Salix	旱柳	Salix matsudana Koidz.	乔木，喜光，耐寒，耐旱，耐弱盐碱，喜水湿，抗风，速生树种，适于湿润且排水良好的土壤	√	√	√	√	√	√	√
66	杨柳科 Salicaceae	柳属 Salix	馒头柳	Salix matsudana 'Umbraculifera' Rehd.	乔木，喜光，耐干旱，耐水湿，耐寒冷	√	√	√	√	√		
67	杨柳科 Salicaceae	柳属 Salix	坡柳	Salix myrtillacea Anderss.	灌木，耐水湿，生长于海拔2700~4800米的山谷溪旁以及湿润的山坡上	√	√	√	√	√		√
68	杨柳科 Salicaceae	柳属 Salix	山生柳	Salix oritrepha Schneid.	灌木，具有耐旱、耐寒、速生和耐盐碱等特点，并能适宜长期积雪环境；生长于海拔3200~4300的山脊、山坡及山沟河边	√	√	√	√	√		√
69	杨柳科 Salicaceae	柳属 Salix	康定柳	Salix paraplesia Schneid.	灌木，抗逆性强，生长海拔1500~3800米的山沟及山脊	√	√	√	√	√		
70	杨柳科 Salicaceae	柳属 Salix	大苞柳	Salix pseudospissa Gorz.	灌木，生长于海拔3600~3700米的灌丛草甸中，或河岸及山沟斜坡上、灌丛中，山脊、阴坡，阴坡灌丛也能生长	√	√		√	√	√	
71	杨柳科 Salicaceae	柳属 Salix	川滇柳	Salix rehderiana Schneid.	灌木，抗逆性强，生于海拔1400~4000米的山坡、山脊林缘及灌丛中和山谷溪流旁	√	√		√	√	√	

被子植物 Angiospermae
双子叶植物纲 Dicotyledoneae

序号	科名	属名	种名	拉丁学名	树种特性及适宜生境	适宜绿化类型					
						荒山绿化	平原绿化	城市绿化	乡村绿化	通道绿化	水系绿化	沙地绿化
72	杨柳科 Salicaceae	柳属 Salix	山丹柳	Salix shandanensis C. F. Fang	灌木，喜光，耐寒；湿地、旱地皆能生长，但以湿润且排水良好的土壤生长最好；根系发达，抗风能力强，生长快，易繁殖	√	√					
73	杨柳科 Salicaceae	柳属 Salix	红皮柳	Salix sinopurpurea C. Wang et C. Y. Yang	灌木，喜光，耐干旱，耐瘠薄；喜生于平坦的石灰性冲积土的细沙地上				√	√	√	
74	杨柳科 Salicaceae	柳属 Salix	匙叶柳	Salix spathulifolia Seem. ex Diels	灌木，适应性强，生于海拔2400~2800米的山梁、山坡林缘	√	√	√	√	√		
75	杨柳科 Salicaceae	柳属 Salix	洮河柳	Salix taoensis Goerz ex Rehd. et Kobuski	乔木，多生于河岸边	√			√		√	
76	杨柳科 Salicaceae	柳属 Salix	线叶柳（毛柳）	Salix wilhelmsiana M. B.	灌木，喜光，耐旱，耐水湿，耐寒，耐瘠薄；有一定的耐盐碱性，可在沙质土壤中生长		√	√	√	√	√	
77	胡桃科 Juglandaceae	胡桃属 Juglans	胡桃楸	Juglans mandshurica Maxim.	乔木，喜光树种，不耐庇荫；根系发达，适应性强，极耐寒（能耐 −35℃的严寒），根蘖和萌芽能力强；多生长于土层深厚、肥沃、湿润、排水良好的沟谷两旁或山坡的阔叶林中	√	√		√	√		
78	胡桃科 Juglandaceae	胡桃属 Juglans	胡桃	Juglans regia L.	乔木，喜光，耐寒；喜温湿气候，耐旱；适宜生长在海拔1200米以下缓坡及平地，土层厚30厘米以上的酸性至中性土壤	√	√	√	√	√		
79	胡桃科 Juglandaceae	枫杨属 Pterocarya	甘肃枫杨	Pterocarya macroptera Batal.	乔木，适应性强，阳性树种，具有较强的耐湿性，喜温暖多湿气候；但也有一定的耐荫力，喜温暖多湿，耐寒性不强；对土壤要求不严		√	√	√	√		
80	桦木科 Betulaceae	桦木属 Betula	红桦	Betula albosinensis Buik.	乔木，喜光，耐寒，耐干旱，耐瘠薄；喜湿凉气候，适宜生长在海拔1700米以上阴阳坡，土层厚20厘米以上的酸性土壤	√	√	√	√		√	
81	桦木科 Betulaceae	桦木属 Betula	香桦	Betula insignis Franch.	乔木，喜光，耐寒，耐干旱，耐瘠薄，为采伐迹地或火烧迹地的先锋树种	√				√		
82	桦木科 Betulaceae	桦木属 Betula	亮叶桦	Betula luminifera H. Winkl.	乔木，适应性强，耐干旱，耐瘠薄；喜温暖湿润气候及肥沃酸性沙质壤土；生于海拔500~2500米的阳坡杂木林内	√	√				√	

被子植物 Angiospermae
双子叶植物纲 Dicotyledoneae

序号	科名	属名	种名	拉丁学名	树种特性及适宜生境	适宜绿化类型						
						荒山绿化	平原绿化	城市绿化	乡村绿化	通道绿化	水系绿化	沙地绿化
83	桦木科 Betulaceae	桦木属 Betula	白桦	*Betula platyphylla* Suk.	乔木，喜光，耐寒，耐瘠薄；喜湿凉气候，适宜生长在海拔400~4100米的山坡或林中	√	√	√		√		
84	桦木科 Betulaceae	桦木属 Betula	糙皮桦	*Betula utilis* D. Don	乔木，阴性树种，但苗期则稍耐荫；喜欢山脚和山谷比较湿润的环境，在干旱的山坡和山顶上生长较差	√						
85	桦木科 Betulaceae	鹅耳枥属 Carpinus	千金榆	*Carpinus cordata* Bl.	乔木，浅根性树种，喜光，耐寒，耐盐碱，适应能力强，对二氧化硫等有抗性，生长慢	√	√	√		√		
86	桦木科 Betulaceae	鹅耳枥属 Carpinus	鹅耳枥	*Carpinus turczaninowii* Hance	落叶乔木，生于山坡或灌木丛中，喜湿润的中性或微酸性土壤，贫瘠的石质山坡也能生长				√			
87	桦木科 Betulaceae	榛属 Corylus	华榛	*Corylus chinensis* Franch.	乔木，喜温凉，湿润的气候环境和肥沃，排水良好的中性或微酸性的山地黄壤和山地棕壤	√						
88	桦木科 Betulaceae	榛属 Corylus	披针叶榛	*Corylus fargesii* Schneid.	乔木，生长于山坡林，山谷中；是优良的用材，长势旺盛，生长迅速	√						
89	桦木科 Betulaceae	榛属 Corylus	藏刺榛	*Corylus ferox* var. *thibetica* (Batal.) Franch.	乔木，喜光，喜湿润气候和肥沃、湿润的沙壤土，特别是腐殖质含量高的土壤更适宜生长；土层深厚，土质肥沃，排水良好是丰产不可少的条件	√						
90	桦木科 Betulaceae	榛属 Corylus	榛	*Corylus heterophylla* Fisch.ex Trautv.	乔木，半阴性树种，较耐干旱，耐寒，对光的要求不严，多生长在阴坡的下部肥沃的土壤	√	√	√	√	√		
91	桦木科 Betulaceae	榛属 Corylus	毛榛	*Corylus mandshurica* Maxim	灌木，中生树种，喜阴湿，耐寒，不耐干旱；喜肥沃、通气性良好的砂壤土上生长，对土壤要求不高，枝条易生根，不定芽易萌发根蘖	√	√	√	√	√		
92	桦木科 Betulaceae	铁木属 Ostrya	铁木	*Ostrya japonica* Sarg.	乔木，喜光，喜温，喜湿，稍耐寒；生于海拔2400米左右的阔叶林下	√	√	√	√	√		
93	桦木科 Betulaceae	虎榛子属 Ostryopsis	虎榛子	*Ostryopsis davidiana* Decaisne	灌木，丛生性喜光树种，根系较发达，喜深厚土壤，耐旱	√	√		√	√		
94	壳斗科 Fagaceae	栗属 Castanea	栗	*Castanea mollissima* Blume	乔木，喜光，喜温暖，不耐严寒；喜深厚湿润肥沃土壤，垂直海拔300~600米	√		√		√		

被子植物 Angiospermae
双子叶植物纲 Dicotyledoneae

序号	科名	属名	种名	拉丁学名	树种特性及适宜生境	荒山绿化	平原绿化	城市绿化	乡村绿化	通道绿化	水系绿化	沙地绿化
95	壳斗科 Fagaceae	水青冈属 Fagus	米心水青冈	*Fagus englerianA* Seem.	乔木，生于海拔1500~2500米山地林中，常见于北坡的常绿落叶阔叶混交林中	√						
96	壳斗科 Fagaceae	水青冈属 Fagus	水青冈	*Fagus longipetiolata* Seem.	乔木，高达25米，喜温暖湿润、常年多雨雾的气候	√	√	√	√			
97	壳斗科 Fagaceae	栎属 Quercus	麻栎	*Quercus acutissima* Carr.	乔木，喜光，深根性，耐干旱，耐瘠薄，耐寒，对土壤要求不严，宜酸性土壤，亦适石灰岩钙质土	√	√	√	√	√		
98	壳斗科 Fagaceae	栎属 Quercus	锐齿槲栎	*Quercus aliena* var. *acutiserrata* Maxim. ex Wenzig	乔木，深根阳性树种，喜光，喜温，耐寒，耐旱，耐瘠薄；常生于阳坡、半阳坡，成小片纯林或混交林	√	√	√	√	√	√	
99	壳斗科 Fagaceae	栎属 Quercus	檀子栎	*Quercus baronii* Skan	半常绿灌木或乔木，抗严寒，风沙，耐干旱和高温；适生于中性至微酸性、土层深厚、排水良好的壤土或沙壤土		√	√				
100	壳斗科 Fagaceae	栎属 Quercus	匙叶栎	*Quercus dolicholepis* A. Camus	乔木，生于海拔500~2800米的山地森林中	√						
101	壳斗科 Fagaceae	栎属 Quercus	青冈	*Quercus glauca* Thunb.	乔木，生于海拔60~2600米的山坡或沟谷，喜生于微碱性或中性的石灰岩土壤上，在酸性土壤上也生长良好；耐干燥；可生长于多石砾的山地	√						
102	壳斗科 Fagaceae	栎属 Quercus	乌冈栎	*Quercus phillyreoides* A. Gray	落叶乔木，喜光，耐旱；对土壤要求不严，主根发达，适应范围广，萌芽力强	√	√	√	√	√		
103	壳斗科 Fagaceae	栎属 Quercus	刺叶高山栎	*Quercus spinosa* David ex Franch.	乔木，喜温暖湿润气候；生于海拔900~3000米的山坡、山谷森林中，常生于岩石裸露的峭壁上	√	√	√	√	√		
104	壳斗科 Fagaceae	栎属 Quercus	栓皮栎	*Quercus variabilis* Blume	乔木，喜光，幼苗耐荫，2~3年后需光量渐增，耐旱，抗火，抗风；适应性广，对土壤要求不严，酸性土、中性土、钙质土都可生长，在向阳山麓、缓坡和土层较深厚、肥沃地方生长旺盛	√	√	√	√	√		
105	壳斗科 Fagaceae	栎属 Quercus	蒙古栎（辽东栎）	*Quercus mongolica* Fisch. ex Ledeb.	乔木，喜光，喜温暖湿润气候，耐荫，耐寒，适应性强；常生于阳坡、半阳坡，成小片纯林或混交林	√	√	√	√	√	√	

被子植物 Angiospermae 双子叶植物纲 Dicotyledoneae

序号	科名	属名	种名	拉丁学名	树种特性及适宜生境	荒山绿化	平原绿化	城市绿化	乡村绿化	通道绿化	水系绿化	沙地绿化
106	榆科 Ulmaceae	榆属 Ulmus	兴山榆	*Ulmus bergmanniana* Schneid.	乔木,喜肥沃湿润土壤,常见于沟谷地带;喜温暖湿润气候	√	√	√	√	√	√	
107	榆科 Ulmaceae	榆属 Ulmus	春榆	*Ulmus davidiana* var. *japonica* (Rehd.) Nakai	乔木,喜光的阳性树种,但不耐湿热;生于海拔1300~2400米山坡杂木林或灌丛中	√				√		
108	榆科 Ulmaceae	榆属 Ulmus	旱榆	*Ulmus glaucescens* Franch.	落叶乔木或灌木,喜光,耐寒,耐旱,耐贫瘠	√	√	√	√	√		
109	榆科 Ulmaceae	榆属 Ulmus	大果榆	*Ulmus macrocarpa* Hance	乔木,抗逆性强,适宜范围广,是沙丘或荒山造林的先锋树种	√	√	√	√	√		√
110	榆科 Ulmaceae	榆属 Ulmus	榔榆	*Ulmus parvifolia* Jacq.	乔木,喜光,耐干旱;在酸性、中性及碱性土上均能生长,但以气候温暖、土壤肥沃、排水良好的中性土壤为最适宜的生境	√	√		√	√		
111	榆科 Ulmaceae	榆属 Ulmus	榆树	*Ulmus pumila* L.	乔木,喜光,喜温暖湿润的环境,稍耐荫,耐寒冷;对土壤要求不严,但以深厚肥沃、湿润、排水良好的砂壤土、轻壤土生长最好;根系发达,抗风力,保土力强;萌芽力强,耐修剪适应性很强	√	√	√	√	√	√	√
112	榆科 Ulmaceae	榉属 Zelkova	榉树	*Zelkova serrata* (Thunb.) Makino	乔木,阳性树种,喜光,喜温暖气候,肥厚、湿润且排水良好之土壤,深根性,也能耐寒,萌芽力强	√	√	√	√	√		
113	榆科 Ulmaceae	榉属 Zelkova	大果榉	*Zelkova sinica* C.K. Schneid.	乔木,阳性树种,耐干旱,耐瘠薄、根系发达,萌蘖性强,寿命长;能适应碱性、中性及微酸性土壤	√	√	√	√			
114	桑科 Moraceae	构属 Broussonetia	构	*Broussonetia papyrifera* (L.) L'Hé r. ex Vent.	乔木,喜光,生于海拔1800米的山坡杂木林中	√	√	√	√	√	√	
115	桑科 Moraceae	榕属 Ficus	无花果	*Ficus carica* L.	落叶灌木,喜温暖湿润的气候,耐旱,耐瘠薄,不耐涝			√	√	√		
116	桑科 Moraceae	桑属 Morus	桑	*Morus alba* L.	乔木,喜光,耐寒,耐旱,耐水湿,抗碱;中生,喜温湿气候,适宜生长在1200米以下缓坡和平地,厚度30厘米以上的酸性及弱碱性土壤	√	√	√	√	√	√	
117	桑科 Moraceae	桑属 Morus	鸡桑	*Morus australis* Poir.	灌木,阳性,耐旱,耐寒,怕涝,抗风;常生于海拔500~1000米石灰岩山地或林缘及荒地	√						

被子植物 Angiospermae
双子叶植物纲 Dicotyledoneae

序号	科名	属名	种名	拉丁学名	树种特性及适宜生境	荒山绿化	平原绿化	城市绿化	乡村绿化	通道绿化	水系绿化	沙地绿化
								适宜绿化类型				
118	桑科 Moraceae	桑属 Morus	蒙桑	*Morus mongolica* (Bur.) Schneid.	小乔木或灌木，耐寒，耐干旱，贫瘠；在微酸性土、中性土、钙质土以及含盐量在0.2%以下的盐碱土上都能生长，但以肥沃、排水良好的中性土壤为宜	√						
119	大麻科 Cannabaceae	朴属 Celtis	紫弹树	*Celtis biondii* Pamp.	落叶小乔木至乔木，高达18米，多生于山地灌丛或杂木林中，可生于石灰岩上		√	√	√	√	√	
120	大麻科 Cannabaceae	朴属 Celtis	黑弹树（小叶朴）	*Celtis bungeana* Bl.	落叶乔木，高达10米，较耐荫；适于肥沃、微酸性或中性土壤，萌芽性强		√	√	√	√	√	
121	大麻科 Cannabaceae	朴属 Celtis	大叶朴	*Celtis koraiensis* Nakai	落叶乔木，高达15米，多生于山坡、沟谷林中	√						
122	大麻科 Cannabaceae	朴属 Celtis	朴树	*Celtis sinensis* Pers.	乔木，阳性树种，喜光，稍耐荫，耐干旱，耐瘠薄；在酸性土、中性土、钙质土上均可生长，但不耐盐碱，生长较快	√						
123	大麻科 Cannabaceae	青檀属 Pterocelis	青檀	*Pterocelis tatarinowii* Maxim.	乔木，稍耐旱；中生，喜暖湿气候，适宜生长在海拔1300米以下山麓、沟谷、河滩和溪旁，土层厚30厘米以上，肥力较高和排水良好土壤	√	√					
124	蓼科 Polygonaceae	沙拐枣属 Calligonum	戈壁沙拐枣	*Calligonum gobicum* (Beg. ex Meisn.) A. Los.	灌木，多分枝，旱生，极耐干旱，并有抗高温、耐盐碱、耐风蚀、抗沙埋的能力，生长迅速，易繁殖，寿命在20年以上	√						√
125	蓼科 Polygonaceae	沙拐枣属 Calligonum	沙拐枣	*Calligonum mongolicum* Turcz.	灌木，具有抗风蚀，耐沙埋、耐旱、耐瘠薄等特点，能适应极端严酷的干旱环境条件；多生于流动沙丘、半流动沙丘或石质地、在沙砾质戈壁、干河床和山前沙砾质洪积物坡地上也能生长	√						
126	蓼科 Polygonaceae	藤蓼属 Fallopia	木藤蓼	*Fallopia aubertii* (L. Henry) Holub	灌木，喜光，稍耐荫，在庇荫下小枝生长快；深根性，耐寒，稍耐高温，对土壤要求不严格，稍耐瘠薄，干旱，喜肥沃深厚、排水良好的沙壤土			√	√	√	√	
127	苋科 Amaranthaceae	珍珠柴属 Caroxylon	珍珠柴	*Caroxylon passerinum* (Bge.) Akhani et Roalson	灌木，耐寒，耐旱，耐瘠薄，耐高温；生干山坡、砾质滩地	√	√					√
128	苋科 Amaranthaceae	梭梭属 Haloxylon	梭梭	*Haloxylon ammodendron* (C. A. Mey.) Bge.	小乔木于半荒漠和荒漠地区的沙漠中，耐沙质贫瘠土壤，较耐盐碱，耐沙质贫瘠土壤，喜光恶涝；适生于荒漠地区的沙漠中，其生境多为地下水较高的沙丘间低地、干河床、湖盆边缘，山前平原或石质砾石地，以含有一定量盐分的土壤或沙地生长最好	√	√		√	√	√	√

被子植物 Angiospermae
双子叶植物纲 Dicotyledoneae

序号	科名	属名	种名	拉丁学名	树种特性及适宜生境	荒山绿化	平原绿化	城市绿化	乡村绿化	通道绿化	水系绿化	沙地绿化
129	苋科 Amaranthaceae	盐爪爪属 Kalidium	细枝盐爪爪	Kalidium gracile Fenzl	灌木，生长在荒漠草原和荒漠地区的盐土或盐渍化土壤；在盐湖畔、低洼盐碱地、河谷低地常为建群种	√						√
130	苋科 Amaranthaceae	驼绒藜属 Krascheninnikovia	华北驼绒藜	Krascheninnikovia arborescens (Losina-Losinskaja) Czerepanov	半灌木，耐旱、耐寒、耐贫瘠	√						
131	苋科 Amaranthaceae	驼绒藜属 Krascheninnikovia	驼绒藜	Krascheninnikovia ceratoides (L.) Gueldenstaedt	半灌木，耐寒、耐旱、耐瘠薄、萌蘖力强；生于戈壁、半荒漠、干旱山坡或草原中；对夏季炎热少雨、冬季寒冷、旱涝变化无常的大陆性气候有较强的适应性	√						√
132	苋科 Amaranthaceae	合头草属 Sympegma	合头藜（合头草）	Sympegma regelii Bge.	灌木，具有耐旱、耐寒、抗贫瘠等多种优良特性；生于山坡、丘陵地或冲积台地	√						√
133	石竹科 Caryophyllaceae	裸果木属 Gymnocarpos	裸果木	Gymnocarpos przewalskii Bge. ex Maxim.	亚灌木状，生于海拔1000~2500米的荒漠区；适生的分布区具有干旱、多风、夏季酷热、冬季寒冷、昼夜温差较大的大陆性气候							√
134	昆栏树科 Trochodendraceae	水青树属 Tetracentron	水青树	Tetracentron sinense Oliv.	乔木，深根性喜光树种，耐寒、耐旱、耐盐渍、抗烟尘、抗风，对环境适应性强，不耐水淹	√	√	√	√	√		
135	连香树科 Cercidiphyllaceae	连香树属 Cercidiphyllum	连香树	Cercidiphyllum japonicum Sieb. et Zucc.	乔木，喜光、耐寒、耐旱、耐湿、喜温暖气候，但不耐湿热	√	√	√	√	√		
136	芍药科 Paeoniaceae	芍药属 Paeonia	紫斑牡丹	Paeonia rockii (S. G. Haw et Lauener) T. Hong et J. J. Li	灌木，宜凉爽、畏炎热、忌夏季暴晒，喜燥忌湿；喜深厚肥沃且排水良好的砂质壤土，较黏重、积水或排水不良处易烂根至死亡	√	√	√	√	√		
137	毛茛科 Ranunculaceae	铁线莲属 Clematis	灌木铁线莲	Clematis fruticosa Turcz.	直立小灌木，高达1米；生长在高原草地或灌丛中	√	√	√	√	√		
138	五味子科 Schisandraceae	五味子属 Schisandra	华中五味子	Schisandra sphenanthera Rehd. et Wils.	藤本，喜微酸性腐殖土，耐旱性较差，自然条件下，在肥沃、排水好、湿度均衡的土壤上发育最好	√						

被子植物 Angiospermae
双子叶植物纲 Dicotyledoneae

序号	科名	属名	种名	拉丁学名	树种特性及适宜生境	适宜绿化类型					
						荒山绿化	平原绿化	城市绿化	乡村绿化	通道绿化	水系绿化	沙地绿化
139	木兰科 Magnoliaceae	厚朴属 Houpoea	厚朴	Houpoea officinalis (Rehd.et E. H. Wils.) N. H. Xia et C. Y. Wu	乔木，喜光，幼树稍能耐荫，喜湿润温凉气候，严寒、干旱或阴雨连绵对生长都不利；喜在疏松肥沃、含腐植质多、排水良好的微酸性至中性的沙壤土上生长	√	√	√	√	√		
140	木兰科 Magnoliaceae	玉兰属 Yulania	望春玉兰	Yulania biondii (Pamp.) D. L. Fu	乔木，阳性树种，喜光，耐寒、耐瘠薄，根系发达，抗风保土能力强，抗污性和吸尘能力强	√	√	√	√	√		
141	木兰科 Magnoliaceae	玉兰属 Yulania	紫玉兰	Yulania liliiflora (Desr.) D. L. Fu	灌木，喜温暖湿润和阳光充足环境，适应性很强，较耐寒，喜肥沃、排水好的沙壤土，但不耐旱和盐碱，怕水涝	√	√	√	√	√		
142	木兰科 Magnoliaceae	玉兰属 Yulania	武当玉兰	Yulania sprengeri Pamp.D. L. Fu	乔木，喜光，耐寒，适应性强	√	√	√	√	√		
143	樟科 Lauraceae	山胡椒属 Lindera	三桠乌药	Lindera obtusiloba Bl.	乔木，深根性喜光树种，耐旱，耐瘠薄；喜深厚肥沃土壤	√				√		
144	樟科 Lauraceae	山胡椒属 Lindera	川钓樟	Lindera pulcherrima var. hemsleyana (Diels) H.P.Tsui	灌木，稍耐荫，喜温暖湿润气候，耐寒性不强，不耐干旱、瘠薄和盐碱土，萌芽力强，生于海拔2000米左右的山坡、灌丛或林缘	√					√	
145	樟科 Lauraceae	木姜子属 Litsea	木姜子	Litsea pungens Hemsl.	乔木，喜湿润气候，喜光，在光照不足的条件下生长发育不良	√						
146	樟科 Lauraceae	楠属 Phoebe	湘楠	Phoebe hunanensis Hand.–Mazz.	灌木或小乔木，通常高3~8米，生于沟谷或水边，最低海拔为500米	√						
147	樟科 Lauraceae	楠属 Phoebe	白楠	Phoebe neurantha (Hemsl.) Gamble	乔木，生于山地密林中，为耐荫树种，适生于气候温暖、土壤肥沃的地方，土层深厚疏松，排水良好，中性或微酸性的壤质土壤上生长尤佳，深根性树种，根部有较强的萌生力，能耐间歇性的短期水浸	√						
148	樟科 Lauraceae	楠属 Phoebe	楠木	Phoebe zhennan S. Lee et F. N. Wei	乔木，喜湿耐荫，立地条件要求较高，造林地以选择土层深厚、肥润的山坡、山谷冲积地为宜	√	√	√	√			
149	金缕梅科 Hamamelidaceae	山白树属 Sinowilsonia	山白树	Sinowilsonia henryi Hemsl.	乔木，深根性，强阳性树种，喜光，耐寒，耐旱，不耐荫，不耐水湿	√	√	√	√	√	√	

被子植物 Angiospermae
双子叶植物纲 Dicotyledoneae

序号	科名	属名	种名	拉丁学名	树种特性及适宜生境	荒山绿化	平原绿化	城市绿化	乡村绿化	通道绿化	水系绿化	沙地绿化
150	杜仲科 Eucommiaceae	杜仲属 Eucommia	杜仲	Eucommia ulmoides Oliv.	落叶乔木，树高可达20米，喜光，喜温和湿润气候，萌芽力强，适宜生长在土层深厚、肥沃、疏松、湿润、排水良好的土壤上，pH值5~7.5	√	√	√	√	√	√	
151	绣球花科 Hydrangeaceae	溲疏属 Deutzia	白溲疏	Deutzia albida Batal.	灌木，喜光，稍耐荫，喜温暖湿润气候，耐寒，耐旱；对土壤的要求不严，好富含腐殖质、排水良好、pH6~8的土壤；萌芽力强，耐修剪	√						
152	绣球花科 Hydrangeaceae	溲疏属 Deutzia	异色溲疏	Deutzia discolor Hemsl.	灌木，生长于海拔1000~2500米山坡或溪边灌丛中	√						
153	绣球花科 Hydrangeaceae	绣球属 Hydrangea	东陵绣球	Hydrangea bretschneideri Dippel	灌木，喜温暖、湿润和半荫环境，不耐寒，忌烈日直晒	√	√	√	√			
154	绣球花科 Hydrangeaceae	绣球属 Hydrangea	甄兰绣球	Hydrangea longipes Franch.	灌木，生于山沟疏林或密林下，或较湿润的山坡灌丛中，海拔1300~2800米				√	√		
155	绣球花科 Hydrangeaceae	山梅花属 Philadelphus	山梅花	Philadelphus incanus Koehne	灌木，适应性强，喜光，喜温暖，耐寒，耐热，忌水涝；生长速度较快	√	√	√	√	√		
156	绣球花科 Hydrangeaceae	山梅花属 Philadelphus	甘肃山梅花	Philadelphus kansuensis (Rehd.) S. Y. Hu	灌木，适应性强，喜光，喜温暖也耐寒，耐热，怕水涝；对土壤要求不严，生长速度较快；生于海拔1200~1700米林缘灌丛中	√	√	√	√	√		
157	茶藨子科 Grossulariaceae	茶藨子属 Ribes	东北茶藨	Ribes mandshuricum (Maxim.) Kom.	灌木，中性树种，喜光，喜凉爽气候，耐荫，耐寒，耐旱	√	√	√	√	√		
158	茶藨子科 Grossulariaceae	茶藨子属 Ribes	长果茶藨子	Ribes stenocarpum Maxim.	落叶灌木，高1~2（3）米，生长于海拔2300~3300米的山坡灌丛、云杉林和杂木林下或山沟中	√	√	√	√	√		
159	蔷薇科 Rosaceae	木瓜海棠属 Chaenomeles	木瓜海棠	Chaenomeles cathayensis (Hemsl.) Schneid.	灌木，中性，喜温暖湿润和阳光充足的环境，有一定的耐寒性，有很好的耐旱能力，虽喜湿润但怕水涝；土壤要求不严，在肥沃疏松、土层深厚、排水良好的微酸性土壤中生长更好，不耐盐碱			√				
160	蔷薇科 Rosaceae	栒子属 Cotoneaster	灰栒子	Cotoneaster acutifolius Turcz.	灌木，喜光，稍耐荫，耐寒，耐旱；对土壤肥力要求不严，深根性；生于山坡、山麓、山沟及丛林中，海拔1400~3700米	√						

被子植物 Angiospermae
双子叶植物纲 Dicotyledoneae

序号	科名	属名	种名	拉丁学名	树种特性及适宜生境	荒山绿化	平原绿化	城市绿化	乡村绿化	通道绿化	水系绿化	沙地绿化
161	蔷薇科 Rosaceae	栒子属 Cotoneaster	匍匐栒子	*Cotoneaster adpressus* Bois	灌木，自然生态环境表现为喜光性，又表现稍耐阴性，特别是能耐干旱，瘠薄，耐寒性较强，耐湿劳性差；生长于海拔2600~4000米的山坡杂木林边及岩石山坡	√	√	√	√	√		
162	蔷薇科 Rosaceae	栒子属 Cotoneaster	钝叶栒子	*Cotoneaster hebephyllus* Diels	落叶灌木，生长于海拔1300~3400米的地区，多生于丛林中、生石山上以及林缘隙地	√	√	√	√	√		
163	蔷薇科 Rosaceae	栒子属 Cotoneaster	平枝栒子	*Cotoneaster horizontalis* Dcne.	半常绿匍匐灌木，高0.5米，喜光，耐寒，耐旱，耐盐碱，耐贫瘠；生于海拔1800~2500米的山坡灌丛	√	√	√	√	√		
164	蔷薇科 Rosaceae	栒子属 Cotoneaster	水栒子	*Cotoneaster multiflorus* Bge.	灌木，中生，喜温湿气候，稍耐荫，耐寒，耐旱，不耐水湿，对土壤要求不严，适宜生长在海拔1800米以下阴坡及山谷	√	√	√	√	√		
165	蔷薇科 Rosaceae	栒子属 Cotoneaster	柳叶栒子	*Cotoneaster salicifolius* Franch.	灌木，喜光树种，生于山地或沟边杂木林中，海拔1800~3000米	√	√	√	√		√	
166	蔷薇科 Rosaceae	栒子属 Cotoneaster	细枝栒子	*Cotoneaster tenuipes* Rehd. et Wils.	灌木，生长于丛林间或多石山地；适生土壤为亚高山草甸土	√	√	√	√			
167	蔷薇科 Rosaceae	栒子属 Cotoneaster	西北栒子	*Cotoneaster zabelii* Schneid.	灌木，耐荫，耐寒；生于石灰岩山地、沟谷边、灌木丛中，海拔800~2500米	√	√	√	√	√		
168	蔷薇科 Rosaceae	山楂属 Crataegus	橘红山楂	*Crataegus aurantia* Pojark.	落叶小乔木，喜光，根系发达；生长于山坡杂木林中，海拔1000~1800米	√	√	√	√	√		
169	蔷薇科 Rosaceae	山楂属 Crataegus	甘肃山楂	*Crataegus kansuensis* Wils.	灌木或乔木，喜凉爽湿润的环境，喜光也能耐荫；对土壤要求不严，一般分布于荒山秃岭、阳坡、半阳坡、山谷		√	√	√	√	√	
170	蔷薇科 Rosaceae	山楂属 Crataegus	山楂	*Crataegus pinnatifida* Bge.	落叶小乔木，喜光，稍耐荫，喜凉爽、湿润的环境，既耐寒又耐高温；对土壤要求不严，耐干燥、贫瘠土壤，但以湿润且排水良好的沙质壤土生长最好	√	√	√	√	√	√	
171	蔷薇科 Rosaceae	山楂属 Crataegus	华中山楂	*Crataegus wilsonii* Sarg.	灌木，生于山坡阴处密林中，海拔1000~2500米；喜土层深厚肥沃的平地、丘陵和山地缓坡地段，以东南坡向最宜，次为北坡、东北坡	√			√	√		
172	蔷薇科 Rosaceae	金露梅属 Dasiphora	金露梅	*Dasiphora fruticosa* (L.) Rydb.	灌木，喜光，耐干旱，耐寒，喜湿润，但怕积水，较耐瘠薄，对土壤要求不严，在沙壤土、在遮荫处多素沙土中都能正常生长	√	√		√	√		

被子植物 Angiospermae
双子叶植物纲 Dicotyledoneae

序号	科名	属名	种名	拉丁学名	树种特性及适宜生境	适宜绿化类型						
						荒山绿化	平原绿化	城市绿化	乡村绿化	通道绿化	水系绿化	沙地绿化
173	蔷薇科 Rosaceae	金露梅属 Dasiphora	银露梅	Dasiphora glabra (G. Lodd.) Sojók	灌木，喜光，耐寒，喜湿润；对土壤要求不严，生于海拔2100~4000米高山灌丛或干山坡上、水边、林缘、草地中	√			√			
174	蔷薇科 Rosaceae	金露梅属 Dasiphora	小叶金露梅	Dasiphora parvifolia (Fisch. ex Lehm.) Juz.	灌木，适应性强，耐寒，耐旱，耐瘠薄，在海拔500~4500米的地区都能正常生长	√		√	√	√		
175	蔷薇科 Rosaceae	枇杷属 Eriobotrya	枇杷	Eriobotrya japonica (Thunb.) Lindl.	常绿乔木，喜光，稍耐荫，喜温润，稍耐寒；在肥沃湿润、排水良好的酸性或微碱性土壤生长良好			√	√	√		
176	蔷薇科 Rosaceae	棣棠花属 Kerria	棣棠	Kerria japonica (L.) DC.	常绿灌木，高1~2米，喜温暖湿润环境，耐寒；对土壤要求不严	√	√	√	√	√		
177	蔷薇科 Rosaceae	苹果属 Malus	山荆子（山丁子）	Malus baccata (L.) Borkh.	乔木，喜光，耐寒性极强（有些类型能抗-50℃的低温），耐瘠薄，深根性，除盐碱地以外的山、丘、平原地区均可生长	√	√	√	√			
178	蔷薇科 Rosaceae	苹果属 Malus	陇东海棠（甘肃海棠）	Malus kansuensis (Batal.) Schneid.	落叶小乔木，高3~8米，喜光，耐寒，耐旱，耐盐碱，耐贫瘠；生于海拔2000~3500米的山坡林缘或灌木丛	√		√	√	√		
179	蔷薇科 Rosaceae	苹果属 Malus	楸子	Malus prunifolia (Willd.) Borkh.	小乔木，喜光，耐寒，耐旱，耐盐碱，较耐水湿；深根性，生长快，对城市土壤适应性较强；生于海拔50~1300米的山谷梯田边	√	√	√	√			
180	蔷薇科 Rosaceae	苹果属 Malus	苹果	Malus pumila Mill.	乔木，喜光，耐旱，耐寒，耐盐碱；最适于土层深厚、富含有机质、微酸性到中性土壤生长，宜在低山、平原、丘陵栽植	√	√	√	√	√		
181	蔷薇科 Rosaceae	苹果属 Malus	花叶海棠	Malus transitoria (Batal.) Schneid.	乔木，喜光，耐旱，耐寒，耐盐碱，耐瘠薄；生于海拔1500~3900米的山坡丛林中或黄土丘陵上	√	√	√	√	√	√	
182	蔷薇科 Rosaceae	绣线梅属 Neillia	中华绣线梅	Neillia sinensis Oiv.	灌木，喜阳，生于海拔1000~2500米的山坡丛林、山谷或沟边杂木林中，山坡、山谷灌丛中、沟边灌丛中，也生长在沟边、甚至路边等	√	√					

被子植物 Angiospermae
双子叶植物纲 Dicotyledoneae

序号	科名	属名	种名	拉丁学名	树种特性及适宜生境	适宜绿化类型					
						荒山绿化	平原绿化	城市绿化	乡村绿化	通道绿化	水系绿化	沙地绿化
183	蔷薇科 Rosaceae	小石积属 Osteomeles	华西小石积	Osteomeles schwerinae Schneid.	灌木,耐旱,耐瘠薄;对土壤适应性很强	√						
184	蔷薇科 Rosaceae	扁核木属 Prinsepia	蕤核	Prinsepia uniflora Batal.	灌木,阳性树种,具有耐寒、耐旱、耐瘠薄,适应性强的特点;在干旱、半湿润地区,无论阳坡、阴坡、中性、碱性或钙质土壤,均能正常生长,抗病虫害能力强	√	√	√	√	√		
185	蔷薇科 Rosaceae	扁核木属 Prinsepia	齿叶蕤核	Prinsepia uniflora var. serrata Rehd.	灌木,喜光,耐旱,耐寒,耐盐碱,耐贫瘠;生于向阳低山坡或山下稀疏灌丛中	√	√	√				
186	蔷薇科 Rosaceae	李属 Prunus	杏	Prunus armeniaca L.	乔木,阳性树种,喜光,耐旱,耐寒,抗风,不耐水涝	√	√		√	√		
187	蔷薇科 Rosaceae	李属 Prunus	山桃	Prunus davidiana (Carr.) Franch.	落叶乔木,喜光,耐寒,耐旱,耐轻度盐碱,不耐水湿,中生,喜温湿气候,适宜生长在海拔1800米以下阴阳坡及平地,土层厚20厘米以上的酸性至微碱性土壤	√	√	√	√	√	√	
188	蔷薇科 Rosaceae	李属 Prunus	陕甘山桃	Prunus davidiana var. potaninii (Batal.) Yü et Lu	乔木,较耐旱,耐寒,适应性强,寿命长,结果早,栽培管理较容易的树种;特别适生于山区平川地、丘陵、平原等各地沙质或黏质壤土,也耐一定程度的盐碱,在深厚肥沃的土壤上生长良好	√	√	√	√	√		
189	蔷薇科 Rosaceae	李属 Prunus	臭樱	Prunus hypoleuca (Koehne) J. Wen	灌木,生于山坡、灌丛中或山谷密林下及河沟边等处,海拔2500~2900米	√	√	√	√			
190	蔷薇科 Rosaceae	李属 Prunus	四川臭樱	Prunus hypoxantha (Koehne) J. Wen	灌木,生于山坡、灌丛中或河边向阳处,海拔2400~3560米	√	√	√	√	√		
191	蔷薇科 Rosaceae	李属 Prunus	甘肃桃	Prunus kansuensis (Rehd.) Skeels	乔木或灌木,喜光,耐旱,耐寒,耐瘠薄,适应性强,抗病虫害能力强	√	√	√	√	√		
192	蔷薇科 Rosaceae	李属 Prunus	蒙古扁桃	Prunus mongolica (Maxim.) Ricker	灌木,强阳性树种,具有喜光、耐高温、耐寒、耐瘠薄的特性,根系发达,主根深1米以上,萌蘖力较强	√	√	√	√	√		√

被子植物 Angiospermae
双子叶植物纲 Dicotyledoneae

序号	科名	属名	种名	拉丁学名	树种特性及适宜生境	适宜绿化类型					
						荒山绿化	平原绿化	城市绿化	乡村绿化	通道绿化	水系绿化	沙地绿化
193	蔷薇科 Rosaceae	李属 Prunus	稠李	*Prunus padus* L.	乔木，喜光，耐荫，耐严寒；喜湿润肥沃、排水良好的沙壤土，但在低洼或干旱瘠薄地也能正常生长		√	√	√	√		
194	蔷薇科 Rosaceae	李属 Prunus	桃	*Prunus persica* L.	乔木，喜光，耐旱，耐寒；对土壤要求不高，但喜肥沃土壤，忌阴湿或排水不良条件	√	√	√	√			
195	蔷薇科 Rosaceae	李属 Prunus	樱桃	*Prunus pseudocerasus* (Lindl.) G. Don	乔木，喜光，喜温，喜湿；土壤以土质疏松，土层深厚的沙壤土为佳		√	√	√	√		
196	蔷薇科 Rosaceae	李属 Prunus	李	*Prunus salicina* Lindl.	乔木，对气候的适应性强，对土壤只要土层较深，不论何种土质都可以栽种；对空气和土壤湿度要求较高，极不耐积水，果园排水不良，常致使烂根，生长不良或易发生各种病害		√	√	√			
197	蔷薇科 Rosaceae	李属 Prunus	山杏	*Prunus armeniaca* var. *ansu* Maxim.	灌木或小乔木，喜光，耐寒，耐旱，耐轻度盐碱，不耐水湿；中生、喜温湿气候，适宜生长在海拔1800米以下阳坡、半阳坡及平地，土层厚20厘米以上的酸性至微碱性土壤	√	√	√	√	√		√
198	蔷薇科 Rosaceae	李属 Prunus	西康扁桃	*Prunus tangutica* (Batal.) Korsh.	灌木，喜光树种，根系发达，耐寒，耐旱，耐瘠薄，但在水肥条件较好的地块树体高大，生长旺盛，结果良好	√	√	√	√	√		
199	蔷薇科 Rosaceae	李属 Prunus	毛樱桃	*Prunus tomentosa* (Thunb.) Wall.	灌木，耐寒，耐旱，适应性强，生长期对积温不敏感；对土壤要求不严，在沙壤土、石砾土及石灰山地风化土上均能生长，喜土层深厚，土质疏松且湿润的沙壤土，不喜黏重土和盐渍化土		√	√				
200	蔷薇科 Rosaceae	火棘属 Pyracantha	细叶细圆齿火棘	*Pyracantha crenulata* var. *kansuensis* Rehd.	常绿灌木，高达5米，喜温暖湿润，有较强的耐寒性，耐瘠薄；对土壤要求不严，生于山坡、路边、沟旁、丛林或草地，海拔750~2400米	√	√	√	√			
201	蔷薇科 Rosaceae	火棘属 Pyracantha	火棘	*Pyracantha fortuneana* (Maxim.) Li	灌木，喜强光，耐贫瘠，耐旱，不耐寒；对土壤要求不严，以排水良好、湿润、疏松的中性或微酸性壤土为好	√	√	√	√			

被子植物 Angiospermae
双子叶植物纲 Dicotyledoneae

序号	科名	属名	种名	拉丁学名	树种特性及适宜生境	适宜绿化类型					
						荒山绿化	平原绿化	城市绿化	乡村绿化	通道绿化	水系绿化	沙地绿化
202	蔷薇科 Rosaceae	梨属 Pyrus	杜梨	*Pyrus betulaefolia* Bge.	乔木，喜光，耐荫，耐旱，稍耐寒	√	√	√	√		√	
203	蔷薇科 Rosaceae	梨属 Pyrus	秋子梨	*Pyrus ussuriensis* Maxim.	乔木，耐寒力很强，适于生长在寒冷且干燥的山区，海拔100~2000米		√		√			
204	蔷薇科 Rosaceae	杜鹃花属 Rhododendron	黄毛杜鹃	*Rhododendron rufum* Batal.	灌木，喜凉爽湿润的气候，恶酷热干燥，喜富含腐殖质、疏松、湿润及 pH 在 5.5~6.5 的酸性土壤；适应性较强，耐干旱、耐瘠薄，但在黏重或通透性差的土壤上，生长不良；生于海拔 2800~3900 米的林中	√						
205	蔷薇科 Rosaceae	鸡麻属 Rhodotypos	鸡麻	*Rhodotypos scandens* (Thunb.) Makino	灌木，喜光，耐半荫，耐寒，怕涝；适生于疏松肥沃、排水良好的土壤	√	√	√	√	√		
206	蔷薇科 Rosaceae	蔷薇属 Rosa	单瓣白木香（七里香）	*Rosa banksiae* var. *normalis* Regel	灌木，喜光，稍耐旱，喜温暖；生溪边、路旁或山坡灌丛中，海拔 500~1300 米	√			√			
207	蔷薇科 Rosaceae	蔷薇属 Rosa	西北蔷薇	*Rosa davidii* Crép.	灌木，喜暖，喜光，耐旱，忌湿，畏寒；分布于海拔 2000~2200 米杂木林或灌丛中			√	√			
208	蔷薇科 Rosaceae	蔷薇属 Rosa	卵果蔷薇	*Rosa helenae* Rehd. et Wils.	灌木，耐寒，耐旱，耐瘠薄；多生于山坡、沟边或灌丛中，海拔 1000~1160 米		√	√	√	√		
209	蔷薇科 Rosaceae	蔷薇属 Rosa	软条七蔷薇	*Rosa henryi* Bouleng.	灌木，喜光，亦耐半荫，较耐寒，不耐水湿，忌积水，适生于排水良好的肥沃润湿地；对土壤要求不严，耐干旱、耐瘠薄，但栽植在土层深厚、肥沃湿润且又排水通畅的土壤中，则生长更好，也可在黏重土壤上正常生长	√	√	√	√	√		
210	蔷薇科 Rosaceae	蔷薇属 Rosa	黄蔷薇	*Rosa hugonis* Hemsl.	灌木，喜光，耐寒，耐干旱，耐水湿，耐瘠薄，不耐荫；生于海拔 2000~3400 米向阳山地、丘陵、沟旁、林缘、灌丛、田埂或路边	√	√	√	√	√		
211	蔷薇科 Rosaceae	蔷薇属 Rosa	野蔷薇	*Rosa multiflora* Thunb.	攀援灌木，喜光，亦耐半荫，较耐寒，对土壤要求不严，耐干旱、耐瘠薄			√	√	√		

序号	科名	属名	种名	拉丁学名	树种特性及适宜生境	适宜绿化类型					
						荒山绿化	平原绿化	城市绿化	乡村绿化	通道绿化	水系绿化	沙地绿化
212	蔷薇科 Rosaceae	蔷薇属 Rosa	峨眉蔷薇	Rosa omeiensis Rolfe	灌木，喜光，亦耐半阴，较耐寒，适生于排水良好的肥沃润湿地；对土壤要求不严，耐干旱，耐瘠薄，不耐水湿，忌积水		√	√	√	√		
213	蔷薇科 Rosaceae	蔷薇属 Rosa	玫瑰	Rosa rugosa Thunb.	直立灌木，耐寒，较耐瘠干旱，适应性很强；喜深厚肥沃，质地疏松、排水良好的土壤，对微酸性、中性、微碱性土壤都能适应，在山坡、沟谷、崖边均可正常生长		√	√	√			
214	蔷薇科 Rosaceae	蔷薇属 Rosa	扁刺蔷薇	Rosa sweginzowii Koehne	灌木，喜阳，亦耐半阴，较耐寒，适生于排水良好的肥沃润湿地；对土壤要求不严，耐干旱，耐瘠薄，不耐水湿，忌积水，生于海拔2000~3000米半山坡杂木林下	√	√	√	√	√		
215	蔷薇科 Rosaceae	蔷薇属 Rosa	小叶蔷薇	Rosa willmottiae Hemsl.	灌木，喜光，亦耐半阴地，较耐寒，不耐水湿，忌积水，排水良好湿润肥沃地，对土壤要求不严，耐干旱，耐瘠薄，也可在黏重土壤上正常生长；生于海拔2000~3000米山坡灌丛		√	√	√	√		
216	蔷薇科 Rosaceae	蔷薇属 Rosa	单瓣黄刺玫	Rosa xanthina f. normalis Rehd. et E.H. Wils.	灌木，花为单瓣，生于海拔2000米左右的干燥阴坡灌丛中	√	√	√	√	√		
217	蔷薇科 Rosaceae	悬钩子属 Rubus	秀丽莓（美丽悬钩子）	Rubus amabilis Focke	灌木，喜光，耐荫，耐寒，萌蘖性强；生山麓沟边或山谷丛林中，海拔2000~3700米	√	√	√	√	√		
218	蔷薇科 Rosaceae	悬钩子属 Rubus	粉枝莓（二花悬钩子）	Rubus biflorus Buch.-Ham. ex Smith	攀援灌木，高1~3米，耐阴湿；生于海拔2500米左右的山谷杂林中	√	√	√	√	√		
219	蔷薇科 Rosaceae	悬钩子属 Rubus	喜阴悬钩子	Rubus mesogaeus Focke	攀援灌木，喜荫，耐寒；生山坡、山谷林下潮湿处或沟边冲积台地，海拔900~2700米	√	√	√	√	√		
220	蔷薇科 Rosaceae	悬钩子属 Rubus	茅莓	Rubus parvifolius L.	灌木，中性树种，具有中度喜光，耐旱，耐寒的严寒和42℃的酷暑，可忍耐-30℃；喜生于低山阴坡、梯田硬坎及次生林缘、路边	√	√	√	√	√		
221	蔷薇科 Rosaceae	悬钩子属 Rubus	菰帽悬钩子	Rubus pileatus Focke	灌木，生长于海拔2000~2800米的沟谷边、路旁疏林下或山谷阴处密林下	√	√	√	√			

被子植物 Angiospermae
双子叶植物纲 Dicotyledoneae

序号	科名	属名	种名	拉丁学名	树种特性及适宜生境	荒山绿化	平原绿化	城市绿化	乡村绿化	通道绿化	水系绿化	沙地绿化
222	蔷薇科 Rosaceae	悬钩子属 Rubus	香莓	Rubus pungens var. oldhamii（Miq.）Maxim.	多刺灌木，生于海拔2400~2800米的密林下	√						
223	蔷薇科 Rosaceae	悬钩子属 Rubus	西藏悬钩子	Rubus thibetanus Franch.	灌木，生长在海拔900~2100米低山灌丛中、林缘、山坡路旁或水沟旁	√			√			
224	蔷薇科 Rosaceae	鲜卑花属 Sibiraea	窄叶鲜卑花	Sibiraea angustata（Rehd.）Hand.-Mazz.	灌木，喜光，耐干旱，耐瘠薄，对土壤要求不严，中性和微酸性土壤均能生长，但在湿润环境生长良好	√			√	√		
225	蔷薇科 Rosaceae	鲜卑花属 Sibiraea	鲜卑花	Sibiraea laevigata（L.）Maxim.	灌木，喜光，耐干旱，耐瘠薄，对土壤要求不严，中性和微酸性土壤均能生长，但在湿润环境中生长良好	√	√	√	√	√		
226	蔷薇科 Rosaceae	珍珠梅属 Sorbaria	高丛珍珠梅	Sorbaria arborea Schneid.	灌木，喜光，也耐荫，喜湿润也耐干旱，耐寒，在-24℃低温下可安全越冬，喜湿润，对土壤要求不严，耐瘠薄	√	√	√	√	√		
227	蔷薇科 Rosaceae	珍珠梅属 Sorbaria	华北珍珠梅	Sorbaria kirilowii（Regel）Maxim.	灌木，喜光，喜凉爽气候，耐寒，耐旱，常丛生		√	√	√			
228	蔷薇科 Rosaceae	花楸属 Sorbus	水榆花楸	Sorbus alnifolia（Sieb. et Zucc.）K.Koch	乔木，喜光树种，不耐庇荫；喜深厚肥沃湿润的土壤，不太低，雨量较多的暖温带和亚热带气候较为适宜	√	√	√	√	√	√	
229	蔷薇科 Rosaceae	花楸属 Sorbus	北京花楸	Sorbus discolor（Maxim.）Maxim.	乔木，喜光也稍耐荫，耐寒，适应性强；根系发达，对土壤要求不严，以湿润肥沃的砂质壤土为好；喜湿润气候，多沿着溪涧山谷的阴坡生长	√	√	√	√	√		
230	蔷薇科 Rosaceae	花楸属 Sorbus	陕甘花楸	Sorbus koehneana Schneid.	灌木或小乔木，好温润肥土壤；常生在溪谷阴坡山林中，遍生于山区杂木林内，海拔2300~4000米	√	√	√	√	√		
231	蔷薇科 Rosaceae	花楸属 Sorbus	天山花楸	Sorbus tianschanica Rupr.	灌木或小乔木，普遍生于高山溪谷中或云杉林边缘，海拔2000~3200米	√						
232	蔷薇科 Rosaceae	绣线菊属 Spiraea	高山绣线菊	Spiraea alpina Pall.	灌木，耐寒，耐旱，耐瘠薄，耐阴湿，适应性强；生于向阳坡地或灌丛中，海拔2000~4000米	√	√	√	√	√		

被子植物 Angiospermae
双子叶植物纲 Dicotyledoneae

序号	科名	属名	种名	拉丁学名	树种特性及适宜生境	适宜绿化类型					
						荒山绿化	平原绿化	城市绿化	乡村绿化	水系通道绿化	沙地绿化
233	蔷薇科 Rosaceae	绣线菊属 Spiraea	绣球绣线菊	Spiraea blumei G. Don	灌木，喜光，稍耐阴，耐寒，耐旱，耐盐碱，不耐涝；耐瘠薄，对土壤要求不严，但在土壤深厚腐殖质中生长良好	√					
234	蔷薇科 Rosaceae	绣线菊属 Spiraea	中华绣线菊	Spiraea chinensis Maxim.	灌木，耐寒，耐旱，耐瘠薄，生长力很强的灌木，生于海拔500~2040米的山坡灌木丛中、山谷溪边、田野路旁	√		√	√		
235	蔷薇科 Rosaceae	绣线菊属 Spiraea	蒙古绣线菊	Spiraea lasiocarpa Karelin et Kirilov	灌木，是耐寒、耐旱及耐瘠薄、土质贫瘠的杂木丛，山坡及山谷中，长在山坡岩石或石砾间，甚至石头缝里亦可生长	√	√	√			
236	蔷薇科 Rosaceae	绣线菊属 Spiraea	细枝绣线菊	Spiraea myrtilloides Rehd.	灌木，是耐寒、耐旱及耐瘠薄、土质贫瘠的杂木丛，山坡及山谷中，长在山坡岩石或石砾间，甚至石头缝里亦可生长	√					
237	蔷薇科 Rosaceae	绣线菊属 Spiraea	土庄绣线菊	Spiraea pubescens Turcz.	灌木，耐阴，不喜光，喜阴，喜湿润		√	√	√	√	
238	蔷薇科 Rosaceae	绣线菊属 Spiraea	南川绣线菊	Spiraea rosthornii Pritz.	灌木，喜光且较耐阴；对土壤要求不苛刻	√	√	√	√	√	
239	蔷薇科 Rosaceae	绣线菊属 Spiraea	三裂绣线菊	Spiraea trilobata L.	落叶灌木，喜光，稍耐阴，耐寒，耐旱，耐盐碱，不耐劳，耐瘠薄，对土壤要求不严，在土壤深厚的腐殖地或灌木丛中生于海拔450~2200米的多岩向阳缓坡地或灌木丛中		√	√	√		
240	豆科 Fabaceae	合欢属 Albizia	合欢	Albizia julibrissin Durazz.	乔木，喜光，耐旱，抗污染，不耐水湿；喜暖湿气候，适宜生长在海拔1200米以下缓坡或平地，土层厚30厘米以上的微酸性至微碱性土壤		√	√	√		
241	豆科 Fabaceae	骆驼刺属 Alhagi	骆驼刺	Alhagi camelorum Fisch.	多刺超旱生植物，枝叶稠密，沙埋后容易产生不定根和不定芽，生于低平盐渍化沙地、田间、河谷滩地、盐碱沙地						√
242	豆科 Fabaceae	沙冬青属 Ammopiptanthus	沙冬青	Ammopiptanthus mongolicus (Maxim. ex Kom.) Cheng f.	灌木，常绿超旱生植物，喜沙薄层覆沙的砾石质土壤，或具薄层覆沙的砾石山涧盆地，石质残积层，多生于山前冲积、洪积平原，成条带状或团块状分布	√	√	√	√		√

被子植物 Angiospermae
双子叶植物纲 Dicotyledoneae

序号	科名	属名	种名	拉丁学名	树种特性及适宜生境	荒山绿化	平原绿化	城市绿化	乡村绿化	通道绿化	水系绿化	沙地绿化
243	豆科 Fabaceae	羊蹄甲属 Bauhinia	鞍叶羊蹄甲	Bauhinia brachycarpa Wall. ex Benth.	灌木,耐贫瘠,稍耐旱,较耐水湿,喜肥沃湿润土壤;生于海拔1800米左右的山坡林中、荒坡、路旁或村旁	√			√			
244	豆科 Fabaceae	杭子梢属 Campylotropis	太白杭子梢	Campylotropis macrocarpa var. girlaldii (Schindl.) K. T. Fu ex P. Y. Fu	灌木,生长于海拔150~2000米的山坡、灌丛、林缘、山谷沟边及林中	√	√					
245	豆科 Fabaceae	锦鸡儿属 Caragana	锦鸡儿	Caragana arborescens lam.	小乔木,喜光,深根性,耐干旱,耐贫瘠	√	√	√	√			√
246	豆科 Fabaceae	锦鸡儿属 Caragana	铃铛刺	Caragana halodendron (Pall.) Dumont de Courset	灌木,喜光,耐干旱和盐碱土;根系发达,抗盐性很强的灌木,多生于干旱砂地及盐渍土上	√						√
247	豆科 Fabaceae	锦鸡儿属 Caragana	鬼箭锦鸡儿	Caragana jubata (Pall.) Poir.	灌木,直立或伏地,多刺,落叶灌木,高1~3米,生于海拔2800~3500米的干旱山坡或山顶灌林中	√	√					
248	豆科 Fabaceae	锦鸡儿属 Caragana	柠条锦鸡儿(毛条)	Caragana korshinskii Kom.	灌木,阴性树种,幼苗期较怕干旱,耐干旱,耐贫瘠,耐盐碱,抗逆性强;根系发达,萌蘖力强,生长于半固定或固定沙地,常为优势种	√	√					√
249	豆科 Fabaceae	锦鸡儿属 Caragana	中间锦鸡儿(柠条)	Caragana liouana Zhao Y. Chang et Yakovlev	灌木,喜光,耐高温,耐寒,耐寒,耐干旱,耐瘠薄,不耐水湿;适生于黄土丘陵地、石质山地、河谷阶地、沙地等	√	√	√	√	√	√	√
250	豆科 Fabaceae	锦鸡儿属 Caragana	小叶锦鸡儿	Caragana microphylla Lam.	灌木,喜光,不耐荫蔽,耐干旱,耐瘠薄,耐严寒,耐高温	√	√	√	√	√	√	√
251	豆科 Fabaceae	锦鸡儿属 Caragana	甘蒙锦鸡儿	Caragana opulens Kom.	灌木,阴性树种,具有喜光,耐寒,适应性强的特点,对土壤要求不严,在各类土壤,特别是在红土上均能正常生长,开花结实	√	√	√	√	√	√	√
252	豆科 Fabaceae	锦鸡儿属 Caragana	荒漠锦鸡儿	Caragana roborovskyi Kom.	灌木,喜光,耐干旱,贫瘠,耐寒	√	√	√	√			√
253	豆科 Fabaceae	锦鸡儿属 Caragana	红花锦鸡儿	Caragana rosea Turcz. ex Maxim.	灌木,耐干旱,耐贫瘠,耐盐碱,抗逆性强;生长在海拔800米左右山坡岩石缝中	√	√	√	√	√	√	√
254	豆科 Fabaceae	紫荆属 Cercis	紫荆	Cercis chinensis Bge.	灌木,有一定的耐盐碱力,喜肥沃,排水良好的砂质壤土,在黏质土中多生长不良;不耐淹,在低洼种植处根系极易根烂而死亡	√	√	√	√	√		

被子植物 Angiospermae
双子叶植物纲 Dicotyledoneae

序号	科名	属名	种名	拉丁学名	树种特性及适宜生境	荒山绿化	平原绿化	城市绿化	乡村绿化	通道绿化	水系绿化	沙地绿化
255	豆科 Fabaceae	紫荆属 Cercis	湖北紫荆	Cercis glabra Pamp.	乔木，适生于排水良好的微酸性土壤，对氯气有一定的抗性，滞留尘埃的能力也强；生长在海拔600~1900米的山地疏林或密林中	√	√	√	√	√		
256	豆科 Fabaceae	香槐属 Cladrastis	小花香槐	Cladrastis delavayi (Franch.) Prain	乔木，强阴性树种，耐寒，耐干旱，耐瘠薄，萌蘖能力强，生长稍慢	√		√	√	√		
257	豆科 Fabaceae	羊柴属 Corethrodendron	塔落木羊柴（羊柴）	Corethrodendron fruticosum (Pall.) B. H. Choi et H. Ohashi	灌木，耐旱，耐寒，耐瘠薄，抗风沙，生长迅速	√						
258	豆科 Fabaceae	羊柴属 Corethrodendron	红花羊柴（红花岩黄耆）	Corethrodendron multijugum (Maxim.) B. H. Choi et H. Ohashi	灌木，喜光，对气候、土壤适应性都很强，耐的低温，耐旱，耐水湿，喜深厚、疏松、肥沃的土壤，可耐-40℃度盐碱（0.2%）；抗风，耐烟生，抗有毒气体，能耐轻长快，萌芽力强，耐修剪，寿命长	√	√	√	√	√	√	
259	豆科 Fabaceae	羊柴属 Corethrodendron	细枝羊柴（花棒）	Corethrodendron scoparium Fisch. et Basiner	灌木，阳性树种，喜光，生于流沙环境，耐干旱，抗风蚀，耐严寒酷热，耐沙埋；对土壤要求不严格，在石质之壁、沙地，固定或半固定沙丘及丘间低地上均能生长	√			√			
260	豆科 Fabaceae	皂荚属 Gleditsia	皂荚	Gleditsia sinensis Lam.	乔木，喜光而稍耐荫，喜温暖湿润气候，耐寒，耐干旱；喜酸性土壤，对土壤要求不严	√	√	√	√	√		
261	豆科 Fabaceae	胡枝子属 Lespedeza	胡枝子	Lespedeza bicolor Turcz.	灌木，喜光，耐阴蔽，耐寒，喜湿润，在干旱、瘠薄的酸性与碱性土壤上也能生长；适应性强，萌芽力强，耐平苔	√	√	√	√	√		
262	豆科 Fabaceae	胡枝子属 Lespedeza	绿叶胡枝子	Lespedeza buergeri Miq.	落叶灌木，喜光，耐干旱，耐瘠薄；根系发达，萌芽性强，速生，耐割，耐踏		√	√	√			√
263	豆科 Fabaceae	胡枝子属 Lespedeza	美丽胡枝子	Lespedeza thunbergii subsp. formosa (Vogel) H. Ohashi	灌木，喜温性树种，耐旱，耐贫瘠，根系发达，具根瘤，地上部丛生；生于海拔2000~2400米的山谷灌丛中	√	√	√	√			√

被子植物 Angiospermae
双子叶植物纲 Dicotyledoneae

序号	科名	属名	种名	拉丁学名	树种特性及适宜生境	荒山绿化	平原绿化	城市绿化	乡村绿化	通道绿化	水系绿化	沙地绿化
264	豆科 Fabaceae	红豆属 Ormosia	红豆树	Ormosia hosiei Hemsl. et Wils.	乔木，幼龄以后喜光，中龄以后喜湿耐阴，在土壤肥沃、水分条件较好的山洼、山麓、水口等处生长快，生于河旁、山坡、山谷林内	√						
265	豆科 Fabaceae	槐属 Styphnolobium	槐	Styphnolobium japonicum (L.) Schott	乔木，中生，喜光，耐寒，耐旱；喜温湿气候，适宜生长在海拔1500米以下阳坡或半阳坡，土层厚30厘米以上的酸性和中性土壤中				√	√		
266	豆科 Fabaceae	刺槐属 Robinia	刺槐	Robinia pseudoacacia L.	乔木，喜光，不耐阴，耐旱，耐瘠薄，不耐积水，寿命短；浅根性树种，具根瘤菌	√	√	√	√		√	
267	豆科 Fabaceae	苦参属 Sophora	白刺花	Sophora davidii (Franch.) Skeels	灌木，具有耐旱，喜光，耐寒，耐瘠薄，适应性强的特点	√			√			
268	蒺藜科 Zygophyllaceae	驼蹄瓣属 Zygophyllum	霸王	Zygophyllum xanthoxylum (Bge.) Maxim.	灌木，根系发达，耐旱性强，不耐黏性重的淤泥土或者强烈的盐渍化土壤；生长在荒漠地区、石质残丘坡地、沙砾质丘间平地及固定、半固定沙地上，亦可沿干河床呈带状分布	√						√
269	芸香科 Rutaceae	柑橘属 Citrus	宜昌橙	Citrus cavaleriei H. Lév. ex Cavalier	灌木，耐土壤贫瘠，耐阴，耐寒，于-11.5℃仍能正常生长而不受冻害，抗病力强	√			√			
270	芸香科 Rutaceae	柑橘属 Citrus	柑橘	Citrus reticulata Blanco	常绿小乔木或灌木，以疏松、肥沃、排水良好的微酸性至中性土壤最为适宜，生长在海拔1100米以下	√						
271	芸香科 Rutaceae	柑橘属 Citrus	甜橙	Citrus sinensis (L.) Osbeck	乔木，宜温暖，不耐寒，较耐阴，要求土质肥沃，透水透气性好				√			
272	芸香科 Rutaceae	吴茱萸属 Tetradium	臭檀吴萸	Tetradium daniellii (Bennett) T. G. Hartley	乔木，耐寒，喜光，根系发达，抗风能力强，旱地皆能生长，生长快，易繁殖	√	√		√	√	√	
273	芸香科 Rutaceae	花椒属 Zanthoxylum	花椒	Zanthoxylum bungeanum Maxim.	落叶小乔木，耐寒，耐旱，喜光；中生，喜暖湿气候，适宜生长在海拔1400米以下阴阳坡及平地，土层厚30厘米以上的酸性至中性土壤	√	√		√	√	√	

被子植物 Angiospermae
双子叶植物纲 Dicotyledoneae

序号	科名	属名	种名	拉丁学名	树种特性及适宜生境	荒山绿化	平原绿化	城市绿化	乡村绿化	通道绿化	水系绿化	沙地绿化
274	苦木科 Simaroubaceae	臭椿属 Ailanthus	臭椿	Ailanthus altissima (Mill.) Swingle	乔木，喜光，耐寒，耐旱，耐轻度盐碱；喜暖湿气候，适宜生长在1400米以下阴阳坡，对土壤要求不严	√	√	√	√	√	√	
275	楝科 Meliaceae	楝属 Melia	楝	Melia azedarach L.	乔木，速生，强阳性树种，不耐庇荫，喜温暖气候，对土壤适应性强	√						
276	楝科 Meliaceae	香椿属 Toona	香椿	Toona sinensis (A. Juss.) Roem.	乔木，喜温暖湿润气候，不耐严寒，对土壤要求不严，喜中性、酸性及微碱性土壤上均能生长，在石灰质土壤上生长良好，在土层深厚、肥沃的砂壤土上生长较快，较耐水湿	√	√	√	√	√	√	
277	黄杨科 Buxaceae	黄杨属 Buxus	黄杨	Buxus sinica (Rehd. et E. H. Wils.) M. Cheng	灌木，耐荫，喜光，耐旱，耐热，耐寒；喜肥沃松散的壤土，微酸性土或微碱性土，在石灰质泥土中亦能生长；多生于山谷、溪边、林下，海拔1200-2600米			√				
278	马桑科 Coriariaceae	马桑属 Coriaria	马桑	Coriaria nepalensis Wall.	灌木，适应性很强，能耐干旱、瘠薄的环境，在中性偏碱的土壤生长良好；生于海拔2000米左右的山坡林缘	√						
279	漆树科 Anacardiaceae	黄栌属 Cotinus	毛黄栌	Cotinus coggygria Scop.var. pubescens Engl.	灌木，喜光，能耐半荫，耐寒，耐干旱，耐瘠薄、耐盐碱，但不耐水湿；以深厚、肥沃且排水良好的沙壤土生长最好；生长迅速，根系发达，萌蘖力强	√						
280	漆树科 Anacardiaceae	黄栌属 Cotinus	黄栌	Cotinus coggygria var. cinereus Engl.	灌木，喜光，也耐半荫，耐寒，耐干旱，耐瘠薄、耐盐碱，不耐水湿；宜植于土层深厚、肥沃且排水良好的砂质壤土中	√	√	√	√	√		
281	漆树科 Anacardiaceae	黄栌属 Cotinus	粉背黄栌	Cotinus coggygria var. glaucophylla C.Y.Wu	灌木，喜光，耐荫，耐寒，耐干旱，耐瘠薄、耐盐碱，不耐水湿	√	√	√	√	√		
282	漆树科 Anacardiaceae	黄连木属 Pistacia	黄连木	Pistacia chinensis Bge.	灌木，喜光，幼时耐荫蔽，不耐寒，耐干旱瘠薄；对土壤要求不严	√	√	√	√	√		
283	漆树科 Anacardiaceae	盐麸木属 Rhus	盐麸木	Rhus chinensis Mill.	乔木，喜光，喜温暖湿润气候，耐寒，对土壤要求不严，在酸性、中性及石灰性土壤乃至干旱、瘠薄的土壤上均能生长	√	√	√	√	√		

被子植物 Angiospermae
双子叶植物纲 Dicotyledoneae

序号	科名	属名	种名	拉丁学名	树种特性及适宜生境	适宜绿化类型					
						荒山绿化	平原绿化	城市绿化	乡村绿化	通道绿化	水系绿化	沙地绿化
284	漆树科 Anacardiaceae	盐麸木属 Rhus	青麸杨	*Rhus potaninii* Maxim.	乔木，喜温凉湿润，耐旱，比较耐寒；对土壤要求不严，根系发达，生长快，萌蘖力强	√						
285	漆树科 Anacardiaceae	盐麸木属 Rhus	红麸杨	*Rhus punjabensis* var. *sinica*（Diels）Rehd.et Wils.	乔木，喜光，耐干旱，耐瘠薄，耐盐碱，对土壤要求不严，喜生河谷沙滩、堤岸及沼泽地缘，亦能生砂砾质土上	√	√		√	√	√	
286	漆树科 Anacardiaceae	漆树属 Toxicodendron	漆	*Toxicodendron verniciifluum*（Stokes）F. A. Barkl.	乔木，喜光，不耐荫蔽，在背风向阳、温和湿润的地方生长较旺盛；喜温暖湿润气候及深厚肥沃且排水良好的石灰质土壤	√	√					
287	卫矛科 Celastraceae	卫矛属 Euonymus	卫矛	*Euonymus alatus*（Thunb.）Sieb.	灌木，稍耐荫，耐干旱，耐瘠薄，耐寒；对气候和土壤适应性强，在中性、酸性及石灰性土上均能生长	√	√	√	√	√		
288	卫矛科 Celastraceae	卫矛属 Euonymus	扶芳藤	*Euonymus fortunei*（Turcz.）Hand.-Mazz.	常绿藤本灌木，喜温暖，抗病虫，抗盐碱，也可抗二氧化硫等有害气体；对土壤要求不严，在雨量充沛、土壤和空气湿度大的条件下生长健壮，萌芽力强，生长快速，耐践踏，易长气生根，攀缘附着能力和抗风力较强			√		√		
289	卫矛科 Celastraceae	卫矛属 Euonymus	白杜（丝棉木）	*Euonymus maackii* Rupr	乔木，喜光，也稍耐荫，耐寒，耐湿；对土壤要求不严	√	√	√	√	√	√	
290	卫矛科 Celastraceae	卫矛属 Euonymus	栓翅卫矛	*Euonymus phellomanus* Loes.	灌木，喜光，耐寒，适应性强，萌发力强，对二氧化硫有较强抗性	√	√	√	√	√	√	
291	卫矛科 Celastraceae	卫矛属 Euonymus	陕西卫矛	*Euonymus schensianus* Maxim.	灌木，喜光，稍耐荫，耐干旱，也耐水湿；生长于海拔600~1000米沟边丛林中	√	√		√	√		
292	省沽油科 Staphyleaceae	省沽油属 Staphylea	膀胱果	*Staphylea holocarpa* Hemsl.	落叶灌木或小乔木，耐干旱，耐瘠薄，耐寒		√		√	√		
293	白刺科 Nitrariaceae	白刺属 Nitraria	大白刺	*Nitraria roborowskii* Kom.	落叶灌木，喜光，耐寒，耐盐碱，耐干旱，贫瘠，抗风沙，根系发达，能耐沙压，旱生或强旱生植物，多生于荒漠区的湖盆边缘、河谷阶地和土质滩地上	√						√
294	白刺科 Nitrariaceae	白刺属 Nitraria	小果白刺	*Nitraria sibirica* Pall.	灌木，超旱生植物，极耐沙埋、沙压、耐寒、耐热、耐盐碱，盐渍化沙地，沿海盐化沙地，在地表最低温度−35.9℃，最高温度68℃的沙漠区，含盐量3%的土壤中，生于湖盆边缘沙地、河谷阶地边缘，均能正常生长	√						√

被子植物 Angiospermae
双子叶植物纲 Dicotyledoneae

序号	科名	属名	种名	拉丁学名	树种特性及适宜生境	荒山绿化	平原绿化	城市绿化	乡村绿化	通道绿化	水系绿化	沙地绿化
295	白刺科 Nitrariaceae	白刺属 Nitraria	泡泡刺	Nitraria sphaerocarpa Maxim.	灌木，喜生于石质残丘、剥蚀石质准平原、山麓砾石洪积扇、干旱的山间低地、干河谷以及壁高平原上；在土壤水分极度缺乏时，仍能顽强地生长，对碱化土壤有一定的适应能力，最喜生于土壤表层覆薄沙的地段	√						√
296	白刺科 Nitrariaceae	白刺属 Nitraria	白刺	Nitraria tangutorum Bobr.	灌木，自然生长于盐渍化坡埂高地和泥质海岸滩垂光板裸地上，耐盐性能极强；多生长在干燥、多风、盐碱重、土壤贫瘠，植物稀疏的严酷环境中，往往自成群落，伴生植物较少	√						√
297	无患子科 Sapindaceae	槭属 Acer	三角槭（三角枫）	Acer buergerianum Miq.	落叶灌木或小乔木，喜光，耐寒，喜温暖湿润气候；适生于偏酸或中性土壤，在微碱性土中也可生长，也耐一定水湿	√	√	√	√			
298	无患子科 Sapindaceae	槭属 Acer	深灰槭	Acer caesium Wall. ex Brandis	落叶乔木，高约15~20米，稀达25米，生长于海拔2000~3200米的疏林中	√						
299	无患子科 Sapindaceae	槭属 Acer	长尾槭	Acer caudatum Wall.	落叶乔木，喜光，喜温凉气候及湿润肥沃土壤，主要生长于海拔1800~3000米的山地疏林中		√	√	√			
300	无患子科 Sapindaceae	槭属 Acer	青榨槭	Acer davidii Franch.	乔木，深根性喜光树种，喜干冷气候，耐干燥，忌低洼积水；生长于海拔1500~2700米的山地疏林中	√	√	√	√	√	√	
301	无患子科 Sapindaceae	槭属 Acer	血皮槭	Acer griseum (Franch.) Pax	乔木，除了散生于山地山顶灌丛外，作为伴生树种散生分布于山地阔叶和针阔叶混交林被带类型中，集中分布在1000~1800米，几乎全部分布在半阴坡、阴坡以及沟谷环境中，土壤类型以山地棕壤、黄棕壤、山地褐土为主	√	√					
302	无患子科 Sapindaceae	槭属 Acer	建始槭	Acer henryi Pax	乔木，适宜土层深厚、肥沃、排水良好的阳坡阳坡半阳坡缓坡林荒地和坡地；生于海拔500~1500米的疏林中	√	√		√			
303	无患子科 Sapindaceae	槭属 Acer	东北槭（甘肃槭）	Acer mandshuricum Maxim.	落叶乔木，高达25米，生于海拔1700~2500米的疏林中；适于小型庭院的造景，多孤植、丛植	√	√		√			
304	无患子科 Sapindaceae	槭属 Acer	五尖槭	Acer maximowiczii Pax	乔木，喜光，耐干冷，能耐烟尘，对防止大气污染和保护自然环境有一定的作用；生于海拔1800~2500米的林边或流林中	√						

被子植物 Angiospermae
双子叶植物纲 Dicotyledoneae

序号	科名	属名	种名	拉丁学名	树种特性及适宜生境	荒山绿化	平原绿化	城市绿化	乡村绿化	通道绿化	水系绿化	沙地绿化
305	无患子科 Sapindaceae	槭属 Acer	庙台槭	Acer miaotaiense P. C. Tsoong	乔木，喜湿，对环境的适应性较强，能耐0℃以下低温，在年均温13℃左右生长良好	√			√			
306	无患子科 Sapindaceae	槭属 Acer	五角槭（色木槭）	Acer pictum subsp. mono (Maxim.) H. Ohashi	乔木，耐旱，耐瘠薄，适应性强，稍耐荫，在酸性、中性、石灰岩上均可生长，萌蘖力强，喜湿润肥沃土壤，河边，河谷，林缘，林中，路边，山谷栎林下，疏林中、山坡，山坡阔叶林中，林缘，阴坡林中，杂木林中均有生长；分布于海拔2000~2600米山坡、山谷		√	√	√	√		
307	无患子科 Sapindaceae	槭属 Acer	细裂槭	Acer pilosum var. stenolobum (Rehd.) W. P. Fang	乔木，生于海拔1200~1500米的山坡或山梁杂木林中	√		√	√			
308	无患子科 Sapindaceae	槭属 Acer	茶条槭	Acer tataricum subsp. ginnala (Maxim.) Wesmael	乔木，生于海拔1200~1756米的沟谷、山坡、山梁等杂木林中	√	√	√	√	√		
309	无患子科 Sapindaceae	槭属 Acer	元宝槭	Acer truncatum Bge.	乔木，深根性树种，较喜光，稍耐荫，喜侧方庇荫，耐旱，不耐涝；适温凉湿润气候，较耐寒，但过于干冷则对生长不利，在炎热地区也如此		√	√	√	√		
310	无患子科 Sapindaceae	槭属 Acer	秦岭槭	Acer tsinglingense Fang et Hsieh	乔木，分布于气候干冷，土壤为酸性且湿润，年降水量600~800毫米的环境	√	√	√	√	√	√	
311	无患子科 Sapindaceae	七叶树属 Aesculus	七叶树	Aesculus chinensis Bge.	乔木，喜光，稍耐荫，喜温暖气候，也耐寒；湿润且排水良好的土壤，喜深厚、肥沃	√	√	√	√	√		
312	无患子科 Sapindaceae	金钱槭属 Dipteronia	金钱槭	Dipteronia sinensis Oliv.	乔木，喜温凉湿润环境和深厚肥沃、排水良好的土壤，营生于阴坡潮湿的杂木林或灌木林中，适宜于散射光利光片，光斑的生境		√	√	√	√		
313	无患子科 Sapindaceae	栾属 Koelreuteria	栾	Koelreuteria paniculata Laxm.	乔木，耐寒，耐盐渍，耐瘠薄，耐干旱，不耐水淹，但耐短期水涝；喜光，对环境的适应性强，喜欢生长于石灰质土壤中		√	√	√	√	√	
314	无患子科 Sapindaceae	文冠果属 Xanthoceras	文冠果	Xanthoceras sorbifolium Bge.	灌木，喜光，喜温湿气候，耐轻度盐碱，不耐水湿，怕风；中生，喜温湿气候，耐寒，耐干旱，适宜生长在海拔1500米以下阴、阳坡和平地，土层厚30厘米以上的酸性至微碱性土壤	√	√	√	√	√		

被子植物 Angiospermae
双子叶植物纲 Dicotyledoneae

序号	科名	属名	种名	拉丁学名	树种特性及适宜生境	适宜绿化类型					
						荒山绿化	平原绿化	城市绿化	乡村绿化	水系通道绿化	沙地绿化
315	清风藤科 Sabiaceae	泡花树属 Mmeliosma	泡花树	Meliosma cuneifolia Franch.	灌木，喜温暖湿润气候，适生肥沃湿润且排水良好的砂质壤土，生于海拔650~3300米的落叶阔叶树种或针叶树种的疏林或密林中	√					
316	鼠李科 Rhamnaceae	枳椇属 Hovenia	枳椇	Hovenia acerba Lindl.	乔木，较喜光，不耐庇荫；生于海拔2100米以下的开旷地、山坡林缘或疏林中	√					
317	鼠李科 Rhamnaceae	鼠李属 Rhamnus	鼠李	Rhamnus davurica Pall.	落叶灌木，喜光，耐旱，常生长于石质山地或山脊					√	
318	鼠李科 Rhamnaceae	鼠李属 Rhamnus	刺鼠李	Rhamnus dumetorum Schneid.	灌木，适应性强，耐荫，耐干旱，耐瘠薄；生于海拔1400~2100米山坡灌丛	√	√		√		
319	鼠李科 Rhamnaceae	鼠李属 Rhamnus	柳叶鼠李	Rhamnus erythroxylum Pall.	灌木，生于干旱沙丘，荒坡或乱石中或山坡灌丛中，海拔1000~2100米	√	√	√	√	√	
320	鼠李科 Rhamnaceae	鼠李属 Rhamnus	小叶鼠李	Rhamnus parvifolia Bge.	灌木，高1.5~2米，常生于向阳山坡，草丛或灌丛中，海拔400~2300米	√	√	√		√	
321	鼠李科 Rhamnaceae	鼠李属 Rhamnus	甘青鼠李	Rhamnus tangutica J. Vass.	灌木，生于山谷灌丛或林下，海拔1400~2600米	√	√	√	√		
322	鼠李科 Rhamnaceae	鼠李属 Rhamnus	冻绿	Rhamnus utilis Decne.	灌木，喜光，喜干燥，耐荫，耐干旱，耐瘠薄，适应力强	√	√	√	√	√	
323	鼠李科 Rhamnaceae	鼠李属 Rhamnus	毛冻绿	Rhamnus utilis var. hypochrysa (Schneid.) Rehd.	灌木，生于山坡灌丛或林下	√	√		√		
324	鼠李科 Rhamnaceae	雀梅藤属 Sageretia	少脉雀梅藤	Sageretia paucicostata Maxim.	直立灌木，高可达6米，生长于海拔700~1500米的山地林中	√					
325	鼠李科 Rhamnaceae	枣属 Ziziphus	枣	Ziziphus jujuba Mill.	乔木，喜光，耐寒，耐旱，怕风；中生，喜温湿气候，适宜生长在海拔1700米以下山区、丘陵和平原，厚度30厘米以上的酸性至微碱性土壤	√	√	√	√	√	√
326	鼠李科 Rhamnaceae	枣属 Ziziphus	酸枣	Ziziphus jujuba var. spinosa (Bge.) Hu ex H.F.Chow.	落叶灌木或小乔木，耐旱，耐寒，耐碱，对土质要求不严，喜温暖干燥环境，适宜于向阳干燥的山坡、丘陵、山谷、平原及路旁的沙石土壤，低洼水涝地	√			√		

被子植物 Angiospermae
双子叶植物纲 Dicotyledoneae

序号	科名	属名	种名	拉丁学名	树种特性及适宜生境	适宜绿化类型				
						荒山绿化	平原绿化	城市绿化	乡村绿化	通道绿化	水系绿化	沙地绿化
327	锦葵科 Malvaceae	木槿属 Hibiscus	木槿	Hibiscus syriacus L.	灌木，喜光，喜温暖湿润的气候，耐干旱和贫瘠，耐热，也耐寒，稍耐荫；适应性很强，对有害气体有很强的抗性		√	√	√	√		
328	锦葵科 Malvaceae	椴属 Tilia	少脉椴	Tilia paucicostata Maxim.	乔木，喜光，也相当耐荫，耐寒性强；喜冷凉湿润气候及深厚肥沃，湿润的土壤，适宜于山沟、山坡或平原生长	√	√					
329	锦葵科 Malvaceae	椴属 Tilia	华椴	Tilia chinensis Maxim.	乔木，中生，喜光，抗毒；喜温湿气候，适宜生长在海拔1800米以下阴坡或谷地，厚度为30厘米以上的肥沃、湿润石灰岩质土壤及钙质黄土	√	√	√	√	√		
330	锦葵科 Malvaceae	椴属 Tilia	粉椴	Tilia oliveri Szyszyl.	乔木，生长于海拔600~2200米的地区，一般生长在山坡、山谷阔叶林中、山合林下、山坡林缘或阴坡草丛中			√				
331	猕猴桃科 Actinidiaceae	猕猴桃属 Actinidia	软枣猕猴桃	Actinidia arguta (Sieb. et Zucc.) Planch. ex Miq.	大型落叶藤本，喜凉爽、湿润的气候，常生于山沟溪流旁，多攀缘在阔叶树上	√						
332	猕猴桃科 Actinidiaceae	猕猴桃属 Actinidia	京梨猕猴桃	Actinidia callosa var. henryi Maxim.	大型落叶藤本，喜凉爽、湿润的气候，或山沟溪流旁、多攀缘在阔叶树上，枝蔓多集中分布于溪润边或其他湿润处	√			√			
333	猕猴桃科 Actinidiaceae	猕猴桃属 Actinidia	中华猕猴桃	Actinidia chinensis Planch.	藤本，喜光，喜温暖湿润气候，喜背风向阳环境；喜肥沃疏松的腐殖质土，不喜涝，怕暴晒，忌黏重及瘠薄的土壤	√						
334	猕猴桃科 Actinidiaceae	猕猴桃属 Actinidia	狗枣猕猴桃	Actinidia kolomikta (Maxim. et Rupr.) Maxim.	大型落叶藤本，幼苗喜荫凉，忌强光直射，喜湿润，较耐寒，适应性强；生于较荫湿的林中或山坡、溪边、常缠绕其他乔木	√						
335	猕猴桃科 Actinidiaceae	猕猴桃属 Actinidia	四萼猕猴桃	Actinidia tetramera Maxim.	攀援藤本，长10米以上，喜温暖湿润气候，较耐寒，适生于较荫湿的林中或山坡	√						
336	柽柳科 Tamaricaceae	红砂属 Reaumuria	红砂	Reaumuria songarica (Pall.) Maxim.	灌木，喜光，耐旱，耐高温，耐寒，耐盐碱，覆沙地、沙砾质之壁及山前砾石冲积扇上	√						√
337	柽柳科 Tamaricaceae	柽柳属 Tamarix	甘蒙柽柳	Tamarix austromongolica Nakai	落叶灌木，喜光，喜水、耐瘠薄、盐碱或霜冻；根系发达，根蘖力强	√						√

被子植物 Angiospermae
双子叶植物纲 Dicotyledoneae

序号	科名	属名	种名	拉丁学名	树种特性及适宜生境	荒山绿化	平原绿化	城市绿化	乡村绿化	通道绿化	水系绿化	沙地绿化
338	柽柳科 Tamaricaceae	柽柳属 Tamarix	柽柳	Tamarix chinensis Lour.	乔木或灌木，喜光，耐寒，耐旱，耐高温，耐水湿，适生气候范围广，对土壤要求不严，喜生于海拔1200米以下河流滩涂、潮湿盐碱地和沙荒地		√	√	√	√	√	√
339	柽柳科 Tamaricaceae	柽柳属 Tamarix	多花柽柳	Tamarix hohenackeri Bge.	灌木，高1~3米，喜光不耐荫，在遮荫处多生长不良；根系发达，耐干又耐水湿，抗风能力强，耐盐碱土，能在含盐量1.2%的盐碱地上正常生长；生于荒漠河、湖岸沙地、田边沙地	√						√
340	柽柳科 Tamaricaceae	柽柳属 Tamarix	细穗柽柳	Tamarix leptostachya Bge.	灌木，高1~3(6)米，主要生长在荒漠地区盆地下游的潮湿和松陷盐土上，丘间低地、河湖沿岸、河漫滩和灌溉绿洲的盐土上	√						√
341	柽柳科 Tamaricaceae	柽柳属 Tamarix	多枝柽柳	Tamarix ramosissima Ledeb.	灌木，喜光，耐寒，耐干旱，耐沙埋，耐水湿高温，温47.6℃，降水量20毫米、蒸发量3000毫米以上的地区仍能利用地下水正常生长	√	√		√	√	√	√
342	瑞香科 Thymelaeaceae	瑞香属 Daphne	黄瑞香	Daphne giraldii Nitsche	灌木，生于海拔1600~2600米的山地林缘或疏林中	√			√			
343	瑞香科 Thymelaeaceae	瑞香属 Daphne	华瑞香	Daphne rosmarinifolia Rehd.	灌木，喜光，喜温暖气候，耐半荫，耐寒，怕水湿	√			√	√		
344	瑞香科 Thymelaeaceae	瑞香属 Daphne	唐古特瑞香	Daphne tangutica Maxim.	灌木，对环境条件要求比较严，灌从半阴坡及湿润沟谷地带；生长于海拔1000~3800米的湿润林中	√	√	√	√	√	√	
345	瑞香科 Thymelaeaceae	荛花属 Wikstroemia	河朔荛花	Wikstroemia chamaedaphne Meisn.	灌木，喜光，极耐干旱，耐瘠薄，不耐水湿	√			√			
346	胡颓子科 Elaeagnaceae	胡颓子属 Elaeagnus	沙枣	Elaeagnus angustifolia L.	乔木，喜光，耐寒，耐旱，耐瘠薄，耐盐碱；中生、喜干旱气候，对立地和土壤要求不严，荒漠、山地、平原和沙滩均能生长	√	√	√	√	√	√	√
347	胡颓子科 Elaeagnaceae	胡颓子属 Elaeagnus	牛奶子	Elaeagnus umbellata Thunb.	灌木，阳性树种，喜光，耐旱，耐寒，适应能力很强，抗逆性强	√	√	√	√	√	√	
348	胡颓子科 Elaeagnaceae	沙棘属 Hippophae	中国沙棘	Hippophae rhamnoides subsp. sinensis Rousi	灌木，喜光，耐旱，耐寒，耐瘠薄；常生于海拔800~3600米温带地区向阳的山脊、谷地、干涸河床地或山坡，多砾石或沙质土壤或黄土上	√	√	√	√	√		

被子植物 Angiospermae
双子叶植物纲 Dicotyledoneae

序号	科名	属名	种名	拉丁学名	树种特性及适宜生境	荒山绿化	平原绿化	城市绿化	乡村绿化	通道绿化	水系绿化	沙地绿化
349	胡颓子科 Elaeagnaceae	沙棘属 Hippophae	西藏沙棘	Hippophae tibetana Schlechtendal	灌木，喜光，耐旱，耐寒，适宜干燥寒冷、风大的高原气候；生于高寒草甸、灌丛、河漫滩、沟谷及河流两岸，海拔2800~5200米	√	√			√		
350	千屈菜科 Lythraceae	紫薇属 Lagerstroemia	紫薇	Lagerstroemia indica L.	灌木，喜暖湿气候，喜光，略耐阴，喜深厚肥沃的砂质壤土，好生于略有湿气之地，忌涝，亦耐干旱，萌蘖力强，耐寒，低湿地方，有较强的抗污染能力			√	√	√		
351	千屈菜科 Lythraceae	石榴属 Punica	石榴	Punica granatum L.	落叶灌木或乔木，喜光，喜温暖向阳的环境，耐寒，也耐瘠薄，不耐劳和荫蔽；对土壤要求不严，但以排水良好的夹沙土为宜；生于海拔300~1000米的山上	√	√	√	√			
352	蓝果树科 Nyssaceae	珙桐属 Davidia	珙桐	Davidia involucrata Baill.	乔木，浅根性树种，稍耐水湿，喜降水较多、相对湿度大、云雾多的温凉气候；适生于微酸性的山地黄壤或黄棕壤	√						
353	五加科 Araliaceae	楤木属 Aralia	黄毛楤木	Aralia chinensis L.	灌木，阴性树种，耐寒，喜温暖湿润的环境；喜肥沃且略偏酸性的土壤生长	√	√	√	√	√		
354	五加科 Araliaceae	楤木属 Aralia	楤木	Aralia elata (Miq.) Seem.	灌木，阴性树种，耐寒，喜温暖湿润的环境，喜肥沃而略偏酸性的土壤；生于2000~2600米的山坡杂木林或灌丛中		√	√	√	√		
355	五加科 Araliaceae	刺楸属 Kalopanax	刺楸	Kalopanax septemlobus (Thunb.) Koidz.	乔木，深根喜光树种，喜温，耐寒，耐瘠薄；喜阳光充足或湿润的环境，适宜在含腐殖质丰富、土层深厚、疏松且排水良好的中性或微酸性土壤中生长	√	√	√	√	√		
356	山茶科 Theaceae	山茶属 Camellia	茶	Camellia sinensis (L.) O. Ktze.	灌木，一般生于土层厚达1米以上不含石灰石、排水良好的砂质壤土，通气性、透水性或蓄水性能好，酸碱度pH值4.5~6.5为宜，年降水量在1500毫米以上，气温日平均高10℃，最低不能低于-10℃的环境最适宜栽植		√		√			
357	山茱萸科 Cornaceae	八角枫属 Alangium	八角枫	Alangium chinense (Lour.) Harms	乔木，阳性树种，稍耐阴，具一定耐寒性，萌芽力强，耐修剪，根系发达，适应性强；对土壤要求不严，喜肥沃、疏松、湿润的土壤；生于海拔2000米以下的山地或疏林中	√						
358	山茱萸科 Cornaceae	山茱萸属 Cornus	沙梾	Cornus bretschneideri L. Henry	落叶灌木，对土壤要求不严，中性、酸性或微碱性土壤均能生长；多生于海拔1300~1700米的山坡灌丛中及山坡林缘	√						
359	山茱萸科 Cornaceae	山茱萸属 Cornus	灯台树	Cornus controversa Hemsley	乔木，喜光，喜温凉气候，较耐寒，耐旱，耐阴，根系发达，生长快，萌蘖力强，但不耐水淹	√	√	√	√	√		

被子植物 Angiospermae
双子叶植物纲 Dicotyledoneae

序号	科名	属名	种名	拉丁学名	树种特性及适宜生境	适宜绿化类型						
						荒山绿化	平原绿化	城市绿化	乡村绿化	通道绿化	水系绿化	沙地绿化
360	山茱萸科 Cornaceae	山茱萸属 Cornus	四照花	*Cornus kousa* subsp. *chinensis*（Osborn）Q. Y. Xiang	乔木，喜光，耐寒，根系发达，抗风能力强，湿地、旱地皆能生长，生长快，易繁殖	√	√				√	
361	山茱萸科 Cornaceae	山茱萸属 Cornus	山茱萸	*Cornus officinalis* Siebold et Zucc.	乔木，阳性树种，生长适温为20℃~30℃，超过35℃则生长不良，耐寒，可耐短暂的-18℃低温；一般分布在海拔400~1800米的区域，其中600~1300米比较适宜		√	√	√	√		
362	山茱萸科 Cornaceae	山茱萸属 Cornus	毛梾	*Cornus walter* Wangerin.	乔木，对土壤要求不严，中性、酸性或微碱性土壤上均能生长，在湿润、深厚、肥沃的土壤上生长尤为旺盛	√			√		√	
363	山茱萸科 Cornaceae	山茱萸属 Cornus	光皮梾木	*Cornus wilsoniana* Wangerin	乔木，喜光，耐寒，营深厚，肥沃且湿润的土壤，在酸性石灰岩土生长良好；生于海拔130~1130米的森林中	√						
364	杜鹃花科 Ericaceae	杜鹃花属 Rhododendron	烈香杜鹃	*Rhododendron anthopogonoides* Maxim.	灌木，喜光，但又怕强光，是属半荫偏阳植物；适生于疏松酸性的土壤；生于海拔2500~3700米高山灌丛或高山草地	√						
365	杜鹃花科 Ericaceae	杜鹃花属 Rhododendron	美容杜鹃	*Rhododendron calophytum* Franch.	常绿灌木，高达10米，喜凉爽湿润的气候；要求富含腐殖质、疏松、湿润及pH值5.5~6.5的酸性土壤；生于海拔2100~3350米山坡针叶林下	√						
366	杜鹃花科 Ericaceae	杜鹃花属 Rhododendron	头花杜鹃	*Rhododendron capitatum* Maxim.	灌木，喜凉爽湿润的土壤，适富含腐殖质、疏松、湿润及pH值5.5~6.5的酸性土壤，构成优势群落，海拔2800~3800米	√		√	√			
367	杜鹃花科 Ericaceae	杜鹃花属 Rhododendron	密枝杜鹃	*Rhododendron fastigiatum* Franch.	常绿灌木，产于高海拔地区，喜光，不耐曝晒，耐干旱，对土壤要求不严，土壤pH值7~8也能生长；生于岩坡、峭壁、高山砾石草地、石山灌丛		√	√	√	√		
368	杜鹃花科 Ericaceae	杜鹃花属 Rhododendron	甘南杜鹃	*Rhododendron gannanense* Z. C. Feng et X. G. Sun	常绿灌木，喜光，耐干旱、瘠薄；常生于高山砾石草地中，海拔2800~3000米	√						
369	杜鹃花科 Ericaceae	杜鹃花属 Rhododendron	黄毛岷江杜鹃	*Rhododendron hunnewellianum* subsp. *rockii*（Wils.）Chamb. ex Cullen et Chamb.	灌木，生于海拔1600~2400米的山坡、山谷林中			√	√	√	√	

被子植物 Angiospermae
双子叶植物纲 Dicotyledoneae

序号	科名	属名	种名	拉丁学名	树种特性及适宜生境	适宜绿化类型					
						荒山绿化	平原绿化	城市绿化	乡村绿化	通道绿化	水系绿化	沙地绿化
370	杜鹃花科 Ericaceae	杜鹃花属 Rhododendron	照山白	*Rhododendron micranthum* Turcz.	常绿灌木，高可达 2.5 米，喜荫，耐干旱，耐寒，耐瘠薄，适应性强；喜酸性土壤，生于海拔 1200~2600 米山坡或灌丛中	√						
371	杜鹃花科 Ericaceae	杜鹃花属 Rhododendron	山光杜鹃	*Rhododendron oreodoxa* Franch.	灌木，生于海拔 1700~3200 米的针叶林下或杂木林和箭竹灌丛中	√	√	√	√	√		
372	杜鹃花科 Ericaceae	杜鹃花属 Rhododendron	陇蜀杜鹃	*Rhododendron przewalskii* Maxim.	灌木，喜凉爽湿润的气候，耐干旱，耐瘠薄；对光有一定要求，但不耐曝晒；最适宜的生长温度为 15℃ ~20℃，6~7月开花，耐修剪	√			√			
373	杜鹃花科 Ericaceae	杜鹃花属 Rhododendron	四川杜鹃	*Rhododendron sutchuenense* Franch.	常绿灌木，高 2~8 米，喜凉爽湿润的气候，耐干旱，耐瘠薄，土壤 pH 值 7~8 也能生长；生于海拔 1700~2800 米的森林中	√						
374	杜鹃花科 Ericaceae	杜鹃花属 Rhododendron	千里香杜鹃	*Rhododendron thymifolium* Maxim.	灌木，生于湿润阴坡或半阴坡，林缘或高山灌丛中，海拔 2800~3800 米的高山阴坡灌丛	√	√			√		
375	柿科 Ebenaceae	柿属 Diospyros	柿	*Diospyros kaki* Thunb.	乔木，喜光，耐旱，中生，喜温湿气候，适宜生长在海拔 1200 米以下缓坡和平地，土层厚 30 厘米以上的中性土壤	√	√	√	√	√		
376	柿科 Ebenaceae	柿属 Diospyros	君迁子	*Diospyros lotus* L.	乔木，耐半荫，耐寒，耐旱，耐瘠薄，寿命较长；生长于山地、山坡、山谷的灌丛中，或在林缘	√						
377	山矾科 Symplocaceae	山矾属 Symplocos	白檀	*Symplocos tanakana* Nakai	灌木，深根性树种，适应性强，耐寒，耐旱，耐瘠薄，喜光也稍耐荫；喜温暖湿润的气候或深厚肥沃的砂质壤土		√	√	√	√		
378	木犀科 Oleaceae	流苏树属 Chionanthus	流苏树	*Chionanthus retusus* Lindl. et Paxt.	落叶灌木或小乔木，喜光，不耐阴蔽，耐寒，耐瘠薄，忌积水；对土壤要求不严，但在肥沃、通透性好的沙壤土中生长最好	√		√				
379	木犀科 Oleaceae	连翘属 Forsythia	秦连翘	*Forsythia giraldiana* Lingelsheim	灌木，浅根性树种，喜光，喜温暖，耐旱，耐瘠薄，喜深厚肥沃日湿润的土壤	√	√	√	√	√		
380	木犀科 Oleaceae	连翘属 Forsythia	连翘	*Forsythia suspensa* (Thunb.) Vahl	灌木，喜光，耐寒，耐旱，耐瘠薄，不耐水湿，喜暖湿气候，适宜生长在海拔 1500 米以下阴阳坡，土层厚 20 厘米以上的酸性至微碱性土壤	√	√	√	√	√		
381	木犀科 Oleaceae	梣属 Fraxinus	白蜡树	*Fraxinus chinensis* Roxb.	乔木，喜光树种，耐寒，稍耐荫，而轻度盐碱和水湿；喜暖湿气候，对土壤要求不严，适宜生长在海拔 1500 米以下阴阳坡		√	√	√	√		

被子植物 Angiospermae
双子叶植物纲 Dicotyledoneae

序号	科名	属名	种名	拉丁学名	树种特性及适宜生境	适宜绿化类型						
						荒山绿化	平原绿化	城市绿化	乡村绿化	通道绿化	水系绿化	沙地绿化
382	木樨科 Oleaceae	梣属 Fraxinus	花曲柳（大叶白蜡）	Fraxinus chinensis subsp. rhynchopiylla (Hance) E. Murr.	喜光树种，适应性强，能耐 47.6℃的高温和 −36.8℃的低温，但耐大气干旱能力较差；在酸性、石灰性及含盐量 0.5%的土壤上均能生长，通常在河流两岸及水边栽种，生长迅速			√	√	√	√	
383	木樨科 Oleaceae	梣属 Fraxinus	水曲柳	Fraxinus mandshurica Rupr.	落叶灌木或乔木，喜光，喜湿润，耐寒；生于海拔 700~2100 米的山坡疏林中或河谷平缓山地，适合生长在土壤温度较低、含水率偏高的下坡位		√	√	√	√	√	
384	木樨科 Oleaceae	梣属 Fraxinus	象蜡树	Fraxinus platypoda Oliv.	高大乔木，喜光或稍耐庇荫，耐寒，适应性强，喜湿润气候及潮湿肥沃土壤，萌芽力强	√	√	√	√	√		
385	木樨科 Oleaceae	女贞属 Ligustrum	女贞	Ligustrum lucidum Ait.	乔木，不耐干旱和贫瘠，忌积水，适生于深厚、肥沃、湿润的土壤，对土壤的适应性强，酸性、中性、碱性及轻度盐碱土均可生长；侧根分布深，抗风力强		√	√	√	√		
386	木樨科 Oleaceae	素馨属 Jasminum	迎春花	Jasminum nudiflorum Lindl.	灌木，耐寒，耐旱，耐修剪，喜温暖湿润利阳光充足的环境	√	√	√	√	√		
387	木樨科 Oleaceae	木樨榄属 Olea	木樨榄（油橄榄）	Olea europaea L.	落叶灌木或乔木，喜光，喜温暖，耐旱，忌涝，年均温 15℃~20℃，年有效积温为 3500℃~4000℃，日平均温度 18℃~24℃最适宜生长；对土壤要求不严，pH 值 5.0~8.5 均可栽培	√	√	√	√			
388	木樨科 Oleaceae	木樨属 Osmanthus	木樨	Osmanthus fragrans (Thunb.) Lour.	乔木，喜温暖，较耐荫，适生于肥沃且排水良好的沙质壤土	√	√	√	√	√		
389	木樨科 Oleaceae	丁香属 Syringa	紫丁香	Syringa oblata Lindl.	落叶灌木，适应性较强，耐半荫，喜光，耐寒，耐瘠薄，忌积涝湿热；以排水良好、疏松的中性土壤为宜，忌酸性土	√	√		√	√		
390	木樨科 Oleaceae	丁香属 Syringa	羽叶丁香	Syringa pinnatifolia Hemsl.	灌木，喜光，稍耐荫，耐寒，耐旱			√	√			
391	木樨科 Oleaceae	丁香属 Syringa	华丁香	Syringa protolaciniata P. S. Green et M. C. Chang	落叶灌木，喜光，稍能耐荫；喜肥沃、湿润土壤，忌水涝	√	√	√	√	√		
392	木樨科 Oleaceae	丁香属 Syringa	小叶巧玲花	Syringa pubescens subsp. microphylla (Diels) M. C. Chang et X. L. Chen	灌木，喜阳，喜湿润，适宜排水良好的土壤	√	√	√	√			

被子植物 Angiospermae
双子叶植物纲 Dicotyledoneae

序号	科名	属名	种名	拉丁学名	树种特性及适宜生境	适宜绿化类型					
						荒山绿化	平原绿化	城市绿化	乡村绿化	通道绿化	水系绿化	沙地绿化
393	木樨科 Oleaceae	丁香属 Syringa	北京丁香	Syringa reticulata subsp. pekinensis (Rupr.) P. S. Green et M. C. Chang	灌木,阳性树种,喜光,稍耐阴,耐寒,耐旱,耐瘠薄,忌积涝;适宜深厚肥沃土壤生长	√	√			√		
394	夹竹桃科 Apocynaceae	杠柳属 Periploca	杠柳	Periploca sepium Bge.	灌木,阳性树种,喜光,耐寒,耐旱,耐瘠薄,耐盐碱;对土壤适应性强,抗风蚀,抗沙埋,根蘖力强	√	√	√	√	√		√
395	旋花科 Convolvulaceae	旋花属 Convolvulus	鹰爪柴	Convolvulus gortschakovii Schrenk	亚灌木或近于垫状小灌木,高10~50厘米,生长于沙漠及干燥多砾石的山坡	√						√
396	旋花科 Convolvulaceae	旋花属 Convolvulus	刺旋花	Convolvulus tragacanthoides Turcz.	灌木,生长在半荒漠区的干燥山坡、山麓、山前丘陵和山间盆地,也能生长在沙漠地区的沙砾质地上,具有很强的耐旱性	√						√
397	唇形科 Lamiaceae	牡荆属 Vitex	荆条	Vitex negundo var. heterophylla (Franch.) Rehd.	灌木,阳性树种,喜光,耐荫蔽;对土壤要求不严	√						
398	茄科 Solanaceae	枸杞属 Lycium	宁夏枸杞	Lycium barbarum L.	灌木,喜光,宜冷凉气候,耐干旱,耐瘠薄,耐寒,耐盐碱,忌高温及水涝,对土壤质地要求不严,适应性强,但以排水良好、土质肥沃的中性或微碱性沙壤土为好		√	√	√	√		√
399	茄科 Solanaceae	枸杞属 Lycium	枸杞	Lycium chinense Mill.	灌木,适宜湿润环境,对温度的要求较低,耐旱并耐盐碱,对栽植土壤的要求不严格			√	√			
400	茄科 Solanaceae	枸杞属 Lycium	北方枸杞	Lycium chinense var. potaninii (Pojarkova) A.M.Lu	多分枝灌木,高0.5~1米,常生于阳山坡、沟旁	√			√			
401	茄科 Solanaceae	枸杞属 Lycium	黑果枸杞	Lycium ruthenicum Murr.	多棘刺灌木,喜光,耐旱,耐盐碱;对土壤要求不严,干盐碱荒地、盐化沙地等各种渍化生境中	√	√	√	√	√		
402	玄参科 Scrophulariaceae	醉鱼草属 Buddleja	巴东醉鱼草	Buddleja albiflora Hemsl.	灌木,生长于海拔500~2800米的地区,常生长在山地灌木丛中及林缘	√	√	√	√	√	√	√
403	玄参科 Scrophulariaceae	醉鱼草属 Buddleja	互叶醉鱼草	Buddleja alternifolia Maxim.	灌木,耐干旱,抗风沙,耐土壤瘠薄与严寒酷暑	√	√	√	√	√	√	√

被子植物 Angiospermae
双子叶植物纲 Dicotyledoneae

序号	科名	属名	种名	拉丁学名	树种特性及适宜生境	适宜绿化类型				
						荒山绿化	平原绿化	城市绿化	乡村绿化	通道绿化	水系绿化	沙地绿化
404	玄参科 Scrophulariaceae	醉鱼草属 Buddleja	簇花醉鱼草	Buddleja caryopteridifolia var. eremophila (W. W. Sm.) C. Marquand	灌木，高约1米，生长在海拔1700~3200米山地路旁或干旱河谷灌木丛中	√		√	√			
405	玄参科 Scrophulariaceae	醉鱼草属 Buddleja	皱叶醉鱼草	Buddleja crispa Benth.	灌木，高1-3米，生长于海拔1600~4300米的山地疏林中或山坡、干旱沟谷灌木丛中	√	√	√	√			
406	玄参科 Scrophulariaceae	醉鱼草属 Buddleja	大叶醉鱼草	Buddleja davidii Fr.	灌木，喜温暖湿润气候，忌水涝，较耐寒，耐旱	√	√	√	√			
407	玄参科 Scrophulariaceae	醉鱼草属 Buddleja	短序醉鱼草（甘肃醉鱼草）	Buddleja brachystachya Diels	小灌木，高约50厘米，生长在海拔1000~1300米山坡或溪边灌木丛中	√	√	√	√			
408	泡桐科 Paulowniaceae	泡桐属 Paulownia	白花泡桐	Paulownia fortunei (Seem.) Hemsl.	乔木，强阳性树种，喜光，不耐庇荫，耐劳，耐旱，耐寒，抗病虫灾害；适宜生在河流冲积土、土层深厚、地下水位1.5米以下、肥沃湿润的沙壤土和壤土上生长	√	√	√	√	√		
409	泡桐科 Paulowniaceae	泡桐属 Paulownia	毛泡桐	Paulownia tomentosa (Thunb.) Steud.	乔木，深根性树种，耐旱，耐寒，较耐瘠薄	√	√	√	√	√		
410	紫葳科 Bignoniaceae	梓属 Catalpa	楸（金丝楸）	Catalpa bungei C. A. Mey	小乔木，中生，喜温湿气候，喜光，耐寒，稍耐盐碱，抗污染；适宜生长在海拔1200米以下缓坡或平地，土层厚30厘米以上、肥沃湿润的微酸性或酸性土壤	√	√	√	√	√	√	
411	紫葳科 Bignoniaceae	梓属 Catalpa	灰楸	Catalpa fargesii Bur.	乔木，喜光，耐寒，耐旱，耐贫瘠；主侧根均发达；抗逆性强，宜干旱沙地土壤生长	√	√	√	√	√		
412	紫葳科 Bignoniaceae	梓属 Catalpa	梓（黄花楸）	Catalpa ovata G. Don	乔木，喜光，喜暖湿气候，抗污染，不耐干旱，不耐瘠薄；适宜生长在海拔1800米以下缓坡和山谷、土厚30厘米以上肥沃湿润的微酸性或酸性土壤	√	√	√	√	√		
413	小檗科 Berberidaceae	小檗属 Berberis	堆花小檗	Berberis aggregata Schneid.	灌木，生于山谷灌丛中、山坡路旁、河滩、林中、林缘灌丛中，海拔1000~3500米	√	√	√	√			
414	小檗科 Berberidaceae	小檗属 Berberis	黄芦木	Berberis amurensis Rupr.	灌木，生长在山地灌丛中、沟谷、林缘、疏林中、溪旁或岩石旁	√	√	√	√	√		

被子植物 Angiospermae
双子叶植物纲 Dicotyledoneae

序号	科名	属名	种名	拉丁学名	树种特性及适宜生境	适宜绿化类型					
						荒山绿化	平原绿化	城市绿化	乡村绿化	通道绿化	水系绿化	沙地绿化
415	小檗科 Berberidaceae	小檗属 Berberis	短柄小檗	Berberis brachypoda Maxim.	灌木，生于山坡灌丛中、林下、林缘、路边或山谷湿地，海拔800~2500米	√	√	√				
416	小檗科 Berberidaceae	小檗属 Berberis	直穗小檗	Berberis dasystachya Maxim.	灌木，生于向阳山地灌丛中、山谷溪旁、林缘、林下、草丛中，海拔800~3400米	√	√	√	√	√		
417	小檗科 Berberidaceae	小檗属 Berberis	鲜黄小檗	Berberis diaphana Maxim.	灌木，喜光，耐低温、耐干旱，不耐庇荫，对土壤、气候适应性强；生于灌丛中、草甸、林缘、坡地或云杉林中，海拔620~3600米	√			√			
418	小檗科 Berberidaceae	小檗属 Berberis	置疑小檗	Berberis dubia Schneid.	落叶灌木，稍喜光、耐寒、耐旱；对土壤要求不严	√	√	√	√	√		
419	小檗科 Berberidaceae	小檗属 Berberis	甘肃小檗	Berberis kansuensis Schneid.	落叶灌木，高达3米，生长于海拔1400~2800米的地区，见于山坡灌丛中及杂木林中	√	√	√				
420	小檗科 Berberidaceae	小檗属 Berberis	刺黄花	Berberis polyantha Hemsl.	灌木，生于山谷灌丛中、山沟溪旁或林中，海拔2500~2700米阳坡	√	√		√			
421	小檗科 Berberidaceae	小檗属 Berberis	少齿小檗	Berberis potaninii Maxim.	灌木，生于向阳山坡、路旁、沟边或河谷，海拔1100~2000米干旱山坡灌丛中	√			√			
422	小檗科 Berberidaceae	小檗属 Berberis	匙叶小檗	Berberis vernae Schneid.	灌木，生于海拔2200~3850米的河滩地或山坡灌丛中	√	√	√	√	√	√	
423	茜草科 Rubiaceae	香果树属 Emmenopterys	香果树	Emmenopterys henryi Oliv.	乔木，喜温、喜湿和凉爽的气候及湿润肥沃的土壤，土壤为山地黄壤或沙质黄棕壤，通常散生任以完斗科为主的常绿阔叶林中，或生于常绿、落叶阔叶混交林内	√	√					
424	五福花科 Adoxaceae	荚蒾属 Viburnum	桦叶荚蒾	Viburnum betulifolium Batal.	灌木，生于山谷林中或山坡灌丛中，海拔1300~3100米	√	√	√	√	√		
425	五福花科 Adoxaceae	荚蒾属 Viburnum	水红木	Viburnum cylindricum Buch.-Ham. ex D. Don	常绿灌木，高8(15)米，生于阳坡疏林或灌丛中，海拔500~3300米	√			√			
426	五福花科 Adoxaceae	荚蒾属 Viburnum	香荚蒾	Viburnum farreri W. T. Stearn	灌木，喜光，耐半荫；喜肥沃松软的微酸性土壤，不耐贫瘠；生于海拔1500~2000米灌丛或草地上	√	√	√	√	√	√	

被子植物 Angiospermae
双子叶植物纲 Dicotyledoneae

序号	科名	属名	种名	拉丁学名	树种特性及适宜生境	荒山绿化	平原绿化	城市绿化	乡村绿化	通道绿化	水系绿化	沙地绿化
427	五福花科 Adoxaceae	荚蒾属 Viburnum	聚花荚蒾	*Viburnum glomeratum* Maxim.	灌木，喜光，也耐荫，喜温暖湿润，耐寒；对气候因子及土壤条件要求不严，最好是微酸性肥沃土壤			√	√			
428	五福花科 Adoxaceae	荚蒾属 Viburnum	甘肃荚蒾	*Viburnum kansuense* Batal.	落叶灌木，高 1~3 米，多生长于海拔 2000~3500 米的冷杉林或灌丛中，可作园林绿化	√			√			
429	五福花科 Adoxaceae	荚蒾属 Viburnum	蒙古荚蒾	*Viburnum mongolicum* (Pall.) Rehd.	灌木，耐寒，耐旱，耐荫；生长于海拔 800~2400 米山坡疏林下或河滩地		√					
430	五福花科 Adoxaceae	荚蒾属 Viburnum	鸡树条（鸡树条荚蒾）	*Viburnum opulus* subsp. *Calvescens* (Rehd.) Sugim.	灌木，生于山坡、林缘、杂木林、溪谷边疏林下、灌丛中，海拔 1000~1650 米	√	√	√	√			
431	五福花科 Adoxaceae	荚蒾属 Viburnum	球核荚蒾	*Viburnum propinquum* Hemsl.	常绿灌木，高达 2 米，生于山谷林中或灌丛中，海拔 500~1300 米	√						
432	五福花科 Adoxaceae	荚蒾属 Viburnum	陕西荚蒾	*Viburnum schensianum* Maxim.	灌木，生于山谷混交林和松栎林下或山坡灌丛中，海拔 700~2200 米	√	√	√	√			
433	五福花科 Adoxaceae	荚蒾属 Viburnum	合轴荚蒾	*Viburnum sympodiale* Graebn.	灌木，喜光，稍耐荫，稍耐寒；喜微酸性或石灰性土壤，常生于海拔 2500 米左右的山地灌木林中	√	√	√	√			
434	五福花科 Adoxaceae	接骨木属 Sambucus	接骨木	*Sambucus williamsii* Hance	灌木，喜光，较耐荫，耐寒，耐旱，抗污染，根系发达，萌蘖力强		√	√	√	√		
435	忍冬科 Caprifoliaceae	忍冬属 Lonicera	蓝果忍冬（蓝靛果）	*Lonicera caerulea* L.	灌木，中生树种，喜湿，但土壤水分太多会出现生长不良现象；对土壤要求不严，在砂壤土、壤土、重壤土的条件下均能正常生长	√	√	√	√	√		

被子植物 Angiospermae
双子叶植物纲 Dicotyledoneae

序号	科名	属名	种名	拉丁学名	树种特性及适宜生境	适宜绿化类型					
						荒山绿化	平原绿化	城市绿化	乡村绿化	通道绿化	水系绿化	沙地绿化
436	忍冬科 Caprifoliaceae	忍冬属 Lonicera	金花忍冬	Lonicera chrysantha Turcz.	灌木，生于沟谷、林下或林缘灌丛中；适应性很强，对土壤和气候的选择并不严格，酸性、盐碱地均能生长，但以土层较厚的沙质壤土为最佳	√	√			√		
437	忍冬科 Caprifoliaceae	忍冬属 Lonicera	葱皮忍冬	Lonicera ferdinandi Franch.	灌木，水源涵养树种，生于向阳山坡林中或林缘灌丛中，海拔1500~3200米	√		√				
438	忍冬科 Caprifoliaceae	忍冬属 Lonicera	苦糖果	Lonicera fragrantissima var. lancifolia (Rehd.) Q. E. Yang	灌木，喜光，耐旱，耐寒，耐瘠薄，防风固土作用强，萌蘖力强，繁殖容易	√	√	√	√	√		
439	忍冬科 Caprifoliaceae	忍冬属 Lonicera	蕊被忍冬	Lonicera gynochlamydea Hemsl.	灌木，适应性很强，对土壤和气候的选择并不严格，以土层厚的沙质壤土为最佳，山坡、堤坝、梯田、瘠薄的丘陵都可栽培；主要生长于海拔1200~1900米的山坡或沟谷的灌丛或林中	√	√	√	√	√		
440	忍冬科 Caprifoliaceae	忍冬属 Lonicera	刚毛忍冬	Lonicera hispida Pall. ex Roem. et Schult.	灌木，耐寒，生于山坡林中、林缘灌丛中或高山草地上，海拔2200~4200米，在川、藏一带可达4800米	√						
441	忍冬科 Caprifoliaceae	忍冬属 Lonicera	忍冬	Lonicera japonica Thunb.	灌木，中性偏阴树种，具有耐旱、耐寒的特点，在-30℃的严冬乃至40℃左右的酷暑都能正常生长	√	√	√	√			
442	忍冬科 Caprifoliaceae	忍冬属 Lonicera	甘肃忍冬	Lonicera kansuensis (Batal. ex Rehd.) Pojark.	灌木，喜光，耐半荫，耐寒，耐旱；生于海拔1830~2400米的山坡或山脊疏林中	√	√	√	√	√		
443	忍冬科 Caprifoliaceae	忍冬属 Lonicera	亮叶忍冬	Lonicera ligustrina var. yunnanensis Franch.	灌木，耐寒力强，能耐-20℃低温，也耐高温，对光照不敏感，在全光照下生长良好，也能耐荫；对土壤要求不严，在酸性土、中性土及轻盐碱土中均能适应		√	√	√	√		
444	忍冬科 Caprifoliaceae	忍冬属 Lonicera	金银忍冬	Lonicera maackii (Rupr.) Maxim.	灌木，喜荫树种，耐旱，耐寒，耐贫瘠，适应性强	√	√	√	√	√		

被子植物 Angiospermae
双子叶植物纲 Dicotyledoneae

序号	科名	属名	种名	拉丁学名	树种特性及适宜生境	适宜绿化类型					
						荒山绿化	平原绿化	城市绿化	乡村绿化	通道绿化	水系绿化	沙地绿化
445	忍冬科 Caprifoliaceae	忍冬属 Lonicera	小叶忍冬	Lonicera microphylla Willd. ex Roem. et Schult.	灌木，喜光，耐旱，耐寒，适生土壤为亚高山草甸土；生于海拔2400~3500米干旱山坡及高山草地	√						
446	忍冬科 Caprifoliaceae	忍冬属 Lonicera	凹叶忍冬	Lonicera retusa Franch.	灌木，主要生长于海拔1000~3300米的山坡或山谷灌木林中		√	√	√	√		
447	忍冬科 Caprifoliaceae	忍冬属 Lonicera	岩生忍冬	Lonicera rupicola Hook. f. et Thoms.	灌木，生于高山灌丛草甸，流石滩边边缘，林缘河滩草地或山坡灌丛中，海拔2100~4950米	√		√	√			
448	忍冬科 Caprifoliaceae	忍冬属 Lonicera	红花岩生忍冬	Lonicera rupicola var. syringantha (Maxim.) Zabel	灌木，耐寒，耐旱，喜温暖，萌蘖力强，湿润和阴光充足的环境；生长在海拔2000~4600米的山坡灌丛中，林缘或河漫滩		√	√	√	√		
449	忍冬科 Caprifoliaceae	忍冬属 Lonicera	唐古特忍冬	Lonicera tangutica Maxim.	灌木，耐寒，喜光，稍耐阴，耐干旱，耐贫瘠，对土壤要求不严，生长在海拔1600~3900米的云杉、落叶松、桦和竹等林下或混交林中及山坡草地，或溪边灌丛中	√	√	√	√	√		
450	忍冬科 Caprifoliaceae	忍冬属 Lonicera	盘叶忍冬	Lonicera tragophylla Hemsl.	灌木，喜光，耐半阴，耐寒；对土壤要求不严，喜湿润肥沃及深厚土壤	√	√	√	√	√		
451	忍冬科 Caprifoliaceae	忍冬属 Lonicera	毛花忍冬	Lonicera trichosantha Bur. et Franch.	灌木，喜温暖、半阴、凉爽、通风、湿润的环境；要求疏松、肥沃，富含腐殖质的偏酸性（黄土）土壤；生于林下、林缘、河边或田边的灌丛中，海拔2700~4100米		√	√	√	√		
452	忍冬科 Caprifoliaceae	忍冬属 Lonicera	华西忍冬	Lonicera webbiana Wall. ex DC.	灌木，生于山坡灌丛中或草坡上，海拔1800~4000米	√						
453	菊科 Asteraceae	蒿属 Artemisia	黑沙蒿	Artemisia ordosica Krasch.	小灌木，耐干旱，耐瘠薄，耐沙埋，能耐40℃左右酷暑和-35℃严寒，耐旱而不耐涝；适生于年平均气温在5.5℃~7.5℃的固定、半固定沙丘地、覆沙梁峁地和草甸性沙地							√
454	菊科 Asteraceae	蒿属 Artemisia	圆头蒿	Artemisia sphaerocephala Krasch.	小灌木，超旱生沙生植物，抗风蚀，耐沙埋，耐贫瘠，生长在流动、半流动沙丘上，也可生长在平沙地，覆沙戈壁和干河床上							√

被子植物 Angiospermae
单子叶植物纲 Monocotyledoneae

序号	科名	属名	种名	拉丁学名	树种特性及适宜生境	适宜绿化类型					
						荒山绿化	平原绿化	城市绿化	乡村绿化	通道绿化	水系绿化	沙地绿化
455	禾本科 Poaceae	北美箭竹属 Arundinaria	巴山木竹	Arundinaria fargesii E. G. Camus	耐荫，耐寒，喜温暖湿润气候或肥沃的微酸性土壤	√				√	√	
456	禾本科 Poaceae	箭竹属 Fargesia	华西箭竹	Fargesia nitida (Mitford) Keng f. ex Yi	耐荫，喜湿润气候，耐寒冷和瘠薄土壤，常生于海拔2450~3200米的高山针叶叶林下	√	√	√	√	√		
457	禾本科 Poaceae	箭竹属 Fargesia	青川箭竹	Fargesia rufa Yi	生于海拔1580~2300米黄壤、黄棕壤土的林下或灌丛中					√		
458	禾本科 Poaceae	箭竹属 Fargesia	糙花箭竹	Fargesia scabrida Yi	适应性强，耐寒，耐旱，喜阴湿；最佳生活环境为海拔1550~2000米的阴坡、半阴坡的落叶阔叶林和针阔叶混交林下				√	√		
459	禾本科 Poaceae	箭竹属 Fargesia	箭竹	Fargesia spathacea Franch.	竿丛生或近散生，喜温暖湿润气候，不耐严寒，不耐干燥，耐阴湿，多生于海拔1300~3400米的山坡林缘、林下或荒坡地	√	√	√	√	√		
460	禾本科 Poaceae	刚竹属 Phyllostachys	毛竹	Phyllostachys edulis (Carr.) J. Houzeau	浅根性树种，要求温暖湿润的气候条件，适于在平均气温14~20℃，年降水量在800~1000毫米的地区生长；土壤以疏松、肥沃、湿润且带酸性的灰棕壤和黑沙土为最好，干燥盐碱性土壤或低洼积水处都不宜栽植	√	√	√			√	

中文名索引

B

巴山冷杉　4
霸王　148
白刺　167
白刺花　147
白杜　163
白花泡桐　223
白桦　51
白蜡树　208
白皮松　14
白檀　205
北京花楸　127

C

糙皮桦　52
侧柏　25
叉子圆柏　23
茶　197
茶条槭　172
长果茶藨子　92
柽柳　186
稠李　111
臭椿　151
垂柳　40
春榆　64
刺柏　20
刺槐　146
刺楸　196
楤木　195

D

大果榉　70
大果青杆　10
大果榆　66
大果圆柏　24

大叶醉鱼草　222
灯台树　198
棣棠　102
冬瓜杨　36
杜梨　118
杜松　22
多枝柽柳　187

E

二白杨　39

G

甘蒙柽柳　185
甘蒙锦鸡儿　139
甘肃枫杨　48
甘肃柳　42
甘肃山楂　96
甘肃桃　109
甘肃小檗　228
杠柳　217
高丛珍珠梅　124
高山绣线菊　130
珙桐　194
枸杞　219
构　71
光皮梾木　202

H

旱柳　44
旱榆　65
合欢　133
河北杨　34
黑果枸杞　220
黑沙蒿　235
红豆杉　27
红豆树　144

红麸杨　160
红桦　49
红砂　184
红杉　7
厚朴　85
胡桃　47
胡杨　33
胡枝子　143
虎榛子　56
互叶醉鱼草　221
花椒　150
花曲柳　209
花叶海棠　104
华北落叶松　6
华北驼绒藜　79
华北珍珠梅　125
华椴　181
华山松　13
华西小石积　105
华榛　53
华中五味子　84
槐　145
黄连木　157
黄栌　156
黄蔷薇　119
黄瑞香　188
黄杨　154
火棘　117

J

箭杆杨　35
檀子栎　60
接骨木　231
金花忍冬　233

金露梅 98
锦鸡儿 135
榉树 69
君迁子 204

L

蓝果忍冬 232
榔榆 67
栗 57
连翘 207
连香树 82
楝 152
亮叶桦 50
流苏树 206
栾 175

M

麻栎 58
馒头柳 45
毛白杨 38
毛黄栌 155
毛梾 201
毛泡桐 224
毛樱桃 116
毛榛 55
毛竹 237
茅莓 121
玫瑰 120
蒙古扁桃 110
蒙古栎 63
蒙桑 74
庙台槭 171
岷江柏木 18
岷江冷杉 5
木瓜海棠 93
木姜子 89
木槿 180
木樨 213
木樨榄 212

N

南川绣线菊 132
南方红豆杉 28
宁夏枸杞 218
柠条锦鸡儿 136
女贞 211

P

膀胱果 165
枇杷 101
平枝栒子 94
朴树 75

Q

七叶树 174
漆 161
祁连圆柏 21
杞柳 43
秦岭冷杉 3
青麸杨 159
青冈 61
青海云杉 9
青杆 12
青檀 76
青榨槭 169
楸 225

R

忍冬 234
软枣猕猴桃 182
蕤核 106
锐齿槲栎 59

S

三尖杉 26
三角槭 168
桑 73
沙冬青 134
沙拐枣 77
沙枣 190
山白树 90

山荆子 103
山梅花 91
山生柳 46
山桃 108
山杏 114
山杨 32
山楂 97
山茱萸 200
陕甘花楸 128
石榴 193
柿 203
栓翅卫矛 164
栓皮栎 62
水青树 81
水曲柳 210
水栒子 95
水榆花楸 126
四照花 199
酸枣 179
梭梭 78

T

唐古特瑞香 189
桃 112
天山花楸 129
甜橙 149
铁杉 17
土庄绣线菊 131
驼绒藜 80

W

望春玉兰 86
卫矛 162
文冠果 176
乌柳 41
无花果 72
武当玉兰 88

X

西藏沙棘 192

西康扁桃　115
细枝羊柴　141
鲜卑花　123
鲜黄小檗　227
香椿　153
香果树　229
香荚蒾　230
响叶杨　30
小果白刺　166
小叶金露梅　100
小叶锦鸡儿　138
小叶巧玲花　216
小叶杨　37
新疆杨　31
杏　107
血皮槭　170

Y
盐麸木　158
银露梅　99
银杏　2
樱桃　113
油松　16
榆树　68
羽叶丁香　215
元宝槭　173
圆柏　19
圆头蒿　236
云杉　8

Z
枣　178
皂荚　142
窄叶鲜卑花　122

樟子松　15
榛　54
枳椇　177
中国沙棘　191
中华猕猴桃　183
中间锦鸡儿　137
梓　226
紫斑牡丹　83
紫丁香　214
紫果云杉　11
紫荆　140
紫玉兰　87

拉丁学名索引

A

Abies fargesii　4

Abies fargesii var. *faxoniana*　5

Abies chensiensis　3

Acer buergerianum　168

Acer davidii　169

Acer miaotaiense　171

Acer tataricum subsp. *ginnala*　172

Acer truncatum　173

Acer griseum　170

Actinidia arguta　182

Actinidia chinensis　183

Aesculus chinensis　174

Ailanthus altissima　151

Albizia julibrissin　133

Ammopiptanthus mongolicus　134

Aralia elata　195

Artemisia sphaerocephala　236

Artemisia ordosica　235

B

Berberis diaphana　227

Berberis kansuensis　228

Betula albosinensis　49

Betula luminifera　50

Betula platyphylla　51

Betula utilis　52

Broussonetia papyrifera　71

Buddleja alternifolia　221

Buddleja davidii　222

Buxus sinica　154

C

Calligonum mongolicum　77

Camellia sinensis　197

Caragana arborescens　135

Caragana korshinskii　136

Caragana liouana　137

Caragana microphylla　138

Caragana opulens　139

Castanea mollissima　57

Catalpa bungei　225

Catalpa ovata　226

Celtis sinensis　75

Cephalotaxus fortunei　26

Cercidiphyllum japonicum　82

Cercis chinensis　140

Chaenomeles cathayensis　93

Chionanthus retusus　206

Citrus sinensis　149

Corethrodendron scoparium　141

Cornus controversa　198

Cornus kousa subsp. *chinensis*　199

Cornus officinalis　200

Cornus walteri　201

Cornus wilsoniana　202

Corylus chinensis　53

Corylus heterophylla　54

Corylus mandshurica　55

Cotinus coggygria var. *pubescens*　155

Cotinus coggygria var. *cinereus*　156

Cotoneaster horizontalis　94

Cotoneaster multiflorus　95

Crataegus kansuensis　96

Crataegus pinnatifida　97

Cupressus chengiana　18

D

Daphne giraldii　188

Daphne tangutica　189

Dasiphora fruticosa　98

Dasiphora glabra　99

Dasiphora parvifolia　100

Davidia involucrata　194

Diospyros kaki　203

Diospyros lotus　204

E

Elaeagnus angustifolia　190

Emmenopterys henryi　229

Eriobotrya japonica　101

Euonymus alatus　162

Euonymus maackii　163

Euonymus phellomanus　164

F

Ficus carica　72

Forsythia suspensa　207

Fraxinus chinensis　208

Fraxinus chinensis subsp. *rhynchophylla*　209

Fraxinus mandshurica　210

G

Ginkgo biloba　2

Gleditsia sinensis　142

H

Haloxylon ammodendron　78

Hibiscus syriacus　180

Hippophae rhamnoides subsp. *sinensis*　191

Hippophae tibetana　192

Houpoea officinalis　85

Hovenia acerba　177

J

Juglans regia　47

Juniperus chinensis　19

Juniperus formosana　20

Juniperus przewalskii　21

Juniperus rigida　22

Juniperus sabina　23

Juniperus tibetica　24

K

Kalopanax septemlobus　196

Kerria japonica　102

Koelreuteria paniculata　175

Krascheninnikovia arborescens　79

Krascheninnikovia ceratoides　80

L

Larix gmelinii var. *principis-rupprechtii*　6

Larix potaninii　7

Lespedeza bicolor　143

Ligustrum lucidum　211

Litsea pungens　89

Lonicera caerulea　232

Lonicera chrysantha　233

Lonicera japonica　234

Lycium barbarum　218

Lycium chinense　219

Lycium ruthenicum　220

M

Malus baccata　103

Malus transitoria　104

Melia azedarach　152

Morus alba　73

Morus mongolica　74

N

Nitraria sibirica　166

Nitraria tangutorum　167

O

Olea europaea　212

Ormosia hosiei　144

Osmanthus fragrans　213

Osteomeles schwerinae　105

Ostryopsis davidiana　56

P

Paeonia rockii　83

Paulownia fortunei　223

Paulownia tomentosa　224

Periploca sepium　217

Philadelphus incanus　91

Phyllostachys edulis　237

Picea asperata　8

Picea crassifolia　9

Picea neoveitchii　10

Picea purpurea　11

Picea wilsonii　12

Pinus armandii　13

Pinus bungeana　14

Pinus sylvestris var. *mongolica*　15

Pinus tabuliformis　16

Pistacia chinensis　157

Platycladus orientalis　25

Populus × *hopeiensis*　34

Populus × *xiaohei* var. *gansuensis*　39

Populus adenopoda　30

Populus alba var. *pyramidalis*　31

Populus davidiana　32

Populus euphratica　33

Populus nigra var. *thevestina*　35

Populus purdomii　36

Populus simonii　37

Populus tomentosa　38

Prinsepia uniflora　106

Prunus armeniaca　107

Prunus armeniaca var. *ansu*　114

Prunus davidiana　108

Prunus kansuensis　109

Prunus mongolica　110
Prunus padus　111
Prunus persica　112
Prunus pseudocerasus　113
Prunus tangutica　115
Prunus tomentosa　116
Pterocarya macroptera　48
Pteroceltis tatarinowii　76
Punica granatum　193
Pyracantha fortuneana　117
Pyrus betulaefolia　118

Q

Quercus acutissima　58
Quercus aliena var. *acutiserrata*　59
Quercus baronii　60
Quercus glauca　61
Quercus mongolica　63
Quercus variabilis　62

R

Reaumuria songarica　184
Rhus chinensis　158
Rhus potaninii　159
Rhus punjabensis var. *sinica*　160
Ribes stenocarpum　92
Robinia pseudoacacia　146
Rosa hugonis　119
Rosa rugosa　120
Rubus parvifolius　121

S

Salix babylonica　40
Salix cheilophila　41
Salix fargesii var. *kansuensis*　42
Salix integra　43
Salix matsudana　44
Salix matsudana 'Umbraculifera'　45
Salix oritrepha　46
Sambucus williamsii　231
Schisandra sphenanthera　84
Sibiraea angustata　122
Sibiraea laevigata　123
Sinowilsonia henryi　90
Sophora davidii　147
Sorbaria arborea　124
Sorbaria kirilowii　125
Sorbus alnifolia　126

Sorbus discolor　127
Sorbus koehneana　128
Sorbus tianschanica　129
Spiraea alpina　130
Spiraea pubescens　131
Spiraea rosthornii　132
Staphylea holocarpa　165
Styphnolobium japonicum　145
Symplocos tanakana　205
Syringa oblata　214
Syringa pinnatifolia　215
Syringa pubescens subsp. *microphylla*　216

T

Tamarix austromongolica　185
Tamarix chinensis　186
Tamarix ramosissima　187
Taxus wallichiana var. *chinensis*　27
Taxus wallichiana var. *mairei*　28
Tetracentron sinense　81
Tilia chinensis　181
Toona sinensis　153
Toxicodendron vernicifluum　161
Tsuga chinensis　17

U

Ulmus davidiana var. *japonica*　64
Ulmus glaucescens　65
Ulmus macrocarpa　66
Ulmus parvifolia　67
Ulmus pumila　68

V

Viburnum farreri　230

X

Xanthoceras sorbifolium　176

Y

Yulania biondii　86
Yulania liliiflora　87
Yulania sprengeri　88

Z

Zanthoxylum bungeanum　150
Zelkova serrata　69
Zelkova sinica　70
Ziziphus jujuba　178
Ziziphus jujuba var. *spinosa*　179
Zygophyllum xanthoxylum　148

主要参考文献

[1] 中国科学院中国植物志编辑委员会. 中国植物志：第 1–80 卷 [M]. 北京：科学出版社．1959–2004.

[2] 中国科学院植物研究所．植物智 [EB/OL]．（2019-12-10）[2024-02-22]. http://www.iplant.cn/frps.

[3] 中国树木志编辑委员会．中国树木志：第 1–4 卷 [M]. 北京：中国林业出版社．1983–2004.

[4] 中国科学院北京植物研究所．中国高等植物图鉴．第 1–5 册 [M]. 北京：科学出版社．1972–1983.

[5] 中国科学院兰州沙漠研究所．中国沙漠植物志：第 1–3 卷 [M]. 北京：科学出版社．1985–1992.

[6] 卢琦，王继和，褚建民．中国荒漠植物图鉴 [M]. 北京：中国林业出版社．2012.

[7] 甘肃植物志编辑委员会．甘肃植物志：第 2 卷 [M]. 兰州：甘肃科学技术出版社．2005.

[8] 甘肃省地方史志编纂委员会．甘肃省志·林业志：第 20 卷 [M]. 兰州：甘肃人民出版社．1999.

[9] 甘肃省林业局．主要树种造林技术 [M]. 兰州：甘肃人民出版社．1980.

[10] 甘肃省林业厅造林处．甘肃造林种草技术 [M]. 兰州：甘肃科学技术出版社．2001.

[11] 赵金荣，孙立达，朱金兆．黄土高原水土保持灌木 [M]. 北京：中国林业出版社．1994.

[12] 蔡国军，赵明．甘肃省适生造林树种选择指南 [M]. 兰州：兰州大学出版社．2016.

[13] 李得禄．北方常见园林植物图鉴及园林应用 [M]. 兰州：甘肃科学技术出版社．2019.

[14] 冯自诚，徐梦龙．甘南树木图志 [M]. 兰州：甘肃科学技术出版社．1994.

[15] 潘建斌，杜维波，冯虎元．图说甘肃省国家重点保护植物（2021 版）[M]. 兰州：兰州大学出版社．2023.

[16] 张勇，冯起，高海宁，李鹏．祁连山维管植物彩色图谱 [M]. 北京：科学出版社．2013.

[17] 徐世健，潘建斌，安黎哲．河西走廊常见植物图谱 [M]. 北京：科学出版社．2019.

[18] 赵德善，陈文业，刘世增．金昌植物图鉴 [M]. 兰州：甘肃科学技术出版社．2022.

[19] 敏正龙，刘晓娟．甘肃太子山国家级自然保护区植物图鉴 [M]. 兰州：甘肃科学技术出版社．2021.

[20] 孙学刚，张玉斌，刘晓娟等．甘肃盐池湾国家级自然保护区植物图鉴 [M]. 北京：中国林业出版社．2013.

[21] 安定国．甘肃省小陇山高等植物志 [M]. 兰州：甘肃民族出版社．2002.

[22]《造林技术规程》GB/T 15776-2023.